声学边界元方法及其快速算法

蒋伟康　吴海军　著

科学出版社

北　京

内容简介

本书系统介绍了声学边界元方法的基础理论及快速多极子加速求解的基本理论与核心算法，主要内容包括声学边界元方法理论基础，声学边界元方法、边界元有限元耦合方法、自由空间的快速多极子边界元方法理论，快速多极子边界元方法的若干专题，包括多联通域、半空间声学问题、声辐射模态分析和声学优化设计应用，以及丰富的计算分析案例。

本书可供声学、机械工程、车辆工程、船舶与海洋工程、环境工程等专业的高校教师和学生参考，也可作为相关领域科研工作者和工程技术人员的参考书。

图书在版编目（CIP）数据

声学边界元方法及其快速算法/蒋伟康，吴海军著. —北京：科学出版社，2019.11

ISBN 978-7-03-062703-2

Ⅰ. ①声… Ⅱ. ①蒋… ②吴… Ⅲ. ①边界元法-应用-声学-算法分析-研究 Ⅳ. ①TB95

中国版本图书馆 CIP 数据核字（2019）第 242894 号

责任编辑：陈　婕　纪四稳 / 责任校对：郭瑞芝

责任印制：吴兆东 / 封面设计：蓝　正

科学出版社 出版

北京东黄城根北街 16 号

邮政编码：100717

http://www.sciencep.com

北京建宏印刷有限公司 印刷

科学出版社发行　各地新华书店经销

*

2019 年 11 月第 一 版　开本：720 × 1000　1/16

2023 年 2 月第五次印刷　印张：16 3/4

字数：330 000

定价：128.00 元

（如有印装质量问题，我社负责调换）

序

二十年前，我指导的一名博士研究生在获得博士学位后，又到上海交通大学振动、冲击、噪声国家重点实验室（乃现在的机械系统与振动国家重点实验室之前身）在该书作者蒋伟康教授的指导下做博士后研究工作，因此之故，我有幸得以结识蒋教授。此后，由于所研究的领域在声与振动方面有所交集，故而我与蒋教授多年来在各种学术会议等场合多有交往，对于蒋教授学识之广博与治学之严谨印象颇深。知悉蒋教授在国家自然科学基金等项目支持下，潜心研究快速多极子声学边界元方法十年有余，颇有建树，渐成特色，获得国内外同行的关注与好评，并在工程问题的声学计算中得到成功应用，感到由衷的高兴与钦敬！该书乃是蒋教授在这些方面工作的总结与心血之结晶。十年磨一剑，终获硕果，着实可喜可贺。

随着噪声控制重要性的日益突显，工程界几乎所有行业都需要对各自面临的声学问题进行快速而准确的计算。日益增加的实际需求促进了声学领域各种计算方法的不断发展，其中，边界元方法被广泛应用于声辐射和声散射的计算分析之中。自 20 世纪 70 年代边界元方法被正式提出以来，因其具有降维离散等优点，被寄予厚望，成为声学领域的主要计算方法之一。例如，在建筑声学学科，边界元方法就曾被应用于预测厅堂座椅吸声低谷等经典问题。然而，边界元方法的发展与普及，目前尚远未及有限元方法成熟。究其原因，主要是边界元方法的系数矩阵是非对称满阵，直接求解需要计算非对称满阵的逆，对于较大规模的问题，其计算效率及内存占用量往往超出工程许可。因此，亟须研究边界元的快速算法。快速多极子边界元方法应运而生，它可提高计算效率达千倍以上。正如书中给出的算例所表明的那样,在计算机上计算 66 万自由度的飞机模型的辐射噪声问题仅需 1.1 个小时，令人刮目相看。

迄今为止，国内大部分设计分析平台采用国外品牌的工程分析软件，其中，声学计算领域几乎所有商用软件均是舶来品。在当前谋求创新驱动发展的新形势下，开发具有自主知识产权的工程计算软件平台，尤其值得期待。该书不仅反映了作者在算法理论方面的研究成果，而且给出了程序实现的流程以及多个计算案例，在开发具有创新高效算法和自主知识产权的声学计算软件平台方面也做出了有益的探索。

可以相信，该书的出版，将为进一步推广声学边界元方法及其快速多极子算法在工程中的应用，以及促进边界元理论方法的深入研究，均起到不可替代的重要作用。本人期待在此基础上，能多研制出我国自己的高效声学计算软件平台，在声学学科和工程领域做出中国学者应有的更大贡献。

中国科学院院士、华南理工大学教授

吴硕贤

2018年10月

前　言

声学计算广泛应用于车辆、航空航天、船舶、机电产品和建筑的设计中，声学计算方法主要包括边界元方法、有限元方法、声线追踪法、统计能量分析法等。边界元方法是一种基于积分方程的数值方法，仅需对边界进行离散，三维声学问题的分析仅需离散二维边界，大大减少了前处理的工作量，且 Helmholtz 积分方程能自动满足声场的远场辐射条件，非常适用于无限域边界条件声学问题的计算分析，因此，在机电产品的设计与优化、声环境预测与分析、声探测和声发射分析等方面，声学边界元方法被寄予厚望，得到了越来越多的应用。

边界元方法的系数矩阵是非对称甚至奇异的满阵。随着自由度的增大，边界元方法的系数矩阵存储量和求解计算量迅速增大，超过了大多数计算机的计算能力和工程应用许可。因此，计算成本和计算效率是制约声学边界元方法应用于大规模工程问题声学计算的瓶颈。

随着科学的发展以及人们对产品和环境声学品质要求的不断提高，大规模、多物理场的声学计算需求日益增多，如航行器的辐射声场计算、车辆的低噪声优化设计、海洋和地质的声探测、超声医学的检测和治疗、结构-声学耦合分析、气动-结构-声学的耦合分析与优化设计等，其模型的离散自由度高达十万甚至百万量级，传统边界元方法是难以胜任如此大规模的计算任务的。

因此，研究者提出了各种旨在提高计算效率、降低计算成本的快速边界元方法，其中，快速多极子方法是一种发展最快、工程应用中最流行的边界元加速计算方法，它极大地降低了边界元方法的内存，减少了计算时间，为大规模声学问题的计算分析提供了一种高效途径。

作者在国家自然科学基金项目等支持下，从事声学边界元方法研究十多年，取得了一些成果，这些成果在一些工程问题的声学计算分析中得到成功应用。在此过程中，深感缺乏介绍声学边界元方法及其快速算法的专著，给声学计算技术发展和应用带来诸多不便。为此，本书尝试在总结作者研究工作的基础上，系统介绍声学边界元方法及其多极子快速算法。

全书共 10 章，第 1 章为绪论；第 2 章介绍声学问题边界积分方程理论；第 3 章介绍边界元方法的数值技术；第 4 章介绍声学边界元方法的基本理论，是快速多极子声学边界元方法的基础；第 5 章介绍结构-声学耦合分析的理论和方法，是声学边界元方法的拓展；第 6 章是本书的核心内容，系统介绍自由空间快速多极子边界元方法的理论和算法，包括高频快速多极子边界元方法、低频快速多极子边界元方法、全频段快速多极子边界元方法；第 7 章和第 8 章分别介绍多联通域和半空间声学问题的快速多极子边界元方法，展示快速多极子边界元方法计算特殊边界条件声学问题的能力；第 9 章介绍声辐射模态的快速多极子边界元算法，为进一步提高声辐射计算效率提供一种新途径；第 10 章介绍基于上述快速边界元方法的声学优化设计工程应用案例，充分显示快速多极子边界元方法在重大工程声学问题分析中的超强计算能力和广阔的应用前景。

在当前新形势下，发展创新的计算技术，并在此基础上开发有特色的工程计算分析软件，具有特别重要的意义。希望本书能为促进声学计算技术的发展和应用尽绵薄之力。

囿于作者水平，书中难免存在不足之处，热忱希望读者和同行专家批评指正。本书研究方向发展迅速，为及时更新补充相关研究的新进展，本书出版后将在作者的个人主页中建立该书的网页 http://wkjiang.sjtu.edu.cn/books.html，及时刊登更新资料和读者问答，供读者后续参考。欢迎访问本书主页，下载资料、反馈意见。

作　者

于上海交通大学闵行校园

2018 年 10 月

目　录

主要符号说明

i	单位虚数，$\mathrm{i}^2 = 1$
$\boldsymbol{x}$	空间坐标，二维表示$[x \quad y]^{\mathrm{T}}$，三维表示$[x \quad y \quad z]^{\mathrm{T}}$
(r, θ, ϕ)	球坐标系分量(半径，天顶角，方位角)
$(\boldsymbol{i}_r, \boldsymbol{i}_\theta, \boldsymbol{i}_\phi)$	球坐标系的单位坐标向量
$\mathbf{R}^n$	实数域n维空间
$\boldsymbol{a} \cdot \boldsymbol{b}$	向量点乘运算符
$\boldsymbol{J}$	Jacobian 矩阵
$\lvert * \rvert$	绝对值、矩阵符号、行列式
$\lVert * \rVert$	欧氏空间距离
$\lfloor * \rfloor$	向下取整运算
$p(\boldsymbol{x})$	点$\boldsymbol{x}$处总声压
$\mathscr{p}(\boldsymbol{x})$	点$\boldsymbol{x}$处源场声压
$q(\boldsymbol{x})$	点$\boldsymbol{x}$处总声压沿$\boldsymbol{n}(\boldsymbol{x})$方向的法向导数
$\mathscr{q}(\boldsymbol{x})$	点$\boldsymbol{x}$处源场声压沿$\boldsymbol{n}(\boldsymbol{x})$方向的法向导数
$G(\boldsymbol{x}, \boldsymbol{y}), G(r)$	关于两点$\boldsymbol{x}$和$\boldsymbol{y}$的 Green 函数，$r = \lVert \boldsymbol{x} - \boldsymbol{y} \rVert$
$\mathscr{b}(\boldsymbol{x})$	点$\boldsymbol{x}$处的声源项，$\mathscr{b}(\boldsymbol{x}) = \mathscr{p}(\boldsymbol{x}) + \gamma \mathscr{q}(\boldsymbol{x})$
δ	Dirac 函数
δ_{nl}	Kronecker 符号
P_n^m	连带 Legendre 函数
$\mathfrak{A}$	立体角
J_n	第一类柱 Bessel 函数
j_n	第一类球 Bessel 函数
$\mathrm{H}_n^{(1)}$	第一类柱 Hankel 函数
$\mathrm{H}_n^{(2)}$	第二类柱 Hankel 函数

$\mathrm{h}_n^{(1)}$	第一类球 Hankel 函数
$\mathrm{h}_n^{(2)}$	第二类球 Hankel 函数
∇	梯度算子、散度算子
∇^2或Δ	Laplace 算子
$\mathcal{S}^S$	边界 S 上的单层势积分算子
$\mathcal{D}^S$	边界 S 上的双层势积分算子
$\mathcal{A}^S$	边界 S 上的连带双层势积分算子
$\mathcal{H}^S$	边界 S 上的超奇异积分算子
γ	Burton-Miller 方程中的组合系数
$\boldsymbol{\mathfrak{I}}^m$	第 m 号节点的单元编号组成的向量
$\mathfrak{I}_l^m$	向量中第 l 个元素的单元编号
$\angle_{\mathfrak{I}_l^m}$	第$\mathfrak{I}_l^m$号单元上与第 m 号节点关联的夹角
A_e	第e号单元的面积
$\boldsymbol{I}^e$	第e号单元上所有节点编号组成的向量
I_n^e	第n个节点的全局节点编号
$\boldsymbol{H}$	关于声压的全局系数矩阵
$\boldsymbol{G}$	关于声压法向导数的系数矩阵
$\boldsymbol{H}^e$	第e号单元上关于声压的局部系数矩阵
$\boldsymbol{G}^e$	第e号单元上关于声压法向导数的局部系数矩阵
$\boldsymbol{x}$	边界上未知量组成的向量
$\boldsymbol{b}$	线性方程组的右边向量
$\mathcal{N}$	形函数/插值函数
k	波数
ω	圆频率
$\hat{\boldsymbol{\sigma}}$	单位球面上的向量
$\boldsymbol{K}$	有限元方法的刚度矩阵
$\boldsymbol{K}^e$	第 e 号单元上的局部刚度矩阵
$\boldsymbol{M}$	有限元方法的质量矩阵

$\boldsymbol{M}^e$	第 e 号单元上的局部质量矩阵
$\boldsymbol{A}^f$	以声压为待求量的结构-声学耦合系数矩阵
$\boldsymbol{A}^s$	以位移为待求量的结构-声学耦合系数矩阵
$\boldsymbol{T}^{sf}$	流体载荷到结构载荷的转换矩阵
$\boldsymbol{T}^{fs}$	结构载荷到流体载荷的转换矩阵
$\boldsymbol{C}^{sf}$	流体域对结构域的耦合矩阵
$\boldsymbol{C}^{fs}$	结构域对流体域的耦合矩阵
$\mathrm{dim}(*)$	集合或者向量的长度
$\mathrm{Re}(*)$	取复数的实部
$\mathrm{Im}(*)$	取复数的虚部
$\square^*$	复数的共轭，复数矩阵或向量的共轭转置

第1章 绪 论

1.1 引 言

对于车辆、飞行器、船舶及家用电器等机电产品，声学性能不仅是强制性要求，往往也是与对手产品竞争中取胜的关键。例如，民用客机噪声不仅是决定乘客舒适性的重要技术指标，而且可能导致机身结构产生疲劳损伤，影响飞行安全。家用电器的噪声水平则更是影响顾客选购的重要因素。在这些产品的开发过程中，噪声定量预报、噪声控制与优化是产品声学设计的重要任务。

实际工程对象比较复杂，如图 1.1 所示的一些大型复杂设备声学分析问题，包括噪声的定量分析计算、预测和优化，无法使用解析的方法，而实验分析只能在样品或成品阶段才能进行，且成本高、周期长。因此，数值计算是工业产品声学分析的重要手段，声学数值方法主要包括有限元方法(finite element method, FEM)、边界元方法(boundary element method，BEM)、有限差分法、声线追踪法、统计能量分析法等。声学问题中大量声学物理量可以直接通过边界元方法进行求解，或间接通过边界元方法进行分析。因此，边界元方法作为最有效的数值计算方法之一，在声学数值分析方法中占有重要的地位。

图 1.1　大规模声学问题

以辐射声场及其特性为主要研究目标的声学计算，可以分为自由空间、多联通域和半空间问题等。潜艇螺旋桨噪声、飞机发动机辐射噪声等都可视为自由空间的声学问题。带声学覆盖层水下航行器的声辐射和声散射、多孔吸声材料的设计及生物组织中声学特性模拟等，属于多联通域声学问题。水下航行器靠近海平面或海底面时的声辐射和声散射分析，各类车辆的声辐射、飞机起飞或着陆过程中的噪声分析等，都要考虑边界的影响，需要建立一般阻抗平面的半空间声学模型。

边界元方法是一种基于积分方程的数值方法，可以将模型降维(三维变为二维，二维变为一维)，且仅需要离散边界。声学 Helmholtz 边界积分方程能自动满足远场辐射条件，比较容易处理无限域的边界条件。同时作为一种半解析的数值方法，边界元方法较之其他数值方法精度要高，是一种比较适用于声学分析计算的数值方法。

虽然边界元方法降低了模型分析的维数，但是其系数矩阵是非对称，甚至是奇异的满阵，其数据存储量与模型离散自由度(N)的平方成正比，即$O(N^2)$。在双精度数值运算下，边界元方法内存使用量和离散自由度的关系如图 1.2 所示，可以看出，当离散自由度为 2×10^4 时，边界元方法需要使用近 6GB 的内存，当离散自由度为 3×10^4 时，其内存使用量增长到惊人的 13.41GB。根据目前个人计算机的一般性能来看，传统边界元方法很难完成超过 20000 个自由度模型的声学计算。对于更大的模型，边界元方法的内存使用量将超出计算机的存储范围而无法进行计算。另外，当边界元方法中使用迭代求解器计算时，其求解复杂度为$O(N^2)$，如果使用直接求解器(如 Gauss 消去法)，其求解复杂度为$O(N^3)$。因此，边界元方法的内存使用量和计算耗时严重地制约着其在声学分析问题中的应用。

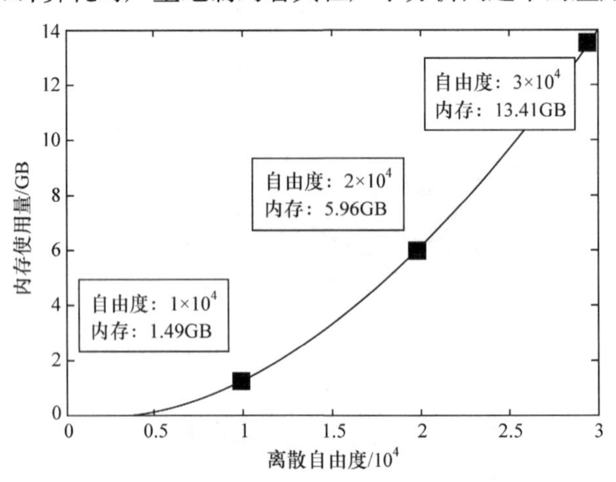

图 1.2　不同离散自由度下边界元方法的内存使用量

随着人们对产品声学性能的不断追求，声学分析和研究的问题逐渐向大规模、多物理场方向发展，迫切需要边界元方法完成大规模声学问题的快速计算分析。

快速多极子边界元方法的出现和发展，极大地降低了边界元方法的内存使用量，提高了边界元方法的计算效率，为大规模声学问题的计算和分析提供了一种解决方法。

1.2　边界元方法

1.2.1　概述

边界元方法可分为直接法和间接法两种类型。直接法以物理意义明确的结构表面声压和法向振速为未知量，求解 Helmholtz 边界积分方程，适用于表面封闭结构的声辐射和声散射问题的计算。间接法以物理意义不明确的变量，如结构表面的声压差和速度差，求解 Helmholtz 边界积分方程，适用于表面不封闭结构的声辐射和声散射问题的计算。本节简要介绍直接边界元方法(简称边界元方法)的发展历史和特点。

边界元方法是边界积分方程(boundary integral equation, BIE)的一种数值解法，它的基本思想是基于 Green 函数，采用 Gauss 定理，把一个封闭区域上的积分转化为该区域边界上的积分。边界元方法的发展可以追溯到 20 世纪 60 年代，Jaswon 等最初用它来求解二维位势问题[1-3]。随后，Rizzo 在其博士论文中将边界元方法用于二维弹性力学分析，并于 1967 年将成果发表在期刊上[4]。20 世纪 60～70 年代，众多学者在应用力学领域展开了大量关于边界积分方程及其求解方法的研究[5-13]。仿照有限元方法的命名，边界元方法术语在 1977 年由 Brebbia、Dominguez、Banerjee 和 Butterfield 在英国南安普顿大学共同商定，并在 Brebbia 编写的 *The Boundary Element Method for Engineers*[14]一书中正式使用。

美国、欧洲和中国的一些学者，如 Rizzo[15]、Cruse[16]、Watson[17]、Shippy[18]、Mukherjee[19]、Telles[20]、姚振汉和杜庆华[21,22]等，就各自领域边界积分方程及边界元方法的发展历史在电子期刊 *Electronic Journal of Boundary Elements* 的特刊中做了综述性的描述。2005 年，A.H.D. Cheng 和 D.T. Cheng 发表了一篇综述文献，详细描述了边界积分方程和边界元方法的早期历史和发展、18 世纪至 20 世纪上半叶边界积分方程发展的重要数学贡献，以及 20 世纪 70 年代以前边界元方法发展的历史[23]。Tanaka 在 1983 年综述了当时边界元方法的最新发展[24]，随后，他又总结了 20 世纪 80～90 年代奇异及超奇异边界积分方程的发展。经过几十年的发展，多本专著陆续被出版[25-27]，这可以作为不同领域边界元方法理论系统学习的资料。

在我国，边界元方法的研究工作起步较晚。1978 年，清华大学杜庆华教授在国内首先开展边界元方法的研究，推动了边界元方法在力学、电磁学等学科上的迅速发展。边界元方法是继有限元方法之后的一种别具特色的新型数值方法。与有限元方法相比，边界元方法有如下三个优点：

(1) 降维。边界元方法可以将所分析模型的维数降低一维，而且不需像有限元方法一样离散整个求解域，仅需要离散空间模型的边界，即对于二维和三维问题，可分别采用线单元和面单元离散边界，因此减少了离散单元数，并大大降低了模型网格划分的难度。

(2) 求解精度高。边界元方法是一种半解析数值方法，具有解析与离散相结合的特点，求解精度比一般的数值方法高。其误差主要来源于边界单元的离散，累积误差小，便于控制。

(3) 适用于无限域问题。Helmholtz 边界积分方程能自动满足无穷远处的辐射条件，无须特别处理外部问题在无限远处的边界条件，便于无限域声场分析。

但是，理论分析和工程实践应用表明，边界元方法也存在自身固有的缺陷，主要表现在以下三个方面：

(1) 内存使用量大和计算效率低。边界元方法所生成的线性方程组的系数矩阵是稠密、非对称满阵，其内存使用量为$O(N^2)$，N表示离散模型的自由度。当使用直接法求解时，如 Gauss 消去法，其计算量为$O(N^3)$，即使采用迭代法求解，其计算量也为$O(N^2)$。虽然边界元方法降低了求解问题的维数，但仅适用于小规模问题的分析，这是阻碍边界元方法发展的主要原因，也是边界元方法的发展落后于有限元方法等其他数值方法的主要原因。

(2) 非唯一性。对于外部问题，当分析频率与内部结构的共振频率重合时，解不能保证唯一性。这种不唯一现象不是现实物理问题中真实存在的，而是由采用边界积分方程的数学方法造成的。因此，需要添加辅助方程来消除非唯一性的影响，从而增加了计算量。

(3) 奇异积分。当场点和积分点重合时，边界积分方程中会出现$O(1/r^2)$的奇异性，其计算精度对最终计算结果的影响较大。当引入边界积分的导数方程来消除外部问题的非唯一性时，方程中会出现$O(1/r^3)$的超奇异性，进一步增加计算的困难。

1.2.2 声学边界元方法的发展

虽然边界元方法存在上述不足，但是由于其在无限域外部问题处理上的优越性，在声学分析领域仍受青睐。经过几十年的研究，声学边界元方法也在一定程度上得到了发展，并成功应用于一些实际声学问题的分析中。

1963 年，Banaugh 和 Goldsmith 使用边界积分方程，分析了任意形状二维物体的稳态声散射问题[28]。受当时计算条件的限制，研究者仅求解了 36 维的离散方程，这是边界积分方程计算声学问题的一次有意义的尝试。同年，Chen 和

Schweikert 使用 Fredholm 积分方程预测了任意形状三维物体的声辐射问题[29]，显示了边界积分方程在计算任意形状模型声辐射问题的优越性。Chertock 使用边界积分方程研究了振动结构的辐射声场，并指出基于边界积分方程的通用数值方法随着离散自由度的提高，计算效率变得低下[30]。Copley 研究了一种简单的方法用于辐射问题的边界积分方程的计算，并提出了对称模型的非奇异边界积分方程[31]。随后，Copley 发现边界积分方程在共振频率处求解会产生非唯一性问题，他是公开文献里第一个发现此现象的学者[32]。

1968 年，Schenck 提出了一种改进的边界积分方程法，即 CHIEF(combined Helmholtz integral equation formulation)法，用于解决边界积分方程的非唯一性问题[33]。CHIEF 法通过在结构内部增加 Helmholtz 积分点，形成超定方程系统，并通过最小二乘方法求解系统的未知量。对于简单的声学模型，CHIEF 法非常适用，只要选择合适的配置点就能有效解决非唯一性问题。然而，对于结构复杂的模型和高频声学问题，CHIEF 法配置点的数目和位置很难确定。因此，CHIEF 法在工程应用中具有一定的局限性。1971 年，Burton 和 Miller 利用边界积分方程及其方向导数方程各有一组互不重叠共振频率的特性，将两个方程进行适当的组合，消除了求解结果的非唯一性问题[34]，因为这在边界元方法领域产生重要影响，后人将此方法以两人姓名共同命名为 Burton-Miller 法。

虽然 Burton-Miller 法解决了共振频率处解的非唯一性问题，但是在方程中引入了超奇异积分项，奇异积分是边界元方法的研究热点和难点[35-37]。对于二维声学问题，存在严格的解析奇异积分方法[38]。对于三维声学问题，大量研究直接从 Gauss 数值积分出发来解决奇异积分的问题[39,40]。对于奇异积分，采用较多的积分点可以保证计算的精确性。但对于超奇异积分问题，即使采用更多的积分点，也不能保证计算的精度。总的来说，奇异积分技术大致可以分为正则变换法、坐标变换法和奇异值消去法三类[41-45]。Liu 等在 Burton-Miller 方程中考虑了立体角的导数，使用对角元素重生法处理了改进的 Burton-Miller 方程中的奇异积分[46]。Chen 等基于奇异值消去法重新推导了 Burton-Miller 方程的表达式[47]，使其对任意高阶单元均具有弱奇异的特性，随后 Li 和 Huang 将其用于快速多极子边界元算法中[48]。Polimeridis 等将直接积分法和奇异值消去法相结合，处理了 Galerkin 边界元方法中的奇异积分[35]。但对于常数单元，上述计算方法仍然比较烦琐。Matsumoto 等对常数单元离散的 Burton-Miller 方程提出了显式的无奇异积分表达式[49]，并将其应用到声学灵敏度的分析中[50]。Tadeu 和 António 也推导了常数单元的奇异及超奇异积分的表达式[37]。Wu 等将配点置于平面单元的内部，建立了线性连续单元的非奇异 Burton-Miller 方程表达式[51]。

Cheng 等用边界元方法预测了消声器性能[52]。因消声器中包含薄壁细长结构，所以采用了多联通域边界元方法将消声器分割成不同的区域。Wu 提出了用于常规和薄壁混合结构的声辐射和散射的边界元方法[53]。Geng 等使用边界元方法对高频声学问题进行了分析，并对误差进行了研究[54]。一些学者将边界元方法用于轴对称结构的声场分析，在圆周方向采用 Fourier 级数展开的方法，简化了积分运算，提高了计算效率[55,56]。Seybert 等使用边界元方法和 Rayleigh 积分法分析了机器部件的辐射声场[57]，研究发现 Rayleigh 积分法计算的结果与边界元方法计算的结果接近，与实验结果具有很好的一致性。Chen 等推导了声场与薄壳结构边界积分方程的表达式[58]，并提出了快速计算的技术[59]。Ramesh 等使用边界元方法分析了由轴对称结构的空泡现象引起的声传播问题[60]。上述声学分析中使用的是传统边界元方法，这类方法存在计算效率低、求解规模小的问题，如何提高声学边界元方法的求解规模和计算效率一直备受关注。

国内学者在声学边界元方法上的研究起步较晚，最早关于边界元方法在声学计算中的论述可追溯到 20 世纪 80 年代。上海交通大学的余爱萍等使用时域边界元方法对瞬态声场特性进行了分析[61-63]。张敬东和何祚镛采用有限元方法和边界元方法，提出修正模态分解法用于水下旋转结构的声场预报[64]。赵健等使用 CHIEF 法对振动结构的声辐射问题进行了计算，并提出在奇异点附近使用极坐标变换来消除积分奇异性[65]。姜哲应用 CHIEF 法分析了脉动球的声辐射，取得了较好的结果[66]。哈尔滨工程大学季振林课题组提出新的理论和算法，将边界元方法用于消声器特性的模拟和设计[67-73]。合肥工业大学的陈心昭课题组提出了高效、高精度的全特解声学边界元方法，避免了对系数矩阵的直接计算[74]；将声学边界元方法与统计方法相结合用于随机振动结构的声辐射研究[75]；并提出了利用边界点法来克服振动声辐射计算中解的非唯一性[76]。陈剑课题组基于边界元方法分析了声学结构灵敏度[77-79]。闫再友等利用正则化方法弱化了 CHIEF 的奇异性，将边界元方法用于脉动球和振动球的声辐射计算[80]；随后对这一正则化方法进行了详细论述[81]。华中科技大学的黄其柏课题组提出了一种非等参单元的四边形坐标变化法，用于积分方程的奇异值计算[82]；利用无穷级数展开法，将波数从 Helmholtz 边界积分方程的特解中分离出来，证明了级数的收敛性，并结合 CHIEF 法用于多频声学问题的计算[83]；基于边界元方法计算了任意结构的声辐射模态及其效率[84]。另外，国内一些学者对声学边界元方法在工程中的应用进行了研究，如汽车的舱室噪声分析[85,86]、边界元方法和有限元耦合声场分析[85,87-90]以及边界元方法的并行计算研究[91]等。

1.3　声学快速边界元方法

经过几十年的研究，声学边界元方法得到了较好的发展，但内存使用量及计算效率一直是阻碍边界元方法应用于大规模声学问题分析的两个原因。直到 20 世纪 90 年代，快速算法开始发展，逐步解决了边界元方法中内存使用量大和计算效率低下的难题,使得边界元方法可以在个人计算机上完成大规模声学模型的快速、精确计算。快速边界元方法主要是利用新算法，加速边界元方法系数矩阵与向量的乘积运算效率，并采用迭代求解器，以实现大规模问题的快速计算。根据矩阵向量加速算法的不同，快速边界元方法可以分为快速多极子方法(fast multipole method)、预处理快速 Fourier 变换(pre-corrected fast Fourier transformation，预处理 FFT)、自适应交叉近似(adaptive cross approximation)等几类，其中快速多极子边界元方法是本书的重点研究内容。

1.3.1 快速多极子边界元方法的发展

快速多极子算法是迄今应用最为广泛的一种边界元加速算法,其核心思想是将 Green 函数展开成关于源点和场点的函数,即一个源点和场点的传递函数,并采用树状结构，将场点和源点的边界积分通过上行和下行传递计算的方式加速实现。

20 世纪 80 年代，Rokhlin 首先在求解二维 Laplace 积分方程时引入了快速多极子算法[92]。随后，Greengard 和 Rokhlin 进一步完善和发展了 Rokhlin 最初的算法，采用树状结构对空间域进行离散，引入了多层快速边界元方法的思想，术语“快速多极子算法”也第一次正式出现[93]。

20 世纪末，快速多极子方法以其强大的计算能力逐渐在声学领域得到重视和发展。Rokhlin 首先将快速多极子算法推广到二维 Helmholtz 积分方程的求解中[94,95]。Epton 和 Dembart 对 Green 函数的低频展开式做了详细的归纳和介绍[96]。Rahola 推导了 Green 函数的高频展开式(对角展开式)并进行了误差分析[97]。Greengard 等[98]、Darve 和 Havé[99]研究了 Green 函数的消失波和平面波展开形式，提高了低频快速多极子边界元方法的计算效率。Sakuma 和 Yasuda 研究了声学快速多极子边界元方法的理论及实现步骤，并对声管进行模拟，验证了算法的正确性[100]；随后，他们又分析了树状结构深度对计算时间和精度的影响，分别给出了时间最优和内存最优的树状结构深度划分依据[101]。J.T. Chen 和 K.H. Chen 合并了 Green 函数多极子展开中心与边界单元中心，提高了 Green 函数多极子展开的收敛性，数值验证了 Green 函数多极子取五项展开式即满足收敛要求[102],并将所研究的快速多极子边界元方法用于斜入射下声屏障的声学特性分析中[103]。Fischer 等提出了基于 Galerkin 边界积分方程的快速多极子边界元方法[104]。基于 Galerkin 法的边界元方法虽然具有对称的系数矩阵，但双重积分增加了系数矩阵的计算时间。Fischer 和 Gaul 课题组采用快速多极子边界元方法和有限元耦合的方法分析了结构-声学耦合模型[105-107]。

Gumerov 和 Duraiswami 基于 T 矩阵理论，使用多极子展开法，求解了多球体声散射问题[108]，其描述的传递算子快速迭代方法与卷积式快速多极子边界元方法相似，后来，他们又使用快速多极子边界元方法对多球体散射声场进行了数值计算[109]，并与传统边界元方法的计算效率进行了比较。Shen 和 Liu 基于 Burton-Miller 方程建立了三维声场计算的自适应快速多极子边界元方法[110]，数值模拟了半径为 1m 包含 1200 个边界单元的刚性球散射声场，验证了在特征频率处基于 Burton-Miller 方程的快速边界元方法的正确性；同时分析了棱长为 2m 的正方体内分布的多体散射问题(1000 个散射体，每个散射体包含 200 个边界单元)，在主频 1.6GHz 处理器和内存 512MB 的笔记本电脑上，计算共耗时 3352s。Bapat 等将这种方法用于半空间三维声学问题，提出了基于半空间 Green 函数的快速多极子边界元方法，可减少一半的内存使用量和计算时间[111]。随后，Bapat 和 Liu 改进了交互栅格的定义，优化了源点矩至本地转移次数，进一步提高了快速多极子边界元方法 30%～40%的计算效率[112]。Tong 等使用非并行的快速多极子边界元方法，在工作站上完成了 200 万自由度大规模声学问题的求解计算[113]。Yasuda 等详细介绍了基于直接传统边界积分方程、间接传统边界积分方程、Burton-Miller 方程及混合边界积分方程的低频快速多极子边界元算法[114]，在低频快速多极子边界元方法中，采用了 Taylor 级数展开法计算源点矩和本地系数转移，采用递归方法计算源点矩至本地展开转移。

国内学者在声学快速多极子边界元方法上也做了大量工作。哈尔滨工程大学季振林课题组较早地开始了声学快速多极子边界元方法的研究[115,116]，提出了用于消声器声学性能预测的子结构快速多极子边界元方法[117-119]。华中科技大学黄其柏课题组的李善德博士提出了改进的 Burton-Miller 方程[48]，并在此基础上提出了相应的快速多极子边界元方法[120-124]。另外，中国科学技术大学陈海波课题组的郑昌军博士对奇异积分及宽频段快速多极子边界元方法分析声学灵敏度问题做了较为深入的研究[49,50,125-128]。

在声学快速多极子边界元方法中，边界积分方程的核函数和频率有关，因此核函数多极子展开项数 P 与模型的特征尺寸(波数与模型尺寸乘积)有关。快速多极子算法中每层的展开项数不同，树状结构上层的特征尺寸大，展开项数多；反之，特征尺寸小，展开项数少。Rokhlin 提出了卷积形式的快速多极子算法[94]，Epton 和 Dembart 详细地论述了三维 Helmholtz 方程卷积展开形式的多极传递理论[96]，证明了源点矩转移(M2M)、源点矩至本地展开转移(M2L)、本地展开转移(L2L)的计算量均为$O(P^5)$。为满足高频计算的需要，Rokhlin 发现快速多极子传递算子具有卷积的性质，可利用 Fourier 变换把核函数展开成对角形式，从而 M2M、M2L、L2L 的计算量可降为$O(P^2)$。但是对角展开形式的快速多极子边界元算法在特征尺寸比较小时会产生数值不稳定现象，无法用于低频 Helmholtz 积分方程的计算。Gumerov 和 Duraiswami 提出了多极传递算子的迭代算法和系数矩阵旋转算法[129]，将$O(P^5)$的 M2M、M2L、L2L 运算分别转换为 3 个$O(P^3)$的运算，转换过程是坐标系的“旋转—平移—回转”的过程，大大降低了快速多极子算法的计算量。Greegrand 等提出使用衰减平面波对角展开算法代替传统的对角展开方法，在一定程度上拓宽了对角展开形式快速多极子边界元方法的适用范围[98]。在对角展开形式的快速多极子边界元方法的基础上，Bonnet 等[130,131]和 Chew 等[113]分别计算了单元数为$O(10^5)$模型的弹性波动问题。

Cheng 等[132]、Gumerov 和 Duraiswami[133]分别提出了适用于全频段声学分析的快速多极子边界元算法，将卷积形式和对角形式的快速多极子边界元算法整合在一起，按照一定临界特征尺寸将树状结构分成两部分，低于临界特征尺寸的采用低频算法，高于临界特征尺寸的采用高频算法。当快速多极子算法上行到达高频算法的适用范围时，将低频的源点矩转换成高频的源点矩，然后继续传递；当下行到低频算法的适用范围时，将高频形式的本地展开系数转换成低频形式的本地展开系数，然后继续传递。他们提出的算法采用同样的方法划分高频和低频，但 M2M、M2L 和 L2L 的过程却略有不同。在低频段，Gumerov 和 Duraiswami 全部采用卷积形式计算 M2M、M2L 和 L2L，计算量为$O(P^3)$[133]。由于 M2L 的计算量最大，Cheng 等[132]先将源点矩转换成高频形式，然后按照高频形式计算 M2L，最后将本地展开系数转换成低频形式，这三个步骤计算量均为$O(P^2)$。由于低频的展开项数 P 不是很大，所以他们在低频段的 M2M、M2L 和 L2L 计算量差别很小。高频部分，Cheng 等[132]全部使用高频形式的传递算法计算 M2M、M2L 和 L2L，计算量为$O(P^2)$。Gumerov 和 Duraiswami[133]采用的策略与 Cheng 等[132]的低频部分相同，虽然大大降低了 M2L 的计算量，但是由于 M2M 和 L2L 采用了低频形式进行传递，其计算量仍为$O(P^3)$。从复杂度上分析，Gumerov 和 Duraiswami[133]的算法略逊于 Cheng 等[132]的算法，但比传统的低频和高频快速多极子边界元方法要优越。

关于快速多极子边界元方法发展的历史及具体理论的系统论述，可以参见 Nishimura[134]和 Liu 等[135]的两篇综述性文章。Gumerov 和 Duraiswami 的专著对快速多极子算法在 Helmholtz 方程求解中的应用做了详细的理论推导和分析，是一本数学性比较强的著作[136]。Liu 出版了一本关于快速多极子边界元方法理论和工程应用的专著[137]，概括了快速多极子边界元方法在位势问题、弹性问题、Stokes 问题和声学问题等的理论发展和应用实例。

1.3.2 其他快速边界元方法概述

除了快速多极子方法之外，快速边界元方法还包括其他技术，这里仅简要介绍基于预处理 FFT 和自适应交叉近似算法的快速边界元方法。

1997 年，Phillips 和 White 提出了一种不依赖于积分核的矩阵向量加速方法，即预处理 FFT，用于求解 Laplace 和 Helmholtz 积分方程[138,139]。该方法经过改进，并与边界元方法相结合，成功用于 Laplace 方程[140,141]、Stokes 方程[142,143]、线弹性问题[144]、静电及弹性的耦合问题[145]、Poisson 方程[146]等。后来，动力学问题分析也采用该方法[147,148]，这充分显示了预处理 FFT 的强大性。该方法的计算复杂度为$O(N)+O(N_{\mathrm{g}}\lg N_{\mathrm{g}})$，其中$N$为单元数目，$N_{\mathrm{g}}$为格子数。

另一种比较流行的方法是自适应交叉近似(ACA)算法，其降低边界元方法计算复杂度和存储量的策略不同于快速多极子方法和预处理 FFT 方法。Hackbusch 提出的分层矩阵(hierarchical matrix)方法[149]是一种代数方法，可以实现矩阵与向量加法和乘法、矩阵求积和 LU 分解的快速计算，其计算复杂度与模型自由度呈线性关系，且分块矩阵方法易进行并行化处理[150]。Bebendorf 首次将 ACA 方法用于边界元方法矩阵的近似计算[151]。ACA 方法在弹性力学[152,153]、断裂问题[154,155]和电磁学[156]领域均有应用。最近，Liu 等利用快速多极子展开算法的高精度及 ACA 算法的低内存占用的优点，建立了两者的混合算法[157,158]，计算效率高于 ACA 边界元方法，低于快速多极子边界元方法。

1.4 本书主要内容

本书遵循“循序渐进”及“理论、方法和应用相结合”的原则，选择和安排内容。全书共 10 章，其中，第 1～4 章是基础部分，介绍声学边界元方法理论及其算法；第 5～10 章是专题部分，介绍一些声学特定问题的快速边界元方法，并通过算例展现方法的特点和优越性。

第 1 章介绍边界元方法和快速边界元方法的基本概念和发展概况：简要回顾边界元方法的起源和发展历史，综述声学边界元方法的发展历史，归纳传统边界元方法的优点和缺点；介绍快速边界元方法的基本思想，着重描述快速多极子边界元方法在声学领域的发展，并概述其他快速边界元方法。

第 2 章主要介绍声学边界元方法的数学、物理基础理论：首先简要介绍声波的概念和微分形式的波动方程；Fourier 变换是稳态声学分析的重要转换方法，明确 Fourier 变换的时间项形式为$\mathrm{e}^{-\mathrm{i}\omega t}$；介绍三种典型的边界条件，并推导无限域声学波动问题的远场辐射条件；详细介绍 Dirac 广义函数、积分定理及其特性，这是获得声学边界积分方程的重要理论工具；基于 Dirac 函数特性和微分方程求解理论，讨论自由空间和非自由空间声学 Green 函数的构造方法。

第 3 章讨论边界元方法的几何模型和声学物理量的离散表达形式。详细介绍声学边界元方法中线单元、面单元的不同阶次单元插值函数的通用方法，以及通过等参变换方法转换为非规则形状单元的理论；并讨论参数坐标和物理坐标的标准转化方法、单元上的通用数值积分方法，为一般非规则声学边界模型的离散和求解提供有效的单元形式。

第4章介绍声学边界元方法的实现途径及其主要技术，重点介绍配点法声学边界积分方程的推导过程,即当配点无限趋近边界时积分方程跳跃项产生的机理，并详细介绍采用平面单元离散时，非连续常数单元和连续线性单元的非奇异边界积分方程表达式。

第5章研究结构-声学耦合问题的有限元方法和边界元方法耦合计算方法。结构部分采用壳体理论建模，介绍考虑一阶剪切效应的 Reissner-Mindline 板壳理论及其无剪切锁死的有限元方法计算理论。声学分析采用基于线性连续单元的传统边界元方法，与结构有限元方法在耦合表面生成共形网格，并推导三角形线性单元上的解析耦合矩阵。分析耦合方程的两种求解格式，即位移求解格式和声压求解格式，从求解效率、内存使用量分析上重点介绍一种基于声压求解的高效求解方法。

第6章是本书的核心内容，详细介绍三维声学快速多极子边界元方法的理论和算法流程，快速多极子边界元方法使用一种显式、无奇异的 Burton-Miller 边界积分方程。首先，建立高频快速多极子边界元算法的展开理论，推导常数单元和线性单元上的源点矩解析表达式，提高源点矩计算的精度和效率；其次，建立低频快速多极子边界元方法的展开理论，并将高频源点矩的解析表达式用于低频算法的上行传递过程，该算法保留了低频快速多极子边界元方法内存小的优点，提高了其源点矩的计算效率和精度；最后，发展效率更高的全频段快速多极子边界元方法，将低频和高频快速多极子边界元方法进行适当的组合，组合方法不受分析频段的影响，在计算中更加自由和灵活。

第7章研究多联通域声学问题的快速边界元方法。声波在不同媒质中传播，而媒质的声学阻抗相差不大，不能忽略声波的透射和散射，一般需要将多个区域的声学方程联立进行耦合求解。在单联通域快速多极子边界元方法的基础上，利用边界上声压和速度连续性条件，将基于 Burton-Miller 方程的快速多极子边界元方法推广到多联通域声学问题的分析。为方便多联通快速多极子边界元方法的实现，每个区域单独生成树状结构，进行模型分组离散。多树状结构造成不同区域内的叶子、邻近及交互栅格的定义各不相同，使预处理技术的使用产生了困难，为此，发展一种基于边界块对角的预处理方法，以降低系数矩阵条件数，减少迭代求解次数。

第8章研究基于 Burton-Miller 方程的半空间快速多极子边界元方法。与传统的绝对刚性(或软)无限大平面边界不同，半空间反射面是具有阻抗特性的无限大平面，因此更具有一般性。半空间上具有无限大阻抗反射面的 Green 函数较为复杂，存在无穷积分项。将下行传递分成实栅格对实栅格和实栅格对虚栅格两部分，并推导分段解析表达式，精确、快速计算 M2L，从而解决 Green 函数中无穷积分项的快速多极子边界元方法的实现难题。将分段解析方法与多层树状结构相结合，进一步提高 M2L 的计算效率，便于邻近栅格内单元间边界元方法系数的直接计算。数值实验表明，所发展的半空间快速多极子边界元方法大大提高了无限大阻抗平面边界元方法的计算效率，使采用边界元方法分析大规模半空间阻抗平面上的声学问题成为可能。

第 9 章将快速边界元方法引入声辐射模态理论分析中，以提高声辐射计算的效率。基于传统边界元方法的声辐射模态计算方法由于内存使用量和计算效率的限制，只能对小规模和低频模型进行分析，限制了声辐射模态的工程应用。该章分析了无限大障板上结构的辐射模态，联合快速多极子边界元方法和迭代特征值求解器，建立了无限大障板上大规模结构声辐射模态的快速计算。对于三维声学结构，由于辐射算子是非对称的复数矩阵，且其特征值具有重叠的特性，迭代求解器不能保证搜索得到的特征值为指定的最大特征值，因此，基于快速多极子边界元方法和迭代特征值求解器的方法不适用于三维声辐射模态的计算。基于等效源方法、Green 函数的多极子展开理论和边界积分方程，发展了映射声辐射模态的理论，证明了 Helmholtz 方程的球函数基本解可以作为一组映射声辐射模态，并提出一种更为高效的基于映射声辐射模态的辐射声功率计算方法。

第 10 章综合应用快速多极子边界元方法以及映射声辐射模态理论，以辐射声功率作为优化目标函数，进行工程结构的低噪声优化设计，给出了压缩机壳体的加筋位置和大小的拓扑优化、水下航行器阻尼布置优化分析的案例，均取得了显著的降噪效果。其中，水下航行器阻尼布局优化采用遗传优化算法，利用有限元的并行技术获取结构响应，并开发并行代码，实现了快速多极子边界元方法不同频率的并行计算，加速了优化计算过程。

第 2 章　数学物理方法基础

2.1　引　　言

物理学、力学和工程分析中的许多问题都可以被描述成初始条件和边界条件偏微分方程的初值-边界问题。初始条件表示问题的初始状态，边界条件表示边界上的约束情况。也可以把初始条件和边界条件合称为边界条件，则初始条件为时间边界条件，而边界条件为空间边界条件。

实际工程中的声学问题，能采用解析法按照边界条件求解偏微分方程的仅限于极少数简单情况。大部分声学问题的分析，需要借助计算机进行数值分析。数值解法分为区域型和边界型两大类。声学边界元方法是一种声学分析的边界型数值解法，是声学波动问题积分方程的离散求解形式。

声学边界元方法的一般求解步骤主要包括：

(1) 建立声学问题的偏微分方程。针对具体问题，根据质量守恒定律、动量守恒定律，以及声学媒质的物态方程等，推导出所分析声学问题的偏微分方程表达式。

(2) 获取偏微分方程的基本解，又称 Green 函数。一般是求解适用于任意几何形状、无限域内单位激励下非齐次微分方程的特解，又称自由场 Green 函数。也可以建立满足边界条件的微分方程基本解，如满足 Dirichlet、Neumann 等其他特定的边界条件，以便于复杂边界条件的数值分析计算，如第 8 章中半空间声学问题的分析。

(3) 将域内声学问题的偏微分方程转化为边界上的积分方程。以 Green 函数为权，对偏微分方程加权积分，再用 Green 积分定理，建立封闭结构表面上具有明确物理意义参数的积分方程表达式。对于非封闭的结构，可以建立结构表面上没有明确物理意义参数的积分表达式。本书所介绍的边界元方法基于具有明确物理意义的积分方程表达式。

(4) 离散模型和边界条件，建立积分方程的线性代数方程组，求解模型的边界离散未知量。求得全部边界物理量后，分析其他目标声学物理量，如辐射声压、声强、声功率等。

上述过程将声学偏微分方程的求解转换成关于节点未知量代数方程的求解。本章重点介绍声学边界元方法的前三个步骤所涉及的主要理论基础，包括声的基本概念及波动方程的简要推导、频域 Helmholtz 方程和 Fourier 变换、声学边界条件的定义、Green 等式和积分定理、Green 函数等。边界元方法离散求解中所涉及的主要技术将在第 3 章中介绍。

2.2 声的基本概念和波动方程

声是各种弹性媒质中的机械波。本节主要研究流体中的声波，包括气体和液体中传播的声波。存在声波的空间称为声场。由于声波的扰动，媒质空间点$\boldsymbol{r}$处的压强$p'(\boldsymbol{r},t)$随时间和空间变化。如果把没有声波时的静态压强记作p_0，则声波扰动后的压强与静态压强的差$p(\boldsymbol{r},t)=p'(\boldsymbol{r},t)-p_0$称为声压，也称逾量压强或逾压。声波也会引起媒质密度的变化，声波引起的媒质密度的变化记为$\rho(\boldsymbol{r},t)=\rho'(\boldsymbol{r},t)-\rho_0$，其中$\rho_0$是没有声波时媒质的密度，$\rho'(\boldsymbol{r},t)$是声波扰动后媒质的密度。声波也会引起媒质质点运动速度的变化，声波引起的质点速度的变化$\boldsymbol{v}(\boldsymbol{r},t)=\boldsymbol{v}'(\boldsymbol{r},t)-\boldsymbol{v}_0$，其中$\boldsymbol{v}_0$表示没有声波时媒质质点的速度，$\boldsymbol{v}'(\boldsymbol{r},t)$是声波扰动后媒质质点的速度。

一般认为声波是由媒质密度$\rho(\boldsymbol{r},t)$、压强$p(\boldsymbol{r},t)$和速度$\boldsymbol{v}(\boldsymbol{r},t)$的扰动引起的，其中$\boldsymbol{r}$为空间点，$t$为时间变量。这些物理量并不是相互独立的，它们之间相互联系、相互影响。声学波动问题作为自然界中常见的物理现象，必须满足三个基本物理学定律，即牛顿第二定律、质量守恒定律以及描述压强、温度与体积状态参数关系的物态方程。运用这些基本定律，可以分别推导出媒质的运动方程，即压强p与速度$\boldsymbol{v}$之间的关系；连续性方程，即速度$\boldsymbol{v}$与密度增量ρ之间的关系；物态方程，即压强p与密度增量ρ之间的关系。整合这三个定律的方程，可以得到波动方程，描述媒质中声压随空间位置和时间的变化规律。

为了简化问题，需要对媒质与声传波过程做一些假设。无黏媒质线性声学的基本假设包括：

(1) 媒质为理想流体，即媒质中不存在黏滞性。声波在这种理想媒质中不能传播剪切波，传播时也没有能量的耗损。

(2) 没有声扰动时，媒质在宏观上是静止的，即初始速度为零。同时，媒质是均匀的，媒质中静态压强p_0、静态密度ρ_0都是常数。

(3) 声波传播时，媒质中稠密和稀疏变化过程是绝热的，即媒质与毗邻部分不会由于声波引起的温差而产生热交换。

(4) 媒质中传播的是小振幅声波。各声学变量都是一阶微量，声压p远小于媒质中的静态压强p_0，即$p \ll p_0$；质点速度$v=|\boldsymbol{v}|$，远小于声速c，即$v \ll c$；质点位移ξ远小于声波波长λ，即$\xi \ll \lambda$；媒质密度的增量远小于其静态密度ρ_0，即$\rho \ll \rho_0$。在这个条件下建立的是线性的声学理论。

满足这些假设之外，还需假设媒质内部无源，则线性化的质量守恒方程和动量守恒方程分别为[159]

$$\frac{\partial \rho}{\partial t} + \rho_0 \nabla \cdot \boldsymbol{v} = 0 \tag{2.1}$$

和

$$\rho_0 \frac{\partial \boldsymbol{v}}{\partial t} + \nabla p = 0 \tag{2.2}$$

其中，笛卡儿坐标系下的梯度算子为

$$\nabla = \boldsymbol{i}_x \frac{\partial}{\partial x} + \boldsymbol{i}_y \frac{\partial}{\partial y} + \boldsymbol{i}_z \frac{\partial}{\partial z} \tag{2.3}$$

$(\boldsymbol{i}_x, \boldsymbol{i}_y, \boldsymbol{i}_z)$为笛卡儿坐标系下的基向量。

质量守恒方程(2.1)和动量守恒方程(2.2)共四组方程，其物理量包含一个三维速度矢量和声压、密度两个标量，共计 5 个待求量。需要添加媒质的物态方程，以形成封闭的求解系统。根据热力学理论确定流体状态的变量是压强、温度和密度(或体积)，三者之间的关系是由媒质性质决定的。在绝热过程中，压强和密度之间的关系可以写成

$$p' = p'(\rho') \tag{2.4}$$

例如，理想气体绝热过程的状态方程是

$$p' = p_0 \left(\frac{\rho'}{\rho_0}\right)^{\gamma'} \tag{2.5}$$

其中，γ'是空气的定压比热与定容比热之比。物态方程(2.4)一般是非线性的，不能写成解析的形式，用 Taylor 级数将式(2.5)在平衡态附近展开为

$$p' = p'(\rho_0) + \left.\frac{\mathrm{d}p'}{\mathrm{d}\rho'}\right|_{s,\rho'=\rho_0} (\rho' - \rho_0) + O((\rho' - \rho_0)^2) \tag{2.6}$$

其中，脚标表示括号内的导数是平衡态绝热过程的导数。注意$p'(\rho_0) = p_0$，在声压和密度变化都很小时，保留一阶项，忽略高阶的非线性项，得到

$$p = \rho \left(\frac{\mathrm{d}p'}{\mathrm{d}\rho'}\right)_{s,\rho'=\rho_0} \tag{2.7}$$

定义$c^2 = \left(\frac{\mathrm{d}p'}{\mathrm{d}\rho'}\right)_{s,\rho'=\rho_0}$，从而得到线性化的物态方程为

$$p = c^2 \rho \tag{2.8}$$

式(2.1)两边对时间求偏导，得到

$$\frac{\partial^2 \rho}{\partial t^2}+\rho_0 \nabla \cdot \frac{\partial \boldsymbol{v}}{\partial t}=0 \tag{2.9}$$

并对式(2.2)两边取散度，得到

$$\rho_0 \nabla \cdot \frac{\partial \boldsymbol{v}}{\partial t}+\nabla^2 p=0 \tag{2.10}$$

其中

$$\nabla^2=\nabla \cdot \nabla=\frac{\partial^2}{\partial x^2}+\frac{\partial^2}{\partial y^2}+\frac{\partial^2}{\partial z^2} \tag{2.11}$$

是三维 Laplace 算子。联立式(2.9)和式(2.10)，利用式(2.8)消去ρ，得到

$$\frac{1}{c^2} \frac{\partial^2 p}{\partial t^2}=\nabla^2 p \tag{2.12}$$

式(2.12)是线性化的无源声波方程。如果存在体积外力$\boldsymbol{f}$，则线性化有源声波方程为

$$\frac{1}{c^2} \frac{\partial^2 p}{\partial t^2}=\nabla^2 p-\nabla \cdot \boldsymbol{f} \tag{2.13}$$

2.3 Helmholtz 方程基本解

2.3.1 Fourier 变换

由波动方程可知，声压是空间和时间的函数。特别地，对于单一频率的纯音，若时间项取为谐和函数$\mathrm{e}^{-\mathrm{i}\omega t}$，则声压可以表示为

$$p(\boldsymbol{r}, t)=\operatorname{Re}\left(\mathrm{e}^{-\mathrm{i} \omega t} \hat{p}(\boldsymbol{r}, \omega)\right), \quad \mathrm{i}^2=-1 \tag{2.14}$$

其中，$\hat{p}(\boldsymbol{r}, \omega)$是复数标量，$\omega$为圆频率。声压$p(\boldsymbol{r}, t)$是以空间和时间为变量的实函数，如在空间某点测得的声压时间历程数据，所以式(2.14)只取实部进行运算。将式(2.14)代入式(2.12)，得到

$$\nabla^2 \hat{p}(\boldsymbol{r}, \omega)+k^2 \hat{p}(\boldsymbol{r}, \omega)=0, \quad k=\frac{\omega}{c} \tag{2.15}$$

其中，k为波数，可写为波长λ的函数，即$k=2\pi/\lambda$，表示2π长度内所包含的声波的个数。式(2.15)即著名的 Helmholtz 方程，以德国物理学家 Helmholtz(1821～1894年)的名字命名，是给定频率下声波的偏微分控制方程。

宽频声学波动问题可以采用关于时间的 Fourier 变换转换成谐波分量的叠加。由于时间项的不同(如$\mathrm{e}^{-\mathrm{i}\omega t}$和$\mathrm{e}^{\mathrm{i}\omega t}$)和目标空间的不同(如圆频域和频域)，Fourier 变换存在不同的表现形式。本书中，声学波动问题谐响应分析的时间项选为$\mathrm{e}^{-\mathrm{i}\omega t}$，关于声压的时间-圆频率的 Fourier 变换定义为

$$\hat{p}(\boldsymbol{r},\omega)=\frac{1}{2\pi}\int_{-\infty}^{\infty}p(\boldsymbol{r},t)\mathrm{e}^{\mathrm{i}\omega t}\,\mathrm{d}t \tag{2.16}$$

显然，$\hat{p}(\boldsymbol{r},\omega)$满足 Helmholtz 方程。逐频求解后，通过 Fourier 逆变换获取波动问题的解为

$$p(\boldsymbol{r},t)=\int_{-\infty}^{\infty}\hat{p}(\boldsymbol{r},\omega)\mathrm{e}^{-\mathrm{i}\omega t}\,\mathrm{d}\omega,\quad \omega=ck \tag{2.17}$$

从式(2.17)可以看出，Fourier 变换得到的声波中包含了正、负圆频率ω或者说正、负波数k。Helmholtz 方程只与k^2有关而与k的正负无关。实际上，这种现象具有深刻的物理含义和数学含义，即Helmholtz方程描述的声波是由两种速度相同、传播方向相反的声波叠加而成的。为了便于推导，在不引起歧义的情况下，后续章节中用f表示 Fourier 变换后的频率声学物理量$\hat{f}$。

2.3.2　球坐标系下的分离变量

球坐标系是三维坐标系的一种，用以确定三维空间中点、线、面及体的位置，它以坐标原点为参考点，由距离r、俯仰角θ、方位角ϕ构成。关于球坐标系的标记有几种不同的约定，本书采用如图 2.1 所示的坐标系统(r,θ,ϕ)。共原点的球坐标系和直角坐标系具有如下转换关系：

$$x=r\sin\theta\cos\phi\,,\quad y=r\sin\theta\sin\phi\,,\quad z=r\cos\theta \tag{2.18}$$

其中，$r\geqslant 0$是点$\boldsymbol{r}=(x,y,z)$到原点$(0,0,0)$的径向距离；θ表示原点到点$\boldsymbol{r}$的连线与正z轴之间的夹角；ϕ是原点到点$\boldsymbol{r}$的连线在xOy平面的投影线与正x轴之间的夹角。球面上，角度ϕ、θ的取值范围如下：

$$0\leqslant\phi<2\pi,\quad 0\leqslant\theta\leqslant\pi \tag{2.19}$$

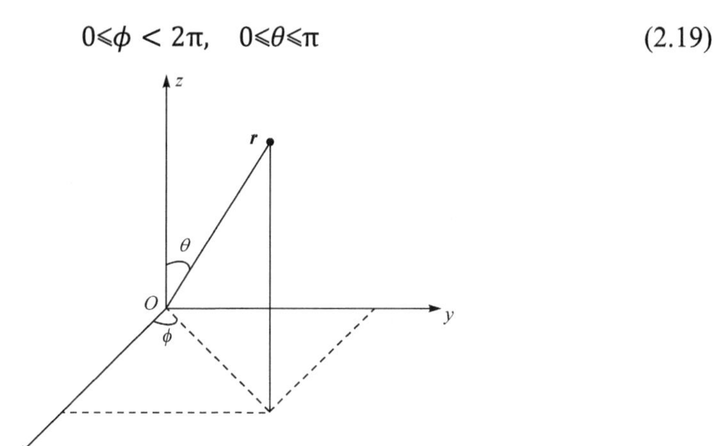

图 2.1　球坐标系示意图

根据三角函数的周期性，有

$$\boldsymbol{r}(r,\theta,\phi+2\pi)=\boldsymbol{r}(r,\theta,\phi),\quad \boldsymbol{r}(r,\theta+2\pi,\phi)=\boldsymbol{r}(r,\theta,\phi) \tag{2.20}$$

角度ϕ、θ的取值范围可以扩展到整个实数域。因此，球坐标系空间点$\boldsymbol{r}$是俯仰角和方位角的周期为2π的函数，且满足如下半周期关系：

$$\boldsymbol{r}(r,-\theta,\phi+\pi)=\boldsymbol{r}(r,\theta,\phi) \tag{2.21}$$

由式(2.18)定义的球坐标系是正交坐标系。令$\boldsymbol{i}_r$表示沿半径方向的单位向量，$\boldsymbol{i}_\theta$和$\boldsymbol{i}_\phi$分别表示在球面上沿θ和ϕ方向的单位切向量，它们满足右手螺旋规则，即

$$\boldsymbol{i}_r\times\boldsymbol{i}_\theta=\boldsymbol{i}_\phi,\quad \boldsymbol{i}_\theta\times\boldsymbol{i}_\phi=\boldsymbol{i}_r,\quad \boldsymbol{i}_\phi\times\boldsymbol{i}_r=\boldsymbol{i}_\theta \tag{2.22}$$

相应地，球坐标系下的梯度算子为

$$\nabla=\boldsymbol{i}_r\frac{\partial}{\partial r}+\boldsymbol{i}_\theta\frac{\partial}{\partial\theta}+\boldsymbol{i}_\phi\frac{\partial}{\partial\phi} \tag{2.23}$$

Laplace 算子为

$$\nabla^2=\nabla\cdot\nabla=\frac{1}{r^2}\frac{\partial}{\partial r}\left(r^2\frac{\partial}{\partial r}\right)+\frac{1}{r^2\sin\theta}\frac{\partial}{\partial\theta}\left(\sin\theta\frac{\partial}{\partial\theta}\right)+\frac{1}{r^2\sin^2\theta}\frac{\partial^2}{\partial\phi^2} \tag{2.24}$$

采用分离变量法求解球坐标系的 Helmholtz 方程，设声压分解式为

$$p(r,\theta,\phi)=\Pi(r)\Theta(\theta)\Phi(\phi) \tag{2.25}$$

将式(2.25)代入式(2.15)，利用球坐标系的 Laplace 算子，即式(2.24)，得到

$$\frac{\sin^2\theta}{\Pi}\left[\frac{\mathrm{d}}{\mathrm{d}r}\left(r^2\frac{\mathrm{d}\Pi}{\mathrm{d}r}\right)+k^2r^2\Pi\right]+\frac{\sin\theta}{\Theta}\frac{\mathrm{d}}{\mathrm{d}\theta}\left(\sin\theta\frac{\mathrm{d}\Theta}{\mathrm{d}\theta}\right)+\frac{1}{\Phi}\frac{\mathrm{d}^2\Phi}{\mathrm{d}\phi^2}=0 \tag{2.26}$$

因为式(2.26)第一项和第二项均与变量ϕ无关，所以第三项也应该与变量ϕ无关，从而有

$$\frac{1}{\Phi}\frac{\mathrm{d}^2\Phi}{\mathrm{d}\phi^2}=\lambda \tag{2.27}$$

其中，λ是分离变量常数。又因为函数Φ是关于方位角ϕ的函数且具有2π的周期性，因此分离变量常数应满足：

$$\lambda=-m^2,\quad m=0,\pm1,\pm2,\cdots \tag{2.28}$$

考虑条件(2.28)，则二阶常微分方程(2.27)的通解为

$$\Phi=C_1\mathrm{e}^{\mathrm{i}m\phi}+C_2\mathrm{e}^{-\mathrm{i}m\phi} \tag{2.29}$$

或者

$$\Phi=B_1\sin(m\phi)+B_2\cos(m\phi) \tag{2.30}$$

其中，B_1、B_2和C_1、C_2是待定常数，由边界条件决定。

将式(2.26)代入式(2.27)和式(2.28)，得

$$\frac{1}{\Pi}\left[\frac{\mathrm{d}}{\mathrm{d}r}\left(r^2\frac{\mathrm{d}\Pi}{\mathrm{d}r}\right)+k^2r^2\Pi\right]=\frac{m^2}{\sin^2\theta}-\frac{1}{\Theta\sin\theta}\frac{\mathrm{d}}{\mathrm{d}\theta}\left(\sin\theta\frac{\mathrm{d}\Theta}{\mathrm{d}\theta}\right) \tag{2.31}$$

式(2.31)中等号左边只是关于径向距离r的函数，而等号右边仅是依赖于角度θ的函数。因此，式(2.31)成立的条件是等号左右两边等于同一常数。同上，令λ'是分离变量常数，则

$$\frac{m^2}{\sin^2\theta}-\frac{1}{\Theta\sin\theta}\frac{\mathrm{d}}{\mathrm{d}\theta}\left(\sin\theta\frac{\mathrm{d}\Theta}{\mathrm{d}\theta}\right)=\lambda' \tag{2.32}$$

$$\frac{1}{\Pi}\left[\frac{\mathrm{d}}{\mathrm{d}r}\left(r^2\frac{\mathrm{d}\Pi}{\mathrm{d}r}\right)+k^2r^2\Pi\right]=\lambda' \tag{2.33}$$

为了便于分析，定义关于俯仰角θ的变量为

$$\mu=\cos\theta \tag{2.34}$$

则关于θ的导数可以表示成关于变量μ的导数，即

$$\frac{\mathrm{d}\Theta}{\mathrm{d}\theta}=\frac{\mathrm{d}\Theta}{\mathrm{d}\mu}\frac{\mathrm{d}\mu}{\mathrm{d}\theta}=-\frac{\mathrm{d}\Theta}{\mathrm{d}\mu}\sin\theta \tag{2.35}$$

相应地

$$\begin{aligned}\frac{1}{\sin\theta}\frac{\mathrm{d}}{\mathrm{d}\theta}\left(\sin\theta\frac{\mathrm{d}\Theta}{\mathrm{d}\theta}\right)&=\frac{1}{\sin\theta}\frac{\mathrm{d}}{\mathrm{d}\mu}\left(\sin\theta\frac{\mathrm{d}\Theta}{\mathrm{d}\theta}\right)\frac{\mathrm{d}\mu}{\mathrm{d}\theta}\\&=\frac{\mathrm{d}}{\mathrm{d}\mu}\left(\sin^2\theta\frac{\mathrm{d}\Theta}{\mathrm{d}\mu}\right)\\&=\frac{\mathrm{d}}{\mathrm{d}\mu}\left[(1-\mu^2)\frac{\mathrm{d}\Theta}{\mathrm{d}\mu}\right]\end{aligned} \tag{2.36}$$

因此，式(2.32)可写为

$$\frac{\mathrm{d}}{\mathrm{d}\mu}\left[(1-\mu^2)\frac{\mathrm{d}\Theta}{\mathrm{d}\mu}\right]+\left(\lambda'-\frac{m^2}{1-\mu^2}\right)\Theta=0 \tag{2.37}$$

式(2.37)是连带 Legendre 函数微分方程，它的通解是第一类和第二类连带 Legendre 函数的叠加。第二类连带 Legendre 函数在$\mu=1$时具有奇异性。因此，如果球面上点$\mu=1$是常规点，那么通解中不包含第二类连带 Legendre 函数。由于声学问题中，球面上$\mu=1$时不具有奇异性，式(2.37)的解中仅包含第一类连带 Legendre 函数。在不引起歧义的情况下，连带 Legendre 函数表示第一类连带 Legendre 函数。当分离变量常数满足

$$\lambda'=n(n+1),\quad n=0,\pm1,\pm2,\cdots \tag{2.38}$$

时，式(2.37)的常规解Θ是周期为2π的函数，可表示为

$$\Theta = C\mathrm{P}_n^m(\mu) \tag{2.39}$$

其中，C是常数；$\mathrm{P}_n^m(\mu)$是n阶m次连带 Legendre 函数。

将式(2.38)代入关于径向距离的分离变量式(2.33)，得

$$\frac{\mathrm{d}}{\mathrm{d}r}\left(r^2\frac{\mathrm{d}\Pi}{\mathrm{d}r}\right) + [k^2r^2 - n(n+1)]\Pi = 0 \tag{2.40}$$

令

$$\mathcal{r} = kr, \quad \mathcal{v}(\mathcal{r}) = \Pi(r) \tag{2.41}$$

则式(2.40)变为球 Bessel 方程

$$\mathcal{r}^2\frac{\mathrm{d}^2\mathcal{v}}{\mathrm{d}\mathcal{r}^2} + 2\mathcal{r}\mathcal{v} + [\mathcal{r}^2 - n(n+1)]\mathcal{v} = 0 \tag{2.42}$$

对不同的n，式(2.42)具有两组不同的解，分别为第一类球 Bessel 函数

$$\mathrm{j}_n(\mathcal{r}) = \sqrt{\frac{\pi}{2\mathcal{r}}}\mathrm{J}_{n+1/2}(\mathcal{r}) \tag{2.43}$$

和第二类球 Bessel 函数

$$\mathrm{y}_n(\mathcal{r}) = \sqrt{\frac{\pi}{2\mathcal{r}}}\mathrm{Y}_{n+1/2}(\mathcal{r}) \tag{2.44}$$

其中，$\mathrm{J}_{n+1/2}$和$\mathrm{Y}_{n+1/2}$分别为分数阶第一类柱 Bessel 函数和第二类柱 Bessel 函数。另一组广泛使用的解为球 Hankel 函数，又称为第三类球 Bessel 函数，是第一类和第二类球 Bessel 函数的线性组合，具有两种形式，分别为

$$\mathrm{h}_n^{(1)}(\mathcal{r}) = \mathrm{j}_n(\mathcal{r}) + \mathrm{i}\mathrm{y}_n(\mathcal{r}) = \sqrt{\frac{\pi}{2\mathcal{r}}}\mathrm{H}_{n+1/2}^{(1)}(\mathcal{r}) \tag{2.45}$$

$$\mathrm{h}_n^{(2)}(\mathcal{r}) = \mathrm{j}_n(\mathcal{r}) - \mathrm{i}\mathrm{y}_n(\mathcal{r}) = \sqrt{\frac{\pi}{2\mathcal{r}}}\mathrm{H}_{n+1/2}^{(2)}(\mathcal{r}) \tag{2.46}$$

其中，$\mathrm{H}_{n+1/2}^{(1)}$和$\mathrm{H}_{n+1/2}^{(2)}$分别为分数阶第一类柱 Hankel 函数和第二类柱 Hankel 函数。对于特定的n，$\mathrm{j}_n(\mathcal{r})$、$\mathrm{y}_n(\mathcal{r})$及$\mathrm{h}_n^{(1)}(\mathcal{r})$、$\mathrm{h}_n^{(2)}(\mathcal{r})$分别构成了式(2.42)线性独立的求解对。

2.3.3 特殊函数及其特性

利用球坐标系下的分离变量法分析 Helmholtz 方程，引入了一些特殊函数。这些特殊函数是分析声学问题的重要数学工具，熟悉它的具体形式和掌握它的特性，有助于声学问题的分析。

根据 Rodrigues's 公式，Legendre 函数定义为

$$\mathrm{P}_n(\mu) = \frac{1}{2^n n!}\frac{\mathrm{d}^n}{\mathrm{d}\mu^n}(\mu^2 - 1)^n, \quad |\mu| \leqslant 1, n = 0,1,\cdots \tag{2.47}$$

可以认为 n 阶 Legendre 函数是阶数为 n 的多项式。对于非负的 n 和 m，连带 Legendre 函数可以通过 Legendre 多项式定义为

$$\mathrm{P}_n^m(\mu)=(-1)^m(1-\mu^2)^{m/2}\frac{\mathrm{d}^m}{\mathrm{d}\mu^m}\mathrm{P}_n(\mu),\quad m\geqslant 0,n\geqslant 0 \tag{2.48}$$

显然，根据式(2.48)，连带 Legendre 多项式满足

$$\mathrm{P}_n^m(\mu)=0,\quad m>n\geqslant 0 \tag{2.49}$$

负数情况的 n 和 m，可以利用对称性得到

$$\mathrm{P}_{-n-1}^m(\mu)=\mathrm{P}_n^m(\mu),\quad \mathrm{P}_n^{-m}(\mu)=\frac{(n-m)!}{(n+m)!}\mathrm{P}_n^m(\mu),\quad m\geqslant 0,n\geqslant 0 \tag{2.50}$$

Legendre 多项式在[−1,1]区间上构成一组完备的正交基，满足

$$\int_{-1}^{1}\mathrm{P}_n(\mu)\mathrm{P}_l(\mu)\,\mathrm{d}\mu=\frac{2}{2n+1}\delta_{nl} \tag{2.51}$$

其中，δ_{nl}是 Kronecker 符号，即

$$\delta_{nl}=\begin{cases}1, & n=l\\ 0, & n\neq l\end{cases} \tag{2.52}$$

类似地，对于给定的次数 m，连带 Legendre 函数在区间[−1,1]上也具有正交性，表示为

$$\int_{-1}^{1}\mathrm{P}_n^m(\mu)\mathrm{P}_l^m(\mu)\,\mathrm{d}\mu=\frac{2}{2n+1}\frac{(n+m)!}{(n-m)!}\delta_{nl} \tag{2.53}$$

连带 Legendre 函数的正交性可以用于构造球面上的正交球谐和函数。

球谐和函数是球面上关于球坐标系俯仰角θ和方位角ϕ的复变函数，具有如下形式：

$$\mathrm{Y}_n^m(\theta,\phi)=(-1)^m\sqrt{\frac{2n+1}{4\pi}\frac{(n-|m|)!}{(n+|m|)!}}\mathrm{P}_n^{|m|}(\cos\theta)\mathrm{e}^{\mathrm{i}m\phi} \tag{2.54}$$

$$n=0,1,2,\cdots;\ m=-n,\cdots,n$$

为了便于分析，定义归一化的连带 Legendre 函数：

$$\overline{\mathrm{P}_n^m}(x)=(-1)^m\sqrt{\frac{2n+1}{2}\frac{(n-|m|)!}{(n+|m|)!}}\mathrm{P}_n^{|m|}(x) \tag{2.55}$$

$$n=0,1,2,\cdots;\ m=-n,\cdots,n$$

其满足$\int_{-1}^{1}\overline{\mathrm{P}_n^m}(x)\overline{\mathrm{P}_n^m}(x)\,\mathrm{d}x=1$，且具有对称性$\overline{\mathrm{P}_n^{-m}}(x)=\overline{\mathrm{P}_n^m}(x)$，则球谐和函数可简化为

$$\mathrm{Y}_n^m(\theta,\phi)=\frac{1}{\sqrt{2\pi}}\overline{\mathrm{P}_n^m}(\cos\theta)\mathrm{e}^{\mathrm{i}m\phi}$$

$$n=0,1,2,\cdots;\ m=-n,-n+1,\cdots,n \tag{2.56}$$

可以看出，负 m 的球谐和函数是正 m 的球谐和函数的复共轭，即

$$\mathrm{Y}_n^{-m}(\theta,\phi)=\mathrm{Y}_n^m(\theta,\phi)^* \tag{2.57}$$

且在球面上，球谐和函数满足如下正交归一性：

$$\int_0^{\pi}\sin\theta\,\mathrm{d}\theta\int_0^{2\pi}\mathrm{Y}_n^m(\theta,\phi)\mathrm{Y}_{n'}^{-m'}(\theta,\phi)\mathrm{d}\phi=\delta_{mm'}\delta_{nn'} \tag{2.58}$$

球谐和函数是球面上一组独立完备的正交基，在声学分析中具有明确的物理意义和重要的应用价值，其实部如图 2.2 所示[136]。

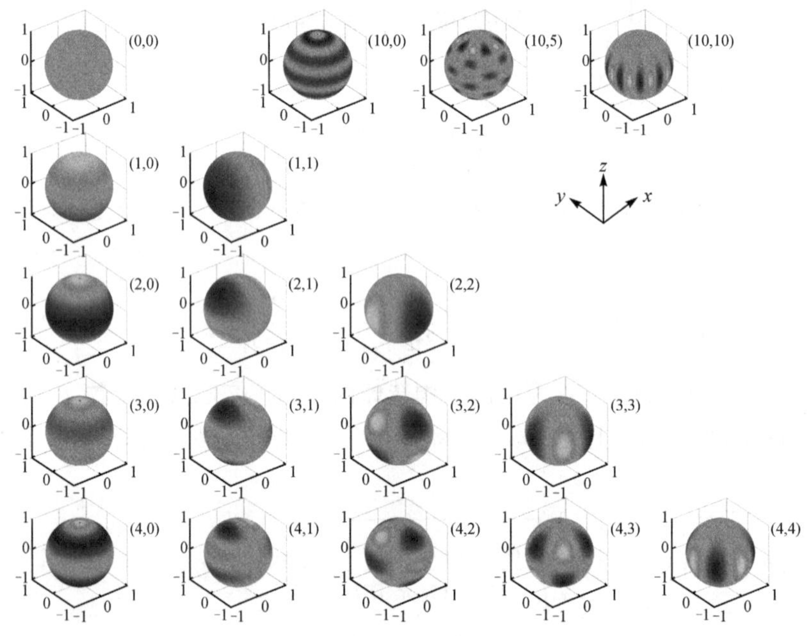

图 2.2　球谐和函数的实部

(n,m)表示 n 阶 m 次的谐和函数Y_n^m

球谐和函数和 Legendre 函数之间满足加法定理，即

$$\mathrm{P}_n(\cos\theta)=\frac{4\pi}{2n+1}\sum_{m=-n}^{n}\mathrm{Y}_n^{-m}(\theta_1,\phi_1)\mathrm{Y}_n^m(\theta_2,\phi_2) \tag{2.59}$$

其中，θ是单位球面上点(θ_1,ϕ_1)和点(θ_2,ϕ_2)之间的夹角。该加法定理可以表示为向量形式。对于单位向量$\boldsymbol{s}$，令

$$\mathrm{Y}_n^m(\boldsymbol{s})=\mathrm{Y}_n^m(\theta,\phi),\quad \boldsymbol{s}=(\sin\theta\cos\phi,\sin\theta\sin\phi,\cos\theta) \tag{2.60}$$

对于两单位向量$\boldsymbol{s}$和$\boldsymbol{v}$，式(2.59)可以表示为

$$\begin{aligned}\mathrm{P}_n(\boldsymbol{s}\cdot\boldsymbol{v})&=\frac{4\pi}{2n+1}\sum_{m=-n}^{n}\mathrm{Y}_n^{-m}(\boldsymbol{s})\mathrm{Y}_n^m(\boldsymbol{v})\\&=\frac{4\pi}{2n+1}\sum_{m=-n}^{n}\mathrm{Y}_n^{m}(\boldsymbol{s})\mathrm{Y}_n^{-m}(\boldsymbol{v})\end{aligned} \tag{2.61}$$

2.3.4 球坐标系下的基本解

根据 Helmholtz 方程分离变量常数(2.25)、式(2.29)、式(2.39)和球 Bessel 函数，采用球谐和函数Y_n^m，球坐标系中声压表达式的通解可以表示为

$$p(r,\theta,\phi)=\sum_{n=0}^{\infty}\sum_{m=-n}^{n}\left[a_n^m\mathrm{j}_n(kr)+b_n^m\mathrm{y}_n(kr)\right]\mathrm{Y}_n^m(\theta,\phi) \tag{2.62}$$

也可写为

$$p(r,\theta,\phi)=\sum_{n=0}^{\infty}\sum_{m=-n}^{n}\left[c_n^m\mathrm{h}_n^{(1)}(kr)+d_n^m\mathrm{h}_n^{(2)}(kr)\right]\mathrm{Y}_n^m(\theta,\phi) \tag{2.63}$$

其中利用了连带 Legendre 函数的特性(2.49)，系数a_n^m、b_n^m、c_n^m和d_n^m由边界条件决定。具体是选用式(2.62)还是式(2.63)的形式描述声场，一般由球 Bessel 函数在边界$kr\to 0$和$kr\to\infty$的特性决定。当$kr\to 0$时，如果声场不具有奇异性，则只能选用第一类球 Bessel 函数表示，因为

$$\lim_{kr\to 0}\mathrm{j}_n(kr)<\infty \tag{2.64}$$

而其他球 Bessel 函数均具有奇异性。当$kr\to\infty$时，第一类和第二类球 Hankel 函数具有如下渐近表达式：

$$\mathrm{h}_n^{(1)}(kr)\to\frac{(-\mathrm{i})^{n+1}}{kr}\mathrm{e}^{\mathrm{i}kr} \tag{2.65}$$

$$\mathrm{h}_n^{(2)}(kr)\to\frac{(-\mathrm{i})^{n}}{kr}\mathrm{e}^{-\mathrm{i}kr} \tag{2.66}$$

考虑时间项$\mathrm{e}^{-\mathrm{i}\omega t}$，则$kr\to\infty$时$\mathrm{h}_n^{(1)}(kr)$和$\mathrm{h}_n^{(2)}(kr)$分别表示向外传播和向内汇聚的声波。如果在声场中声波的传播方向已知，那么式(2.63)表示的声场具有更明确的物理意义。

图 2.3(a)所示的外部声学辐射问题，在无反射的自由场环境下，辐射声场中只

有向外传播的扩散波。因此，可以确定式(2.63)中系数$d_n^m=0$，从而辐射声场可以表示为

$$p(r,\theta,\phi)=\sum_{n=0}^{\infty}\sum_{m=-n}^{n}c_n^m\mathrm{h}_n^{(1)}(kr)\,\mathrm{Y}_n^m(\theta,\phi) \tag{2.67}$$

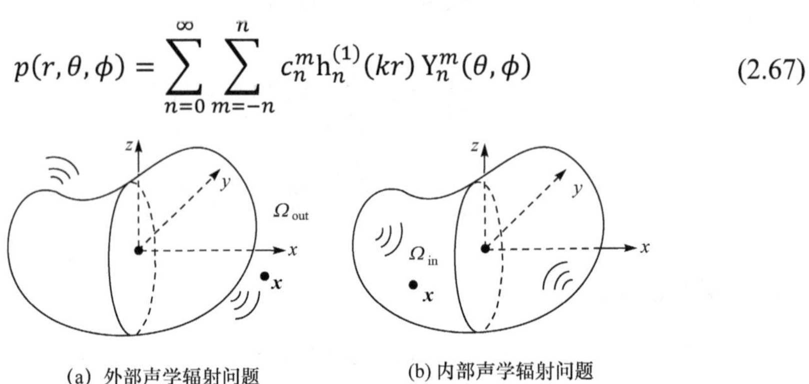

(a) 外部声学辐射问题　(b) 内部声学辐射问题

图 2.3　声辐射问题

图 2.3(b)所示的内部声学辐射问题，由于边界的反射作用，内部应该同时存在扩散波和汇聚波。但式(2.63)中的两类球 Hankel 函数在$r=0$存在奇异性，而内部无源辐射问题，声场中并不存在奇异性。为了满足声场的实际物理特性，根据式(2.45)和式(2.46)，式(2.63)中的系数应该满足$c_n^m=d_n^m$，从而简化为

$$p(r,\theta,\phi)=\sum_{n=0}^{\infty}\sum_{m=-n}^{n}a_n^m\mathrm{j}_n(kr)\,\mathrm{Y}_n^m(\theta,\phi) \tag{2.68}$$

其中，$a_n^m=2c_n^m$。即对于内部无源的声学问题，辐射声场可以表示为式(2.68)。这也表示，第一类球 Bessel 函数表示的是扩散波和汇聚波形成的无奇异稳定驻波场。

上面的分析表明，在球坐标系下，Helmholtz 方程的解可由如下两组基函数表示，即

$$S_n^m(\boldsymbol{r})=\mathrm{h}_n(kr)\mathrm{Y}_n^m(\theta,\phi),\quad n=0,1,2,\cdots;\ m=-n,-n+1,\cdots,n \tag{2.69}$$

和

$$R_n^m(\boldsymbol{r})=\mathrm{j}_n(kr)\mathrm{Y}_n^m(\theta,\phi),\quad n=0,1,2,\cdots;\ m=-n,-n+1,\cdots,n \tag{2.70}$$

函数$S_n^m(\boldsymbol{r})$和$R_n^m(\boldsymbol{r})$又称为球函数基本解，$S_n^m(\boldsymbol{r})$具有明确的物理意义，表示向外传播的扩散波，但在$r=0$时具有奇异性。$R_n^m(\boldsymbol{r})$不具有奇异性，可以用于表示内部无源的声场。另外，球函数基本解$S_n^m(\boldsymbol{r})$与 Helmholtz 方程的脉冲响应，即 Green 函数(2.163)，具有如下关系：

$$G(\boldsymbol{r})=\frac{\mathrm{e}^{\mathrm{i}kr}}{4\pi r}=\mathrm{i}k\sqrt{\frac{1}{4\pi}}\,S_0^0(\boldsymbol{r}) \tag{2.71}$$

2.4 边界条件

所有小振幅、线性化声学波动问题，都满足 Helmholtz 方程。但是对于特定的问题，声波的物理现象却大相径庭，这主要是因为 Helmholtz 方程是椭圆型边界方程，声学问题的具体解是由媒质域的边界条件决定的。对于内部问题，媒质域是有限的；对于外部问题，媒质域是无限的。在外部无限媒质域问题中，Helmholtz 方程的解不仅要满足结构表面上的边界条件，而且还要在无限远处满足一定的边界条件。由于 Helmholtz 方程是由波动方程经过 Fourier 变换得到的频域方程，所以无限远处边界条件需要在原始波动问题中进行考量。

2.4.1 无限远处边界条件

为了研究如何求解无限域 Helmholtz 方程施加在无限远处的边界条件，以球对称声波的波动问题为例进行研究。此种情况下，声波p满足波动方程(2.12)且空间上只与距离$r=\|\boldsymbol{r}\|$有关。显然，根据 D'Alembert 定理，波动方程的解形式可以表示为

$$p(r,t)=\frac{1}{r}[f(t+r/c)+g(t-r/c)] \tag{2.72}$$

其中，$f(t)$和$g(t)$表示两个任意可微函数，且函数$f(t)$表示向中心$r=0$汇聚的汇聚波、函数$g(t)$表示从中心$r=0$向外传播的扩散波。实际上，汇聚波的相位可以令函数$f(t)$等于常数(const)来确定，即当$r=-ct+\text{const}$时可以满足。因此，汇聚波的波阵面随着时间t的增加而收敛于中心。同理，扩散波的相位可以令函数$g(t)$等于常数来确定，即当$r=ct+\text{const}$时可以满足。因此，扩散波的波阵面随着时间t的增加而自中心处向外发散。

球对称声学波动问题的解可由函数$f(t)$和$g(t)$关于时间变量的特性决定。假设，这两个函数满足 Fourier 变换的必要条件，函数$f(t)$和$g(t)$的谐波分量分别表示为

$$\hat{f}(\omega)=\frac{1}{2\pi}\int_{-\infty}^{\infty}\mathrm{e}^{\mathrm{i}\omega t}f(t)\,\mathrm{d}t,\quad \hat{g}(\omega)=\frac{1}{2\pi}\int_{-\infty}^{\infty}\mathrm{e}^{\mathrm{i}\omega t}g(t)\,\mathrm{d}t \tag{2.73}$$

因此，声压$p(r,t)$的频域分量$\hat{p}(r,\omega)$可表示为

$$\begin{aligned}\hat{p}(r,\omega)&=\frac{1}{2\pi}\int_{-\infty}^{\infty}\mathrm{e}^{\mathrm{i}\omega t}p(r,t)\,\mathrm{d}t\\&=\frac{1}{2\pi r}\left[\int_{-\infty}^{\infty}\mathrm{e}^{\mathrm{i}\omega t}f(t+r/c)\,\mathrm{d}t+\int_{-\infty}^{\infty}\mathrm{e}^{\mathrm{i}\omega t}g(t-rt)\,\mathrm{d}t\right]\\&=\frac{1}{2\pi r}\hat{f}(\omega)\mathrm{e}^{-\mathrm{i}kr}+\frac{1}{2\pi r}\hat{g}(\omega)\mathrm{e}^{\mathrm{i}kr},\quad k=\frac{\omega}{c}\end{aligned} \tag{2.74}$$

式(2.74)即球对称声波波动方程的解，可以看出汇聚波的解正比于$\mathrm{e}^{-\mathrm{i}kr}$，扩散波的解正比于$\mathrm{e}^{\mathrm{i}kr}$。

不难看出，当r比较大时，有

$$r\left(\frac{\partial \hat{p}}{\partial r}-\mathrm{i}k\hat{p}\right)=-2\mathrm{i}k\hat{f}(\omega)\mathrm{e}^{-\mathrm{i}kr}+O\left(\frac{1}{r}\right) \tag{2.75}$$

$$r\left(\frac{\partial \hat{p}}{\partial r}+\mathrm{i}k\hat{p}\right)=2\mathrm{i}k\hat{g}(\omega)\mathrm{e}^{\mathrm{i}kr}+O\left(\frac{1}{r}\right) \tag{2.76}$$

因此，当

$$\lim_{r\to\infty}\left[r\left(\frac{\partial \hat{p}}{\partial r}-\mathrm{i}k\hat{p}\right)\right]=0 \tag{2.77}$$

成立时，$\hat{f}(\omega)\equiv 0$，从而$f(t)\equiv 0$，即声波$p(r,t)$中仅包含扩散波。同理，当

$$\lim_{r\to\infty}\left[r\left(\frac{\partial \hat{p}}{\partial r}+\mathrm{i}k\hat{p}\right)\right]=0 \tag{2.78}$$

成立时，$\hat{g}(\omega)\equiv 0$，从而$g(t)\equiv 0$，即声压$p(r,t)$中仅包含汇聚波。其中，式(2.77)称为 Sommerfeld 远场辐射条件。

2.4.2　表面上的边界条件

声场的特定形式是由具体的边界条件决定的，如图 2.4 所示，声学媒质 1 中存在来自左侧的入射声波。在界面 S 上的单位法向矢量定义为垂直界面且指离声学媒质 1。假设媒质 1 的声学阻抗为$\rho_1 c_1$，媒质 2 的声学阻抗为$\rho_2 c_2$，有限表面S上的边界条件可以分为如下三类。

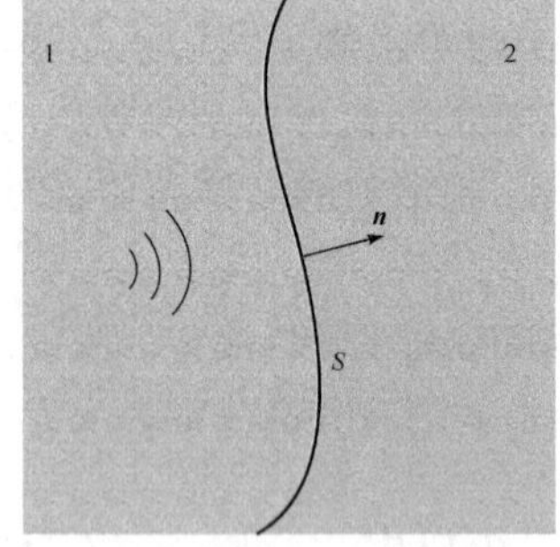

图 2.4　界面上的边界条件

第一类，如果在边界上给定声压，则边界条件表示为

$$p(\boldsymbol{y})=\bar{p}(\boldsymbol{y}),\quad \forall \boldsymbol{y}\in S \tag{2.79}$$

其中，“¯”表示给定值。特别地，如果边界上声压为零，则边界条件为

$$p|_s=0 \tag{2.80}$$

称为自由边界条件，又称为声学软边界，表示边界表面上的声压为零，一般发生在媒质的声学阻抗远大于边界阻抗的情形($\rho_1 c_1 \gg \rho_2 c_2$)，如研究水下声学问题时可用自由边界条件近似海面，此类边界条件又称为 Dirichlet 边界条件。

第二类，如果边界以给定速度运动，如振动结构的表面，则边界条件定义为

$$\boldsymbol{v}(\boldsymbol{y})\cdot\boldsymbol{n}(\boldsymbol{y})=\bar{v}_n(\boldsymbol{y}),\quad \forall \boldsymbol{y}\in S \tag{2.81}$$

其中，$\boldsymbol{v}(\boldsymbol{y})$表示边界上$\boldsymbol{y}$点处的质点速度；$\bar{v}_n(\boldsymbol{y})$表示边界上$\boldsymbol{y}$点处的质点法向速度。根据声学 Euler 方程，声学媒质 1 中的声压梯度与法向速度具有如下关系：

$$\frac{\partial p}{\partial n} = \mathrm{i}k\rho_1 c_1 v_n \tag{2.82}$$

另外，在声学波动方程推导过程中，假设了媒质是无黏的、无旋的且媒质只能承受法向的压缩载荷。因此，用式(2.82)表示的边界条件称为 Neumann 边界条件。如果边界是非常坚固的壁面或是保持静止的界面，那么界面上质点速度在法线方向的分量为零，即

$$\left.\frac{\partial p}{\partial n}\right|_s = 0 \tag{2.83}$$

称为声学硬边界，表示边界表面上的声压法向导数为零，一般发生在媒质的声学阻抗远小于边界阻抗的情形($\rho_1 c_1 \ll \rho_2 c_2$)，如房间内空气中的声场在坚硬的壁面近似满足这种情况。

第三类，如果表面材料的声学阻抗和声学媒质的声学阻抗相当，且在边界上满足

$$\frac{\partial p(\boldsymbol{y})}{\partial n} + \mathrm{i}\sigma p(\boldsymbol{y}) = \bar{g}(\boldsymbol{y}), \quad \forall \boldsymbol{y} \in S \tag{2.84}$$

称为混合边界条件，又称 Robin 边界条件。其中，σ为表面材料的声学导纳，$\bar{g}(\boldsymbol{y})$为表面材料上的给定函数。显然，当$\bar{g}(\boldsymbol{y}) \to 0$时，导纳$\sigma \to 0$和导纳$\sigma \to \infty$的 Robin 边界条件分别退化为 Neumann 边界条件和 Dirichlet 边界条件。

2.5　Dirac 函数

Green 函数实际上是非奇异 Helmholtz 方程在脉冲激励下的响应函数。Green 函数的推导与 Dirac 函数具有紧密的关系。Dirac 函数是一个广义函数，在物理学中常用其表示质点、点电荷等理想模型的密度分布，该函数在除了零以外的点取值都为零，在零点处取值为无穷，而且在整个定义域上的积分等于 1，即

$$\delta(x) = \begin{cases} \infty, & x = 0 \\ 0, & x \neq 0 \end{cases} \tag{2.85}$$

且满足

$$\int_{-\infty}^{\infty} \delta(x)\mathrm{d}x = 1 \tag{2.86}$$

Dirac 函数严格意义上并不是一个函数，因为满足以上条件的常规函数是不存在的。数学上，人们为这类函数引入了广义函数的概念。在广义函数的理论中，Dirac 函数的确切意义应该在积分意义下来理解。在实际应用中，Dirac 函数总是

伴随着积分一起出现的。

Dirac 函数有以下性质，在理解这些性质的时候，应该认为等式两边分别作为被积函数时积分运算后得到的结果相等[160]。

对称性：

$$\delta(-x) = \delta(x) \tag{2.87}$$

和

$$\dot{\delta}(-x) = -\dot{\delta}(x) \tag{2.88}$$

根据对称性(2.87)，可得

$$\int_0^{\infty} \delta(x) \mathrm{d}x = \frac{1}{2} \tag{2.89}$$

放缩性：

$$\delta(ax) = |a|^{-1}\delta(x) \tag{2.90}$$

选择性：

$$\int_{-\infty}^{\infty} f(x)\delta(x - x_0)\mathrm{d}x = f(x_0) \tag{2.91}$$

相应地，Dirac 函数的 Fourier 变换为

$$\hat{\delta}(\xi) = \frac{1}{2\pi}\int_{-\infty}^{\infty} \delta(x)\mathrm{e}^{\mathrm{i}\xi x}\mathrm{d}x = \frac{1}{2\pi} \tag{2.92}$$

其逆变换为

$$\delta(y) = \int_{-\infty}^{\infty} \hat{\delta}(\xi)\mathrm{e}^{-\mathrm{i}\xi y}\mathrm{d}\xi = \frac{1}{2\pi}\int_{-\infty}^{\infty} \delta(x)\left[\int_{-\infty}^{\infty} \mathrm{e}^{\mathrm{i}\xi(x-y)}\,\mathrm{d}\xi\right]\mathrm{d}x \tag{2.93}$$

根据 Dirac 选择性，可得到 Dirac 函数的另一种表达形式：

$$\delta(x - y) = \frac{1}{2\pi}\int_{-\infty}^{\infty} \mathrm{e}^{\mathrm{i}\xi(x-y)}\,\mathrm{d}\xi \tag{2.94}$$

二维空间的 Dirac 函数在笛卡儿坐标系下$\boldsymbol{y}(x, y)$点处的表达式为

$$\delta(\boldsymbol{y}) = \delta(x)\delta(y) \tag{2.95}$$

在极坐标系下$\boldsymbol{y}(r, \phi)$点处的表达式为

$$\delta(\boldsymbol{y}) = \frac{1}{r}\delta(r)\delta(\phi) \tag{2.96}$$

三维空间的 Dirac 函数在笛卡儿坐标系下$\boldsymbol{y}(x, y, z)$的表达式为

$$\delta(\boldsymbol{y}) = \delta(x)\delta(y)\delta(z) \tag{2.97}$$

在柱坐标系下$\boldsymbol{y}(r,\phi,z)$点处的表达式为

$$\delta(\boldsymbol{y})=\frac{\delta(r)}{r}\delta(\phi)\delta(z) \tag{2.98}$$

在球坐标系下$\boldsymbol{y}(r,\theta,\phi)$点处的表达式为

$$\delta(\boldsymbol{y})=\frac{1}{r^2\sin\theta}\delta(r)\delta(\theta)\delta(\phi) \tag{2.99}$$

2.6 积分定理

积分方程是声学问题边界元方法数值求解的基本理论。积分定理是将声学波动问题的域内偏微分方程转化为边界上积分方程的重要理论工具。由 2.3 节的理论知，时域内的声压可以通过 Fourier 变换到频域分析，获取谐波分量，并通过 Fourier 逆变换得到时域的解。因此，本节主要讨论时频变换后频域的波动问题及其积分方程。

2.6.1 Green 等式和积分公式

自由空间声学 Green 函数$G(\boldsymbol{x},\boldsymbol{y})$可视为空间$\boldsymbol{y}$处单位强度的点源在空间$\boldsymbol{x}$处产生的声压，是非齐次 Helmholtz 方程的特解，满足

$$\nabla_x^2 G(\boldsymbol{x},\boldsymbol{y})+k^2 G(\boldsymbol{x},\boldsymbol{y})=-\delta(\boldsymbol{x}-\boldsymbol{y}) \tag{2.100}$$

其中，$\boldsymbol{y}$表示源点位置；$\boldsymbol{x}$表示场点位置；∇_x^2表示相对于变量$\boldsymbol{x}$的 Laplace 微分算子；$G(\boldsymbol{x},\boldsymbol{y})$是声学 Helmholtz 方程的脉冲激励响应，也是声学积分方程的基本核函数之一。将式(2.100)中变量$\boldsymbol{x}$和$\boldsymbol{y}$的位置互换，得到

$$\nabla_y^2 G(\boldsymbol{y},\boldsymbol{x})+k^2 G(\boldsymbol{y},\boldsymbol{x})=-\delta(\boldsymbol{y}-\boldsymbol{x}) \tag{2.101}$$

根据 Dirac 函数的对称性，式(2.100)和式(2.101)的左端应对任意的$\boldsymbol{x}$和$\boldsymbol{y}$均成立，则可以得到

$$G(\boldsymbol{x},\boldsymbol{y})=G(\boldsymbol{y},\boldsymbol{x}) \tag{2.102}$$

即 Green 函数的互易性，表示位于$\boldsymbol{y}$处的点源在位置$\boldsymbol{x}$处产生的声压与位于$\boldsymbol{x}$处的点源在位置$\boldsymbol{y}$处产生的声压相同。

但要获得声学问题的积分方程表达式，还需要用到散度定理。散度定理又称为 Gauss 定理，是一个把区域$\Omega\subset\mathbf{R}^n$内的积分转化到区域边界$S$上积分的定理，为

$$\int_\Omega(\nabla\cdot\boldsymbol{u})\,\mathrm{d}V=\int_S(\boldsymbol{n}\cdot\boldsymbol{u})\,\mathrm{d}S \tag{2.103}$$

其中，$\boldsymbol{n}$为边界S上指离区域Ω的法向量。

对于区域Ω内的函数$u(\boldsymbol{x})$和$v(\boldsymbol{x})$，根据散度定理，可以得到 Green 第一积分恒等式为

$$\int_{\Omega}(u\nabla^2 v+\nabla u\cdot\nabla v)\,\mathrm{d}V=\int_{\Omega}\nabla\cdot(u\nabla v)\,\mathrm{d}v=\int_{S}\boldsymbol{n}\cdot(u\nabla v)\,\mathrm{d}S \tag{2.104}$$

互换式(2.104)中的u和v，则有

$$\int_{\Omega}(v\nabla^2 u+\nabla v\cdot\nabla u)\,\mathrm{d}V=\int_{S}\boldsymbol{n}\cdot(v\nabla u)\,\mathrm{d}S \tag{2.105}$$

令式(2.104)减去式(2.105)，得到 Green 第二积分恒等式为

$$\int_{\Omega}(u\nabla^2 v-v\nabla^2 u)\,\mathrm{d}V=\int_{S}\boldsymbol{n}\cdot(u\nabla v-v\nabla u)\,\mathrm{d}S \tag{2.106}$$

将式(2.106)左边第二项积分移到方程右边，得

$$\int_{\Omega}u\nabla^2 v\,\mathrm{d}V=\int_{\Omega}v\nabla^2 u\,\mathrm{d}V+\int_{S}\boldsymbol{n}\cdot(u\nabla v-v\nabla u)\,\mathrm{d}S \tag{2.107}$$

利用 Dirac 函数的选择性，即式(2.91)，声压函数p在位置$\boldsymbol{x}\in\Omega$处的值可以表示为

$$p(\boldsymbol{x})=\int_{\Omega}p(\boldsymbol{y})\delta(\boldsymbol{y}-\boldsymbol{x})\,\mathrm{d}V(\boldsymbol{y}),\quad \boldsymbol{x}\in\Omega \tag{2.108}$$

参照 Dirac 函数和 Green 函数的关系式即式(2.101)，式(2.108)可写为

$$p(\boldsymbol{x})=-\int_{\Omega}p(\boldsymbol{y})\left[\nabla_y^2 G(\boldsymbol{y},\boldsymbol{x})+k^2 G(\boldsymbol{y},\boldsymbol{x})\right]\mathrm{d}V(\boldsymbol{y}) \tag{2.109}$$

令$u=p$和$v=G$，对式(2.109)第一部分应用 Green 第二积分恒等式(2.107)，可以得到

$$\begin{aligned}p(\boldsymbol{x})=&-\int_{\Omega}\left[\nabla_y^2 p(\boldsymbol{y})+k^2 p(\boldsymbol{y})\right]G(\boldsymbol{y},\boldsymbol{x})\,\mathrm{d}V(\boldsymbol{y})\\&-\int_{S}\boldsymbol{n}\cdot\left[p(\boldsymbol{y})\nabla_y G(\boldsymbol{y},\boldsymbol{x})-G(\boldsymbol{y},\boldsymbol{x})\nabla_y p(\boldsymbol{y})\right]\mathrm{d}S(\boldsymbol{y})\end{aligned} \tag{2.110}$$

假设域内声压p满足非齐次 Helmholtz 方程：

$$\nabla^2 p(\boldsymbol{y})+k^2 p(\boldsymbol{y})=-f(\boldsymbol{y}) \tag{2.111}$$

其中，$f(\boldsymbol{y})$表示空间分布源。参考式(2.110)，式(2.111)的解可以表示为

$$\begin{aligned}p(\boldsymbol{x})=&\int_{\Omega}f(\boldsymbol{y})G(\boldsymbol{y},\boldsymbol{x})\,\mathrm{d}V(\boldsymbol{y})\\&-\int_{S}\boldsymbol{n}\cdot\left[p(\boldsymbol{y})\nabla_y G(\boldsymbol{y},\boldsymbol{x})-G(\boldsymbol{y},\boldsymbol{x})\nabla_y p(\boldsymbol{y})\right]\mathrm{d}S(\boldsymbol{y})\end{aligned} \tag{2.112}$$

可以看出，如果区域Ω没有边界，则式(2.111)的解退化为 Helmholtz 方程的脉冲响应与空间分布源函数的积分，即

$$p(\boldsymbol{x})=\int_{\Omega} f(\boldsymbol{y}) G(\boldsymbol{y}, \boldsymbol{x}) \,\mathrm{d} V(\boldsymbol{y}) \tag{2.113}$$

当p在区域Ω内满足齐次 Helmholtz 方程时，即$f=0$，根据式(2.112)，则p在边界上的值表示为

$$p(\boldsymbol{x})=\int_{S}\left[G(\boldsymbol{y}, \boldsymbol{x}) \frac{\partial p(\boldsymbol{y})}{\partial n(\boldsymbol{y})}-\frac{\partial G(\boldsymbol{y}, \boldsymbol{x})}{\partial n(\boldsymbol{y})} p(\boldsymbol{y})\right] \mathrm{d} S(\boldsymbol{y}), \quad \boldsymbol{x} \in \Omega \tag{2.114}$$

其中，$\partial / \partial n(\boldsymbol{y})=\boldsymbol{n} \cdot \nabla_{y}$。根据线性叠加原理，对于一般有界空间且存在分布源项($f \neq 0$)的声学问题，其积分形式为

$$p(\boldsymbol{x})=\int_{S}\left[G(\boldsymbol{y}, \boldsymbol{x}) \frac{\partial p(\boldsymbol{y})}{\partial n(\boldsymbol{y})}-\frac{\partial G(\boldsymbol{y}, \boldsymbol{x})}{\partial n(\boldsymbol{y})} p(\boldsymbol{y})\right] \mathrm{d} S(\boldsymbol{y})+\wp(\boldsymbol{x}), \quad \boldsymbol{x} \in \Omega \tag{2.115}$$

这里用$\wp(\boldsymbol{x})$表示区域中源场在$\boldsymbol{x}$点处产生的声压，如果是简单的单极子源，则可以用式(2.113)表示。根据 Green 函数的互易性，积分方程(2.115)中的 Green 函数可以用$G(\boldsymbol{x}, \boldsymbol{y})$代替。在后续章节分析中，积分方程中的 Green 函数均采用$G(\boldsymbol{x}, \boldsymbol{y})$。

2.6.2　单层势和双层势积分

实际声学问题中的很多声场可视为由分布声源产生的，如空间中 N 个无指向性扬声器均匀地向外辐射声音，且扬声器的尺寸远小于波的波长，则异于声源处的声场可以表示为

$$p(\boldsymbol{x})=\sum_{n=1}^{N} Q_{n} G\left(\boldsymbol{x}, \boldsymbol{y}_{n}\right), \quad \boldsymbol{x} \in \mathbf{R}^{3} \backslash\left\{\boldsymbol{y}_{n}\right\} \tag{2.116}$$

其中，Q_n和$\boldsymbol{y}_n$分别表示第 n 个扬声器的强度和位置；$\mathbf{R}^{3} \backslash\{\boldsymbol{y}_{n}\}$表示三维空间中不包含扬声器所在位置的空间集合。离散分布的声源可以采用 Dirac 函数描述，式(2.116)可以类比表示成连续分布的系统，即

$$p(\boldsymbol{x})=\int_{\bar{\Omega}} q(\boldsymbol{y}) G(\boldsymbol{x}, \boldsymbol{y}) \,\mathrm{d} V(\boldsymbol{y}), \quad \boldsymbol{x} \in \Omega,\ \Omega \cap \bar{\Omega}=\emptyset \tag{2.117}$$

其中，$q(\boldsymbol{y})$表示区域$\bar{\Omega}$内的源强分布函数，或源强体积密度函数。采用这种方式分析声学问题，需要建立适当的积分方程，求解满足一定边界条件的源强分布函数$q(\boldsymbol{y})$。

对于由结构振动引起的声学问题，一般认为声源是分布在结构表面上的或者是分布在声学媒质域Ω的边界 S 上。对于这类问题，声源的积分不是域内的体积分而是边界 S 上的面积分，则

$$p(\boldsymbol{x}) = \int_S q_\sigma(\boldsymbol{y}) G(\boldsymbol{x}, \boldsymbol{y}) \, \mathrm{d}S(\boldsymbol{y}), \quad \boldsymbol{x} \in \Omega \tag{2.118}$$

其中，$q_\sigma(\boldsymbol{y})$是定义在边界 S 上的源强面密度函数。式(2.118)表示的声压$p(\boldsymbol{x})$又称为单层势积分。这里“单层”可以理解为边界 S 是由一层强度为$q_\sigma(\boldsymbol{y})$的单极子源组成的。

两个位于$\boldsymbol{y}_1$和$\boldsymbol{y}_2$、强度分别为Q_1和Q_2的点声源，当距离足够近时，其辐射声场可以表示为

$$p(\boldsymbol{x}) = \lim_{\boldsymbol{y}_1 \to \boldsymbol{y}_2} [Q_1 G(\boldsymbol{x}, \boldsymbol{y}_1) + Q_2 G(\boldsymbol{x}, \boldsymbol{y}_2)] = (Q_1 + Q_2) G(\boldsymbol{x}, \boldsymbol{y}_2) \tag{2.119}$$

进一步假设两点源具有单位强度且相位相反的特性，即$Q_1 = -Q_2 = 1$，则式(2.119)中$p(\boldsymbol{x}) \equiv 0$。另外，当$\boldsymbol{y}_1 \neq \boldsymbol{y}_2$时，有$p(\boldsymbol{x}) \neq 0$。因此，可以假设两点声源的辐射声场与两点声源的距离$|\boldsymbol{y}_1 - \boldsymbol{y}_2|$成正比，即

$$p(\boldsymbol{x}) = |\boldsymbol{y}_1 - \boldsymbol{y}_2| M(\boldsymbol{x}, \boldsymbol{y}_2) + O(|\boldsymbol{y}_1 - \boldsymbol{y}_2|), \quad |\boldsymbol{y}_1 - \boldsymbol{y}_2| \to 0 \tag{2.120}$$

另外，考虑$p(\boldsymbol{x}) = G(\boldsymbol{x}, \boldsymbol{y}_1) - G(\boldsymbol{x}, \boldsymbol{y}_2)$，从式(2.120)中可以得到一阶展开系数为

$$M^{\boldsymbol{D}}(\boldsymbol{x}, \boldsymbol{y}_2) = \lim_{\boldsymbol{y}_1 \to \boldsymbol{y}_2} \frac{G(\boldsymbol{x}, \boldsymbol{y}_1) - G(\boldsymbol{x}, \boldsymbol{y}_2)}{|\boldsymbol{y}_1 - \boldsymbol{y}_2|} = \boldsymbol{D} \cdot \nabla_y G(\boldsymbol{x}, \boldsymbol{y}_2) \tag{2.121}$$

式(2.121)即偶极声源，向量$\boldsymbol{D}$称为偶极矩，

$$\boldsymbol{D} = \frac{\boldsymbol{y}_1 - \boldsymbol{y}_2}{|\boldsymbol{y}_1 - \boldsymbol{y}_2|}$$

可以看出，偶极声源在$\boldsymbol{x} \neq \boldsymbol{y}_2$时满足 Helmholtz 方程，在$\boldsymbol{x} = \boldsymbol{y}_2$时具有奇异性。它与点源不同，具有平行于向量$\boldsymbol{D}$的空间指向性，是 Helmholtz 方程的另一组解。

同单层势积分的分析相同，对于 N 个分布扬声器，如果各个扬声器的空间指向性不能忽略，那么可采用强度为Q_n、偶极矩为$M^{\boldsymbol{D}}$的偶极声源表述辐射声场，即

$$p(\boldsymbol{x}) = \sum_{n=1}^{N} Q_n M^{\boldsymbol{D}}(\boldsymbol{x}, \boldsymbol{y}_n), \quad \boldsymbol{x} \in \mathbf{R}^3 \backslash \{\boldsymbol{y}_n\} \tag{2.122}$$

式(2.122)同样可以扩展到连续分布的声源模型中。在由结构振动引起的声学问题分析中，常将偶极声源分布于结构表面且指向性平行于表面法向，根据式(2.121)的定义，声场可以表示为

$$p(\boldsymbol{x}) = \int_S q_\mu \frac{\partial G(\boldsymbol{x}, \boldsymbol{y})}{\partial n(\boldsymbol{y})} \mathrm{d}S(\boldsymbol{y}) \tag{2.123}$$

其中，q_μ是定义在边界 S 上的偶极声源的面密度函数。式(2.123)又称为双层势积分，从偶极声源的定义出发，可以很容易理解“双层”的概念，即在表面 S 内外

两侧各分布一层距离很近且幅值相同、相位相反的点源。

声场的积分方程(2.115)表明，任意媒质域内的声压均可表示为单层势积分(2.118)和双层势积分(2.123)之和，且单层势积分的面密度函数$q_\sigma(\boldsymbol{y}) = -\partial p/\partial n(\boldsymbol{y})$、双层势积分的面密度函数$q_\mu = p(\boldsymbol{y})$都是关于声压自身的函数。

2.7 自由空间 Green 函数

Green 函数是一定边界条件下声学非奇异偏微分方程的脉冲响应。本书主要研究的是稳态声学问题的边界元分析方法，重点介绍稳态波动问题的 Green 函数的构造方法及其特性。自由空间声学问题是一种理想化的声学模型，即不存在反射边界。实际工程中的许多声学问题可以简化为此类模型，如距离地面一定高度的飞行器声辐射问题、水下一定深度的航行器声散射问题以及全消声室内的声学问题等。

2.7.1 一维问题

根据式(2.100)，一维问题的 Green 函数就是简单的二阶常微分非齐次方程的解，即

$$\frac{\mathrm{d}^2 G(x,\zeta)}{\mathrm{d}x^2} + k^2 G(x,\zeta) = -\delta(x-\zeta), \quad -\infty < x,\ \zeta < \infty \tag{2.124}$$

将求解区域按照源点ζ的位置分成左右两个部分，在这个区域内齐次方程的解的形式为：当$x < \zeta$时，有

$$G(x,\zeta) = A\mathrm{e}^{-\mathrm{i}k(x-\zeta)} + B\mathrm{e}^{\mathrm{i}k(x-\zeta)} \tag{2.125}$$

当$\zeta < x$时，有

$$G(x,\zeta) = C\mathrm{e}^{-\mathrm{i}k(x-\zeta)} + D\mathrm{e}^{\mathrm{i}k(x-\zeta)} \tag{2.126}$$

首先详细分析式(2.125)，当$x < \zeta$时，它表示从ζ点发出的两列波，第一项代表从ζ点发出沿 x 轴负方向传播的声波，第二项代表从 x 轴负方向无穷处汇聚到点ζ的声波。将时间项$\mathrm{e}^{-\mathrm{i}\omega t}$代入式(2.126)中，得到

$$G(x,\zeta)\mathrm{e}^{-\mathrm{i}\omega t} = A\mathrm{e}^{-\mathrm{i}k(x-\zeta)-\mathrm{i}\omega t} + B\mathrm{e}^{\mathrm{i}k(x-\zeta)-\mathrm{i}\omega t} \tag{2.127}$$

根据平面波理论[159,161]，更容易理解式(2.127)右边两项的物理意义。

因为声源只存在于$x = \zeta$处，式(2.125)第二项表示的汇聚波并没有意义，从而得到$B = 0$。这种仅要求向外传播的声波条件又称 Sommerfeld 辐射条件。采用同样的方法分析式(2.126)，可以得到$C = 0$。

为了确定参数 A 和 D，需要利用 Green 函数的连续性条件，即

$$\lim_{\varepsilon\to 0} G(\zeta-\varepsilon,\zeta)=\lim_{\varepsilon\to 0} G(\zeta+\varepsilon,\zeta) \tag{2.128}$$

另外，对式(2.124)关于ζ点附近的微元$[\zeta-\varepsilon,\zeta+\varepsilon]$进行积分有

$$\lim_{\varepsilon\to 0}\left\{\frac{\mathrm{d}G(x,\zeta)}{\mathrm{d}x}\bigg|_{\zeta-\varepsilon}^{\zeta+\varepsilon}+k^2G(x,\zeta)2\varepsilon\right\}=-1 \tag{2.129}$$

由式(2.129)的右端结果可知，其左端表达式也应为常数，故 Green 函数的另一连续性条件为

$$\lim_{\varepsilon\to 0}\left\{\frac{\mathrm{d}G(\zeta+\varepsilon,\zeta)}{\mathrm{d}x}-\frac{\mathrm{d}G(\zeta-\varepsilon,\zeta)}{\mathrm{d}x}\right\}=-1 \tag{2.130}$$

进一步根据连续性条件(2.128)和(2.130)，可得到

$$\begin{cases}A=D\\ \mathrm{i}k(A+D)=-1\end{cases} \tag{2.131}$$

从而，一维声学波动问题的 Green 函数为

$$G(x,\zeta)=\frac{\mathrm{i}}{2k}\mathrm{e}^{\mathrm{i}k|x-\zeta|} \tag{2.132}$$

另一种推导 Green 函数表达式的方法是 Fourier 变换法。假设 Green 函数的 Fourier 变换为

$$\mathcal{G}(\mathcal{k},\zeta)=\frac{1}{2\pi}\int_{-\infty}^{\infty}G(x,\zeta)\,\mathrm{e}^{-\mathrm{i}\mathcal{k}x}\mathrm{d}x \tag{2.133}$$

则其 Fourier 逆变换为

$$G(x,\zeta)=\int_{-\infty}^{\infty}\mathcal{G}(\mathcal{k},\zeta)\,\mathrm{e}^{\mathrm{i}\mathcal{k}x}\mathrm{d}\mathcal{k} \tag{2.134}$$

值得注意的是，空间-波数域的 Fourier 变换(2.133)与时间-圆频域 Fourier 变换(2.16)的复指数函数的符号恰好相反。这种时间和空间 Fourier 变换形式的差别在声学分析中经常使用，是为了保证同时进行时间和空间 Fourier 逆变换后，函数所对应的复指数函数具有如下形式：

$$\exp(x,t)=\mathrm{e}^{\mathrm{i}(kx-\omega t)} \tag{2.135}$$

相当于一维问题中沿 x 轴正向传播的平面声波。

从 Fourier 变换与逆变换的运算中可以得到 Dirac 函数的另一种表示形式为[160]

$$\delta(x-\zeta)=\frac{1}{2\pi}\int_{-\infty}^{\infty}\mathrm{e}^{\mathrm{i}\mathcal{k}(x-\zeta)}\,\mathrm{d}\mathcal{k} \tag{2.136}$$

将式(2.134)代入式(2.124)，得

$$\int_{-\infty}^{\infty}[k^2-\mathcal{k}^2]\mathcal{G}(\mathcal{k},\zeta)\,\mathrm{e}^{\mathrm{i}\mathcal{k}x}\mathrm{d}\mathcal{k}=-\frac{1}{2\pi}\int_{-\infty}^{\infty}\mathrm{e}^{-\mathrm{i}\mathcal{k}\zeta}\mathrm{e}^{\mathrm{i}\mathcal{k}x}\,\mathrm{d}\mathcal{k} \tag{2.137}$$

由于式(2.137)对任意x都成立，得到

$$\mathcal{G}(\mathcal{k},\zeta)=\frac{1}{2\pi}\frac{\mathrm{e}^{-\mathrm{i}\mathcal{k}\zeta}}{\mathcal{k}^2-k^2} \tag{2.138}$$

根据式(2.134)对式(2.138)进行 Fourier 逆变换，便可得到 Green 函数的表达式为

$$G(x,\zeta)=\frac{1}{2\pi}\int_{-\infty}^{\infty}\frac{\mathrm{e}^{\mathrm{i}\mathcal{k}(x-\zeta)}}{\mathcal{k}^2-k^2}\mathrm{e}^{\mathrm{i}\mathcal{k}x}\mathrm{d}\mathcal{k} \tag{2.139}$$

显然，在 Fourier 逆变换时积分核函数$\mathcal{G}(\mathcal{k},\zeta)$在$\mathcal{k}=\pm k$时会出现奇异。采用复变函数分析理论，将式(2.139)转换到复变函数域($z=\xi+\mathrm{i}\eta$)，得

$$G(x,\zeta)=\frac{1}{2\pi}\oint_c\frac{\mathrm{e}^{\mathrm{i}z(x-\zeta)}}{z^2-k^2}\mathrm{d}z \tag{2.140}$$

根据 Jordan 定理，采用如图 2.5 所示的积分围道，则当$x<\zeta$时，有

$$G(x,\zeta)=-\mathrm{iRes}\left[\frac{\mathrm{e}^{\mathrm{i}z(x-\zeta)}}{z^2-k^2};-k\right]=\frac{\mathrm{i}}{2k}\mathrm{e}^{-\mathrm{i}k(x-\zeta)} \tag{2.141}$$

当$x>\zeta$时，有

$$G(x,\zeta)=\mathrm{iRes}\left[\frac{\mathrm{e}^{\mathrm{i}z(x-\zeta)}}{z^2-k^2};k\right]=\frac{\mathrm{i}}{2k}\mathrm{e}^{\mathrm{i}k(x-\zeta)} \tag{2.142}$$

显然由式(2.141)和式(2.142)所表示的 Green 函数与式(2.132)的推导一致。

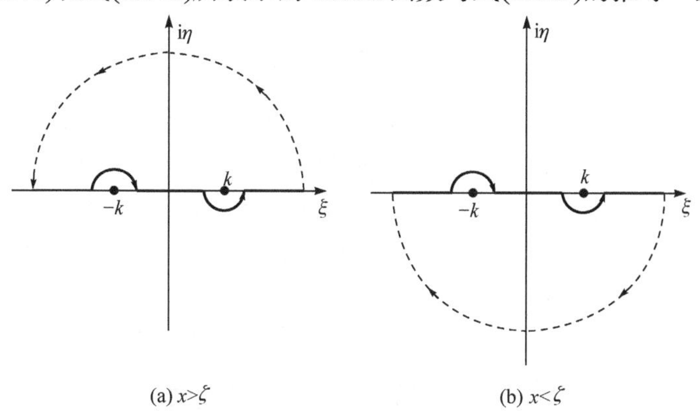

图 2.5　一维问题的 Green 函数积分围道

至此，可以得到一维 Helmholtz 方程自由空间 Green 函数的两种表达形式：一种是基于式(2.132)的解析表达式；另一种是基于式(2.139)的积分表达式，其沿实轴的积分路径如图 2.5 所示。

2.7.2　二维问题

在自由空间中，脉冲响应具有相对于源点$\boldsymbol{y}(\xi,\eta)$的空间对称性。在极坐标系下，如果声场是中心对称的，即声场与θ无关，那么稳态声场只是关于距离$r=\|\boldsymbol{x}-\boldsymbol{y}\|$的函数，则 Green 函数满足如下波动方程：

$$\nabla^2 G(r)+k^2 G(r)=-\delta(\boldsymbol{x}-\boldsymbol{y}) \tag{2.143}$$

其中，极轴对称声学问题中的 Laplace 算子为

$$\nabla^2=\frac{1}{r}\frac{\partial}{r}\left(r\frac{\partial}{\partial r}\right) \tag{2.144}$$

将式(2.144)代入式(2.143)，可以得到其齐次方程表达式为

$$\frac{\mathrm{d}^2 G(r)}{\mathrm{d}r^2}+\frac{1}{r}\frac{\mathrm{d}G(r)}{\mathrm{d}r}+k^2 G(r)=0 \tag{2.145}$$

式(2.145)是 0 阶柱 Bessel 方程，其通解形式为

$$G(r)=A\mathrm{H}_0^{(1)}(kr)+B\mathrm{H}_0^{(2)}(kr) \tag{2.146}$$

其中，$\mathrm{H}_0^{(1)}(kr)$和$\mathrm{H}_0^{(2)}(kr)$表示零阶第一类和第二类柱 Hankel 函数。这里选择的是柱 Hankel 函数，而非柱 Bessel 函数$\mathrm{J}_0(kr)$和柱 Neumann 函数$\mathrm{Y}_0(kr)$，同一维问题的分析，式(2.145)的解应该表示从源点位置$\boldsymbol{y}(\xi,\eta)$向外传播的声波。如果假设时间项选取的是$\mathrm{e}^{-\mathrm{i}\omega t}$,那么零阶第一类柱 Hankel 函数代表的是向外传播的声波，从而得到系数$B=0$。为了便于推导，在不引起歧义的情况下，用$\mathrm{H}_0(kr)$表示零阶第一类柱 Hankel 函数。

根据零阶第一类柱 Hankel 函数的特性[162]，存在如下极限表达式：

$$\lim_{r\to 0}\mathrm{H}_0(kr)=\frac{2\mathrm{i}}{\pi}\ln\left(\frac{kr}{2}\right) \tag{2.147}$$

为了确定系数 A 的值，将式(2.146)代入式(2.143)，在半径为ε的微元面积上积分，并对ε取极限为零。根据二维 Dirac 函数的性质，显然方程的右端积分为-1。由式(2.147)可知$\mathrm{H}_0(kr)$具有$O(\ln(kr/2))$的奇异性。因此，式(2.143)第二项的微元面积分在ε趋于零取极限后变为零。根据 Gauss 定理(2.103)，由式(2.143)可得

$$A\lim_{\varepsilon\to 0}\int_{\Gamma_\varepsilon}\frac{\partial \mathrm{H}_0(kr)}{\partial n}\mathrm{d}\Gamma=A\lim_{\varepsilon\to 0}\left(\left.\frac{\partial \mathrm{H}_0(kr)}{\partial r}\right|_{r=\varepsilon}2\pi\varepsilon\right)=-1 \tag{2.148}$$

其中，Γ_ε表示半径为ε的微元面的边线，且边线上的法向与半径方向一致，从而有$\partial/\partial n=\partial/\partial r$，利用极限表达式(2.147)，可以得到系数$A=\mathrm{i}/4$。最终，二维自由空间 Green 函数的表达式为

$$G(r)=\frac{\mathrm{i}}{4}\mathrm{H}_0(kr) \tag{2.149}$$

同一维问题的分析类似，也可以通过 Fourier 变换的方法获得二维自由空间的 Green 函数。在二维笛卡儿坐标系下的 Helmholtz 方程为

$$\frac{\partial^2 G(\boldsymbol{x},\boldsymbol{y})}{\partial x^2}+\frac{\partial^2 G(\boldsymbol{x},\boldsymbol{y})}{\partial y^2}+k^2 G(\boldsymbol{x},\boldsymbol{y})=-\delta(x-\xi)\delta(y-\eta),\quad -\infty<x,y,\xi,\eta<\infty \tag{2.150}$$

仿照式(2.133)，二维问题的 Green 函数关于 x 坐标的 Fourier 变换为

$$\mathcal{G}(\mathscr{k},y|\xi,\eta)=\frac{1}{2\pi}\int_{-\infty}^{\infty}G(\boldsymbol{x},\boldsymbol{y})\,\mathrm{e}^{-\mathrm{i}\mathscr{k}x}\mathrm{d}x \tag{2.151}$$

则其 Fourier 逆变换为

$$G(\boldsymbol{x},\boldsymbol{y})=\int_{-\infty}^{\infty}\mathcal{G}(\mathscr{k},y|\xi,\eta)\,\mathrm{e}^{\mathrm{i}\mathscr{k}x}\mathrm{d}\mathscr{k} \tag{2.152}$$

将式(2.152)代入式(2.150)，得

$$\begin{aligned}&\int_{-\infty}^{\infty}\left(\frac{\partial^2}{\partial y^2}-\mathscr{k}^2+k^2\right)\mathcal{G}(\mathscr{k},y|\xi,\eta)\,\mathrm{e}^{\mathrm{i}\mathscr{k}x}\mathrm{d}\mathscr{k}\\&=-\frac{\delta(y-\eta)}{2\pi}\int_{-\infty}^{\infty}\mathrm{e}^{-\mathrm{i}\mathscr{k}\xi}\mathrm{e}^{\mathrm{i}\mathscr{k}x}\,\mathrm{d}\mathscr{k}\end{aligned} \tag{2.153}$$

从而可以推导出如下方程：

$$\frac{\partial^2\mathcal{G}(\mathscr{k},y|\xi,\eta)}{\partial y^2}+\ell^2\mathcal{G}(\mathscr{k},y|\xi,\eta)=-\frac{\mathrm{e}^{-\mathrm{i}\mathscr{k}\xi}}{2\pi}\delta(y-\eta) \tag{2.154}$$

其中，变量$\ell^2=k^2-\mathscr{k}^2$，$\mathscr{k}$是 x 方向的波数域分量。参考 2.7.1 节中一维问题的分析，可以得到

$$\mathcal{G}(\mathscr{k},y|\xi,\eta)=\frac{\mathrm{i}}{4\pi\ell}\mathrm{e}^{\mathrm{i}\ell|y-\eta|-\mathrm{i}\mathscr{k}\xi} \tag{2.155}$$

其中，复数变量ℓ需要满足实部和虚部均非负，这是保证式(2.155)表示的声波是向外传播的必要条件。对式(2.155)进行逆变换，得

$$\begin{aligned}G(\boldsymbol{x},\boldsymbol{y})&=\frac{\mathrm{i}}{4\pi}\int_{-\infty}^{\infty}\frac{1}{\ell}\mathrm{e}^{\mathrm{i}\ell|y-\eta|+\mathrm{i}\mathscr{k}(x-\xi)}\,\mathrm{d}\mathscr{k}\\&=\frac{\mathrm{i}}{2\pi}\int_{0}^{\infty}\frac{\cos[k(x-\xi)]\,\mathrm{e}^{\mathrm{i}\ell|y-\eta|}}{\ell}\,\mathrm{d}\mathscr{k}\end{aligned} \tag{2.156}$$

根据 Green 函数表达式的唯一性，对比式(2.156)与式(2.149)，可以得到零阶第一类柱 Hankel 方程在笛卡儿坐标系下的分解形式为

$$H_0(kr) = \frac{1}{\pi}\int_{-\infty}^{\infty} \frac{e^{i\sqrt{k^2-\ell^2}|y-\eta|+i\ell(x-\xi)}}{\sqrt{k^2-\ell^2}} d\ell \tag{2.157}$$

2.7.3 三维问题

同样，三维自由空间脉冲激励下的声场应该具有关于激励源的球对称性。在球坐标系下，如果声场是球对称的，即声场与θ和ϕ无关，那么稳态声场只是关于距离r的函数，则 Green 函数满足如下波动方程：

$$\nabla^2 G(r) + k^2 G(r) = -\delta(\boldsymbol{x} - \boldsymbol{y}) \tag{2.158}$$

其中，球对称声学问题中的 Laplace 算子为

$$\nabla^2 = \frac{1}{r^2}\frac{\partial}{r}\left(r^2 \frac{\partial}{\partial r}\right) \tag{2.159}$$

将式(2.159)代入式(2.158)的左端，可以得到齐次方程表达式为

$$\frac{d^2 G(r)}{dr^2} + \frac{2}{r}\frac{dG(r)}{dr} + k^2 G(r) = 0 \tag{2.160}$$

根据二阶常微分方程理论，其通解为

$$G(r) = A\frac{e^{ikr}}{r} + B\frac{e^{-ikr}}{r} \tag{2.161}$$

显然当时间项为$e^{-i\omega t}$时，式(2.161)中的第一项代表从源点$\boldsymbol{y}$向外辐射的波，称为扩散波，而第二项表示从远处向源点汇聚的波，称为汇聚波。对于自由空间的脉冲响应，应该只存在扩散波，从而可以确定式(2.161)中的系数$B = 0$。

将式(2.161)代入式(2.158)，对方程两边在半径为ε的球体内进行积分，并令ε趋于零取极限。根据三维 Dirac 函数的性质，方程的右端积分为-1。由式(2.161)的表达式知，当r趋近于零时，可以看出$d^n G(r)/dr^n$具有$O(1/r^{n+1})$的奇异性。因此，式(2.158)左端的第二项是关于体积微元的积分，在ε趋于零取极限时，积分结果为零。因此，式(2.158)左端仅剩第一项在体积微元上的积分，利用 Gauss 定理(2.103)，可得

$$\lim_{\varepsilon\to 0}\int_{S_\varepsilon} \frac{\partial G}{\partial n} dS = \lim_{\varepsilon\to 0}\left(\left.\frac{\partial G}{\partial r}\right|_{r=\varepsilon} 4\pi\varepsilon^2\right) = -1 \tag{2.162}$$

其中，S_ε表示半径为ε的微元球体的表面，且表面的法向与半径方向一致，从而得$\partial/\partial n = \partial/\partial r$。将 Green 函数的表达式(2.161)代入式(2.162)，可得$A = 1/(4\pi)$。因此，三维自由空间声学问题的 Green 函数表达式为

$$G(\boldsymbol{r}) = G(\boldsymbol{x}, \boldsymbol{y}) = \frac{e^{ikr}}{4\pi r} \tag{2.163}$$

2.8 非自由空间 Green 函数

一维、二维和三维自由空间 Green 函数均具有相对简单的解析表达式。自由空间声学问题是一种理想化的声学模型，大部分实际工程问题中，都需要考虑边界的影响。这并不表示自由空间 Green 函数无法用于非自由场的分析，只要能够合理地将边界条件引入基于自由空间的边界积分方程中，也可以进行准确建模和直接分析，如房间内声学问题的分析，当需要考虑壁面的影响时，只要建立壁面的边界元模型，引入合理的边界条件即可。但对于如第 8 章中讨论的具有无限大反射面的声学问题，则无法对无限大边界直接建模。基于自由空间 Green 函数的边界元方法需要截断无限大反射面，会引入建模误差。因此，如果能够获得满足一定边界条件的 Green 函数，那么可以减少对边界的建模，进而降低模型规模，提高分析计算效率。

图 2.6 为三维问题的半空间单位脉冲响应的示意图。声源位于$z>0$的半空间内$\boldsymbol{y}(\xi,\eta,\zeta)$点处。$z=0$的平面为一无限大反射面，两种理想的边界条件(见 2.4.2 节)为声学软边界和硬边界，分别定义为无限大反射面上声压为零，即

$$p(\boldsymbol{x})=0,\quad \boldsymbol{x}\in S|_{z=0} \tag{2.164}$$

和法向速度为零，即

$$\frac{\partial}{\partial n}p(\boldsymbol{x})=0,\quad \boldsymbol{x}\in S|_{z=0} \tag{2.165}$$

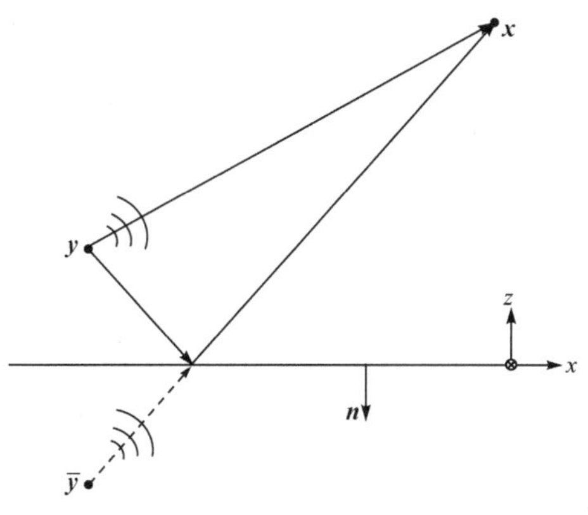

图 2.6 半空间 Green 函数示意图

采用镜像理论，假设在$z<0$的半空间内与无限大平面相同距离处存在一镜像源$\bar{\boldsymbol{y}}(\xi,\eta,-\zeta)$。观测点$\boldsymbol{x}$处的脉冲响应，又称 Green 函数，定义为这两个声源的自由空间响应的线性叠加，参考式(2.163)，可写为

$$G(\boldsymbol{x},\boldsymbol{y})=\frac{\mathrm{e}^{\mathrm{i}k\|\boldsymbol{x}-\boldsymbol{y}\|}}{4\pi\|\boldsymbol{x}-\boldsymbol{y}\|}+A\frac{\mathrm{e}^{\mathrm{i}k\|\boldsymbol{x}-\overline{\boldsymbol{y}}\|}}{4\pi\|\boldsymbol{x}-\overline{\boldsymbol{y}}\|} \tag{2.166}$$

其中，A 是待定系数，由无限大反射面上的边界条件确定。将式(2.166)分别代入式(2.164)和式(2.165)，可以得到声学软边界下无限大半空间的 Green 函数表达式为

$$G(\boldsymbol{x},\boldsymbol{y})=\frac{\mathrm{e}^{\mathrm{i}k\|\boldsymbol{x}-\boldsymbol{y}\|}}{4\pi\|\boldsymbol{x}-\boldsymbol{y}\|}-\frac{\mathrm{e}^{\mathrm{i}k\|\boldsymbol{x}-\overline{\boldsymbol{y}}\|}}{4\pi\|\boldsymbol{x}-\overline{\boldsymbol{y}}\|} \tag{2.167}$$

和声学硬边界下无限大半空间的 Green 函数表达式为

$$G(\boldsymbol{x},\boldsymbol{y})=\frac{\mathrm{e}^{\mathrm{i}k\|\boldsymbol{x}-\boldsymbol{y}\|}}{4\pi\|\boldsymbol{x}-\boldsymbol{y}\|}+\frac{\mathrm{e}^{\mathrm{i}k\|\boldsymbol{x}-\overline{\boldsymbol{y}}\|}}{4\pi\|\boldsymbol{x}-\overline{\boldsymbol{y}}\|} \tag{2.168}$$

声学软边界和硬边界条件可以很好地解决边界和声学媒质域阻抗相差比较大的声学问题。但是，当无限大平面具有阻抗边界条件时，Green 函数并不存在简单函数的解析表达式。德国的 Ochmann 对此作了系统深入的研究，提出了无限大阻抗平面上 Green 函数的封闭表达式[163-165]，它可作为声学软边界和硬边界条件的补充，用于处理更为复杂的边界条件，详见第 8 章内容。

2.9 小结

本章首先简要介绍了声学物理量的基本概念，明确了声学波动方程是描述声学物理量偏离平衡态的线性化数理方程表达式；进而介绍了声学波动问题分析中的 Fourier 变换，明确了本书所采用 Fourier 变换及其逆变换的具体形式，以及时间项的选取为$\mathrm{e}^{-\mathrm{i}\omega t}$。时间项选取的不同导致描述特定物理现象的具体表达式不同，如前进波或汇聚波、Green 函数等。声学波动问题是一种椭圆型边界问题，边界条件是决定声学问题具体声场分布形式的重要条件。2.4 节首先推导了无限远处的 Sommerfeld 辐射边界条件，然后介绍了声学问题分析中的几种典型边界条件的模型。能够自动满足 Sommerfeld 边界条件是积分方程相对于微分方程在处理边界条件上的一个优点。

声学边界元方法是一种基于积分方程的数值计算方法。Gauss 定理是将基于偏微分方程的波动方程转化为积分方程的核心技术。Green 函数是建立积分方程的重要基础，它是非齐次 Helmholtz 方程脉冲激励下的响应。Dirac 函数的特性对 Green 函数推导及边界积分方程的建立具有重要的意义，2.5 节着重介绍了 Dirac 函数的定义及其特性。基于前序章节的理论，2.6 节推导了 Green 等式、Green 第一积分和第二积分公式。最后，2.7 节和 2.8 节由易到难，从一维问题到三维问题、从自由空间问题到半空间问题，详细介绍了相应 Green 函数的推导过程。

第3章　单元离散与数值积分

3.1　引　　言

第2章介绍了边界元方法的理论基础，建立了声学问题的数学表达式。在现实工程问题中，除了一些简单的问题(如与三类坐标系共形且具有简单的边界条件等)，其余问题很少能够得到声学问题的解析表达式，需要借助数值手段进行仿真分析。利用计算机数值分析具体问题时，建立几何模型、边界条件、物理量等合理的离散模型，是求解声学问题的重要步骤。

首要的工作是建立分析对象的几何离散模型，又称网格划分，即采用离散的简单形状构建复杂对象的近似模型，如图3.1所示。这个过程包含两步：第一步"采样"，即在模型表面均匀布置适当数量的网格点，通常称为"节点"；第二步"插值"，即基于节点建立边界单元模型，然后通过插值函数(又称形函数)以及节点的坐标得到单元内任意点坐标。如果单元内的场函数与单元内的几何形状具有相同数目的节点参数及形函数，则称该单元为等参单元。等参单元在有限元方法中广泛使用，借助等参单元建立复杂几何形状和物理量的离散模型，便于建立有限元方法的通用数值计算框架。为了便于处理奇异积分问题，声学边界元方法中经常使用常数单元，其几何形函数是线性的，而单元上的物理量形函数却是恒定的常数，属于非等参单元。

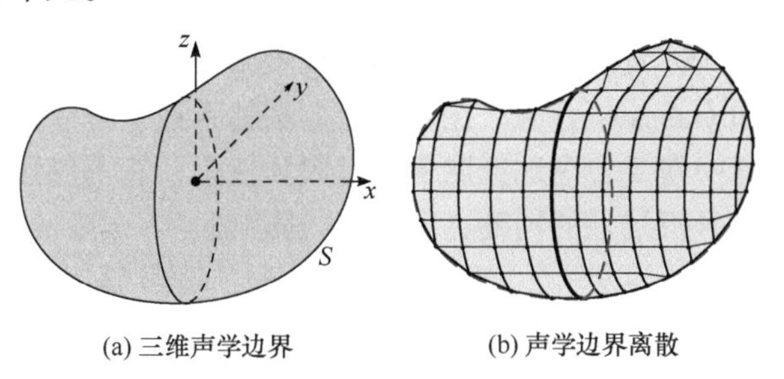

(a) 三维声学边界　　(b) 声学边界离散

图3.1　声学边界元方法的模型离散

根据单元交界面上的连续性要求，节点上的参数类型可以只包含场函数，也可以同时包含场函数导数。在声学边界元方法中，通常只要求节点上满足场函数可积的条件，如常数单元类型。物理量在节点上是非连续的，当离散单元数足够时也可以得出比较满意的计算结果。当然，连续性单元具有获得更高精度计算结果的能力，但在一定程度上增加了实现的难度。

形函数一般采用不同阶次幂函数的多项式表示。只满足连续性的C^0型单元，单元内物理量的线性变化能够仅用单元上节点的参数表示，如图 3.2 所示。对于它的二次变化，则必须在节点之间的边界上配置一个适当的边内节点，如图 3.3 所示。对于更高阶次的变化，需要在边界上甚至单元内部配置更多节点。然而，除非所考虑的具体问题绝对需要配置更多节点，否则是不希望配置更多节点的，因为这些节点的存在将增加表达形式和计算的复杂度。本章重点介绍一些常用C^0型单元的形函数的构造和分析。

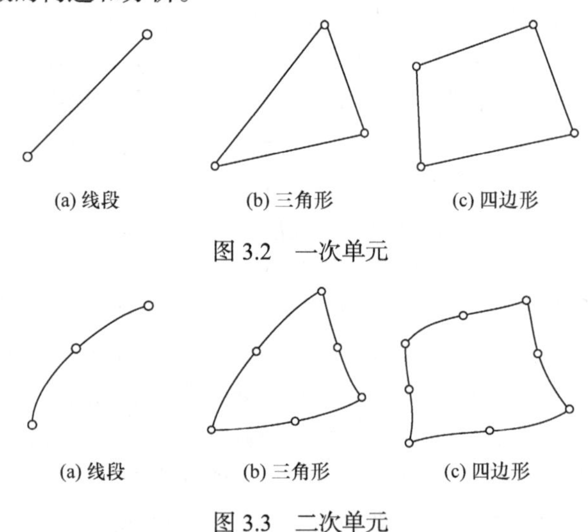

(a) 线段　　(b) 三角形　　(c) 四边形

图 3.2　一次单元

(a) 线段　　(b) 三角形　　(c) 四边形

图 3.3　二次单元

声学边界元方法系数矩阵的生成，需要采用数值积分的方法。为了建立标准化的数值积分方法,使各类不同声学问题的边界元方法分析均遵循通用化的程序，需要研究被积函数所涉及的导数、面积微元、线段微元的变换以及积分限的置换。数值积分方法，如 Gauss 积分法，在边界元方法的系数矩阵计算中扮演着重要的角色，在实际计算中需要合理地选取积分点数和权重，它不仅涉及计算工作量的大小，而且对整个分析结果的精度也有重要的影响。

3.2　线　单　元

在一些理想情况下，如无限长圆柱管的声辐射、铁轨的声辐射都可以视为二维声学问题。定义在 xOy 平面内，二维平面域的边界为一维的曲线，离散后生成的多条线段又称线单元，如图 3.4 所示。在模型离散中，至少要保证C^0的连续性条件，即离散的节点应该在边界上。

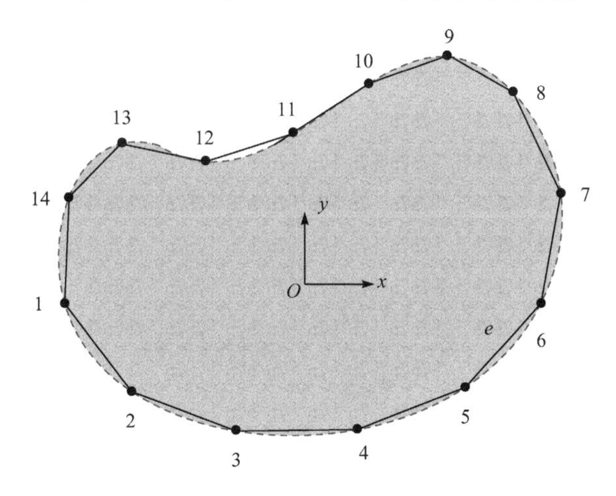

图 3.4　二维声学模型边界的线单元离散

二维问题中最简单的线单元是由两个节点组成的，如图 3.5(b)所示，节点i和j组成线单元e。两节点的连接顺序是单元的属性之一，决定着单元的法向。这里的编号i和j是节点的全局标号，其坐标位置分别用向量$\boldsymbol{x}_i$和$\boldsymbol{x}_j$表示。在单元的局部坐标系中，一般顺序定义线单元的起始节点和末端节点的编号为 1 和 2，因此第e号单元的两节点在单元局部编号系统中又可表示为$\boldsymbol{x}_1^e$和$\boldsymbol{x}_2^e$。

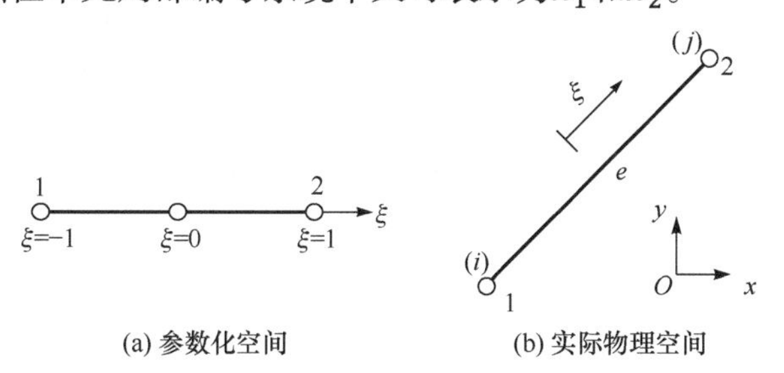

(a) 参数化空间　(b) 实际物理空间

图 3.5　两节点线单元

二维坐标系下的线段仅有一个独立变量，可以直接选取其正交坐标轴 x 或 y 作为因变量。为了后续计算分析的方便，需要建立与线段拓扑形状无关的参数化坐标ξ，如图 3.5(a)所示。图 3.5(a)和(b)分别称为单元的参数化空间和实际物理空间。对于不同的线单元，参数化空间具有不变性，而不同单元的实际物理空间随两节点位置的不同而异。为了建立参数化空间与单元实际物理空间的对应关系，需要构造线单元上关于参数ξ的插值表达式。

设单元上任一点$\boldsymbol{x}$的坐标由端点的坐标线性插值得到，即

$$\boldsymbol{x}(\xi)=\sum_{n=1}^{2}\mathcal{N}_n(\xi)\boldsymbol{x}_n^e \tag{3.1}$$

其中，$\mathcal{N}_n(\xi)(n=1,2)$为两节点的线性插值函数，表示为

$$\mathcal{N}_n(\xi)=a_n\xi+b_n,\quad n=1,2 \tag{3.2}$$

假设参数坐标ξ的取值范围为$-1\leqslant\xi\leqslant1$，且参数坐标$\xi=-1$与线单元左端点$\boldsymbol{x}_1^e$对应，$\xi=1$与线单元右端点$\boldsymbol{x}_2^e$对应，从而可得到两节点线单元的形函数。图 3.6 给出的参数化空间形函数为

$$\begin{cases}\mathcal{N}_1(\xi)=\dfrac{1}{2}(1-\xi)\\ \mathcal{N}_2(\xi)=\dfrac{1}{2}(1+\xi)\end{cases},\quad -1\leqslant\xi\leqslant1 \tag{3.3}$$

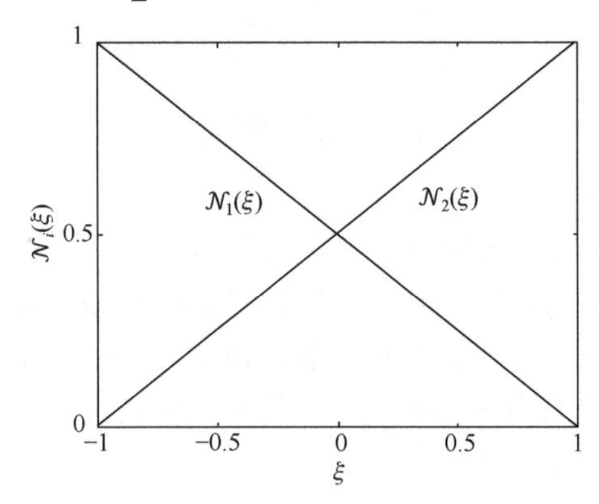

图 3.6　两节点线单元的形函数

由式(3.1)和式(3.3)可以得到线单元上任一点$\boldsymbol{x}$的全微分为

$$\mathrm{d}\boldsymbol{x}=\frac{\mathrm{d}\boldsymbol{x}}{\mathrm{d}\xi}\mathrm{d}\xi=\frac{1}{2}(\boldsymbol{x}_2^e-\boldsymbol{x}_1^e)\mathrm{d}\xi \tag{3.4}$$

在边界积分方程中，需要沿着线段进行积分，则线段长度微元$\mathrm{d}l$与参数坐标微元$\mathrm{d}\xi$具有如下转换关系：

$$\mathrm{d}l=|\mathrm{d}\boldsymbol{x}|=\frac{1}{2}l^e\mathrm{d}\xi \tag{3.5}$$

其中，$l^e=\|\boldsymbol{x}_2^e-\boldsymbol{x}_1^e\|$表示线单元的长度。

复杂的曲面边界，采用三个节点的二次线单元离散。如图 3.7 所示，二次线单元在内部增加了一个节点，三节点的坐标分别表示为i、j和k，单元内部编号分别为 1、2 和 3。增加的 3 号节点对应于参数坐标$\xi=0$。二次线单元是曲线单元，线上任一点的坐标可由三个节点插值得到，即

$$\boldsymbol{x}(\xi)=\sum_{n=1}^{3}\mathcal{N}_n(\xi)\boldsymbol{x}_n^e \tag{3.6}$$

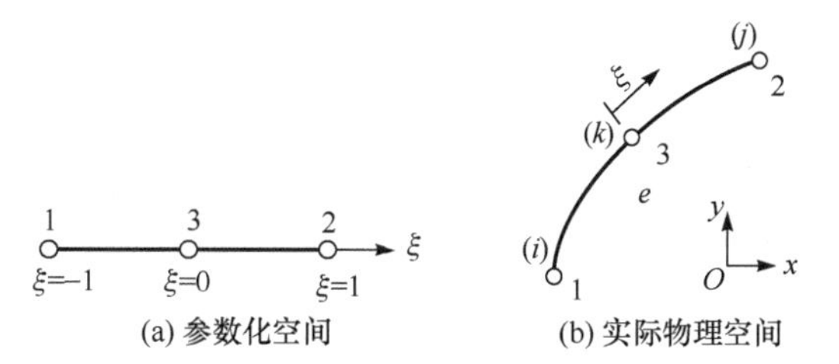

图 3.7　三节点二次线单元

设三节点线单元的二次型形函数为

$$\mathcal{N}_n(\xi) = a_n\xi^2 + b_n\xi + c_n,\quad n = 1,2,3 \tag{3.7}$$

利用形函数在节点处的拟合特性，即

$$\mathcal{N}_i(\xi_j) = \delta_{ij},\quad i,j = 1,2,3;\ \xi_j = \{-1,1,0\} \tag{3.8}$$

可以推导出三节点线单元的二次型形函数为

$$\begin{cases}\mathcal{N}_1(\xi) = -\dfrac{1}{2}\xi(1-\xi)\\ \mathcal{N}_2(\xi) = \dfrac{1}{2}\xi(1+\xi)\\ \mathcal{N}_3(\xi) = (1-\xi)(1+\xi)\end{cases} \tag{3.9}$$

图 3.8 给出了线单元的三个二次型形函数。

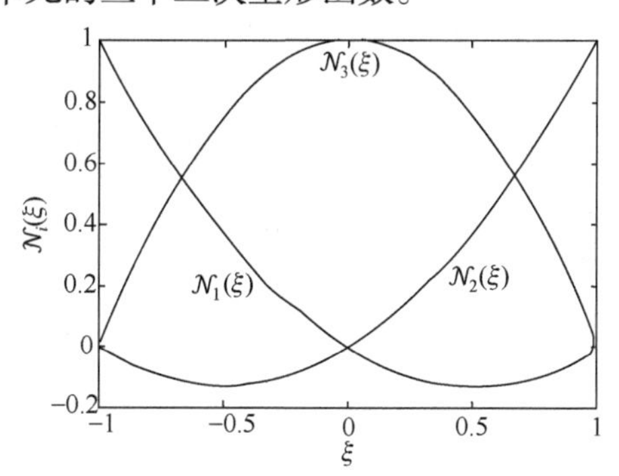

图 3.8　三节点线单元的二次型形函数

由式(3.6)和式(3.9)可以得到二次线单元上任一点$\boldsymbol{x}$的全微分为

$$\mathrm{d}\boldsymbol{x} = \frac{\mathrm{d}\boldsymbol{x}}{\mathrm{d}\xi}\mathrm{d}\xi = \left[\left(\xi-\frac{1}{2}\right)\boldsymbol{x}_1^e + \left(\xi+\frac{1}{2}\right)\boldsymbol{x}_2^e - 2\xi\boldsymbol{x}_3^e\right]\mathrm{d}\xi \tag{3.10}$$

从而二次线单元的微元为

$$\mathrm{d}l = |\boldsymbol{J}(\xi)|\mathrm{d}\xi \tag{3.11}$$

其中，$\boldsymbol{J}(\xi)$为二次线单元的 Jacobian 矩阵，为

$$\boldsymbol{J}(\xi)=\left(\xi-\frac{1}{2}\right)\boldsymbol{x}_1^e+\left(\xi+\frac{1}{2}\right)\boldsymbol{x}_2^e-2\xi\boldsymbol{x}_3^e \tag{3.12}$$

二次线单元的长度微元与参数坐标微元的转换关系随位置变化而变化，不是简单的常数关系，如图 3.8 所示。

3.3 面 单 元

使用边界积分方程分析三维声学问题时，需要离散边界曲面，形成面单元，如图 3.1 所示。面单元的表述方式与线单元类似，需要建立二维参数坐标系与面单元物理坐标系的对应关系。曲面单元离散中，最常用的单元形状是三角形和四边形。一般在相同网格尺度的离散要求下，规则形状边界面的离散宜采用四边形网格，且生成的单元数较少，而复杂边界面的离散宜采用曲面拟合灵活性较大的三角形网格，通常会生成较多的单元。这两种单元在边界建模和声学分析中都具有广泛的应用，因此本节主要介绍线性三角形和四边形单元。

四边形单元的分析方法与线单元类似，只是参数化空间变成二维(ξ,η)。参数化空间一般定义为规则的矩形，如图 3.9(a)所示，即$-1\leqslant\xi,\eta\leqslant 1$。同线单元的分析相同，四边形单元上任一点$\boldsymbol{x}$可以通过节点坐标插值得到，即

$$\boldsymbol{x}=\sum_{n=1}^{4}\mathcal{N}_n(\xi,\eta)\,\boldsymbol{x}_n^e \tag{3.13}$$

当$-1\leqslant\xi,\eta\leqslant 1$时，可以很容易得到四节点面单元的双线插值函数

$$\mathcal{N}_n(\xi,\eta)=\frac{1}{4}(1+\xi_n\xi)(1+\eta_n\eta),\quad n=1,2,3,4 \tag{3.14}$$

其中，ξ_n和η_n为节点的参数坐标，见表 3.1 前 4 行。这些形函数在节点处显然满足选择性和归一性，即

$$\mathcal{N}_{ij}=\mathcal{N}_i\left(\xi_j,\eta_j\right)=\delta_{ij},\quad \sum_{i=1}^{4}\mathcal{N}_{ij}=1 \tag{3.15}$$

图 3.10 给出了形函数$\mathcal{N}_1(\xi,\eta)=0.25(1-\xi)(1-\eta)$的具体形态，其他形函数也具有类似的形态。

表 3.1 四边形面单元节点的参数坐标

n	ξ_n	η_n
1	−1	−1
2	1	−1
3	1	1

续表

n	ξ_n	η_n
4	−1	1
5	0	−1
6	1	0
7	0	1
8	−1	0

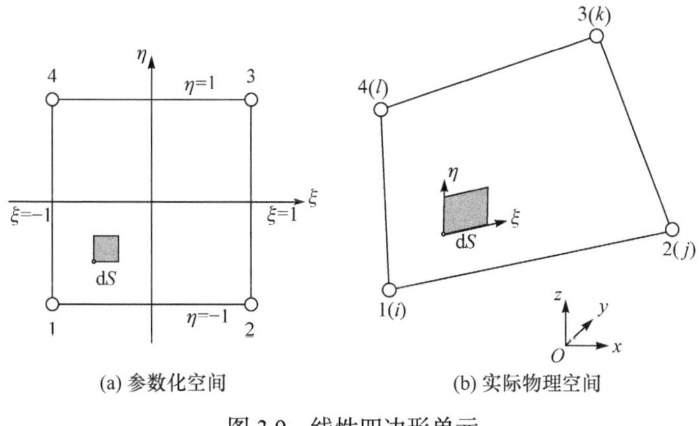

(a) 参数化空间　　(b) 实际物理空间

图 3.9　线性四边形单元

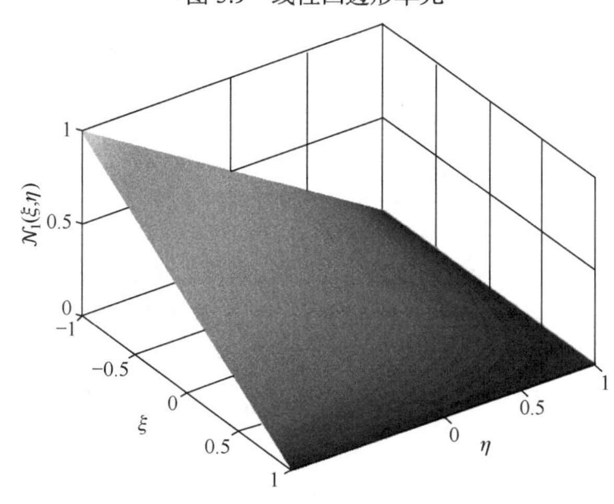

图 3.10　四边形双线性形函数

边界元系数矩阵的计算，需要在四边形单元内进行面积分，为了便于程序化分析，一般在规则的参数化空间中进行计算。因此，需要建立面积微元$\mathrm{d}S$在实际物理空间和参数化空间之间的转换关系。参数化空间下的面积微元比较容易获得，即两正交坐标系微元的乘积$\mathrm{d}S=\mathrm{d}\xi\mathrm{d}\eta$。

实际物理空间中面微元的分析需要借助向量积运算。在向量代数中，向量积又称向量叉乘，是一种在向量空间中的二元运算，它的运算结果是一个向量而不是一个标量。两个向量的叉积垂直于这两个向量所组成的平面，且幅值等于以两向量为边的平行四边形的面积。根据微分运算的链式法则，图 3.9 的单元内某点$\boldsymbol{x}$处的全微分为

$$\mathrm{d}\boldsymbol{x}=\frac{\partial \boldsymbol{x}}{\partial \xi}\mathrm{d}\xi+\frac{\partial \boldsymbol{x}}{\partial \eta}\mathrm{d}\eta \tag{3.16}$$

则单元内$\boldsymbol{x}$点处沿参数坐标ξ和η方向的切向量$\boldsymbol{x}_\xi$和$\boldsymbol{x}_\eta$为

$$\begin{cases}\boldsymbol{x}_\xi=\mathrm{d}\xi\displaystyle\sum_{n=1}^{4}\frac{\partial \mathcal{N}_n(\xi,\eta)}{\partial \xi}\boldsymbol{x}_n^e\\ \boldsymbol{x}_\eta=\mathrm{d}\eta\displaystyle\sum_{n=1}^{4}\frac{\partial \mathcal{N}_n(\xi,\eta)}{\partial \eta}\boldsymbol{x}_n^e\end{cases} \tag{3.17}$$

单元上 $\boldsymbol{x}$ 点的有向面积微元可以表示为

$$\begin{aligned}\mathrm{d}\boldsymbol{S}(\boldsymbol{x})&=\boldsymbol{x}_\xi\times\boldsymbol{x}_\eta\\ &=\begin{bmatrix}\boldsymbol{i}_x & \boldsymbol{i}_y & \boldsymbol{i}_z\\ \displaystyle\sum_{n=1}^{4}\frac{\partial \mathcal{N}_n(\xi,\eta)}{\partial \xi}x_n^e & \displaystyle\sum_{n=1}^{4}\frac{\partial \mathcal{N}_n(\xi,\eta)}{\partial \xi}y_n^e & \displaystyle\sum_{n=1}^{4}\frac{\partial \mathcal{N}_n(\xi,\eta)}{\partial \xi}z_n^e\\ \displaystyle\sum_{n=1}^{4}\frac{\partial \mathcal{N}_n(\xi,\eta)}{\partial \eta}x_n^e & \displaystyle\sum_{n=1}^{4}\frac{\partial \mathcal{N}_n(\xi,\eta)}{\partial \eta}y_n^e & \displaystyle\sum_{n=1}^{4}\frac{\partial \mathcal{N}_n(\xi,\eta)}{\partial \eta}z_n^e\end{bmatrix}\mathrm{d}\xi\mathrm{d}\eta\\ &=\boldsymbol{J}(\boldsymbol{x})\mathrm{d}\xi\mathrm{d}\eta\end{aligned} \tag{3.18}$$

其中，$\boldsymbol{i}_x$、$\boldsymbol{i}_y$和$\boldsymbol{i}_z$分别表示笛卡儿坐标系下x、y和z轴方向的单位向量；$\boldsymbol{J}(\boldsymbol{x})$为面单元$\boldsymbol{x}$处的 Jacobian 矩阵。虽然式(3.18)所示的面微元在参数化空间和实际物理空间的转换关系是基于双线性四边形单元模型获得的，但是由式(3.17)表示的沿ξ和η方向的切向量同样适用于多节点的情况。不失一般性，具有 N 个节点的面单元，其 Jacobian 矩阵可表示为

$$\boldsymbol{J}=\begin{bmatrix}\boldsymbol{i}\\ \dfrac{\partial \boldsymbol{x}}{\partial \xi}\\ \dfrac{\partial \boldsymbol{x}}{\partial \eta}\end{bmatrix}=\begin{bmatrix}\boldsymbol{i}_x & \boldsymbol{i}_y & \boldsymbol{i}_z\\ \displaystyle\sum_{n=1}^{N}\frac{\partial \mathcal{N}_n(\xi,\eta)}{\partial \xi}x_n^e & \displaystyle\sum_{n=1}^{N}\frac{\partial \mathcal{N}_n(\xi,\eta)}{\partial \xi}y_n^e & \displaystyle\sum_{n=1}^{N}\frac{\partial \mathcal{N}_n(\xi,\eta)}{\partial \xi}z_n^e\\ \displaystyle\sum_{n=1}^{N}\frac{\partial \mathcal{N}_n(\xi,\eta)}{\partial \eta}x_n^e & \displaystyle\sum_{n=1}^{N}\frac{\partial \mathcal{N}_n(\xi,\eta)}{\partial \eta}y_n^e & \displaystyle\sum_{n=1}^{N}\frac{\partial \mathcal{N}_n(\xi,\eta)}{\partial \eta}z_n^e\end{bmatrix} \tag{3.19}$$

因此，根据式(3.18)，面微元在实际物理空间与参数化空间之间的转换关系为

$$dS(\boldsymbol{x}) = |\boldsymbol{J}(\boldsymbol{x})|d\xi d\eta \tag{3.20}$$

为了使用较少的单元来拟合复杂的曲面，模型离散时也经常使用高阶四边形面单元。对于高阶单元，节点配置在单元的边界，便于形函数的构造。图 3.11 给出了八节点的二次型四边形单元参数化空间，其中 $-1 \leqslant \xi, \eta \leqslant 1$，以及单元的实际物理空间。图 3.11 的四边形单元由图 3.9 的双线性单元边线上插入中间节点得到，二次型四边形单元的形函数也可由双线性四边形单元变化得到。为了便于推导，用$\widehat{\mathcal{N}}_n (n = 1,2,3,4)$表示双线性四边形单元的形函数(3.14)。以节点 5 为例，在参数化空间$\eta = -1$的边线上插入$\xi = 0$的中间节点，参考线单元线性形函数(3.3)中的$\mathcal{N}_1$及二次型形函数(3.9)中的$\mathcal{N}_3$，则此四边形的 5 号节点对应的形函数为

$$\mathcal{N}_5 = \frac{1}{2}(1 - \xi^2)(1 - \eta) \tag{3.21}$$

需要指出的是，5 号节点的形函数$\mathcal{N}_5$满足$\mathcal{N}_{5j} = \delta_{5j} (j = 1,2,\cdots,5)$的要求，而原来的双线性四边形单元形函数$\widehat{\mathcal{N}}_i (i = 1,2,3,4)$不再满足$\mathcal{N}_{i5} = \delta_{i5} = 0 (i = 1,2)$的要求。为满足此要求，$\widehat{\mathcal{N}}_1$和$\widehat{\mathcal{N}}_2$需要修正为

$$\mathcal{N}_1 = \widehat{\mathcal{N}}_1 - \frac{1}{2}\mathcal{N}_5, \quad \mathcal{N}_2 = \widehat{\mathcal{N}}_2 - \frac{1}{2}\mathcal{N}_5 \tag{3.22}$$

式中的系数$1/2$是$\widehat{\mathcal{N}}_1$、$\widehat{\mathcal{N}}_2$在节点 5 处的取值，因为$\widehat{\mathcal{N}}_{15} = \widehat{\mathcal{N}}_{25} = 1/2$。

类似地，可以讨论增加边内节点 6、7、8 的情况，最后得到二次型单元 8 个节点上的形函数为

$$\begin{cases} \mathcal{N}_1 = \widehat{\mathcal{N}}_1 - \frac{1}{2}\mathcal{N}_5 - \frac{1}{2}\mathcal{N}_8 \\ \mathcal{N}_2 = \widehat{\mathcal{N}}_2 - \frac{1}{2}\mathcal{N}_5 - \frac{1}{2}\mathcal{N}_6 \\ \mathcal{N}_3 = \widehat{\mathcal{N}}_3 - \frac{1}{2}\mathcal{N}_6 - \frac{1}{2}\mathcal{N}_7 \\ \mathcal{N}_4 = \widehat{\mathcal{N}}_4 - \frac{1}{2}\mathcal{N}_7 - \frac{1}{2}\mathcal{N}_8 \\ \mathcal{N}_n = \frac{1}{2}(1 - \xi^2)(1 + \eta_n \eta), \quad n = 5,7 \\ \mathcal{N}_n = \frac{1}{2}(1 - \eta^2)(1 + \xi_n \xi), \quad n = 6,8 \end{cases} \tag{3.23}$$

由式(3.23)表示的高阶单元形函数，如果 5～8 号节点中的任一个节点不存在，则将对应的插值函数设为零即可，其他节点处的形函数格式不变，节点对应的参数坐标见表 3.1。二次单元的面微元在参数化空间和实际物理空间下的转换关系满足式(3.20)。

图 3.12 给出了二次型四边形单元具有代表性的两个形函数$\mathcal{N}_1$和$\mathcal{N}_5$，形函数$\mathcal{N}_n(n = 2,3,4)$与形函数$\mathcal{N}_1$相似，形函数$\mathcal{N}_n(n = 6,7,8)$与形函数$\mathcal{N}_5$相似。

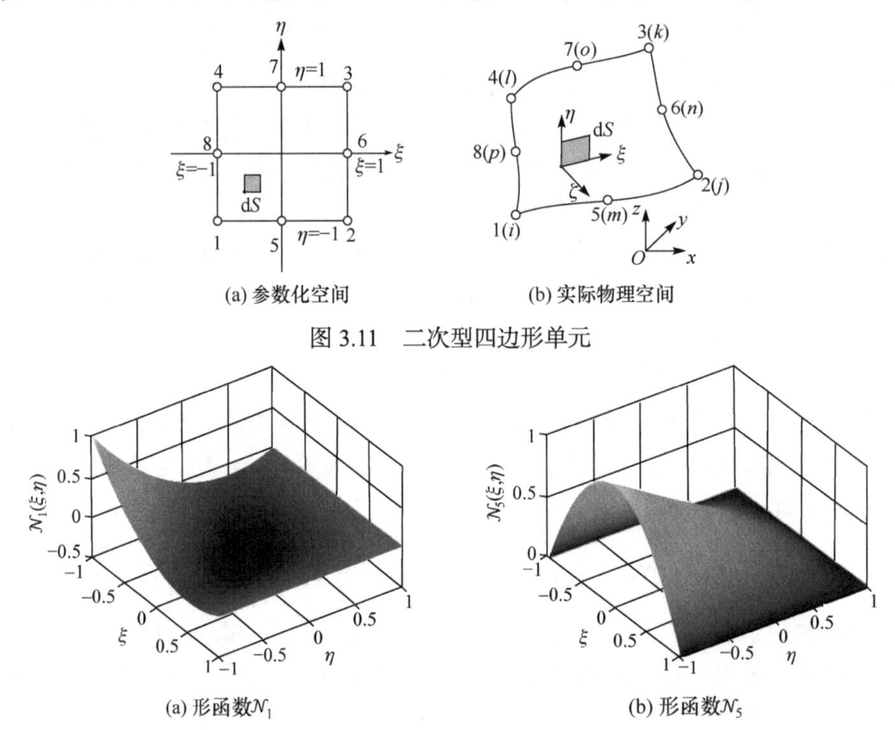

(a) 参数化空间　　(b) 实际物理空间

图 3.11　二次型四边形单元

(a) 形函数$\mathcal{N}_1$　　(b) 形函数$\mathcal{N}_5$

图 3.12　二次型四边形单元的形函数

3.4　三角形单元

三角形单元是另一类广泛使用的面单元，它具有网格划分灵活的特点，可用于离散复杂的曲面模型。图 3.13 给出了三节点线单元的参数化空间和实际物理空间。三角形单元参数化空间的取值范围为$0 \leqslant \xi, \eta \leqslant 1$，$\xi$和$\eta$并不独立，需要满足$\xi + \eta \leqslant 1$。同四边形单元的分析类似，三角形单元上任意一点的坐标可由节点坐标插值得到，即

$$\boldsymbol{x} = \sum_{n=1}^{3} \mathcal{N}_n(\xi, \eta)\, \boldsymbol{x}_n^e \tag{3.24}$$

根据形函数的特点，可以得到三节点三角形单元的形函数为

$$\begin{cases} \mathcal{N}_1(\xi, \eta) = 1 - \xi - \eta \\ \mathcal{N}_2(\xi, \eta) = \xi \\ \mathcal{N}_3(\xi, \eta) = \eta \end{cases} \tag{3.25}$$

图 3.14 给出了线性三角形单元的形函数$\mathcal{N}_1$和$\mathcal{N}_3$，形函数$\mathcal{N}_2$与$\mathcal{N}_3$相似。根据

式(3.19)，线性三角形单元 Jacobian 矩阵的具体形式为

$$\boldsymbol{J}=\begin{bmatrix} \boldsymbol{i}_x & \boldsymbol{i}_y & \boldsymbol{i}_z \\ x_2^e-x_1^e & y_2^e-y_1^e & z_2^e-z_1^e \\ x_3^e-x_1^e & y_3^e-y_1^e & z_3^e-z_1^e \end{bmatrix} \tag{3.26}$$

根据向量积的定义，式(3.26)又可写为

$$\boldsymbol{J}=(\boldsymbol{x}_2^e-\boldsymbol{x}_1^e)\times(\boldsymbol{x}_3^e-\boldsymbol{x}_1^e) \tag{3.27}$$

可以看出，$|\boldsymbol{J}|$表示以三角形的两条边线为临边所组成的平行四边形的面积，从而由式(3.20)可以得到实际物理空间和参数化空间面微元的转换关系为

$$\mathrm{d}S(\boldsymbol{x})=2A_e\mathrm{d}\xi\mathrm{d}\eta \tag{3.28}$$

其中，A_e表示三角形单元的面积。

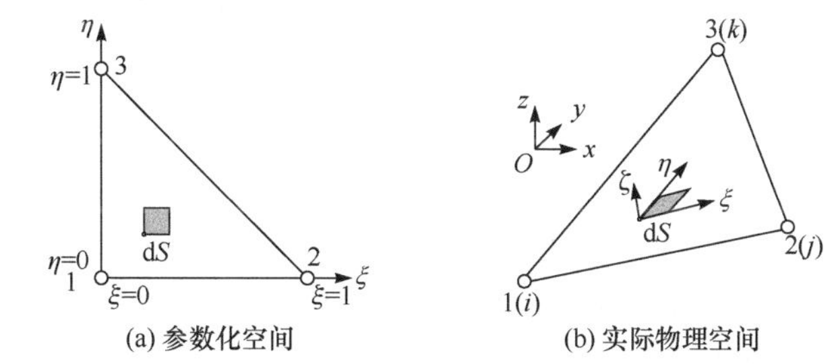

(a) 参数化空间　　(b) 实际物理空间

图 3.13　线性三角形单元

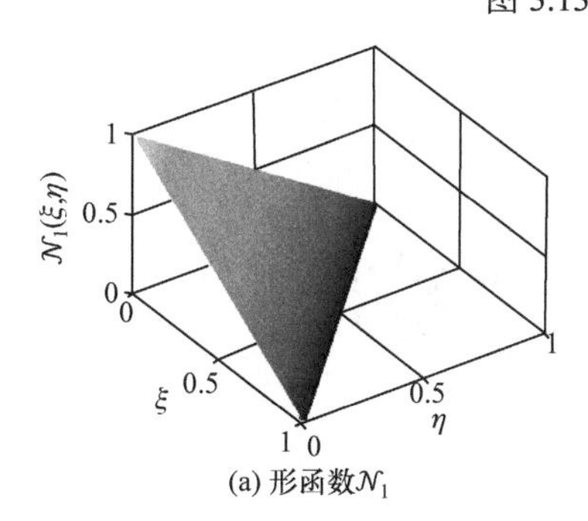

(a) 形函数$\mathcal{N}_1$

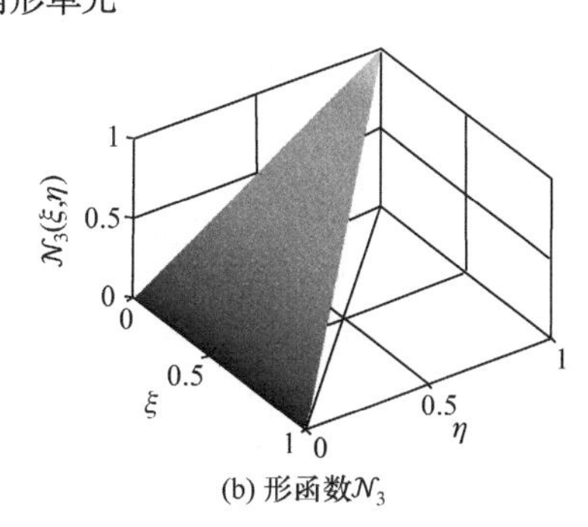

(b) 形函数$\mathcal{N}_3$

图 3.14　线性三角形单元的形函数

对于高阶三角形单元，可以采取在边线上插入中间节点来构造，如图 3.15 所示，则中间节点的形函数为

$$\begin{cases} \mathcal{N}_4=4\xi(1-\xi-\eta) \\ \mathcal{N}_5=4\xi\eta \\ \mathcal{N}_6=4\eta(1-\xi-\eta) \end{cases} \tag{3.29}$$

如同四边形高阶单元的分析，由于中间节点的引入，原来线性单元中节点的形函数(3.25)记为$\widehat{\mathcal{N}}_n(n=1,2,3)$，需要进行修正以满足形函数的选择性和归一性，从而

二次型三角形单元顶点所对应的形函数为

$$\begin{cases} \mathcal{N}_1 = \widehat{\mathcal{N}}_1 - \dfrac{1}{2}\mathcal{N}_4 - \dfrac{1}{2}\mathcal{N}_6 \\ \mathcal{N}_2 = \widehat{\mathcal{N}}_2 - \dfrac{1}{2}\mathcal{N}_4 - \dfrac{1}{2}\mathcal{N}_5 \\ \mathcal{N}_3 = \widehat{\mathcal{N}}_3 - \dfrac{1}{2}\mathcal{N}_5 - \dfrac{1}{2}\mathcal{N}_6 \end{cases} \tag{3.30}$$

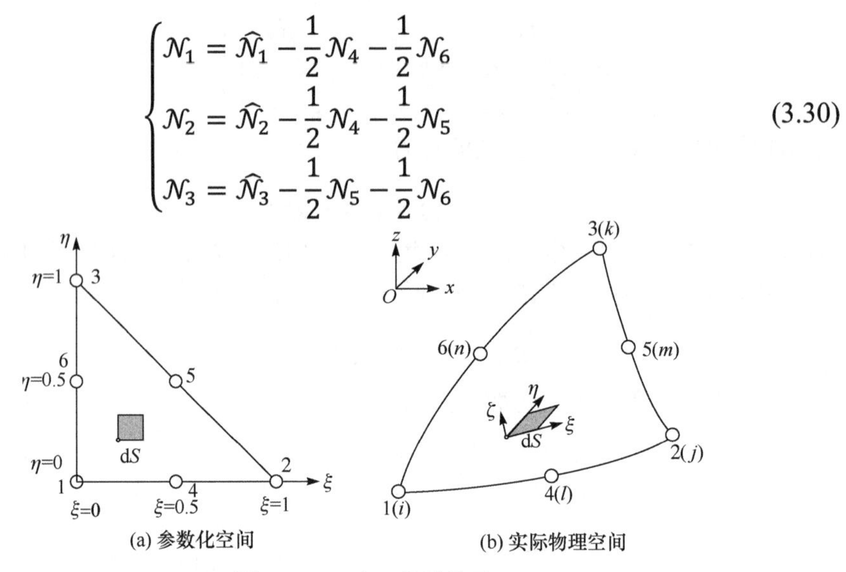

(a) 参数化空间　　(b) 实际物理空间

图 3.15　二次三角形单元

图 3.16 给出了六节点三角形单元的二次型形函数$\mathcal{N}_n(n=1,3,4,5)$，形函数$\mathcal{N}_2$与$\mathcal{N}_3$相似，$\mathcal{N}_6$与$\mathcal{N}_4$相似。

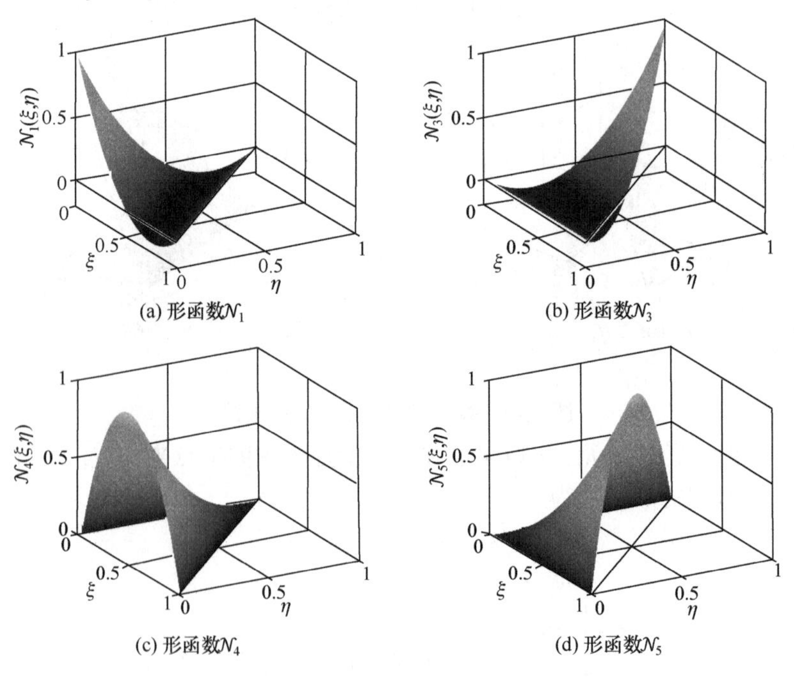

(a) 形函数$\mathcal{N}_1$　　(b) 形函数$\mathcal{N}_3$

(c) 形函数$\mathcal{N}_4$　　(d) 形函数$\mathcal{N}_5$

图 3.16　三角形单元的二次型形函数

3.5　单元上的数值积分

声学边界元方法需要在离散单元上对声学物理量与 Green 函数的乘积进行积分。对于不同的边界条件和积分方程，Green 函数与声学物理量的具体形式很复杂，即使是简单的线性单元也很难获得解析的积分表达式，需要采用数值积分的手段计算单元上的积分。为了便于介绍单元上的数值积分形式，忽略核函数的具体形式，以函数f表示单元上的可积函数，定义第e号边界单元S_e上的积分为

$$\mathcal{I}(S_e,f)=\int_{S_e} f(\boldsymbol{y})\,\mathrm{d}S(\boldsymbol{y}) \tag{3.31}$$

Gauss 积分是一类具有较高精度的数值积分方法，即l点 Gauss 积分可实现$2l+1$阶多项式的精确计算，其中 Gauss-Legendre 积分是最常用的一种积分方法。如无特别声明，本书中 Gauss 积分指的是 Gauss-Legendre 积分。在区间$[-1,1]$，l点 Gauss 积分的横坐标就是l阶 Legendre 多项式的根。对于阶数大于 4 的多项式，很难获得多项式在积分点ξ_l的解析表达式，需要采用数值方法进行求解，相应的l点 Gauss 积分的权重可以表示为

$$w_l=\frac{2}{(1-\xi_l^2)[\mathrm{P}_l'(\xi_l)]^2} \tag{3.32}$$

表 3.2 列出了积分区间为$[-1,1]$，不同点数 Gauss 积分对应的积分点ξ_l及其权重w_l[162]。

表 3.2　Gauss 积分点和权重

积分点数I	积分点ξ_l	权重w_l
1	0	2
2	$\pm 1/\sqrt{3}$	1
3	0	8/9
	$\pm\sqrt{3/5}$	5/9
4	$\pm\sqrt{\frac{3}{7}-\frac{2}{7}\sqrt{6/5}}$	$\frac{18+\sqrt{30}}{36}$
	$\pm\sqrt{\frac{3}{7}+\frac{2}{7}\sqrt{6/5}}$	$\frac{18-\sqrt{30}}{36}$

因为参数化空间具有规则形状和固定的取值范围，所以便于程序的编写。根据 3.2 节的介绍，线单元的几何空间可以由一维参数化空间$(-1\leqslant\xi\leqslant 1)$映射获得，则线单元$S_e$上的积分在参数化空间中表示为

$$\int_{S_e} f(\boldsymbol{y})\,\mathrm{d}S(\boldsymbol{y}) = \int_{-1}^{1} f\big(\boldsymbol{y}(\xi)\big)\,|\boldsymbol{J}(\xi)|\mathrm{d}\xi \tag{3.33}$$

其中，$\boldsymbol{J}(\xi)$为单元上$\boldsymbol{y}(\xi)$处的 Jacobian 矩阵(3.4)，不同的单元类型具有不同的形式。在参数化空间采用 Gauss 数值积分，则式(3.33)可表示为

$$\int_{-1}^{1} f\big(\boldsymbol{y}(\xi)\big)\,|\boldsymbol{J}(\xi)|\mathrm{d}\xi = \sum_{l=1}^{I} w_l f\big(\boldsymbol{y}(\xi_l)\big)|\boldsymbol{J}(\xi_l)| \tag{3.34}$$

其中，ξ_l和w_l分别表示 Gauss 积分点及其对应的权重；I表示积分点数。

根据 3.3 节的介绍，面单元S_e上的数值积分需要在参数坐标ξ和η方向分别采用 Gauss 积分，则四边形面单元的数值积分可以表示为

$$\begin{aligned}\int_{S_e} f(\boldsymbol{y})\,\mathrm{d}S(\boldsymbol{y}) &= \int_{-1}^{1}\int_{-1}^{1} f\big(\boldsymbol{y}(\xi,\eta)\big)\,|\boldsymbol{J}(\xi,\eta)|\,\mathrm{d}\xi\mathrm{d}\eta \\ &= \sum_{l=1}^{I}\sum_{n=1}^{N} w_l w_n f\big(\boldsymbol{y}(\xi_l,\eta_n)\big)|\boldsymbol{J}(\xi_l,\eta_n)|\end{aligned} \tag{3.35}$$

其中，$\boldsymbol{J}(\xi,\eta)$为单元上$\boldsymbol{y}(\xi,\eta)$处的 Jacobian 矩阵，即式(3.19)。图 3.17 给出了参数化空间中2×2和3×3的 Gauss 积分点位置。

参考图 3.13(a)和图 3.15(a)所示的参数区域，坐标ξ、η并不是独立的，需要满足$\xi+\eta\leqslant1$的约束，则三角形面单元上的积分表示为

$$\int_{S_e} f(\boldsymbol{y})\,\mathrm{d}S(\boldsymbol{y}) = \int_{0}^{1}\int_{0}^{1-\eta} f\big(\boldsymbol{y}(\xi,\eta)\big)\,|\boldsymbol{J}(\xi,\eta)|\mathrm{d}\xi\mathrm{d}\eta \tag{3.36}$$

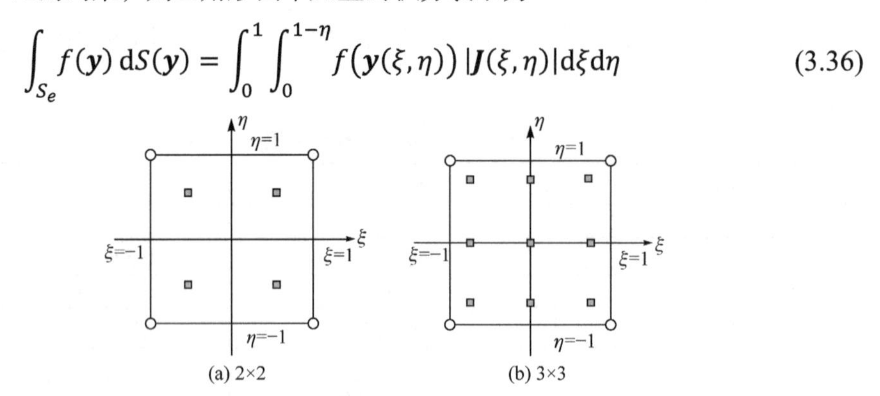

图 3.17　矩形参数化空间的 Gauss 积分点

可以看出，三角形面单元上的积分会导致变量积分上限是自身的函数，不利于分析和计算。采用特殊的处理方法，将积分核函数分解成线性函数的乘积，可以获得面单元内的特殊积分点和权重，则式(3.36)可表示为

$$\int_{S_e} f(\boldsymbol{y})\,\mathrm{d}S(\boldsymbol{y}) = \sum_{l=1}^{I} w_l f\big(\boldsymbol{y}(\xi_l,\eta_l)\big)|\boldsymbol{J}(\xi_l,\eta_l)| \tag{3.37}$$

其中，w_l为对应于 Gauss 积分点(ξ_l,η_l)的权重，更高计算精度的积分点及其权重见文献[166]。图 3.18 给出了三角形参数化空间中 3 点和 7 点 Gauss 积分点的分布,其并没有矩形参数化空间中规则的分布模式,积分点具体参数及权重见表 3.3。

表 3.3　三角形单元上 Gauss 积分点和权重

点数I	积分点ξ_l	积分点η_l	权重w_l
1	1/3	1/3	1
3	1/2	1/2	1/3
	1/2	0	
	0	1/2	
4	1/3	1/3	−27/48
	0.6	0.2	25/48
	0.2	0.6	
	0.2	0.2	
7	1/3	1/3	0.2250000000
	0.0597158717	0.4701420641	0.1323941527
	0.4701420641	0.0597158717	
	0.4701420641	0.4701420641	
	0.7974269853	0.1012865073	0.1259391805
	0.1012865073	0.7974269853	
	0.1012865073	0.1012865073	

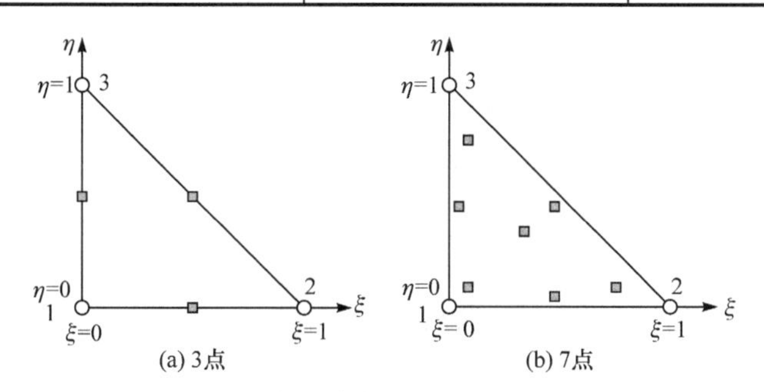

图 3.18　三角形参数化空间 Gauss 积分点

3.6　坐标变换

在声学边界元方法的程序计算中，为了便于分析，有时需要将单元的坐标系进行旋转和平移，如 4.3 节中的奇异积分计算、6.6 节中的低频旋转-同轴平移-反旋转运算，以及 5.2.2 节中局部坐标下的有限元矩阵。如图 3.19 所示，满足右手螺旋法则的新坐标系的轴向单位向量为$\boldsymbol{v}_i$，其中，二维问题$i=1,2$，三维问题$i=1,2,3$。空间一点在原坐标系中的坐标(记为$\bar{\boldsymbol{x}}$)与新坐标系中的坐标(记为$\boldsymbol{x}$)具有如下转换关系

$$\boldsymbol{x}=\boldsymbol{x}_0+\boldsymbol{Q}\bar{\boldsymbol{x}} \tag{3.38}$$

其中，$\boldsymbol{x}_0$表示新坐标系的坐标原点在原坐标系中的向量；$\boldsymbol{Q}$表示旋转矩阵。

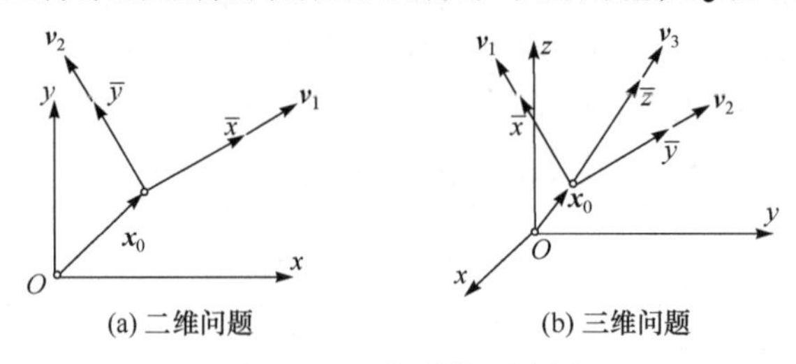

(a) 二维问题　　　　(b) 三维问题

图 3.19　坐标转换示意图

对于二维问题，旋转矩阵表示为

$$\boldsymbol{Q}=\begin{bmatrix}\boldsymbol{i}_1\cdot\boldsymbol{v}_1 & \boldsymbol{i}_1\cdot\boldsymbol{v}_2\\ \boldsymbol{i}_2\cdot\boldsymbol{v}_1 & \boldsymbol{i}_2\cdot\boldsymbol{v}_2\end{bmatrix}\tag{3.39}$$

其中，$\boldsymbol{i}_1$和$\boldsymbol{i}_2$分别表示原坐标系中 x 轴和 y 轴方向的单位向量。

对于三维问题，旋转矩阵变为

$$\boldsymbol{Q}=\begin{bmatrix}\boldsymbol{i}_1\cdot\boldsymbol{v}_1 & \boldsymbol{i}_1\cdot\boldsymbol{v}_2 & \boldsymbol{i}_1\cdot\boldsymbol{v}_3\\ \boldsymbol{i}_2\cdot\boldsymbol{v}_1 & \boldsymbol{i}_2\cdot\boldsymbol{v}_2 & \boldsymbol{i}_2\cdot\boldsymbol{v}_3\\ \boldsymbol{i}_3\cdot\boldsymbol{v}_1 & \boldsymbol{i}_3\cdot\boldsymbol{v}_2 & \boldsymbol{i}_3\cdot\boldsymbol{v}_3\end{bmatrix}\tag{3.40}$$

其中，$\boldsymbol{i}_3$表示三维坐标系中 z 轴方向的单位向量。由式(3.39)和式(3.40)，旋转矩阵$\boldsymbol{Q}$的元素又可简单地表示为

$$Q_{mn}=\boldsymbol{i}_m\cdot\boldsymbol{v}_n,\quad m,n=1,2,3\tag{3.41}$$

实际上，式(3.38)表示的坐标转换包含两个步骤，即坐标系平移到$\boldsymbol{x}_0$和通过旋转矩阵$\boldsymbol{Q}$将坐标轴转到指定的方向。但值得注意的是，按照上述方式进行的坐标变换仅改变模型上各点在不同坐标系的具体量值，并不改变模型的整体拓扑几何形状，也不会改变关联在模型上的物理量的数值。

3.7　小　　结

本章介绍了声学边界元方法中常用的标准C^0型单元及其一次变化和二次变化插值函数的构造方法，其中包括二维问题的线单元、三维问题的面单元。形函数建立在自然坐标系或参数坐标系内，便于单元内标准化数值积分计算。但在实际分析中，由于单元空间形态和坐标的不同，需要通过坐标变换(又称插值运算)，将其变换到真实的物理坐标系内，本章详细讨论了不同单元类型的微元在实际物理空间和参数化空间的转换。单元上的积分计算关系到声学边界元方法计算工作量的大小，而且对整个分析结果的精度和可靠性有重要的影响。Gauss 数值积分方法是一种有效、准确的数值计算方法，本章详细介绍了参数化空间内 Gauss 数值积分形式，以及不同类型单元内 Gauss 积分点数和权重的选取原则。

第4章 声学边界元方法

4.1 引 言

第2章介绍了声学边界元方法的理论基础，第3章讨论了模型的表面离散方法和数值积分技术，至此，已经建立了声学边界元方法的必要理论和数值分析基础。基于边界积分方程直接离散显式生成线性代数方程组的声学边界元分析方法，称为传统声学边界元方法，是本章的主要内容。“传统”的概念是相对于近年来发展的适用于大规模声学问题分析的快速边界元方法而言的。虽然在内存使用量和计算效率上，传统边界元方法存在严重阻碍工程应用的缺陷，但是相对于其他先进的声学边界元分析方法，它的算法流程简单，是学习和掌握声学边界元方法计算分析思想的基础。

声学边界元方法是一种基于积分方程的数值计算方法，将场点移到边界上离散模型，生成线性代数方程组，并代入已知边界条件进行求解。由于积分核函数存在奇异性，场点移至边界会使边界积分方程产生跳跃项。为了使同一种形式的积分方程既可以用于求解边界未知量，又可以用于预测远场声学物理量，积分方程中引入与几何位置相关的参数。将场点移至边界形成积分方程的处理方法称为配点法，基于此法建立的边界元方法为配点边界元方法。在配点边界积分方程的两边再乘上一组独立的基函数，并在边界上积分，离散生成一组线性代数方程组，又称 Galerkin 边界元方法。

本书主要讨论声学配点边界元方法，在不引起歧义的情况下，本书中的边界元方法指的是配点边界元方法。在配点边界元方法中，Green 函数及其导数的奇异性给边界积分方程的程序实现带来一定的困难。特别是 Burton-Miller 方程中引入了边界积分方程的法向导数，进一步增加了奇异积分的计算难度。另外，奇异性使得声学边界元方法系数矩阵对角元素的值远大于其他位置元素的值，从而能够形成对角占优，在一定程度上有利于保证边界元方法系数矩阵的非奇异性。因此，奇异积分及其精确计算是声学边界元方法的关键技术之一。

边界模型离散的形式影响着声学边界元方法的具体实现过程和最终计算结果。常数单元是声学边界元方法分析中广泛使用的一种单元类型，具有程序实现简单的特点，且在平面单元上，如三角形和四边形单元，具有非奇异的边界积分方程表达式。但它是一种非连续的单元，即单元交界面和节点上声学物理量不连续。与有限元方法相似，使用等参单元是一种更为自然的选择，特别是结构和声学的耦合分析。但是采用连续性单元，会给奇异积分的数值计算带来困难，需要采用特殊的方法处理。

本章重点介绍传统声学边界积分方程的构造理论以及平面单元离散下非奇异积分方程的推导，详细介绍传统边界元方法的计算流程和分析过程。

4.2　边界积分方程

第 2 章已介绍了区域内声场的积分表达式，即已知边界上的完整条件，通过式(2.114)可以计算区域内任一点($\boldsymbol{x} \in \Omega$)的声场。因此，要首先确定边界上的两组声学物理量，即声压及其法向导数。一般来说，分析完全定义的声学问题，需要在边界上施加完整的边界条件，即声压(Dirichlet 边界条件)、声压法向导数(Neumann 边界条件)、阻抗边界条件(Robin 边界条件)或者这三种边界条件的组合。总的来说，要建立声压及其法向导数的方程，且在某一特定边界上，声压及其法向导数的边界条件无须同时给出，否则无法建立确定的求解系统。

如图 4.1(a)所示的内部声学问题，将式(2.114)的观测点(又称场点)移到边界 S 上，形成边界积分方程。但是这种操作会带来两个问题：①当$\boldsymbol{x} \to \boldsymbol{y}$时，Green 函数会产生奇异性，需要研究当$\boldsymbol{x} \to \boldsymbol{y}$时，式(2.114)中 Green 函数$G$及其法向导数$\boldsymbol{n} \cdot \nabla G$的积分特性及其计算方法；②式(2.114)的推导中运用了 Dirac 函数归一化积分的特性，即认为场点$\boldsymbol{x}$在区域内，将场点移动到边界 S 上需要对式(2.114)进行修正。

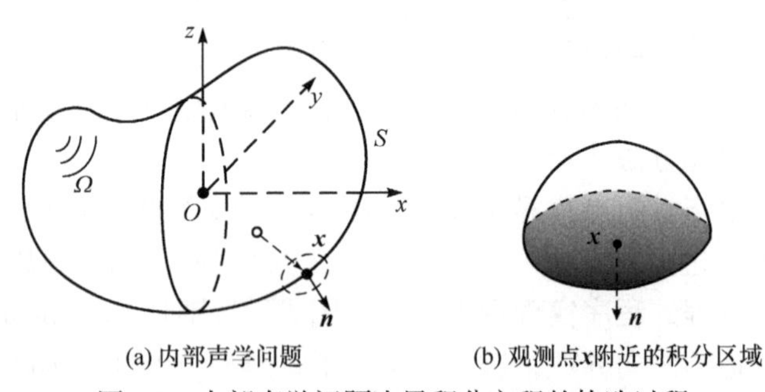

(a) 内部声学问题　　(b) 观测点$\boldsymbol{x}$附近的积分区域

图 4.1　内部声学问题边界积分方程的构造过程

如果一维函数$f(x)$在点$x = 0$处是连续的偶函数，则对于任意$\varepsilon > 0$, Dirac 函数具有如下性质：

$$\begin{aligned} f(0) &= \int_{-\varepsilon}^{\varepsilon} f(x)\delta(x)\mathrm{d}x \\ &= 2\int_{-\varepsilon}^{0} f(x)\delta(x)\mathrm{d}x = 2\int_{0}^{\varepsilon} f(x)\delta(x)\mathrm{d}x \end{aligned} \tag{4.1}$$

即利用积分区间测度的比例来表征积分的大小。在声压连续和质点速度连续的条件下，无论从哪个方向趋近，点$\boldsymbol{x}$处的物理量都是相同的。如果场点$\boldsymbol{x}$所在的边界是光滑的，则$\boldsymbol{x}$点处的切平面与区域Ω可以形成以$\boldsymbol{x}$为圆心的半包络球体微元，如图 4.1(b)所示。参考一维问题的描述，在三维空间中可以采用立体角来衡量积分区域占完全积分的比例。任意有向曲面 S，立体张角定义为

$$\mathfrak{A} = \iint_S \frac{\boldsymbol{r} \cdot \boldsymbol{n}}{r^3} \mathrm{d}S = \iint_S \sin\theta \, \mathrm{d}\theta \mathrm{d}\phi \tag{4.2}$$

其中，$r = \|\boldsymbol{r}\|$，$\boldsymbol{n}$是从原点指向曲面的单位法向量，另外式(4.2)最右端表示的是球面立体角，此时$\boldsymbol{r} \cdot \boldsymbol{n} = r$。显然，自由空间中任意一点的立体角为$4\pi$，而图 4.1(b)所示半球区域的立体角为$2\pi$。如果观测点$\boldsymbol{x}$所在的边界是非光滑的，则 Dirac 函数在此点附近微元内的积分值由点$\boldsymbol{x}$处的立体张角$\mathfrak{A}$决定。因此，将式(2.115)的观测点$\boldsymbol{x}$移至边界S上形成的边界积分方程表示为

$$c(\boldsymbol{x})p(\boldsymbol{x}) = \int_S \left[G(\boldsymbol{x},\boldsymbol{y}) \frac{\partial p(\boldsymbol{y})}{\partial n(\boldsymbol{y})} - \frac{\partial G(\boldsymbol{x},\boldsymbol{y})}{\partial n(\boldsymbol{y})} p(\boldsymbol{y}) \right] \mathrm{d}S(\boldsymbol{y}) + \wp(\boldsymbol{x}), \quad \boldsymbol{x} \in S \tag{4.3}$$

其中，$\wp(\boldsymbol{x})$为源场声压，与式(2.115)中定义相同；$c(\boldsymbol{x})$是与$\boldsymbol{x}$处边界几何特性有关的系数，为

$$c(\boldsymbol{x}) = \begin{cases} \dfrac{1}{2}, & \boldsymbol{x}\text{处光滑} \\ \dfrac{\mathfrak{A}}{4\pi}, & \boldsymbol{x}\text{处非光滑} \end{cases} \tag{4.4}$$

定义关于边界S和观测点$\boldsymbol{x}$的单层势和双层势积分算子为

$$\mathcal{S}^S(\boldsymbol{x}) = \int_S G(\boldsymbol{x},\boldsymbol{y}) q(\boldsymbol{y}) \mathrm{d}S(\boldsymbol{y}) \tag{4.5}$$

$$\mathcal{D}^S(\boldsymbol{x}) = \int_S \frac{\partial G(\boldsymbol{x},\boldsymbol{y})}{\partial n(\boldsymbol{y})} p(\boldsymbol{y}) \mathrm{d}S(\boldsymbol{y}) \tag{4.6}$$

其中，$q(\boldsymbol{y})$表示声源的法向导数，

$$q(\boldsymbol{y}) = \frac{\partial p(\boldsymbol{y})}{\partial n(\boldsymbol{y})} \tag{4.7}$$

则边界积分方程统一表示为

$$\alpha(\boldsymbol{x})p(\boldsymbol{x}) = \mathcal{S}^S(\boldsymbol{x}) - \mathcal{D}^S(\boldsymbol{x}) + \wp(\boldsymbol{x}) \tag{4.8}$$

其中，与观测点$\boldsymbol{x}$相关的系数α定义成如下形式：

$$\alpha(\boldsymbol{x}) = \begin{cases} 1, & \boldsymbol{x} \in \Omega \\ \dfrac{1}{2}, & \boldsymbol{x}\text{处光滑} \\ \dfrac{\mathfrak{A}}{4\pi}, & \boldsymbol{x}\text{处非光滑} \end{cases} \tag{4.9}$$

利用 Dirac 函数的特性，获得了当观测点移到边界上的声场积分表达式。可以看出观测点由区域内移到边界上，积分方程的左端项系数$\alpha(\boldsymbol{x})$将产生由 1 到$c(\boldsymbol{x})$的跳跃。但是不难发现，方程式中单层势积分和双层势积分核函数分别具有$O(1/r)$的弱奇异性和$O\,(1/r^2)$的强奇异性。因此，单层势和双层势积分是 Cauchy 积分和主值积分，需要特别处理积分核函数的奇异性。

值得注意的是，当采用边界积分方程(4.3)求解外部声学问题时，在对应的内部声学问题的共振频率处具有求解不唯一的问题。这种非唯一性是利用积分方程求解外部声学问题的理论缺陷，并不是外部声学问题真实存在的共振现象。1971 年，Burton 和 Miller 提出了一种边界积分方程(4.3)及其法向导数线性组合的方法[34]，消除了求解不唯一的问题。

将式(4.3)对变量$\boldsymbol{x}$取法向导数，得到一组超奇异边界积分方程(NDBIE)为

$$c(\boldsymbol{x})q(\boldsymbol{x})=\int_S\left[\frac{\partial G(\boldsymbol{x},\boldsymbol{y})}{\partial n(\boldsymbol{x})}q(\boldsymbol{y})-\frac{\partial^2 G(\boldsymbol{x},\boldsymbol{y})}{\partial n(\boldsymbol{x})\partial n(\boldsymbol{y})}p(\boldsymbol{y})\right]\mathrm{d}S(\boldsymbol{y})+q_i(\boldsymbol{x}),\quad \forall \boldsymbol{x}\in S \tag{4.10}$$

其中，$q_i(\boldsymbol{x})=\partial p_i(\boldsymbol{x})/\partial n(\boldsymbol{x})$为源场声压沿$\boldsymbol{n}(\boldsymbol{x})$方向的法向导数。定义关于边界$S$和观测点$\boldsymbol{x}$的另一组算子为

$$\mathcal{A}^S(\boldsymbol{x})=\int_S\frac{\partial G(\boldsymbol{x},\boldsymbol{y})}{\partial n(\boldsymbol{x})}q(\boldsymbol{y})\mathrm{d}S(\boldsymbol{y}) \tag{4.11}$$

$$\mathcal{H}^S(\boldsymbol{x})=\int_S\frac{\partial^2 G(\boldsymbol{x},\boldsymbol{y})}{\partial n(\boldsymbol{x})\partial n(\boldsymbol{y})}p(\boldsymbol{y})\mathrm{d}S(\boldsymbol{y}) \tag{4.12}$$

则式(4.10)可以表示为

$$c(\boldsymbol{x})q(\boldsymbol{x})=\mathcal{A}^S(\boldsymbol{x})-\mathcal{H}^S(\boldsymbol{x})+q_i(\boldsymbol{x})\quad \forall \boldsymbol{x}\in S \tag{4.13}$$

按照$\mathrm{CBIE}+\gamma\mathrm{NDBIE}$的方式线性组合，得到 Burton-Miller 方程为

$$\begin{aligned}c(\boldsymbol{x})p(\boldsymbol{x})+\mathcal{D}^S(\boldsymbol{x})+\gamma\mathcal{H}^S(\boldsymbol{x})=&\ \mathcal{S}^S(\boldsymbol{x})+\gamma\mathcal{A}^S(\boldsymbol{x})-\gamma c(\boldsymbol{x})q(\boldsymbol{x})+p_i(\boldsymbol{x})\\&+\gamma q_i(\boldsymbol{x}),\qquad \forall \boldsymbol{x}\in S\end{aligned} \tag{4.14}$$

其中，γ为组合系数[167]，一般取为复数，当 Fourier 变换时间项取为$\mathrm{e}^{\mathrm{i}\zeta\omega t}$时，$\gamma=\zeta\mathrm{i}/k$，$\zeta=\pm1$。可以看出，当场点和源点重合时，二阶法向导数$\partial^2G(\boldsymbol{x},\boldsymbol{y})/\partial n(\boldsymbol{x})\partial n(\boldsymbol{y})$具有$O(1/r^3)$的超奇异性，可利用 Hadamard 有限部分积分的方法计算。

2.4 节介绍了外部声学问题分析时需要满足无限远处的 Sommerfeld 辐射边界条件。进一步，考察声学边界积分方程是如何建立无限远处的边界条件。对于无限大外部辐射问题，如图 4.2 所示，以三维模型为例，建立半径为 R 的虚拟球面，则无限区域Ω的边界应为

$$\partial\Omega=S\cup\lim_{R\to\infty}S_R \tag{4.15}$$

此种情况下，式(4.3)所描述的辐射问题($q_r = 0$)积分区域应包含两部分：有限面积 S 和无限大虚拟球面$S_R(R \to \infty)$。重点考虑式(4.3)在面S_R上的积分，在S_R面上法向与半径方向一致，从而$\partial/\partial n = \partial/\partial R$。以三维辐射声场为例，其自由空间 Green 函数为式(2.163)，则式(4.3)右端的绝对值满足

$$
\begin{aligned}
&\lim_{R\to\infty}\left|\iint_{S_R}\left[G(\boldsymbol{x},\boldsymbol{y})\frac{\partial p(\boldsymbol{y})}{\partial n(\boldsymbol{y})}-\frac{\partial G(\boldsymbol{x},\boldsymbol{y})}{\partial n(\boldsymbol{y})}p(\boldsymbol{y})\right]\mathrm{d}S(\boldsymbol{y})\right| \\
\leqslant &\lim_{R\to\infty}\int_{S_R}\left|G\frac{\partial p}{\partial n}-\frac{\partial G}{\partial n}p\right|\mathrm{d}S \\
\leqslant &\lim_{R\to\infty}\int_{S_R}\left|\left[\frac{1}{4\pi R}\frac{\partial p}{\partial R}-\frac{\mathrm{i}kR-1}{4\pi R^2}p\right]\mathrm{e}^{\mathrm{i}kR}\right|\mathrm{d}S \\
\leqslant &\lim_{R\to\infty}\int_{S_R}\left[\frac{1}{4\pi R}\left|\frac{\partial p}{\partial R}-\mathrm{i}kp\right|+\frac{1}{4\pi R^2}|p|\right]\mathrm{d}S \\
= &\lim_{R\to\infty}\left\{R\left|\frac{\partial p}{\partial R}-\mathrm{i}kp\right|\right\}+\lim_{R\to\infty}|p|=0
\end{aligned}
\tag{4.16}
$$

推导过程中运用了不等式$\left|\int f(x)\mathrm{d}x\right| \leqslant \int |f(x)|\mathrm{d}x$和$|f(x)+g(x)| \leqslant |f(x)|+|g(x)|$，并且考虑了波动方程的远场辐射条件(2.77)及无穷远处声压趋于零的边界条件。

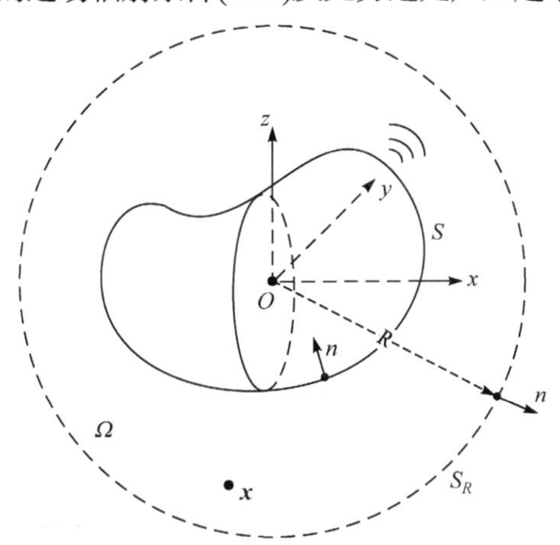

图 4.2　外部问题示意图

由式(4.3)的推导可知，无限区域外部声学问题与有无限区域内部声学问题的积分表达式在形式上相同，区别仅在于边界 S 上的法向定义。另外，从式(4.16)的分析中也可看出，采用积分方程描述外部无限区域声学问题时，能够严格地自动满足无限远处的边界条件，无须人为建立远场的积分表面S_R。因此，积分方程在处理外部声学问题上优越于基于区域内离散的数值方法。

4.3　非奇异的离散边界积分方程

采用数值方法进行声学问题分析计算时，首先需要离散积分方程形成线性方程组。离散包含两步操作：第一步是模型的几何离散和单元上物理量的离散；第二步是边界上配点的选取。第 3 章详细介绍了几何模型的单元离散方法。如果单元内场函数与几何单元采用相同数目的节点参数和插值函数，则称此类单元为等参单元，在有限元方法中广泛使用。边界元方法中几何模型离散至少保证C^0连续性，线性单元是保证此连续性条件的最低阶单元类型。场函数的离散只需保证单元上可积，同时要便于奇异积分的计算。根据场函数的连续性条件，可以将单元类型分为连续单元和非连续单元两类，如图 4.3(a)和(b)所示。

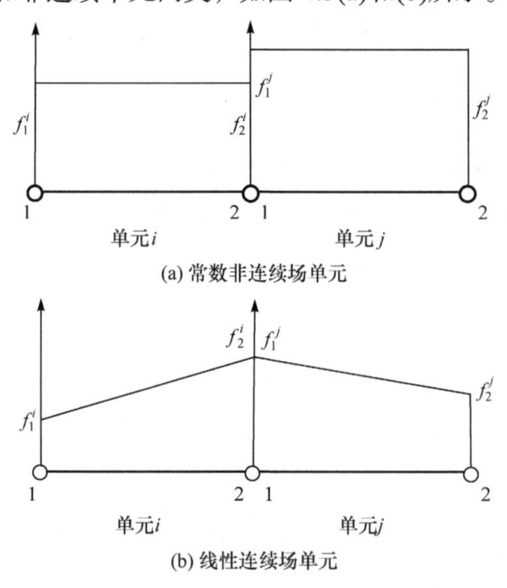

图 4.3　单元分类

具有 N 个离散物理量的场单元Ω_e，单元上$\boldsymbol{y}$点处的物理量$f(\boldsymbol{y})$可以由离散点上的物理量插值得到，即

$$f(\boldsymbol{y}) = \sum_{n=1}^{N} \mathcal{N}_n^e(\boldsymbol{y})\, f_n^e, \quad \boldsymbol{y} \in \Omega_e \tag{4.17}$$

其中，f_n^e表示单元e上的第n个离散物理量；$\mathcal{N}_n^e$表示单元Ω_e上与第n个离散物理量相对应的形函数。如果离散点与单元的节点重合，则物理量与单元具有相同的形函数。

显然在选用等参单元时，离散边界元模型的配点便是单元的节点。对于非等参单元，配点的选择灵活性较大，但一般需要满足两个要求，即能够很好地表征声学物理量在边界上的分布又便于积分核函数特别是奇异积分的计算。首先假设模型被离散成N_e个单元，且离散边界上共有N个配点、M个离散节点，每个离散点关联两个物理量，分别为声压及其法向导数。为了完全描述一个特定声学问题，表面上的 $2M$ 个物理量中的 M 个必须作为已知边界条件给出。离散边界积分方程(4.14)后，N 个配点可以生成 N 组方程，即

$$\begin{aligned} c(\boldsymbol{x}_n)p(\boldsymbol{x}_n)+\mathcal{D}^S(\boldsymbol{x}_n)+\gamma\mathcal{H}^S(\boldsymbol{x}_n)-\mathcal{S}^S(\boldsymbol{x}_n)-\gamma\mathcal{A}^S(\boldsymbol{x}_n) \\ +\gamma c(\boldsymbol{x}_n)q(\boldsymbol{x}_n)=\wp(\boldsymbol{x}_n)+\gamma q\!\!\!/(\boldsymbol{x}_n),\quad n=1,\cdots,N \end{aligned} \tag{4.18}$$

进而将积分算子$\mathcal{S}$、$\mathcal{D}$、$\mathcal{A}$、$\mathcal{H}$在离散表面$S=\sum_{n=1}^{N_e}S_n$展开，采用式(4.17)表示单元内物理量，并将离散点上的已知物理量代入相应的积分算子中。最终在形式上会得到如下线性方程组：

$$\boldsymbol{A}\boldsymbol{x}=\boldsymbol{b} \tag{4.19}$$

其中，$\boldsymbol{A}$是$N\times M$的矩阵，为了便于方程的求解，一般 N 应该大于等于 M；$\boldsymbol{x}$表示离散点上未知物理量所组成的列向量；$\boldsymbol{b}$是由离散点上已知物理量或者区域内声源计算得到的列向量。

采用边界积分方程求解声学问题，最终都会化为求解形如式(4.19)的线性方程组。对不同的边界模型和物理量离散形式，获取系数矩阵$\boldsymbol{A}$的复杂度各不相同，相应的声学边界元方法计算程序也有所差异。对于式(4.19)的具体形成过程，这里暂不作展开。无论采用哪种离散方式，都需要处理强奇异甚至超奇异的积分计算。奇异积分增加了声学边界元方法实施的难度，但奇异积分使得系数矩阵$\boldsymbol{A}$具有对角占优的特性，有利于线性方程组(4.19)的稳定求解。

因此，奇异积分的处理是声学边界元方法的一个难点。但在平面单元离散下，边界积分方程(4.18)具有非奇异的积分表达式。为了获取非奇异的积分表达式，采用一种有别于 4.2 节的方法，分析观测点移至边界上的奇异积分过程。如图 4.4 所示的内部声学问题，在原边界上以$\boldsymbol{x}$为球心作一半径为ε的球面微元，则边界分为球面微元S_ε和除球面微元外的其余部分$S\backslash S_\varepsilon$。显然，当然球面微元半径趋于零时，则$S=\lim\limits_{\varepsilon\to 0}(S_\varepsilon\cup S\backslash S_\varepsilon)$，即观测点$\boldsymbol{x}$移到了边界上。但在边界极限操作过程中，观测点$\boldsymbol{x}$始终位于边界$S_\varepsilon\cup S\backslash S_\varepsilon$所包含的区域内部，Dirac 函数的归一化特性可以被满足，因此式(2.115)的左侧保持不变。但当球面微元半径趋于零后，以 4.2 节方法推导的边界积分方程(4.3)左端的突变是由边界积分方程(2.115)右端项的奇异积分产生的。它表明，虽然边界积分方程(2.115)右端积分的核函数具有奇异性，但该奇

异核函数在边界上的积分却是个有限值。特别地，当配点附近边界光滑时，积分结果应为$p(\boldsymbol{x})/2$。但要通过数值积分方法直接计算出该值，却有一定的困难。为了克服奇异积分的计算困难，下面详细论述声学边界元方法在两种常用平面单元离散下的非奇异边界积分方程。

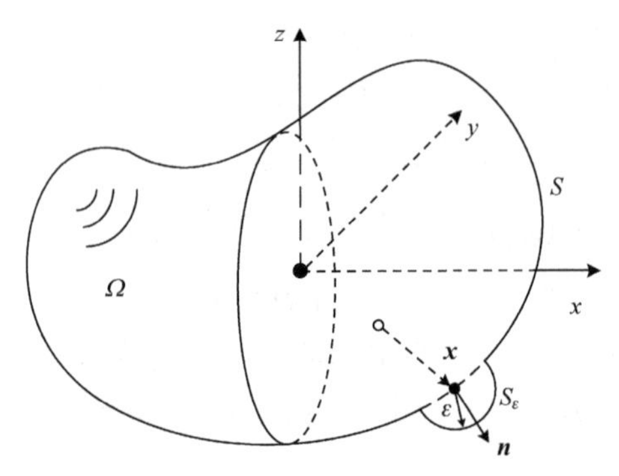

图 4.4 观测点移到边界的极限积分过程

4.3.1 线性连续单元离散

采用线性等参三角形单元离散声学边界模型且假设边界上所有观测点$\boldsymbol{x}$都位于平面三角形单元的内部。这种假设是获取非奇异离散边界积分方程的充分条件。边界积分方程中的非奇异积分可以直接采用 3.5 节的数值方法计算。本节重点介绍三角形等参单元上奇异积分项的显式非奇异表达式的构造方法。

如图 4.5 所示，包含观测点$\boldsymbol{x}$的三角形单元记为Δx，三角形单元的顶点编号满足右手螺旋法则且保证单元法向指离媒质域。根据前面的介绍，采取极限逼近的分析方法研究观测点移到边界的奇异积分。因此，与三角形单元Δx关联的积分区域被分为半径ε的半球面微元S_ε和三角形单元上去除半球面微元S_ε的投影面积，记为$\Gamma_\varepsilon = \Delta x \backslash S_\varepsilon$，如图 4.5(a)所示。定义边界积分方程(4.18)中的奇异积分算子为

$$\mathcal{F}^{\Delta x} = \lim_{\varepsilon \to 0}(\mathcal{F}^{S_\varepsilon} + \mathcal{F}^{\Gamma_\varepsilon}) \tag{4.20}$$

其中，$\mathcal{F}$表示积分算子$\mathcal{S}$、$\mathcal{D}$、$\mathcal{A}$、$\mathcal{H}$。当观测点$\boldsymbol{x}$移到单元上时，即$\varepsilon \to 0$时，这四类积分会产生发散项，增加了数值积分的难度甚至无法精准计算。但 4.2 节的分析表明，这些奇异积分的最终结果是有限的，暗示着逼近过程中奇异积分的发散积分项可以被消除。为了证实这种设想，需详细分析式(4.20)中的积分。

在三角形单元Δx采用如图 4.5(b)所示的局部坐标系，相当于将全局坐标系进行了旋转、平移操作(见 3.6 节)，使得一般的三维平面单元变成二维平面单元。值得注意的是，两种坐标系下只是单元节点的几何坐标不同，并不影响单元上的声学物理量。在三节点平面单元内，声学物理量可以完全采用x和y坐标表示，即

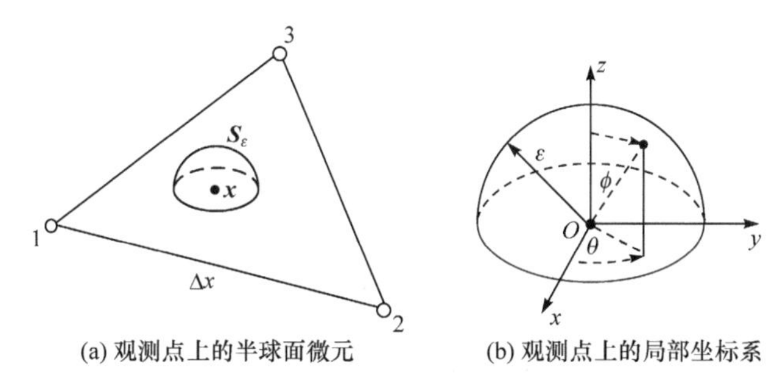

(a) 观测点上的半球面微元　(b) 观测点上的局部坐标系

图 4.5　三角形平面单元上的极限积分

$$p(\boldsymbol{y}) = \alpha_1^{\Delta x} + \alpha_2^{\Delta x} x + \alpha_3^{\Delta x} y \tag{4.21}$$

$$q(\boldsymbol{y}) = \beta_1^{\Delta x} + \beta_2^{\Delta x} x + \beta_3^{\Delta x} y \tag{4.22}$$

由于局部坐标的原点与点$\boldsymbol{x}$重合，从而

$$p(\boldsymbol{x}) = \alpha_1^{\Delta x} \tag{4.23}$$

$$q(\boldsymbol{x}) = \beta_1^{\Delta x} \tag{4.24}$$

为了确定参数$\alpha_i^{\Delta x}$和$\beta_i^{\Delta x}(i = 1,2,3)$，将三角形单元的顶点坐标和物理量代入式(4.21)和式(4.22)，建立线性方程组：

$$\boldsymbol{\alpha}^{\Delta x} = \boldsymbol{A}^{\Delta x}\boldsymbol{p} \tag{4.25}$$

$$\boldsymbol{\beta}^{\Delta x} = \boldsymbol{A}^{\Delta x}\boldsymbol{q} \tag{4.26}$$

其中，$\boldsymbol{p}$和$\boldsymbol{q}$是三角形单元顶点上的声压及其法向导数组成的列向量；矩阵$\boldsymbol{A}^{\Delta x}$是与三角形几何坐标相关的系数矩阵，表示为

$$\boldsymbol{A}^{\Delta x} = \frac{1}{|(\boldsymbol{A}^{\Delta x})^{-1}|}\begin{bmatrix} x_2y_3 - x_3y_2 & x_3y_1 - x_1y_3 & x_1y_2 - x_2y_1 \\ y_2 - y_3 & y_3 - y_1 & y_1 - y_2 \\ x_3 - x_2 & x_1 - x_3 & x_2 - x_1 \end{bmatrix} \tag{4.27}$$

其中，$x_i, y_i (i = 1,2,3)$是局部坐标下第i个顶点的x和y轴坐标，且有

$$\left(\boldsymbol{A}^{\Delta x}\right)^{-1} = \begin{bmatrix} 1 & x_1 & y_1 \\ 1 & x_2 & y_2 \\ 1 & x_3 & y_3 \end{bmatrix} \tag{4.28}$$

为了推导奇异积分的极限表达式，假设声压的一阶导数满足a-Hölder 条件，即存在非负常数C_1和a使得任意两点$\boldsymbol{x}$和$\boldsymbol{y}$满足

$$|\nabla p(\boldsymbol{y}) - \nabla p(\boldsymbol{x})| \leqslant C_1 |\boldsymbol{y} - \boldsymbol{x}|^a \tag{4.29}$$

声压的梯度与媒质的速度相关。式(4.29)也表示质点速度是连续的。根据式(4.29)，对声压进行 Taylor 级数展开，可以得到

$$|p(\boldsymbol{y}) - p(\boldsymbol{x}) - \nabla p(\boldsymbol{x}) \cdot (\boldsymbol{y} - \boldsymbol{x})| \leqslant C_2 |\boldsymbol{y} - \boldsymbol{x}|^{a+1} \tag{4.30}$$

根据式(2.163)中三维 Green 函数表达式，奇异积分中 Green 函数的三种法向导数分别表示为

$$\frac{\partial G(\boldsymbol{x},\boldsymbol{y})}{\partial n(\boldsymbol{y})}=\frac{\mathrm{i}kr-1}{4\pi r^2}\mathrm{e}^{\mathrm{i}kr}\frac{\partial r}{\partial n(\boldsymbol{y})} \tag{4.31}$$

$$\frac{\partial G(\boldsymbol{x},\boldsymbol{y})}{\partial n(\boldsymbol{x})}=\frac{\mathrm{i}kr-1}{4\pi r^2}\mathrm{e}^{\mathrm{i}kr}\frac{\partial r}{\partial n(\boldsymbol{x})} \tag{4.32}$$

$$\frac{\partial^2 G(\boldsymbol{x},\boldsymbol{y})}{\partial n(\boldsymbol{x})\partial n(\boldsymbol{y})}=\frac{\mathrm{e}^{\mathrm{i}kr}}{4\pi r^3}\left[(3-3\mathrm{i}kr-k^2r^2)\frac{\partial r}{\partial n(\boldsymbol{x})}\frac{\partial r}{\partial n(\boldsymbol{y})}+(1-\mathrm{i}kr)\boldsymbol{n}(\boldsymbol{x})\cdot\boldsymbol{n}(\boldsymbol{y})\right] \tag{4.33}$$

半球面S_ε上的积分采用球坐标系，如图 4.5(b)所示。面积微元$\mathrm{d}S=\varepsilon^2\sin\phi\,\mathrm{d}\phi\mathrm{d}\theta$，其中$0\leqslant\phi\leqslant\pi/2$，$0\leqslant\theta\leqslant 2\pi$。三角形单元中，$\Gamma_\varepsilon$上的积分采用二维极坐标，则面积微元为$\mathrm{d}S=r\mathrm{d}r\mathrm{d}\theta$。为便于确定半径的积分取值范围，如图 4.6 所示，三角形单元被分割成六个小三角形单元。

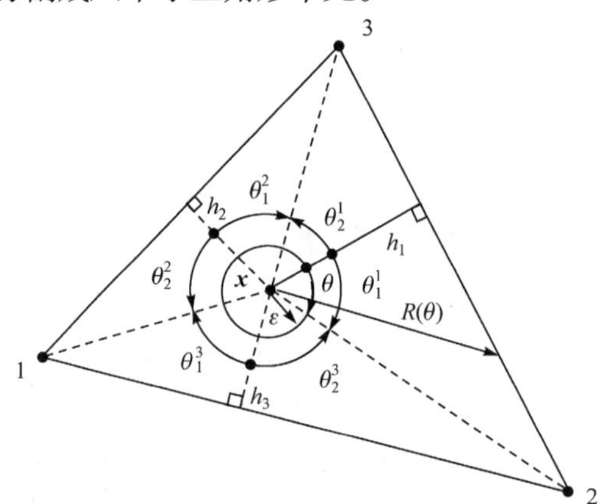

图 4.6　三角形单元上的线积分示意图

在S_ε上的奇异积分算子$\mathcal{S}$可以表示为

$$\begin{aligned}\mathcal{S}^{S_\varepsilon}=&\frac{\varepsilon\mathrm{e}^{\mathrm{i}k\varepsilon}}{4\pi}\int_0^{\pi/2}\int_0^{2\pi}[q(\boldsymbol{y})-q(\boldsymbol{x})]\sin\phi\,\mathrm{d}\theta\mathrm{d}\phi\\&+q(\boldsymbol{x})\frac{\varepsilon\mathrm{e}^{\mathrm{i}k\varepsilon}}{4\pi}\int_0^{\pi/2}\int_0^{2\pi}\sin\phi\,\mathrm{d}\theta\mathrm{d}\phi\end{aligned} \tag{4.34}$$

根据声压梯度的连续性条件(4.29)，不难得到

$$\lim_{\varepsilon\to 0}\mathcal{S}^{S_\varepsilon}=0 \tag{4.35}$$

将式(4.26)代入式(4.5)，根据图 4.6，并设定连接点$\boldsymbol{x}$和顶点 2 的线段为极坐标的起点，即$\theta=0$，则有

$$\mathcal{S}^{\Gamma_\varepsilon}=\sum_{m=1}^{3}\int_{\widetilde{\theta_1^m}}^{\widetilde{\theta_2^m}}\int_{\varepsilon}^{R(\theta)}\frac{\mathrm{e}^{\mathrm{i}kr}}{4\pi r}\left(\beta_1^{\Delta x}+\beta_2^{\Delta x}r\cos\theta+\beta_3^{\Delta x}r\sin\theta\right)r\mathrm{d}r\mathrm{d}\theta \tag{4.36}$$

其中，积分上下限可用图中的夹角表示，定义为

$$\widetilde{\theta_1^m}=0+\sum_{n=1}^{m-1}(\theta_1^n+\theta_2^n) \tag{4.37}$$

$$\widetilde{\theta_2^m}=\widetilde{\theta_1^m}+\theta_1^m+\theta_2^m \tag{4.38}$$

由显式积分公式(4.36)可以得到

$$\lim_{\varepsilon\to 0}\mathcal{S}^{\Gamma_\varepsilon}=\mathcal{S}_1^{\Delta x}\beta_1^{\Delta x}+\mathcal{S}_2^{\Delta x}\beta_2^{\Delta x}+\mathcal{S}_3^{\Delta x}\beta_3^{\Delta x} \tag{4.39}$$

其中，参数$\mathcal{S}_i^{\Delta x}(i=1,2,3)$都是常规积分，表达式分别为

$$\mathcal{S}_1^{\Delta x}=\frac{\mathrm{i}}{2k}\left(1-\frac{1}{2\pi}\sum_{m=1}^{3}\int_{\widetilde{\theta_1^m}}^{\widetilde{\theta_2^m}}\mathrm{e}^{\mathrm{i}kR(\theta)}\,\mathrm{d}\theta\right) \tag{4.40}$$

$$\mathcal{S}_2^{\Delta x}=\frac{\mathrm{i}}{4\pi k}\sum_{m=1}^{3}\int_{\widetilde{\theta_1^m}}^{\widetilde{\theta_2^m}}\cos\theta\left(\frac{\mathrm{e}^{\mathrm{i}kR(\theta)}}{\mathrm{i}k}-R(\theta)\mathrm{e}^{\mathrm{i}kR(\theta)}\right)\mathrm{d}\theta \tag{4.41}$$

$$\mathcal{S}_3^{\Delta x}=\frac{\mathrm{i}}{4\pi k}\sum_{m=1}^{3}\int_{\widetilde{\theta_1^m}}^{\widetilde{\theta_2^m}}\sin\theta\left(\frac{\mathrm{e}^{\mathrm{i}kR(\theta)}}{\mathrm{i}k}-R(\theta)\mathrm{e}^{\mathrm{i}kR(\theta)}\right)\mathrm{d}\theta \tag{4.42}$$

在半球面上，由于$\partial r/\partial n(\boldsymbol{y})=1$，则双层势积分表示为

$$\begin{aligned}\mathcal{D}^{S_\varepsilon}=\frac{\mathrm{e}^{\mathrm{i}k\varepsilon}}{4\pi}(\mathrm{i}k\varepsilon-1)\bigg\{&\int_0^{\pi/2}\int_0^{2\pi}[p(\boldsymbol{y})-p(\boldsymbol{x})]\sin\phi\,\mathrm{d}\theta\mathrm{d}\phi\\&+2\pi p(\boldsymbol{x})\int_0^{\pi/2}\sin\phi\,\mathrm{d}\phi\bigg\}\end{aligned} \tag{4.43}$$

其极限为

$$\lim_{\varepsilon\to 0}\mathcal{D}^{S_\varepsilon}=-\frac{p(\boldsymbol{x})}{2} \tag{4.44}$$

在平面积分区域Γ_ε上，$\boldsymbol{n}(\boldsymbol{y})$垂直于极半径方向，恒有

$$\mathcal{D}^{\Gamma_\varepsilon}=0 \tag{4.45}$$

由式(4.35)、式(4.39)、式(4.44)和式(4.45)可得到 CBIE 的非奇异离散积分表达式为

$$\frac{1}{2}\alpha_1^{\Delta x}+\mathcal{D}^{S\backslash\Delta x}(\boldsymbol{x})=\mathcal{S}_1^{\Delta x}\beta_1^{\Delta x}+\mathcal{S}_2^{\Delta x}\beta_2^{\Delta x}+\mathcal{S}_3^{\Delta x}\beta_3^{\Delta x}+\mathcal{S}^{S\backslash\Delta x}(\boldsymbol{x})+\wp(\boldsymbol{x}) \tag{4.46}$$

法向导数边界积分方程(4.10)中的积分算子具有更强的奇异性。下面介绍 NDBIE 的非奇异离散积分表达式。类似地，S_ε上的奇异积分算子$\mathcal{A}$可以表示为

$$\mathcal{A}^{S_\varepsilon}=\frac{\mathrm{e}^{\mathrm{i}k\varepsilon}}{4\pi}(\mathrm{i}k\varepsilon-1)\left\{\int_0^{\pi/2}\int_0^{2\pi}\frac{\partial r}{\partial n(\boldsymbol{x})}[\nabla p(\boldsymbol{y})-\nabla p(\boldsymbol{x})]\cdot\boldsymbol{n}(\boldsymbol{y})\sin\phi\,\mathrm{d}\theta\mathrm{d}\phi+\int_0^{\pi/2}\int_0^{2\pi}[\nabla p(\boldsymbol{x})\cdot\boldsymbol{n}(\boldsymbol{y})]\frac{\partial r}{\partial n(\boldsymbol{x})}\sin\phi\,\mathrm{d}\theta\mathrm{d}\phi\right\} \tag{4.47}$$

方程右边第一项积分在满足式(4.29)的条件下为零。注意局部坐标系下，法向量$\boldsymbol{n}(\boldsymbol{x})$就是 z 轴的正方向，S_ε上有$\partial r/\partial n(\boldsymbol{x})=-\cos\phi$，因此有

$$\begin{aligned}&\nabla p(\boldsymbol{x})\cdot\boldsymbol{n}(\boldsymbol{y})\\&=\begin{bmatrix}\dfrac{\partial p(\boldsymbol{x})}{\partial x} & \dfrac{\partial p(\boldsymbol{x})}{\partial y} & \dfrac{\partial p(\boldsymbol{x})}{\partial n(\boldsymbol{x})}\end{bmatrix}[\sin\phi\cos\theta\quad\sin\phi\sin\theta\quad\cos\phi]^{\mathrm{T}}\end{aligned} \tag{4.48}$$

将式(4.48)代入式(4.47)右边第二项积分，得

$$\lim_{\varepsilon\to 0}\mathcal{A}^{S_\varepsilon}=\lim_{\varepsilon\to 0}\left(\frac{1-\mathrm{i}k\varepsilon}{6}\mathrm{e}^{\mathrm{i}k\varepsilon}\frac{\partial p(\boldsymbol{x})}{\partial n(\boldsymbol{x})}\right)=\frac{1}{6}\frac{\partial p(\boldsymbol{x})}{\partial n(\boldsymbol{x})} \tag{4.49}$$

同样，在平面积分区域Γ_ε上，$\boldsymbol{n}(\boldsymbol{x})$垂直于极半径方向，恒有

$$\mathcal{A}^{\Gamma_\varepsilon}=0 \tag{4.50}$$

S_ε上的奇异积分算子$\mathcal{H}$表示为

$$\begin{aligned}\mathcal{H}^{S_\varepsilon}=&\int_{S_\varepsilon}\frac{\partial^2 G(\boldsymbol{x},\boldsymbol{y})}{\partial n(\boldsymbol{x})\partial n(\boldsymbol{y})}\{p(\boldsymbol{y})-p(\boldsymbol{x})-\nabla p(\boldsymbol{x})\cdot(\boldsymbol{y}-\boldsymbol{x})\}\mathrm{d}S(\boldsymbol{y})\\&+\left(\int_{S_\varepsilon}\frac{\partial^2 G(\boldsymbol{x},\boldsymbol{y})}{\partial n(\boldsymbol{x})\partial n(\boldsymbol{y})}\mathrm{d}S(\boldsymbol{y})\right)p(\boldsymbol{x})\\&+\int_{S_\varepsilon}\frac{\partial^2 G(\boldsymbol{x},\boldsymbol{y})}{\partial n(\boldsymbol{x})\partial n(\boldsymbol{y})}r[\nabla p(\boldsymbol{x})\cdot\boldsymbol{n}(\boldsymbol{y})]\mathrm{d}S(\boldsymbol{y})\end{aligned} \tag{4.51}$$

其中，右端第三项采用了$\boldsymbol{y}-\boldsymbol{x}=r\boldsymbol{n}(\boldsymbol{y})$的表达式。根据式(4.30)，右端第一项积分为零。考虑当$\boldsymbol{y}\in S_\varepsilon$时，$\boldsymbol{n}(\boldsymbol{x})\cdot\boldsymbol{n}(\boldsymbol{y})=\cos\phi$，$\partial r/\partial n(\boldsymbol{x})=-\cos\phi$，$\partial r/\partial n(\boldsymbol{y})=1$并且$r=\varepsilon$，得

$$\frac{\partial^2 G(\boldsymbol{x},\boldsymbol{y})}{\partial n(\boldsymbol{x})\partial n(\boldsymbol{y})}=\frac{\mathrm{e}^{\mathrm{i}k\varepsilon}}{4\pi\varepsilon^3}(k^2\varepsilon^2+2\mathrm{i}k\varepsilon-2)\cos\phi \tag{4.52}$$

代入式(4.51)的第二项积分，得

$$p(\boldsymbol{x})\int_{S_\varepsilon}\frac{\partial^2 G(\boldsymbol{x},\boldsymbol{y})}{\partial n(\boldsymbol{x})\partial n(\boldsymbol{y})}\mathrm{d}S(\boldsymbol{y})=-\frac{p(\boldsymbol{x})}{2\varepsilon}+\frac{\mathrm{i}k}{2}p(\boldsymbol{x})+O(\varepsilon) \tag{4.53}$$

另外，将式(4.48)和式(4.52)代入式(4.51)的第三项积分，并利用三角函数在[0,2π]内积分为零的性质，得

$$\int_{S_\varepsilon}\frac{\partial^2 G(\boldsymbol{x},\boldsymbol{y})}{\partial n(\boldsymbol{x})\partial n(\boldsymbol{y})}r[\nabla p(\boldsymbol{x})\cdot\boldsymbol{n}(\boldsymbol{y})]\mathrm{d}S(\boldsymbol{y})=-\frac{1}{3}\frac{\partial p(\boldsymbol{x})}{\partial n(\boldsymbol{x})}+O(\varepsilon) \tag{4.54}$$

最终，合并式(4.51)右边三项积分的结果，得

$$\lim_{\varepsilon\to 0}\mathcal{H}^{S_\varepsilon} = -\frac{p(\boldsymbol{x})}{2\varepsilon} + \frac{\mathrm{i}k}{2}p(\boldsymbol{x}) - \frac{1}{3}\frac{\partial p(\boldsymbol{x})}{\partial n(\boldsymbol{x})} \tag{4.55}$$

可以看出，当$\varepsilon \to 0$时，$\mathcal{H}^{S_\varepsilon}$的结果是发散的。

进而，继续研究在平面积分区域$\varGamma_\varepsilon$上奇异积分算子$\mathcal{H}$。在$\varGamma_\varepsilon$上，有$n(\boldsymbol{x}) = n(\boldsymbol{y})$且$\partial r/\partial n(\boldsymbol{y}) = 0$，从而式(4.33)可简化为

$$\frac{\partial^2 G(\boldsymbol{x},\boldsymbol{y})}{\partial n(\boldsymbol{x})\partial n(\boldsymbol{y})} = \frac{\mathrm{e}^{\mathrm{i}kr}}{4\pi r^3}(1-\mathrm{i}kr) \tag{4.56}$$

将式(4.56)及单元内物理量插值表达式(4.21)代入式(4.12)，得$\mathcal{H}^{\varGamma_\varepsilon}$的表达式为

$$\begin{aligned}\mathcal{H}^{\varGamma_\varepsilon} = \sum_{m=1}^{3}\int_{\widetilde{\theta_1^m}}^{\widetilde{\theta_2^m}}\int_{\varepsilon}^{R(\theta)}\frac{\mathrm{e}^{\mathrm{i}kr}}{4\pi r^3}(1-\mathrm{i}kr)(\alpha_1^{\Delta x} + \alpha_2^{\Delta x} r\cos\theta \\ +\alpha_3^{\Delta x} r\sin\theta)r\mathrm{d}r\mathrm{d}\theta\end{aligned} \tag{4.57}$$

积分式(4.57)并重新组合，得到关于系数$\alpha_i^{\Delta x}(i = 1,2,3)$的表达式为

$$\lim_{\varepsilon\to 0}\mathcal{H}^{\varGamma_\varepsilon} = \mathcal{H}_1^{\Delta x}\alpha_1^{\Delta x} + \mathcal{H}_2^{\Delta x}\alpha_2^{\Delta x} + \mathcal{H}_3^{\Delta x}\alpha_3^{\Delta x} \tag{4.58}$$

其中，$\mathcal{H}_1^{\Delta x}$也含有发散项，具体形式为

$$\mathcal{H}_1^{\Delta x} = \frac{1}{2\varepsilon} - \sum_{m=1}^{3}\int_{\widetilde{\theta_1^m}}^{\widetilde{\theta_2^m}}\frac{\mathrm{e}^{\mathrm{i}kR(\theta)}}{4\pi R(\theta)}\mathrm{d}\theta \tag{4.59}$$

如果配点的位置选择不恰当，则其余两项$\mathcal{H}_2^{\Delta x}$和$\mathcal{H}_3^{\Delta x}$也可能含有发散项，这将不利于非奇异表达式的推导。下面以$\mathcal{H}_2^{\Delta x}$为例，来解释配点置于三角形单元内部的必要性。将$\mathrm{e}^{\mathrm{i}kr}$进行级数展开有

$$\mathrm{e}^{\mathrm{i}kr} = \sum_{n=0}^{\infty}\frac{(\mathrm{i}kr)^n}{n!} \tag{4.60}$$

值得注意的是，当边界模型的网格划分满足经验法则“每个波长 6 个节点”时，具有$kr < 1$。因此，只需要少数几阶，展开就可以获取较好的收敛精度。将式(4.60)代入式(4.57)，得

$$\begin{aligned}H_2^{\Delta x} &= \sum_{m=1}^{3}\int_{\widetilde{\theta_1^m}}^{\widetilde{\theta_2^m}}\cos\theta\,\mathrm{d}\theta\int_{\varepsilon}^{R(\theta)}\frac{\mathrm{e}^{\mathrm{i}kr}}{4\pi r}(1-\mathrm{i}kr)\mathrm{d}r \\ &= \frac{1}{4\pi}\sum_{m=1}^{3}\int_{\widetilde{\theta_1^m}}^{\widetilde{\theta_2^m}}\left[\ln R(\theta) + \sum_{n=1}^{\infty}\frac{[\mathrm{i}kR(\theta)]^n}{n!\,n} - \ln\varepsilon - \mathrm{e}^{\mathrm{i}kR(\theta)} + 1\right]\cos\theta\,\mathrm{d}\theta\end{aligned} \tag{4.61}$$

式(4.61)中，当$\varepsilon \to 0$时，$(1+\ln\varepsilon) \to -\infty$是发散的。但当配点置于三角形单元内部时，根据图 4.6 的几何关系，有

$$\sum_{m=1}^{3}\int_{\widetilde{\theta_1^m}}^{\widetilde{\theta_2^m}}\cos\theta\,\mathrm{d}\theta=\int_{\widetilde{\theta_1^1}}^{\widetilde{\theta_2^3}}\cos\theta\,\mathrm{d}\theta=\int_{\widetilde{\theta_1^1}}^{\widetilde{\theta_1^1}+2\pi}\cos\theta\,\mathrm{d}\theta=0 \tag{4.62}$$

可以消除发散项$1+\ln\varepsilon$，式(4.61)可进一步表示为

$$\mathcal{H}_2^{\Delta x}=\frac{1}{4\pi}\sum_{m=1}^{3}\int_{\widetilde{\theta_1^m}}^{\widetilde{\theta_2^m}}\left[\ln R(\theta)+\sum_{n=1}^{\infty}\frac{[\mathrm{i}kR(\theta)]^n}{n!\,n}-\mathrm{e}^{\mathrm{i}kR(\theta)}\right]\cos\theta\,\mathrm{d}\theta \tag{4.63}$$

同样，当配点置于三角形单元内部时，可以得到非奇异项$\mathcal{H}_3^{\Delta x}$的表达式为

$$\mathcal{H}_3^{\Delta x}=\frac{1}{4\pi}\sum_{m=1}^{3}\int_{\widetilde{\theta_1^m}}^{\widetilde{\theta_2^m}}\left[\ln R(\theta)+\sum_{n=1}^{\infty}\frac{[\mathrm{i}kR(\theta)]^n}{n!\,n}-\mathrm{e}^{\mathrm{i}kR(\theta)}\right]\sin\theta\,\mathrm{d}\theta \tag{4.64}$$

综上，当配点置于三角形单元内部时，参考关系式(4.23)、式(4.55)和式(4.59)，发散项可以相互消去，则积分算子为

$$\begin{aligned}\mathcal{H}^{\Delta x}&=\lim_{\varepsilon\to 0}(\mathcal{H}^{S_\varepsilon}+\mathcal{H}^{\Gamma_\varepsilon})\\&=\left(-\frac{\alpha_1^{\Delta x}}{2\varepsilon}+\frac{\mathrm{i}k}{2}\alpha_1^{\Delta x}-\frac{\beta_1^{\Delta x}}{3}\right)+\left(\frac{1}{2\varepsilon}-\sum_{m=1}^{3}\int_{\widetilde{\theta_1^m}}^{\widetilde{\theta_2^m}}\frac{\mathrm{e}^{\mathrm{i}kR(\theta)}}{4\pi R(\theta)}\mathrm{d}\theta\right)\alpha_1^{\Delta x}\\&\quad+\sum_{n=1}^{2}\mathcal{H}_n^{\Delta x}\alpha_n^{\Delta x}\\&=\widetilde{\mathcal{H}}_1^{\Delta x}\alpha_1^{\Delta x}+\mathcal{H}_2^{\Delta x}\alpha_2^{\Delta x}+\mathcal{H}_3^{\Delta x}\alpha_3^{\Delta x}\end{aligned} \tag{4.65}$$

其中

$$\widetilde{\mathcal{H}}_1^{\Delta x}=\frac{\mathrm{i}k}{2}-\sum_{m=1}^{3}\int_{\widetilde{\theta_1^m}}^{\widetilde{\theta_2^m}}\frac{\mathrm{e}^{\mathrm{i}kR(\theta)}}{4\pi R(\theta)}\mathrm{d}\theta \tag{4.66}$$

可以看出$\mathcal{H}^{\Delta x}$中所有的积分都是常规的，便于数值计算。

由式(4.49)和式(4.66)可得到 NDBIE 的非奇异离散积分表达式为

$$\widetilde{\mathcal{H}}_1^{\Delta x}\alpha_1^{\Delta x}+\mathcal{H}_2^{\Delta x}\alpha_2^{\Delta x}+\mathcal{H}_3^{\Delta x}\alpha_3^{\Delta x}+\mathcal{H}^{S\backslash\Delta x}(\boldsymbol{x})=-\frac{1}{2}\beta_1^{\Delta x}+\mathcal{A}^{S\backslash\Delta x}(\boldsymbol{x})+q(\boldsymbol{x}) \tag{4.67}$$

联合式(4.46)和式(4.67)，得 Burton-Miller 非奇异离散积分表达式为

$$\begin{aligned}&\left(\frac{1}{2}+\gamma\widetilde{\mathcal{H}}_1^{\Delta x}\right)\alpha_1^{\Delta x}+\gamma\left(\mathcal{H}_2^{\Delta x}\alpha_2^{\Delta x}+\mathcal{H}_3^{\Delta x}\alpha_3^{\Delta x}\right)+\gamma\mathcal{H}^{S\backslash\Delta x}(\boldsymbol{x})+\mathcal{D}^{S\backslash\Delta x}(\boldsymbol{x})\\&=\left(\mathcal{S}_1^{\Delta x}-\frac{\gamma}{2}\right)\beta_1^{\Delta x}+\mathcal{S}_2^{\Delta x}\beta_2^{\Delta x}+\mathcal{S}_3^{\Delta x}\beta_3^{\Delta x}+\mathcal{S}^{S\backslash\Delta x}(\boldsymbol{x})+\gamma\mathcal{A}^{S\backslash\Delta x}(\boldsymbol{x})+b(\boldsymbol{x})\end{aligned} \tag{4.68}$$

其中，$b(\boldsymbol{x})$为源场相关项，定义为

$$b(\boldsymbol{x})=p(\boldsymbol{x})+\gamma q(\boldsymbol{x}) \tag{4.69}$$

在非奇异离散积分表达式中，所有的奇异积分项都被转化成平面单元内部关于极角的常规线积分，且这些常规积分可以被解析计算。如图 4.6 所示，将三角形单元的积分区域划分为六个更小的三角形区域。以图 4.7 所示的直角三角形区域为例，存在如下关系：

$$R(\theta)=\frac{h}{\cos\theta},\quad 0\leqslant\theta\leqslant\theta_1 \tag{4.70}$$

将式(4.70)代入非奇异积分$\mathcal{S}_i^{\Delta x}(i=1,2,3)$、$\widetilde{\mathcal{H}}_1^{\Delta x}$和$\mathcal{H}_i^{\Delta x}(i=2,3)$，可以得到形如

$$I_m^n(\theta_1)=\int_0^{\theta_1}\frac{\sin^n\theta}{\cos^m\theta}\mathrm{d}\theta \tag{4.71}$$

的一般积分，其中上下标的取值范围为$n=0,1$，$m=-1,0,1,\cdots$。当$n=0$时，式(4.71)的积分结果为

$$I_m^0(\theta_1)=\begin{cases}\sin\theta_1, & m=-1\\ \theta_1, & m=0\\ \dfrac{1}{2}\ln\left(\dfrac{1+\sin\theta_1}{1-\sin\theta_1}\right), & m=1\\ \dfrac{\sin\theta_1\sec^{m-1}\theta_1}{m-1}+\dfrac{m-2}{m-1}I_{m-2}^0, & m\geqslant 2\end{cases} \tag{4.72}$$

当$n=1$时，式(4.71)的积分结果为

$$I_m^1(\theta_1)=\begin{cases}\dfrac{1}{m-1}(\cos^{1-m}\theta_1-1), & m\neq 1\\ -\ln\cos\theta_1, & m=1\end{cases} \tag{4.73}$$

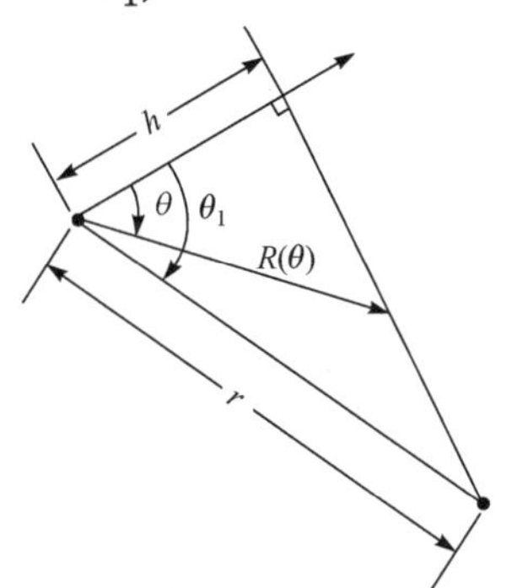

图 4.7　内部三角形区域的积分示意图

因此，图 4.7 中关于极角的积分可以表示为

$$\mathcal{I}_1(\theta_1)=\int_0^{\theta_1}\mathrm{e}^{\mathrm{i}kR(\theta)}\,\mathrm{d}\theta=\sum_{m=0}^{\infty}\frac{\mathrm{i}^m k^m h^m}{m!}I_m^0(\theta_1) \tag{4.74}$$

$$\mathcal{J}_2(\theta_1) = \int_0^{\theta_1} \frac{\mathrm{e}^{\mathrm{i}kR(\theta)}}{R(\theta)} \mathrm{d}\theta = \frac{1}{h} \sum_{m=0}^{\infty} \frac{\mathrm{i}^m k^m h^m}{m!} I_{m-1}^0(\theta_1) \tag{4.75}$$

$$\mathcal{J}_3(\theta_1) = \int_0^{\theta_1} \sin\theta \, \mathrm{e}^{\mathrm{i}kR(\theta)} \, \mathrm{d}\theta = \sum_{m=0}^{\infty} \frac{\mathrm{i}^m k^m h^m}{m!} I_m^1(\theta_1) \tag{4.76}$$

$$\mathcal{J}_4(\theta_1) = \int_0^{\theta_1} \cos\theta \, \mathrm{e}^{\mathrm{i}kR(\theta)} \, \mathrm{d}\theta = \sum_{m=0}^{\infty} \frac{\mathrm{i}^m k^m h^m}{m!} I_{m-1}^0 = h\mathcal{J}_2(\theta_1) \tag{4.77}$$

$$\mathcal{J}_5(\theta_1) = \int_0^{\theta_1} \sin\theta \, R(\theta) \mathrm{e}^{\mathrm{i}kR(\theta)} \, \mathrm{d}\theta = h \sum_{m=0}^{\infty} \frac{\mathrm{i}^m k^m h^m}{m!} I_{m+1}^1(\theta_1) \tag{4.78}$$

$$\mathcal{J}_6(\theta_1) = \int_0^{\theta_1} \cos\theta \, R(\theta) \mathrm{e}^{\mathrm{i}kR(\theta)} \, \mathrm{d}\theta = h\mathcal{J}_1(\theta_1) \tag{4.79}$$

$$\mathcal{J}_7(\theta_1) = \int_0^{\theta_1} \sum_{m=1}^{\infty} \frac{[\mathrm{i}kR(\theta)]^m}{m!\,m} \sin\theta \, \mathrm{d}\theta = \sum_{m=1}^{\infty} \frac{\mathrm{i}^m k^m h^m}{m!\,m} I_m^1(\theta_1) \tag{4.80}$$

$$\mathcal{J}_8(\theta_1) = \int_0^{\theta_1} \sum_{m=1}^{\infty} \frac{[\mathrm{i}kR(\theta)]^m}{m!\,m} \cos\theta \, \mathrm{d}\theta = \sum_{m=1}^{\infty} \frac{\mathrm{i}^m k^m h^m}{m!\,m} I_{m-1}^0(\theta_1) \tag{4.81}$$

解析表达式中还涉及另外两个关于极角的积分，为了推导的完整性，给出它们的具体表达式，即

$$\mathcal{J}_9 = \int_0^{\theta_1} \sin\theta \ln R(\theta) \, \mathrm{d}\theta = \cos\theta_1 \ln\cos\theta_1 - (1 + \ln h)(\cos\theta_1 - 1) \tag{4.82}$$

和

$$\begin{aligned} \mathcal{J}_{10} = \int_0^{\theta_1} \cos\theta \ln R(\theta) \, \mathrm{d}\theta &= \sin\theta_1 (\ln h - 1) \\ &+ \frac{1}{2}\left(\ln\frac{1+\sin\theta_1}{1-\sin\theta_1} + 2\sin\theta_1 \ln\cos\theta_1\right) \end{aligned} \tag{4.83}$$

4.3.2 常数非连续单元离散

常数单元内部的物理量是相同的，属于非连续单元，如图 4.3(a)所示。基于常数单元的边界元方法由于程序实现简单且奇异积分处理技术成熟，在声学分析中具有广泛的应用，特别是在快速边界元方法中。采用三角形平面单元离散的边界模型，其几何形函数见 3.3 节。常数物理单元的形函数可以表示为

$$\mathcal{N} = 1 \tag{4.84}$$

常数单元离散中，边界元方法的配点一般取为单元的几何中心。

根据 4.3.1 节非奇异边界积分方程的分析，常数单元是线性单元的特例，可以采用相同的推导过程，只需将式(4.21)和式(4.22)中的系数$\alpha_i^{\Delta x}, \beta_i^{\Delta x}(i=2,3)$取为零即可。参照式(4.68)，常数三角形单元离散下的 Burton-Miller 非奇异边界积分方程可直接写为

$$\begin{aligned}&\left(\frac{1}{2}+\gamma\widetilde{\mathcal{H}}_1^{\Delta x}\right)p(\boldsymbol{x})+\gamma\mathcal{H}^{S\backslash\Delta x}(\boldsymbol{x})+\mathcal{D}^{S\backslash\Delta x}(\boldsymbol{x})\\&=\left(\mathcal{S}_1^{\Delta x}-\frac{\gamma}{2}\right)q(\boldsymbol{x})+\mathcal{S}^{S\backslash\Delta x}(\boldsymbol{x})+\gamma\mathcal{A}^{S\backslash\Delta x}(\boldsymbol{x})+\mathcal{b}(\boldsymbol{x})\end{aligned} \tag{4.85}$$

其中，使用了变换$\alpha_1^{\Delta x}=p(\boldsymbol{x})$，$\beta_1^{\Delta x}=q(\boldsymbol{x})$。

4.4　边界元方法的程序流程

基于常数单元的声学边界元方法流程简单，首先介绍常数单元的声学边界元方法，然后介绍推广到线性单元的情况。但无论采用哪种单元类型，配点边界元方法均具有如图 4.8 所示的程序流程。另外，边界元程序的编写需要利用计算机语言，将算法转换成机器语言，如 C++或者 FORTRAN 等。一些边界元方法网络开源计算资源见表 4.3。

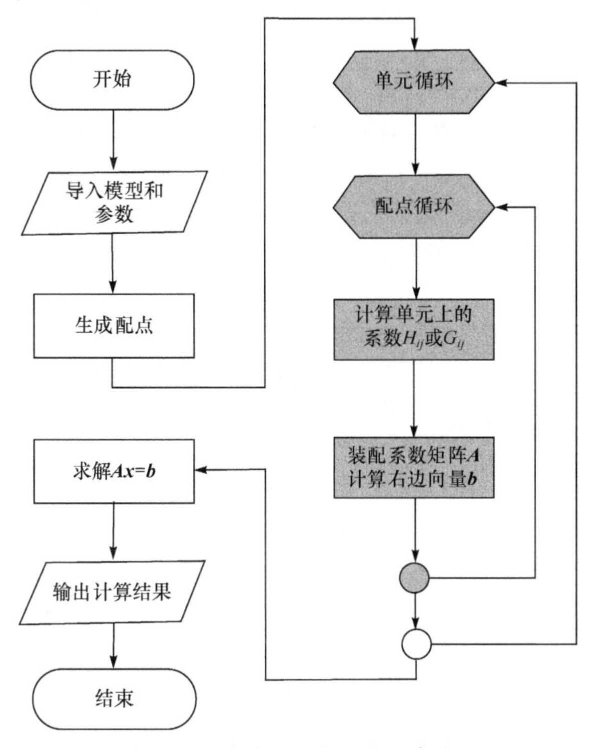

图 4.8　配点边界元方法的程序流程

4.4.1　常数单元边界元方法

常数单元边界元方法一般选取单元的几何中心作为配点，配点数与离散的单元数相同。假设离散模型具有N_e个三角形单元，则离散模型上共有$2N_e$个物理量，分别为N_e个声压和N_e个声压法向导数。离散式(4.85)，得到

$$\boldsymbol{Hp} = \boldsymbol{Gq} + \boldsymbol{\mathscr{b}} \tag{4.86}$$

其中，$\boldsymbol{p}$和$\boldsymbol{q}$为表面离散声压及其法向导数组成的N_e维列向量；$\boldsymbol{\mathscr{b}}$是声源相关的N_e维列向量，其元素为

$$\mathscr{b}_i = \mathscr{p}(\boldsymbol{x}_i) + \gamma \mathscr{q}(\boldsymbol{x}_i) \tag{4.87}$$

其中，$\boldsymbol{H}$和$\boldsymbol{G}$是$N_e \times N_e$的系数矩阵，其元素分别为

$$H_{ij} = \begin{cases} \dfrac{1}{2} + \gamma \widetilde{\mathcal{H}}_1^{\Delta x}, & i = j \\ \displaystyle\int_{\Delta_j} \left[\frac{\partial G(\boldsymbol{x}_i, \boldsymbol{y})}{\partial n(\boldsymbol{y})} + \gamma \frac{\partial^2 G(\boldsymbol{x}_i, \boldsymbol{y})}{\partial n(\boldsymbol{x}) \partial n(\boldsymbol{y})} \right] \mathrm{d}S(\boldsymbol{y}), & i \neq j \end{cases} \tag{4.88}$$

和

$$G_{ij} = \begin{cases} \mathcal{S}_1^{\Delta x} - \dfrac{\gamma}{2}, & i = j \\ \displaystyle\int_{\Delta_j} \left[G\left(\boldsymbol{x}_i,\ \boldsymbol{y}\right) + \gamma \frac{\partial G(\boldsymbol{x}_i, \boldsymbol{y})}{\partial n(\boldsymbol{x})} \right] \mathrm{d}S(\boldsymbol{y}), & i \neq j \end{cases} \tag{4.89}$$

对于完全定义的声学问题，$\boldsymbol{p}$和$\boldsymbol{q}$两组列向量共$2N_e$个元素，其中的一半应该是给定的边界条件。将已知的边界条件代入式(4.86)，计算得到的结果移到方程的右边，并将其余待求边界条件及其系数矩阵移到方程的左边，可形成如式(4.19)所示的线性方程组。值得注意的是，当媒质区域内不存在声源时，入射声源相关向量$\boldsymbol{\mathscr{b}}$不存在。

由于单元上声学物理量的不连续性，基于常数单元的边界元程序流程图 4.8 中的系数矩阵装配程序较为简单，配点编号和单元编号为系数矩阵的行标和列标。

4.4.2　线性单元边界元方法

较常数单元的算法，线性单元声学边界元方法的流程复杂。连续线性单元上的边界条件仍是施加在节点上，而节点上法向的不确定性给 Neumann 边界条件的施加带来了一定的困难。很多方法可以用来定义节点上的法向向量，如图 4.9 所示，利用共节点单元的法向平均值表示节点上的法向向量，即

$$\boldsymbol{n}_m = \sum_{l=1}^{\dim(\mathfrak{J}^m)} \widehat{\boldsymbol{n}}^{\mathfrak{J}_l^m} \tag{4.90}$$

其中，$\boldsymbol{n}_m$表示第m号节点的法向向量；$\mathfrak{J}^m$表示与第m号节点关联的单元集合；

$\dim(\mathfrak{I}^m)$表示集合的维度，即集合中的单元数；$\mathfrak{I}_l^m$表示集合$\mathfrak{I}^m$中的第l个单元的编号；“$\frown$”表示归一化向量。

假设离散模型中三角形单元数为N_e，含有N个节点。线性连续单元上声学离散物理量与节点关联，共有$2N$个物理量。对于完备的声学问题，其中N个是已知边界条件，其余N个为待求声学物理量。自然地，在离散边界上取N个配点可以形成N维的线性方程组。4.3.1 节给出了边界积分方程非奇异表达式，但配点应位于单元内部。如何生成均匀分布于离散表面的配点，影响着最终求解的准确性。

图 4.10 给出了一种生成与节点相同数目配点的方法，即将每个节点偏移一次到单元的内部，如图 4.10(a)所示。为了利用离散模型的拓扑几何信息生成均匀分布的配点，每个节点的偏移量不能太大。图 4.10(b)表示沿顶点的对角线，偏移节点到内切圆上形成内部配点。节点在单元内的偏移量记为λ，单元内与该节点关联的夹角记为2θ。如图 4.10(b)所示的几何关系，由第k号节点偏移得到的配点$\boldsymbol{x}_k$，其坐标可以通过式(4.91)求解得到，即

$$\begin{bmatrix} (\boldsymbol{y}_i-\boldsymbol{y}_k)^{\mathrm{T}} \\ (\boldsymbol{y}_j-\boldsymbol{y}_k)^{\mathrm{T}} \\ \boldsymbol{n}^{\mathrm{T}} \end{bmatrix} [\boldsymbol{x}_k] = \begin{bmatrix} \lambda|\boldsymbol{y}_i-\boldsymbol{y}_k|\cos\theta+(\boldsymbol{y}_i-\boldsymbol{y}_k)^{\mathrm{T}}\boldsymbol{y}_k \\ \lambda|\boldsymbol{y}_j-\boldsymbol{y}_k|\cos\theta+(\boldsymbol{y}_j-\boldsymbol{y}_k)^{\mathrm{T}}\boldsymbol{y}_k \\ \boldsymbol{n}^{\mathrm{T}}\boldsymbol{y}_k \end{bmatrix} \tag{4.91}$$

其中，$\boldsymbol{n}$表示单元的法向量；上角 T 表示转置。

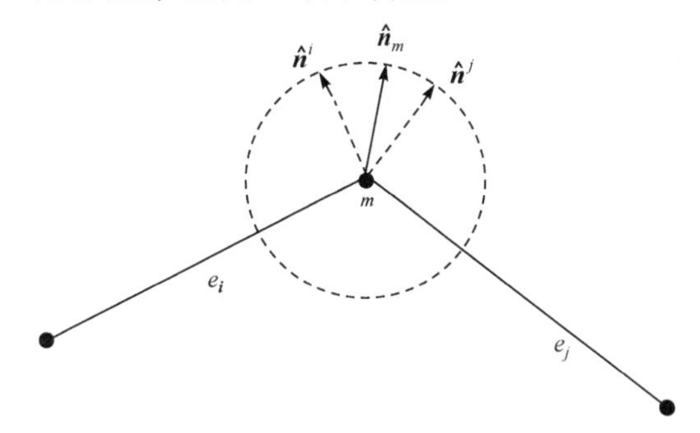

图 4.9　节点上的法向向量

如图 4.10 所示，每个节点被多个单元所共有。三角形单元离散的封闭曲面，单元数一般约是节点数的 2 倍，即$N_e\approx 2N$。因此，这种配点生成法不能保证每个单元上都含有配点，需要选择合适的单元用于节点的偏移。为此，将包含第k号节点的所有单元按照角度和面积比例权重η进行降序排列，即

$$\eta_{\mathfrak{I}_l^k}=\frac{\angle_{\mathfrak{I}_l^k}}{\sum_{l=1}^{\dim(\mathfrak{I}^k)}\angle_{\mathfrak{I}_l^k}}+\frac{A_{\mathfrak{I}_l^k}}{\sum_{l=1}^{\dim(\mathfrak{I}^k)}A_{\mathfrak{I}_l^k}},\quad l=1,2,\cdots,\dim(\mathfrak{I}^k) \tag{4.92}$$

其中，$A_{\mathfrak{I}_l^k}$和$\angle_{\mathfrak{I}_l^k}$分别表示第$\mathfrak{I}_l^k$号单元中的面积以及该单元上与$k$号节点关联的夹角。

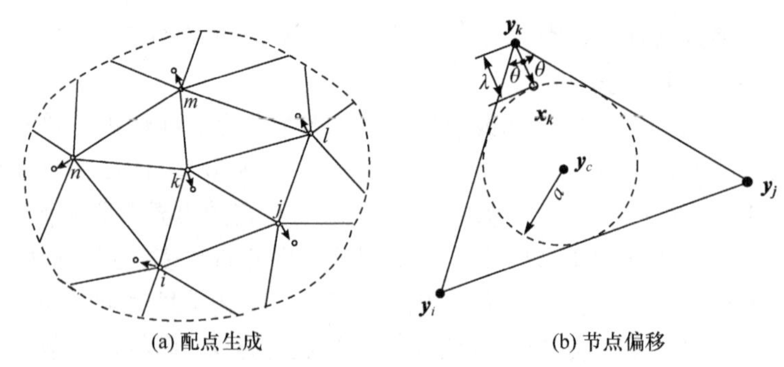

(a) 配点生成　　(b) 节点偏移

图 4.10　基于节点偏移的配点法

图 4.11 给出了球面的三角形单元离散模型以及由节点偏移法生成的配点。可以看出，配点基本保留了原离散模型节点的空间拓扑关系且满足非奇异离散积分表达式成立的要求。

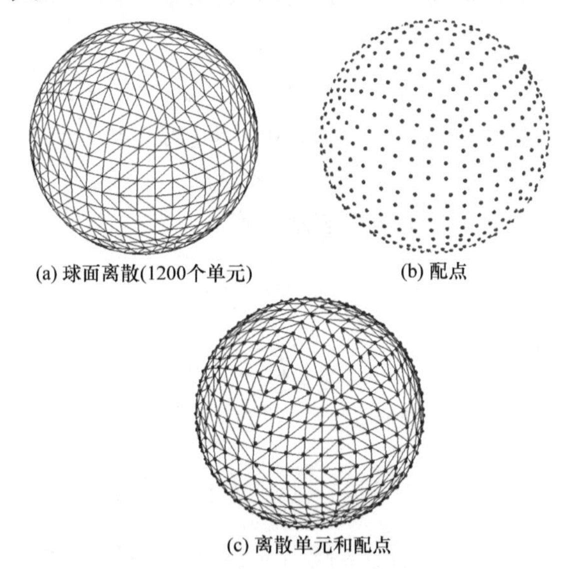

(a) 球面离散(1200个单元)　　(b) 配点

(c) 离散单元和配点

图 4.11　离散的曲面模型及其配点

由于离散模型的几何连续性，每个节点被多个单元共有。基于线性单元的边界元方法，在单元上获得的系数矩阵需要重新装配到整体系数矩阵中。对于第e号单元上的配点$\boldsymbol{x}_i$，参考式(4.18)和式(4.85)，与声压相关的奇异积分展开为

$$\gamma\mathcal{H}^e(\boldsymbol{x}_i)+\mathcal{D}^e(\boldsymbol{x}_i)=\sum_{n=1}^{3}\left(\sum_{m=1}^{3}\bar{\mathcal{H}}_m^e A_{mn}^e\right)p_n^e \tag{4.93}$$

其中，A_{mn}^e定义在第e号单元上，由式(4.27)确定；p_n^e表示与第e号单元上第n个节点相关联的声压，并且有

$$\begin{cases}\bar{\mathcal{H}}_1^e = \dfrac{1}{2} + \gamma\tilde{\mathcal{H}}_1^e \\ \bar{\mathcal{H}}_n^e = \gamma\mathcal{H}_n^e, \quad n = 2,3\end{cases} \tag{4.94}$$

值得注意的是，元素$\bar{\mathcal{H}}_n^e$和A_{mn}^e都是关于配点$\boldsymbol{x}_i$的函数。因此，将式(4.93)中单元上的系数矩阵元素和声压写成全局矩阵的形式为

$$\gamma\mathcal{H}^e(\boldsymbol{x}_i) + \mathcal{D}^e(\boldsymbol{x}_i) = \sum_{n=1}^{3} H_{i(I_n^e)}^e p_{I_n^e} \tag{4.95}$$

其中，全局系数矩阵$H_{i(I_n^e)}^e = \sum_{m=1}^{3}\bar{\mathcal{H}}_m^e A_{mn}^e$，$p_{I_n^e} = p_n^e$；$I_n^e$表示第 e 号单元上第n个节点的全局节点编号，位于第e号单元上所有节点编号组成的列向量$\boldsymbol{I}^e$中的第n行。

相应地，式(4.93)中不含配点$\boldsymbol{x}_i$的单元上非奇异积分表示为

$$\gamma\mathcal{H}^l(\boldsymbol{x}_i) + \mathcal{D}^l(\boldsymbol{x}_i) = \sum_{n=1}^{3}[\gamma\mathcal{H}_n^l(\boldsymbol{x}_i) + \mathcal{D}_n^l(\boldsymbol{x}_i)]p_n^l, \quad \Delta_l \in S\backslash\Delta_e \tag{4.96}$$

写成全局矩阵的形式为

$$\gamma\mathcal{H}^l(\boldsymbol{x}_i) + \mathcal{D}^l(\boldsymbol{x}_i) = \sum_{n=1}^{3} H_{i(I_n^l)}^l p_{I_n^l}, \quad \Delta_l \in S\backslash\Delta_e \tag{4.97}$$

其中，常规积分$H_{i(I_n^l)}^l = \gamma\mathcal{H}_n^l(\boldsymbol{x}_i) + \mathcal{D}_n^l(\boldsymbol{x}_i)$。线性单元离散下，每个节点被多个单元共享，则全局系数矩阵 $\boldsymbol{H}$ 的行元素通过式(4.98)装配得到，即

$$H_{ij} = \sum_{l=1}^{\dim(\mathfrak{I}^j)} H_{ij}^{\mathfrak{I}_l^j}$$
$$H_{ij}^{\mathfrak{I}_l^j} = \begin{cases}\displaystyle\sum_{m=1}^{3}\bar{\mathcal{H}}_m^{\mathfrak{I}_l^j}(\boldsymbol{x}_i)A_{mn(j)}^{\mathfrak{I}_l^j}(\boldsymbol{x}_i), & j \in \boldsymbol{I}^{\mathfrak{I}_l^j} \\ \gamma\mathcal{H}_{n(j)}^{\mathfrak{I}_l^j}(\boldsymbol{x}_i) + \mathcal{D}_{n(j)}^{\mathfrak{I}_l^j}(\boldsymbol{x}_i), & j \notin \boldsymbol{I}^{\mathfrak{I}_l^j}\end{cases}, \quad n(j) = \mathcal{I}_j^{\mathfrak{I}_l^j} \tag{4.98}$$

其中，$\mathcal{I}_j^e \in \{1,2,3\}$表示第$j$号节点在第$e$号三角形单元上的局部指标。同理，可以得到关于声压法向导数的系数矩阵 $\boldsymbol{G}$ 元素的装配表达式为

$$G_{ij} = \sum_{l=1}^{\dim(\mathfrak{I}^j)} G_{ij}^{\mathfrak{I}_l^j}$$
$$G_{ij}^{\mathfrak{I}_l^j} = \begin{cases}\displaystyle\sum_{m=1}^{3}\bar{\mathcal{S}}_m^{\mathfrak{I}_l^j}(\boldsymbol{x}_i)A_{mn(j)}^{\mathfrak{I}_l^j}(\boldsymbol{x}_i), & j \in \boldsymbol{I}^{\mathfrak{I}_l^j} \\ \gamma\mathcal{S}_{n(j)}^{\mathfrak{I}_l^j}(\boldsymbol{x}_i) + \mathcal{A}_{n(j)}^{\mathfrak{I}_l^j}(\boldsymbol{x}_i), & j \notin \boldsymbol{I}^{\mathfrak{I}_l^j}\end{cases} \tag{4.99}$$

其中

$$\begin{cases}\bar{\mathcal{S}}_1^e = \mathcal{S}_1^e - \dfrac{\gamma}{2} \\ \bar{\mathcal{S}}_n^e = \mathcal{S}_n^e, \quad n = 2,3\end{cases} \tag{4.100}$$

线性声学边界元方法的边界条件施加在节点上，但在非光滑的拐角或边线上采用式(4.90)进行法向定义可能会引起较大的输入误差。在声学分析中，部分边界条件可能是通过数值计算得到的(如有限元方法)或者通过三向振动加速度计测量得到。因此，在计算线性方程组右边的向量时，可以将节点速度在各个单元上进行投影，则系数矩阵 $\boldsymbol{G}$ 的元素可表示为

$$G_{ij}^{\mathfrak{I}_l^j} = \begin{cases} ik\rho c\left(\boldsymbol{v}_j \cdot \hat{\boldsymbol{n}}^{\mathfrak{I}_l^j}\right)\displaystyle\sum_{m=1}^{3} \bar{\mathcal{S}}_m^{\mathfrak{I}_l^j}(\boldsymbol{x}_i)\, A_{mn(j)}^{\mathfrak{I}_l^j}(\boldsymbol{x}_i), & j \in \boldsymbol{I}^{\mathfrak{I}_l^j} \\ ik\rho c\left(\boldsymbol{v}_j \cdot \hat{\boldsymbol{n}}^{\mathfrak{I}_l^j}\right)\left[\gamma \mathcal{S}_{n(j)}^{\mathfrak{I}_l^j}(\boldsymbol{x}_i) + \mathcal{A}_{n(j)}^{\mathfrak{I}_l^j}(\boldsymbol{x}_i)\right], & j \notin \boldsymbol{I}^{\mathfrak{I}_l^j} \end{cases} \tag{4.101}$$

由于系数元素(4.101)包含了边界条件，为了保持方程的形式和计算程序不变，可以将相应节点声压的法向导数边界条件设为$q = 1$。

根据边界条件，采用式(4.98)、式(4.99)或式(4.101)计算得到 $\boldsymbol{H}$ 和 $\boldsymbol{G}$ 矩阵，并进行代数运算，可以得到形如式(4.19)的线性方程组。

为了便于理解线性边界元算法的流程，下面以图 4.12 中的简单模型为例，详细地介绍线性单元边界元算法的原理及公式符号的意义。如图 4.12 所示，棱长为a的正方体边界元模型由 12 个三角形单元组成，网格节点和单元信息及 4.42 节中符号的定义如表 4.1 和表 4.2 所示。

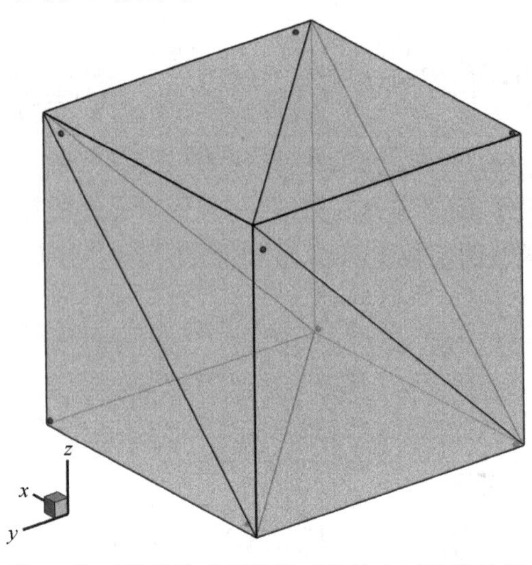

图 4.12　由 12 个三角形单元离散的正方体表面及线性单元的配点

表 4.1　离散模型节点信息

节点j	坐标/m			单元集合$\mathfrak{I}^j$
	x	y	z	
1	$-a$	a	$-a$	{1,2,7,8,9}
2	$-a$	$-a$	$-a$	{2,5,6,9,10}
3	a	a	$-a$	{1,7,11}
4	a	$-a$	$-a$	{1,2,5,11,12}
5	$-a$	$-a$	a	{4,6,10}
6	a	$-a$	a	{3,4,5,6,12}
7	a	a	a	{3,7,8,11,12}
8	$-a$	a	a	{3,4,8,9,10}

表 4.2　离散模型单元及配点信息

单元e	单元的节点列$\boldsymbol{I}^e$			包含配点	
	I_1^e	I_2^e	I_3^e	C^1单元	C^0单元
1	4	1	3	1	1
2	4	2	1	2	2
3	8	6	7	6	3
4	8	5	6	5	4
5	6	2	4	4	5
6	6	5	2	—	6
7	1	7	3	3	7
8	1	8	7	7	8
9	2	8	1	8	9
10	2	5	8	—	10
11	7	4	3	—	11
12	7	6	4	—	12

表 4.2 中线性连续单元上的配点由节点偏移生成，所以并不是每个单元上均有配点，“—”表示没有配点。对于该模型，显然线性边界元方法中的系数矩阵 $\boldsymbol{H}$ 和 $\boldsymbol{G}$ 均是8×8的矩阵。以线性连续单元离散下边界元方法矩阵系数H_{13}为例来说明系数的生成过程。如表 4.2 所示，第 3 号节点在集合$\mathfrak{I}^3=\{1,7,11\}$中。在集合$\mathfrak{I}^3$内的每个单元上，第 3 号节点的局部编号相同，均为$n(3)=3$，见表 4.2。因为 1 号配点位于 1 号单元内部，且 3 号节点也属于 1 号单元，因此矩阵系数H_{13}的部分贡献来自 1 号单元上的奇异积分，可以采用 4.3.1 节中的非奇异方法计算。

系数H_{13}中另外一部分来自 7 号单元和 11 号单元的常规积分，根据式(4.98)可以表示为

$$H_{13}=\underbrace{\sum_{m=1}^{3}\bar{\mathcal{H}}_m^1(\boldsymbol{x}_1)A_{m3}^1(\boldsymbol{x}_1)}_{1\text{号单元}}+\underbrace{\gamma\mathcal{H}_3^7(\boldsymbol{x}_1)+\mathcal{D}_3^7(\boldsymbol{x}_1)}_{7\text{号单元}}+\underbrace{\gamma\mathcal{H}_3^{11}(\boldsymbol{x}_1)+\mathcal{D}_3^{11}(\boldsymbol{x}_1)}_{11\text{号单元}} \tag{4.102}$$

式(4.102)表示的是系数矩阵中某个元素装配后的最终结果。如图 4.8 所示的配点边界元方法流程，为了提高系数矩阵的计算效率，一般先固定积分单元，再对配点进行循环计算。每一个配点$\boldsymbol{x}_m$和线性三角形单元e会生成一个三维的本地系数列向量$\boldsymbol{H}_i^e$，定义在式(4.98)中，将其装配到总体系数矩阵$\boldsymbol{H}$第i行，即$\boldsymbol{H}_{i,:}$的相应位置为

$$\boldsymbol{H}_{i,:}=\boldsymbol{H}_{i,:}+\boldsymbol{H}_i^{e\mathrm{T}}\boldsymbol{Q}^e \tag{4.103}$$

其中，上角 T 表示向量转置；$\boldsymbol{Q}^e$为第e号单元的装配矩阵，采用图 4.10(b)的三角形局部和总体节点编号并假设模型的节点数为n，则有

$$\boldsymbol{Q}^e=\begin{array}{c}\begin{matrix}1&\cdots&i&\cdots&j&\cdots&k&\cdots&n\end{matrix}\\ \begin{bmatrix}0&\cdots&1&\cdots&0&\cdots&0&\cdots&0\\0&\cdots&0&\cdots&1&\cdots&0&\cdots&0\\0&\cdots&0&\cdots&0&\cdots&1&\cdots&0\end{bmatrix}\end{array} \tag{4.104}$$

式(4.103)的运算即单元系数矩阵到整体系数矩阵的装配过程。

4.4.3 方程求解

完成系数矩阵计算和装配后代入边界条件，传统边界元方法可以形成式(4.19)所示的线性方程组。为了便于分析，这里假设配点个数M等于待求物理量个数N，即$N=M$，则式(4.19)的矩阵展开形式为

$$\begin{bmatrix}a_{11}&a_{12}&\cdots&a_{1N}\\a_{21}&a_{22}&\cdots&a_{2N}\\\vdots&\vdots&&\vdots\\a_{N1}&a_{N2}&\cdots&a_{NN}\end{bmatrix}\begin{bmatrix}x_1\\x_2\\\vdots\\x_N\end{bmatrix}=\begin{bmatrix}b_1\\b_2\\\vdots\\b_N\end{bmatrix} \tag{4.105}$$

由式(4.105)可以看出，边界元方法生成的系数矩阵是满秩的并且一般是非对称的。

式(4.105)的数值解法一般有两类：

(1) 迭代法，即用某种极限过程去逐步逼近线性方程组真实解的计算方法。迭代法具有存储单元少、程序设计简单、原始系数矩阵在计算过程中始终不变的优点，但存在收敛性和收敛速度问题。迭代法是求解大规模线性方程组的重要方法之一(见 6.2.3 节)。

(2) 直接法，即经过有限步算术运算，求得方程组精确解的方法(若计算过程中没有舍入误差)。但实际计算中由于舍入误差的存在和影响，这种方法也只能求得线性方程组的近似解。这类方法中最基本的方法是 Gauss 消元法。Gauss 消元

法是将方程组中的一个方程的未知数用含有另一个未知数的代数式表示并将其代入另一个方程中，消去了一个未知数，得到一个解；或将方程组中的一个方程倍乘某个常数加到另外一个方程中，也可达到消去一个未知数的目的。Gauss 消元法主要用于二元一次方程组的求解。高维的代数方程组具有类似的特性，即矩阵和右边向量在如下操作下，解空间不变：

(1) 两行互换；

(2) 一行乘以非零数；

(3) 一行乘以非零数加到另一行。

Gauss 消元法在线性代数及数值计算方法中都有详细的介绍[168]。虽然 Gauss 消元法是一个传统的求解线性方程组的数值方法(早在公元前 250 年我国就掌握了解方程组的消元法)，但由它改进、变形得到的选主元素消去法、三角分解法仍然是目前科学计算中常用的有效数值解法。Gauss 消元法中算术运算的次数是算法计算复杂度的一种度量。式(4.105)中的 N 维线性方程组，对矩阵$\boldsymbol{A}$通过行变换化成阶梯形式并进行回代求解，需要$N(N+1)/2$次除法、$(2N^3+3N^2-5N)/6$次乘法和$(2N^3+3N^2-5N)/6$次减法，近似于$2N^3/3$次算术运算，因此，采用 Gauss 消元法求解式(4.105)的计算复杂度为$O(N^3)$。当线性方程组的维数 N 不是很大时(小于 10000)，Gauss 消元法还可以很好地处理，但当线性方程组的维数在数十万量级时，求解时间急剧增加，超越了大多数工程许可范围。另外，在矩阵$\boldsymbol{A}$的变换求解过程中，为了防止对角元素的数值过小，从而引起较大的数值误差，还存在一些稳定的 Gauss 消元算法，但这不是本书的重点，不再赘述。

当然，在线性代数方程组直接求解法中，针对系数矩阵的不同特性，存在其他更高效和稳定的求解算法。大部分成熟的求解算法都可以从网上找到公开的计算资源，基本可以满足开发者的需求。在声学边界元方法的理论学习和计算程序编写中，读者只要了解并能够熟练使用这些算法即可。表 4.3 给出了一些网络上的公开资源，供有需要的读者查阅参考。

表 4.3　科学计算网络开源程序

1. Freely Available Software for Linear Algebra(September 2018)
   http://www.netlib.org/utk/people/JackDongarra/la-sw.html
2. Overview of Iterative Linear System Solver Packages
   http://www.netlib.org/utk/papers/iterative-survey
3. The Netlib (collection of mathematical software, papers, and databases)
   http://netlib.org
4. ACM TOMS (ACM Transcations on Mathematical Software)
   https://toms.acm.org
5. PETSc/Tao (portable, extensible toolkit for scientific computation)
   https://www.mcs.anl.gov/petsc
6. BPKIT Block Preconditioning Toolkit
   http://bpkit.sourceforge.net
7. Kernel-Independent Parallel 3D Fast Multipole Method
   http://www.harperlangston.com/kifmm3d/documentation/index.html

4.5 数值算例

本节给出数值算例，验证声学边界元方法的理论，并分析算法的收敛性。所有算例在至强 E5 处理器(计算中只使用一个核)、主频 2.3GHz、内存 64GB 的计算机上完成。声学媒质为空气，声速为340m/s，密度1.25kg/m^3。线性边界元程序中的配点采用图 4.10 所示的方法生成，其中节点$\bar{y}_k$偏移量定义为

$$\lambda = |\boldsymbol{y}_c - \boldsymbol{y}_k| - r_{\text{inc}} \tag{4.106}$$

其中，$\boldsymbol{y}_c$和r_{inc}分别表示三角形单元的几何中心和内切圆半径。

4.5.1 球体外部声散射

如图 4.13 所示，球体中心与坐标系原点重合，单位幅值的入射平面波沿z轴正向传播。当球体表面为硬边界时，又称 Neumann 边界，即法向质点速度为零，则散射声场总声压可以表示为

$$p(\boldsymbol{x}) = \mathrm{e}^{\mathrm{i}kz} - \sum_{n=0}^{\infty} \mathrm{i}^n(2n+1)\frac{\mathrm{j}_n'(ka)}{\mathrm{h}_n'(ka)}\mathrm{h}_n(k|\boldsymbol{x}|)\mathrm{P}_n\left(\frac{z}{|\boldsymbol{x}|}\right), \quad \boldsymbol{x} \in \Omega \cup S \tag{4.107}$$

其中，球体半径$a = 1$；z表示点$\boldsymbol{x}$的z轴分量；P_n表示 n 阶 Legendre 函数；j_n和h_n分别表示第一类n阶球 Bessel 函数和球 Hankel 函数[162]。类似地，当球体表面为软边界时，又称 Dirichlet 边界，即声压为零，则散射声场总声压可以表示为

$$q(\boldsymbol{x}) = k\sum_{n=0}^{\infty} \mathrm{i}^n(2n+1)\left[\frac{\mathrm{j}_n(ka)}{\mathrm{h}_n(ka)}\mathrm{h}_n'(ka) - \mathrm{j}_n'(ka)\right]\mathrm{P}_n\left(\frac{z}{|\boldsymbol{x}|}\right), \quad \boldsymbol{x} \in \Omega \cup S \tag{4.108}$$

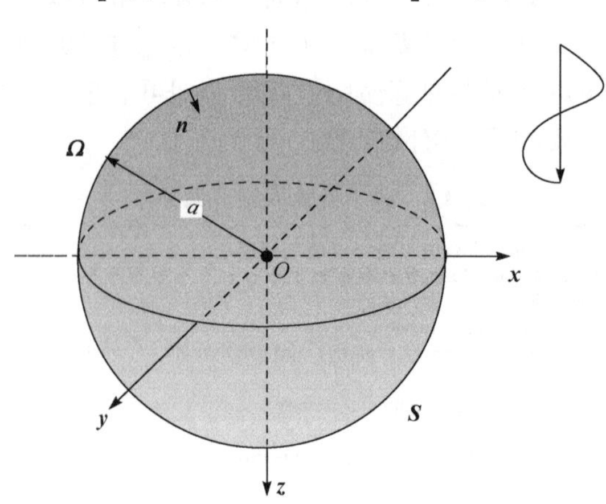

图 4.13　平面波入射下的球体散射模型

定义球体表面上边界元方法的计算结果f_{num}与解析解f_{ana}的相对误差为

$$\varepsilon_f = \frac{\sum_{n=1}^{N} \left| \int_{\Delta_n} [f_{\mathrm{num}}(\boldsymbol{x}) - f_{\mathrm{ana}}(\boldsymbol{x})] \, \mathrm{d}S(\boldsymbol{x}) \right|}{\sum_{n=1}^{N} \left| \int_{\Delta_n} f_{\mathrm{ana}}(\boldsymbol{x}) \, \mathrm{d}S(\boldsymbol{x}) \right|} \tag{4.109}$$

其中，根据边界条件的不同，f分别代表声压p或者声压的法向导数q。为了准确计算每个单元的积分(4.109)，线性单元采用 12 点 Gauss 积分，常数单元上采用单点 Gauss 积分。采用线性和常数单元边界元程序，分别对三种频率工况$ka = 5, 10, 20$进行分析。分析每个频率工况的收敛性，球体表面离散节点个数从最小的 602 到最大的 12698 分 8 步逐渐细化。图 4.14 和图 4.15 展示了常数单元和线性单元边界元程序在不同频率下的收敛性。图 4.16 和图 4.17 给出了两种不同边界元程序在不同离散单元数目下的内存使用量和计算时间。对于相同的离散模型，可以看出线性单元边界元程序的内存使用量仅为常数单元边界元程序的 1/4，计算时间为常数单元边界元程序的 1/2。这主要是因为三角形单元离散模型的单元数一般

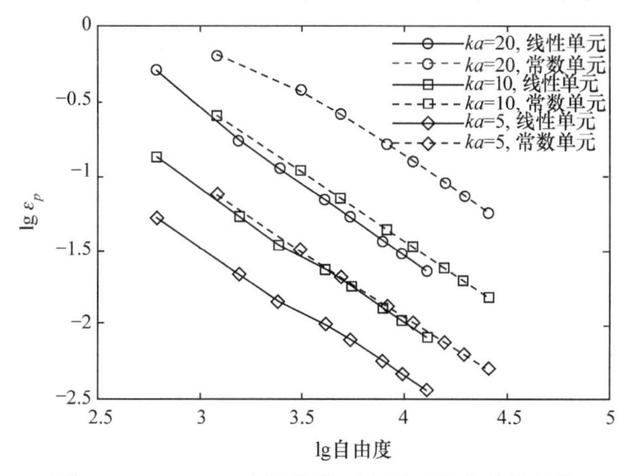

图 4.14　Dirichlet 边界条件下边界元程序的收敛性

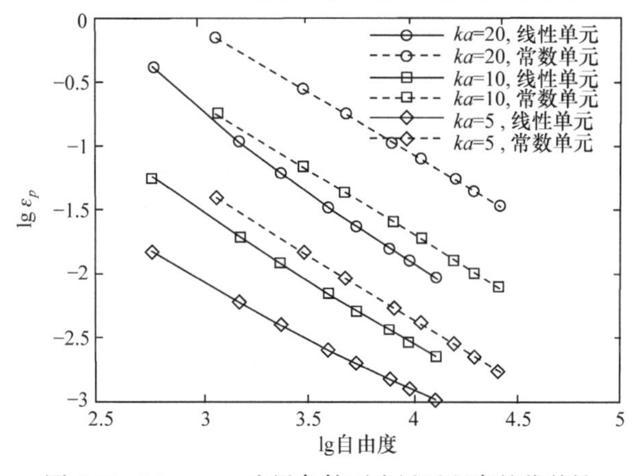

图 4.15　Neumann 边界条件下边界元程序的收敛性

是节点数的 2 倍。同时，从图 4.14 和图 4.15 可以看出，比起常数单元的边界元程序，基于线性连续单元的边界元方法每单位自由度下的计算精度更高。

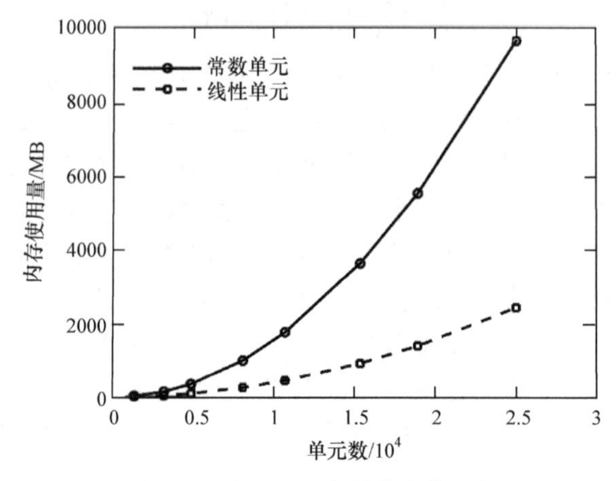

图 4.16　边界元程序的内存使用量

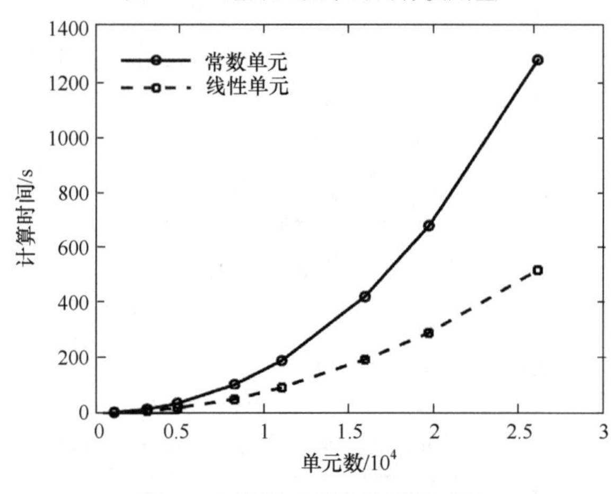

图 4.17　边界元程序的计算时间

4.5.2　矩形管道内部声学问题

本例采用线性声学边界元程序分析具有非光滑边界和拐角的矩形管道内部声学问题。如图 4.18 所示，矩形管道在x、y和z轴方向的尺寸为$0.5\text{m}\times0.5\text{m}\times1.0\text{m}$。管道中，平行于$z$轴的四个壁面均为硬边界，$z$方向两个端面给定 Neumann 边界条件，表示为

$$\frac{\mathrm{d}p(\boldsymbol{x})}{\mathrm{d}z}=\bar{q}_L,\quad z=0 \tag{4.110}$$

$$\frac{\mathrm{d}p(\boldsymbol{x})}{\mathrm{d}z}=\bar{q}_R,\quad z=1 \tag{4.111}$$

上述边界条件下的管道内部声场仅与z坐标有关，声压解析解为

$$p(z)=\frac{\bar{q}_L\cos k-\bar{q}_R}{k\sin k}\cos(kz)+\frac{\bar{q}_L}{k}\sin(kz) \tag{4.112}$$

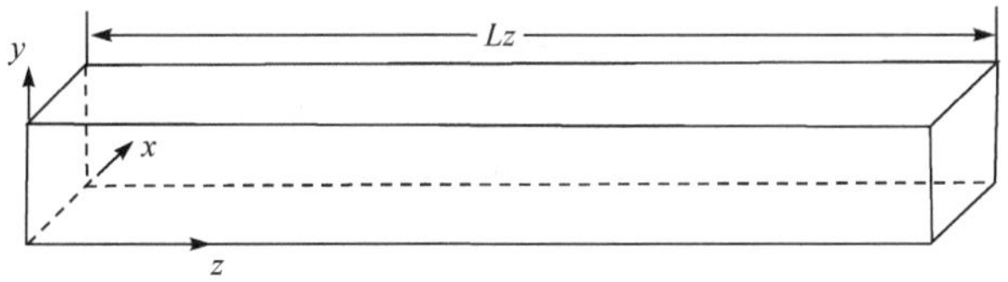

图 4.18　矩形管道模型

同样，采用线性单元和常数单元边界元程序，分别分析三种频率工况ka =5, 10, 20。每个频率工况采用 7 种网格分析计算结果的收敛性，管道模型离散节点数，最小节点数为 610、最大节点数为 12252。显然，矩形管道 z 向两端面的 8 条棱角线上的平均法向并不平行于z轴，因此线性边界元程序中 Neumann 边界条件的施加会产生一定的误差。为了使线性边界元程序能够更为准确地施加边界条件，将 Neumann 边界条件转化为速度边界条件，并通过式(4.101)输入边界元程序。为了克服线性边界元程序在处理具有拐角和边线模型上的不足，采用两种配点模型进行分析，分别表示为“线性 Clp#1”和“线性 Clp#2”，其中 Clp#1 采用图 4.10 所示的方法生成，Clp#2 采用单元的中心点。采用配点 Clp#2 的边界元程序生成一组过定方程组，即系数矩阵的行数为列数的 2 倍左右。

图 4.19 和图 4.20 给出了两种不同配点方案下线性和常数边界元程序的计算结果。随着网格的加密，边界元程序的计算结果是收敛的。但采用 Clp#1 的线性边界元程序在相同自由度下的计算误差大于常数单元的计算结果。这主要是因为方案 Clp#1 通过偏移非光滑边线的节点生成的配点并不能很好地表示边线/拐点

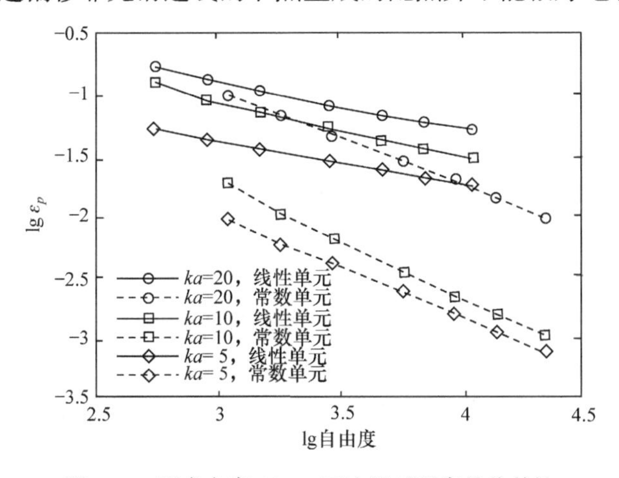

图 4.19　配点方案 Clp#1 下边界元程序的收敛性

附近的声学物理量，从而导致较差的计算结果。配点 Clp#2 在非光滑边线两侧生成均匀的配点，从而可以较好地描述边线/拐点附近的声学物理量。然而，这种配点方案会产生过定方程，增加了系数矩阵的内存使用量但仍小于相同离散条件下常数单元的内存使用量，如图 4.21 所示，由于采用了最小二乘法求解系数方程，计算时间所有增加，与传统边界元方法相当，如图 4.22 所示。

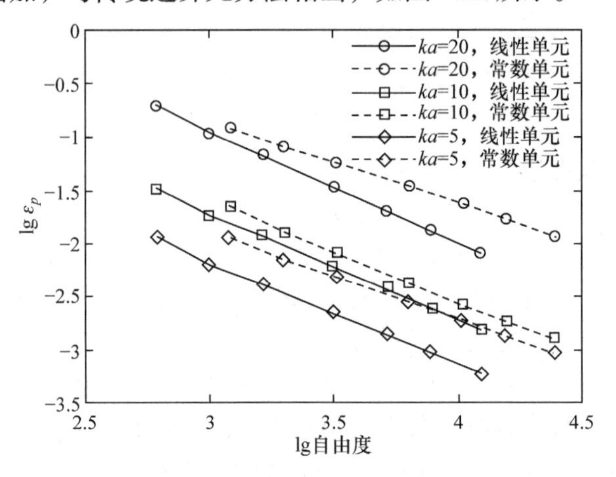

图 4.20　配点方案 Clp#2 下边界元程序的收敛性

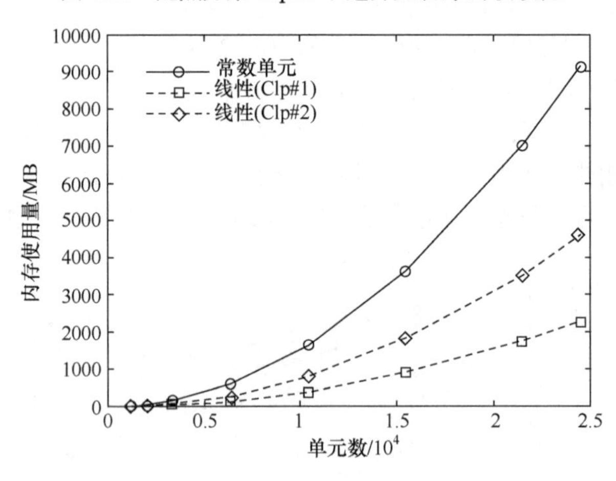

图 4.21　线性边界元程序的内存使用量

对比 4.5.1 节光滑模型和本节非光滑模型的分析结果可以看出，在光滑模型的求解上，线性边界元程序能够得到比常数边界元程序更为准确的结果。但是在非光滑模型的分析上，如果配点方案选取得不合理，其计算结果可能劣于常数边界元程序。这也从侧面说明，配点方案对线性边界元程序求解有重要影响，特别是在非光滑模型的分析上。采用单元中心作为配点可以得出较为理想的计算结果，但是会在一定程度增加内存使用量和计算时间。虽然如此，此种配点方案下的线性边界元程序在内存使用量、精度上的计算性能仍然优于常数边界元程序。

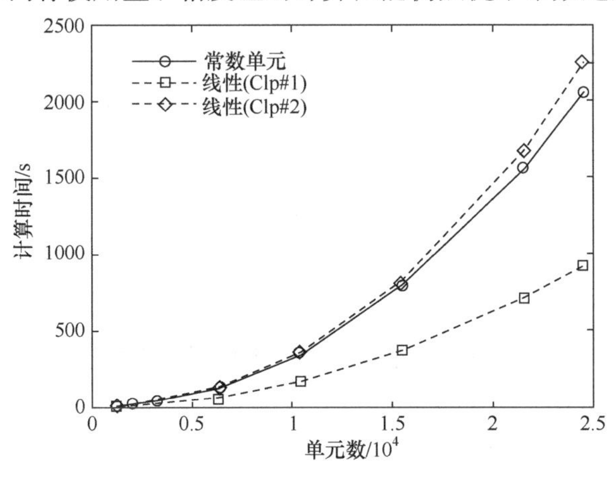

图 4.22　线性边界元程序的计算时间

4.5.3　脉动球辐射

当分析频率处于内部问题的共振频率附近时，基于传统边界积分方程的声学边界元方法分析外部声学问题会产生求解非唯一的问题。本例采用脉动球辐射模型，来验证基于 Burton-Miller 方程(BM)的线性边界元程序正确的求解性。辐射球体模型与 4.5.1 节相同，半径为$a = 0.5\text{m}$，表面径向速度为$\bar{v} = 1.0\text{m/s}$，辐射声场的解析表达式为

$$p(r) = -\frac{ka}{ka + \mathrm{i}}\frac{a}{r}\,\mathrm{e}^{\mathrm{i}k(r-a)}\rho c\bar{v}, \quad r \geqslant a \tag{4.113}$$

其中，r表示观测点到球体几何中心的距离。

分别采用基于传统边界积分方程和 Burton-Miller 方程的线性边界元方法，对球体辐射模型进行扫频计算。分析频率满足特征尺寸$0.1 \leqslant ka \leqslant 10$，包含三个虚假共振频率$ka = \pi, 2\pi, 3\pi$。将分析频率分成三段，每个频段内采用足够精细的离散模型，表 4.4 列出了不同频段内离散模型的节点数和单元数，同时给出了共振频率处边界元程序分析结果与解析解的相对误差ε_p。由图 4.23 可以看出，基于传统边界积分方程的边界元方法在共振频率附近无法给出准确的计算结果。而基于 Burton-Miller 的边界元方法在整个频率内均可以给出较为准确的结果。但是在非共振频率处，基于 Burton-Miller 的边界元方法计算精度略低于基于传统边界积分方程的边界元方法计算精度。因此除非必要，分析中一般选用基于传统边界积分方程的边界元方法。

表 4.4　脉动球离散模型及边界元方法共振频率处计算结果

取值范围	离散模型		共振频率处相对误差ε_p/%	
	节点数	单元数	传统边界积分方程	Burton-Miller方程
$0.1 < ka \leqslant 1.5\pi$	2402	4800	26.4	1
$1.5\pi < ka \leqslant 2.5\pi$	4058	8112	22.8	1.23
$2.5\pi < ka \leqslant 10$	5402	10800	28.3	1.52

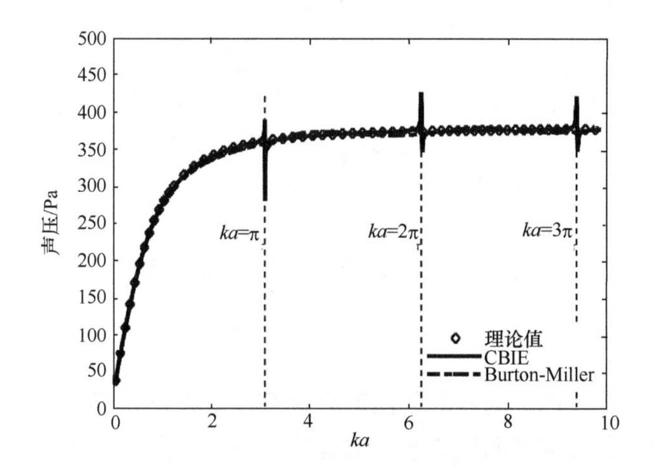

图 4.23　脉动球辐射声场的边界元方法扫频计算结果

4.6　小　　结

本章详细介绍了传统声学配点边界元方法的相关理论和算法流程。本章主要内容包括：采用极限运算方法，分析了观测点无限逼近模型边界的过程，推导了边界积分方程的表达式；重点讨论了奇异性在边界积分方程构建中的重要作用以及计算困难之处。边界积分方程中奇异积分的准确计算是算法实现的难点，特别是采用 Burton-Miller 方程消除外部声学问题分析中的求解非唯一性。为此，本章详细推导了声学边界元方法中常用的常数非连续平面单元和线性连续平面单元的离散边界积分方程。以线性连续单元为例，将平面奇异单元分为半球微元及其余部分，分析了 Burton-Miller 方程中四种奇异积分的具体表达式。当配点置于单元内部时发散项相互抵消，建立了非奇异的边界积分方程表达式，极大地降低了边界元程序实现的难度。

此外，本章介绍了基于线性连续单元的声学传统配点边界元方法的算法流程。为获得非奇异的边界积分方程，设计了一种基于离散网格拓扑信息的均匀配点生成算法。虽然基于线性连续单元的边界元方法系数矩阵的装配过程复杂，但是系数矩阵自由度比基于常数单元的边界元方法减少了近 50%，提升了模型的分析效率，减少了内存使用量。从数值仿真结果可以看出，基于线性单元的边界元方法在相同自由度下的计算精度高于基于常数单元的边界元方法。另外，基于线性单元的边界元方法具有C^0连续性，在结构-声学耦合分析中具有一定的优越性，可以建立完全共形的耦合面，消除了耦合面物理量的插值误差，将在第 5 章详细讨论。

第5章　结构-声学耦合分析

5.1　引　　言

当弹性结构处于轻流体媒质环境时，由于流体阻抗远小于结构阻抗，所以可以只考虑结构运动对流体的作用，忽略流体对结构振动的影响。在求解结构振动时，忽略流体对结构动压力作用，求得结构表面的法向振动速度，再计算结构表面声压以及远场声辐射。但是当流体阻抗与结构阻抗相当时，如空气中轻薄结构的振动声辐射、浸没于海水或强气流中的弹性壳体，结构振动的辐射声场会产生作用于结构的动压力，从而影响结构振动；反之，声场中的声波激励会激发结构振动，产生次级声场，从而也会改变原来的声场。这类振动和声场相互影响的问题称为结构-声学耦合问题。

封闭的结构-声学耦合现象在自然界中广泛存在，大体分为两种类型：一种为封闭结构与内部声场的耦合分析，另一种为封闭结构与外部无限大区域声场的耦合分析。对于内部耦合问题，由于边界条件便于处理，离散模型自由度有限，可以建立结构和流体的有限元模型，统一用有限元方法耦合计算。对于外部耦合问题，有限元方法需要建立足够大的流体包络网格，并需要在最外层加入无反射边界条件。基于积分方程的边界元方法，能够自动地满足声学波动问题在无限远处的辐射边界条件。因此，对于外部结构和声学的耦合问题分析，更适宜采用有限元方法与边界元方法联合分析。

少数几何形状简单的结构-声学耦合问题，如圆柱壳和球壳结构，存在解析表达式。对于更一般的复杂结构，只能借助数值方法分析计算，其中有限元方法和边界元方法耦合的计算方法是目前最流行的一种结构-声学耦合分析方法。Everstine 和 Henderson 首次将有限元方法和边界元方法结合，分析了结构-声学耦合问题[169]。Rajakumar 等[170]在耦合面上将边界元矩阵计算方法与有限元方法相结合，发展了一种二维结构-声学耦合分析方法，并用于简单模型的计算。Seybert 等[171]使用二次等参单元、声学 CHIEF，发展了基于有限元方法和边界元方法的结构-声学耦合计算方法，为了降低矩阵维数，采用 RITZ 向量和特征向量来近似表示结构的位移。Bielak 等[172]研究了利用边界元方法和有限元方法求解结构-声学耦合问题的存在性、唯一性并提出一种稳定的耦合方法。Chen 等[173]采用 Galerkin 边界元方法与有限元方法分析了对称结构的声学耦合问题。俞孟萨等[174]采用有限元方法和边界元方法的联合计算方法，研究了有限长弹性加肋圆柱壳的耦合振动和声辐射，得到了结构的声学相似条件和声振关系。黎胜和赵德有[175]采用有限元方法和基于 Rayleigh 积分的边界元方法，研究了无限大障板上的耦合结构模态及其辐射效率。Cabos 和 Ihlenburg[176]利用有限元方法和边界元方法耦合技术，分析了船体在水中的振动问题，重点研究了耦合系统的阻尼建模并得到实验结果的验证。Márquez 等[177]在包含结构的虚假面上使用边界元方法，在内部结构区域采用有限元方法，建立了新的有限元和边界元耦合方法，用于分析二维流固耦合问题。Fritze 等[178]建立了有限元和边界元耦合方法，分析了结构-声学耦合壳体的声学灵敏度，并指出网格不匹配是边界元方法和有限元方法进行大规模耦合分析的难点。Peters 等[179]在交界面上，采用二次形函数计算耦合矩阵，降低了表面耦合误差，提高了耦合计算的整体精度。Merz 等[180]使用有限元方法和边界元方法分析了潜艇的简化解析模型，研究了圆柱壳结构轴向和呼吸模态的声辐射特性。Junge 等[181]基于 Craig-Bampton 方法和模型降维理论，发展了考虑强耦合条件的边界迭代算法，用于分析具有大型耦合面的结构-声学耦合问题。He 等[182]采用光滑有限元方法与边界元方法结合的方法，提高了结构-声学耦合计算的精度。Soares 等[183,184]发展了一种有限元方法和边界元方法耦合面迭代优化方法，指出迭代方法的选取对于耦合分析的精度和收敛性有重要影响。基于互易定理，Liu 和 Chen[185]发展了对称边界元方法与有限元方法耦合的方法，分析了水下圆柱壳的耦合辐射声场。

采用有限元方法和边界元方法分析结构-声学耦合问题，得到了深入研究和广泛使用。但是上述计算方法和理论，是基于传统的有限元方法和边界元方法，耦合系数矩阵中仅有限元方法部分是稀疏对称的，而边界元方法部分的系数矩阵一般是非对称满秩的甚至奇异的，对其进行直接求解需要占用大量内存和计算时间，甚至无法进行准确计算，严重地制约着有限元方法和边界元方法的结构-声学耦合分析方法在实际工程中的应用。

随着快速多极子边界元方法的发展，Fischer 和 Gaul[186]基于 Galerkin 积分方程，首次将有限元方法和快速多极子边界元方法相结合，分析了结构-声学耦合问题；耦合面上采用了 Lagrange 乘子插值法，用于网格不匹配耦合问题的分析。直接采用有限元方法在耦合面上的网格作为边界元网格，Schneider[187]发展了一种有限元和快速多极子边界元耦合方法，分析了消声室声学特性，指出由于耦合的系数矩阵条件数大、数值特性差、迭代求解收敛性难以保证，迫切需要发展有效的预处理技术。Brunner 等[188]分析了不同耦合方式和预处理技术对有限元和快速多极子边界元耦合方法计算效率和内存使用量的影响，指出预处理对耦合方法的整体性能影响较大，并推断基于耦合 Burton-Miller 方程的方法优于基于 Lagrange 乘子的方法。随后，Brunner 等[189]使用这种方法分析了部分浸水模型的结构-声学耦合问题，发展了半空间的快速多极子边界元方法用于处理无限大分界上的

Dirichlet 边界条件。Soares 和 Godinho[183]提出了基于优化松弛因子法的耦合面迭代方法，分析结构-声学的耦合问题。它允许结构和声学区域采用不同的网格独立求解，在耦合面上建立基于松弛因子法的边界值最小二乘算法，搜索每次迭代的最优边界条件，用于下次计算。文中指出，耦合面上迭代方法决定着迭代收敛特性及最终求解的准确性，是耦合面迭代法研究的难点和重点，值得深入研究。最近，Chen 等[190,191]发展了一种基于有限元方法和快速多极子边界元方法耦合的声学灵敏度计算方法，分析了无限长圆柱壳和球壳结构的声学灵敏度问题。Wilkes 和 Duncan 基于统一的快速多极子边界元框架，建立了结构域和流体域的耦合分析方法[192]。

本章以板壳有限元方法和常规边界元方法的耦合计算为例，详细介绍基于有限元方法和边界元方法的结构-声学耦合分析理论、数值求解特性。重点将第 4 章平面单元离散的非奇异边界元方法和板壳有限元方法耦合，建立一种精度高、效率高的结构-声学耦合计算方法。

5.2 壳体有限元方法

5.2.1 Reissner-Mindlin 板壳理论

壳体在工程中具有广泛的应用，航空航天工程中的飞机、火箭、宇宙飞船和机械、石化、电力等部门的各类容器，以及航海和海洋工程中的舰船、潜艇等都广泛采用壳体结构。壳体由内、外两个曲面围成，厚度 h 远小于中面最小曲率半径和平面尺寸的片状结构，是薄壳、中厚壳的总称。因此，在力学上引入一定的假设，使空间三维问题简化为二维问题。壳体模型一般采用中面表示，如图 5.1 所示，封闭各向同性、弹性壳体结构Ω_s浸没在无黏声学媒质Ω_f中，壳体结构采用中面$\partial\Omega$表示。

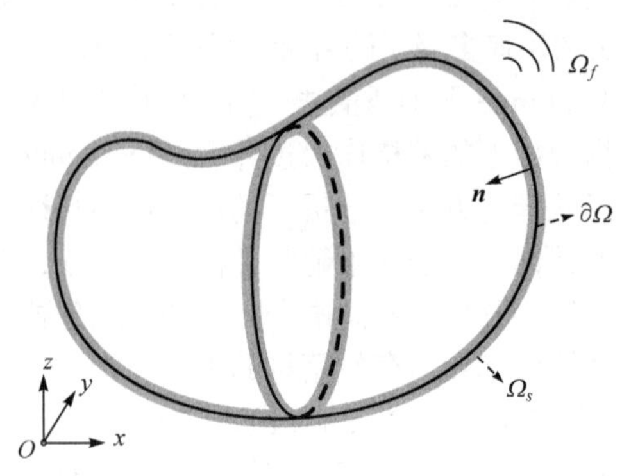

图 5.1 结构-声学耦合示意图

壳体结构的理论模型具有多种形式，可以分别处理薄壳、厚壳等。Kirchhoff 板壳理论仅可以用于分析薄板问题，即厚度与长度之比小于 0.1。Kirchhoff 单元的C^1连续性条件不利于相容物理场的建立。Reissner-Mindlin 板壳理论[193]假设中面的法线保持为直线，但中面的法线及其垂直线段在变形后允许不垂直，即该方向的剪应变可以不为零。这种假设考虑了壳体沿厚度方向的剪切变形，但是当壳体较薄时剪切变形会产生过度的影响，称为“剪切锁死”。

如图 5.2 所示，Reissner-Mindlin 板壳单元上，每个节点具有五个自由度，即$\hat{\boldsymbol{u}} = \left[\hat{u}_0, \hat{v}_0, \hat{w}_0, \hat{\theta}_x, \hat{\theta}_y\right]^{\mathrm{T}}$，其中，$\hat{u}_0$、$\hat{v}_0$、$\hat{w}_0$分别表示中面在局部坐标系中沿$\hat{x}$和$\hat{y}$轴方向的面内位移和沿$z$轴方向的垂直位移，$\hat{\theta}_x$和$\hat{\theta}_y$分别表示沿$\hat{x}$和$\hat{y}$轴的转动位移，“$\hat{}$”表示固结在壳体上的局部坐标，“T”表示转置。壳体单元上任一点的位移可以用中面上的位移表示为

$$\begin{cases} \hat{u}(x,y) = \hat{u}_0(x,y) + z\hat{\theta}_y(x,y) \\ \hat{v}(x,y) = v_0(x,y) - z\hat{\theta}_x(x,y) \\ \hat{w}(x,y) = w_0(x,y) \end{cases} \tag{5.1}$$

根据三维弹性体应力和应变的关系以及 Reissner-Mindlin 理论位移(5.1)，单元上的应变表示为

$$\hat{\boldsymbol{\varepsilon}} = \begin{bmatrix} \hat{\varepsilon}_{xx} \\ \hat{\varepsilon}_{yy} \\ \hat{\gamma}_{xy} \\ \hat{\gamma}_{xz} \\ \hat{\gamma}_{yz} \end{bmatrix} = \begin{bmatrix} \dfrac{\partial u_0}{\partial x} + z\dfrac{\partial \theta_{\hat{y}}}{\partial x} \\ \dfrac{\partial v_0}{\partial y} - z\dfrac{\partial \theta_{\hat{x}}}{\partial y} \\ \left(\dfrac{\partial u_0}{\partial y} + \dfrac{\partial v_0}{\partial x}\right) + z\left(\dfrac{\partial \theta_{\hat{y}}}{\partial y} - \dfrac{\partial \theta_{\hat{x}}}{\partial x}\right) \\ \dfrac{\partial w_0}{\partial x} + \theta_{\hat{y}} \\ \dfrac{\partial w_0}{\partial x} - \theta_{\hat{x}} \end{bmatrix} \tag{5.2}$$

为了便于分析，将式(5.2)中应变拆分，分别定义局部薄膜应变$\hat{\boldsymbol{\varepsilon}}_m$、广义弯曲应变$\hat{\boldsymbol{\varepsilon}}_b$和剪切应变$\hat{\boldsymbol{\varepsilon}}_s$为

$$\hat{\boldsymbol{\varepsilon}}_m = \begin{bmatrix} \dfrac{\partial \hat{u}_0}{\partial x} \\ \dfrac{\partial \hat{v}_0}{\partial y} \\ \dfrac{\partial \hat{u}_0}{\partial y} + \dfrac{\partial \hat{v}_0}{\partial x} \end{bmatrix}, \quad \hat{\boldsymbol{\varepsilon}}_b = \begin{bmatrix} \dfrac{\partial \hat{\theta}_y}{\partial x} \\ -\dfrac{\partial \hat{\theta}_x}{\partial y} \\ \dfrac{\partial \hat{\theta}_y}{\partial y} - \dfrac{\partial \hat{\theta}_x}{\partial x} \end{bmatrix}, \quad \hat{\boldsymbol{\varepsilon}}_s = \begin{bmatrix} \dfrac{\partial \hat{w}_0}{\partial x} + \hat{\theta}_y \\ \dfrac{\partial \hat{w}_0}{\partial y} - \hat{\theta}_x \end{bmatrix} \tag{5.3}$$

采用虚功原理并显式积分出厚度的影响，得到壳体结构动力学方程在中面$\partial\Omega$的弱积分表达形式为

$$\int_{\partial\Omega} \delta\boldsymbol{\varepsilon}^{\mathrm{T}} \boldsymbol{D}\boldsymbol{\varepsilon}\, \mathrm{d}\Omega + \int_{\partial\Omega} \delta\boldsymbol{u}^{\mathrm{T}} \boldsymbol{m}\ddot{\boldsymbol{u}} \mathrm{d}\Omega = \int_{\partial\Omega} \delta\boldsymbol{u}^{\mathrm{T}} \boldsymbol{\tau} \mathrm{d}\Omega \tag{5.4}$$

其中，$\ddot{\boldsymbol{u}}$表示$\boldsymbol{u}$对时间的二阶导数；$\boldsymbol{\tau}$表示壳体表面的牵引力；$\boldsymbol{D}$是刚度矩阵；$\boldsymbol{m}$是质量矩阵；$\boldsymbol{u}=\left[u_0, v_0, w_0, \theta_x, \theta_y, \theta_z\right]^{\mathrm{T}}$表示全局坐标系下的位移向量，具有六个自由度，可以通过在局部位移向量$\hat{\boldsymbol{u}}$中引入绕z轴的零转角$\hat{\theta}_z$分量扩展得到，即

$$\begin{bmatrix} \hat{\boldsymbol{u}} \\ \hat{\theta}_z \end{bmatrix} = \begin{bmatrix} \hat{\boldsymbol{u}} \\ 0 \end{bmatrix} = \begin{bmatrix} \boldsymbol{Q} & \\ & \boldsymbol{Q} \end{bmatrix} \boldsymbol{u} \tag{5.5}$$

其中，$\boldsymbol{Q}$是全局坐标系到局部坐标系的旋转矩阵；$\boldsymbol{\varepsilon}=\left[\varepsilon_{xx}, \varepsilon_{yy}, \varepsilon_{zz}, \varepsilon_{xy}, \varepsilon_{yz}, \varepsilon_{zx}\right]^{\mathrm{T}}$是全局坐标系下的应变向量。

式(5.4)中左边的第一项积分表示在整体坐标系下的虚应变能。根据式(5.3)的定义，该应变能在局部坐标系下可以拆分成三部分，即

$$\int_{\partial\Omega} \delta\boldsymbol{\varepsilon}^{\mathrm{T}} \boldsymbol{D}\boldsymbol{\varepsilon}\, \mathrm{d}\Omega = \int_{\partial\Omega} \left(\delta\hat{\boldsymbol{\varepsilon}}_m^{\mathrm{T}} \boldsymbol{D}_m \hat{\boldsymbol{\varepsilon}}_m + \delta\hat{\boldsymbol{\varepsilon}}_b^{\mathrm{T}} \boldsymbol{D}_b \hat{\boldsymbol{\varepsilon}}_b + \delta\hat{\boldsymbol{\varepsilon}}_s^{\mathrm{T}} \boldsymbol{D}_s \hat{\boldsymbol{\varepsilon}}_s\right) \mathrm{d}\Omega \tag{5.6}$$

其中，$\boldsymbol{D}_m$、$\boldsymbol{D}_b$和$\boldsymbol{D}_s$分别表示薄膜刚度矩阵、弯曲刚度矩阵和剪切刚度矩阵，分别定义为

$$\begin{aligned} \boldsymbol{D}_m &= \frac{Eh}{1-v^2}\begin{bmatrix} 1 & v & 0 \\ v & 1 & 0 \\ 0 & 0 & (1-v)/2 \end{bmatrix} \\ \boldsymbol{D}_b &= \frac{h^2}{12}\boldsymbol{D}_m \\ \boldsymbol{D}_s &= \kappa h G \begin{bmatrix} 1 & 0 \\ 0 & 1 \end{bmatrix} \end{aligned} \tag{5.7}$$

其中，E 为材料的杨氏模量，v为泊松比，G为剪切模量，$\kappa=5/6$为 Reissner-Mindlin 一阶剪切板壳理论中引入的剪切模量修正系数。

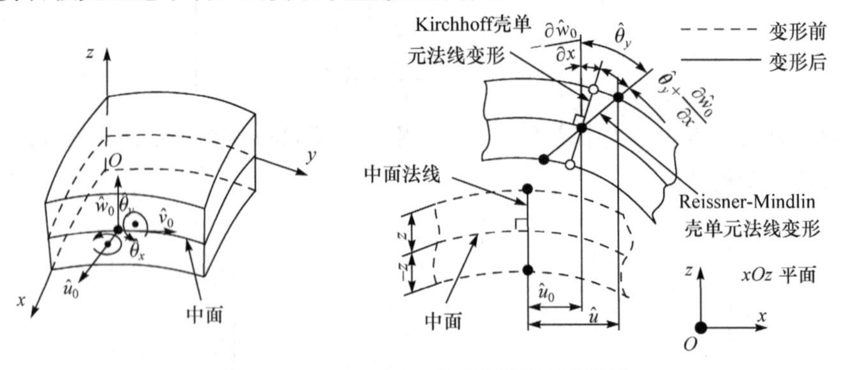

图 5.2　Reissner-Mindlin 板壳理论示意图

5.2.2　有限元方程

采用有限元方法求解 Reissner-Mindlin 板壳方程(5.4)，需要离散、插值边界上

的物理量。假设板壳模型离散成三节点线性三角形面单元，则第e号单元中任一点位移$\hat{\boldsymbol{u}}^e(\boldsymbol{x})$表示为

$$\hat{\boldsymbol{u}}^e(\boldsymbol{x}) = \sum_{i=1}^{3} \boldsymbol{\mathcal{N}}_i^e(\boldsymbol{x})\hat{\boldsymbol{u}}_i^e \tag{5.8}$$

其中，$\boldsymbol{\mathcal{N}}_i^e$是对角矩阵，对角元素是与单元内第$i$个节点对应的形函数。线性三角形单元的形函数表示为

$$\begin{gathered}\boldsymbol{\mathcal{N}}_i^e(\boldsymbol{x}) = a_i + b_i\hat{x} + c_i\hat{y} \\ a_i = \frac{1}{2A_e}\left(\hat{x}_j^e\hat{y}_k^e - \hat{x}_k^e\hat{y}_j^e\right), \quad b_i = \frac{1}{2A_e}\left(\hat{y}_j^e - \hat{y}_k^e\right), \quad c_i = \frac{1}{2A_e}\left(-\hat{x}_j^e + \hat{x}_k^e\right)\end{gathered} \tag{5.9}$$

A_e表示单元的面积，指标j和k按照$i \to j \to k$的顺序轮换。将式(5.8)代入式(5.3)，则第e号单元上的薄膜应变和弯曲应变为

$$\hat{\boldsymbol{\varepsilon}}_m^e = \sum_{i=1}^{3} \hat{\boldsymbol{B}}_{mi}^e\hat{\boldsymbol{u}}_i^e, \quad \hat{\boldsymbol{\varepsilon}}_b^e = \sum_{i=1}^{3} \hat{\boldsymbol{B}}_{bi}^e\hat{\boldsymbol{u}}_i^e \tag{5.10}$$

其中

$$\hat{\boldsymbol{B}}_{mi}^e = \begin{bmatrix} \mathcal{N}_{i,x}^e & 0 & 0 & 0 & 0 \\ 0 & \mathcal{N}_{i,y}^e & 0 & 0 & 0 \\ \mathcal{N}_{i,y}^e & \mathcal{N}_{i,x}^e & 0 & 0 & 0 \end{bmatrix}, \quad \hat{\boldsymbol{B}}_{bi}^e \begin{bmatrix} 0 & 0 & 0 & 0 & \mathcal{N}_{i,x}^e \\ 0 & 0 & 0 & -\mathcal{N}_{i,y}^e & 0 \\ 0 & 0 & 0 & -\mathcal{N}_{i,x}^e & \mathcal{N}_{i,y}^e \end{bmatrix} \tag{5.11}$$

并且$\mathcal{N}_{i,x}^e = \partial\boldsymbol{\mathcal{N}}_i^e/\partial x$，同理$\mathcal{N}_{i,y}^e = \partial\boldsymbol{\mathcal{N}}_i^e/\partial y$。但是当板壳单元比较薄时，Reissner-Mindlin 壳单元会出现“剪切锁死”问题。因此，采用离散剪切间隙(DSG)方法[194]克服板壳有限元方法在厚度比较小时的数值不稳定性，则剪切应变表示为

$$\hat{\boldsymbol{\varepsilon}}_s^e = \sum_{i=1}^{3} \hat{\boldsymbol{B}}_{si}^e\hat{\boldsymbol{u}}_i^e \tag{5.12}$$

其中

$$\left\{\begin{aligned} \hat{\boldsymbol{B}}_{s1}^e &= \frac{1}{2A_e}\begin{bmatrix} 0 & 0 & b-d & 0 & A_e \\ 0 & 0 & c-a & -A_e & 0 \end{bmatrix} \\ \hat{\boldsymbol{B}}_{s2}^e &= \frac{1}{2A_e}\begin{bmatrix} 0 & 0 & d & -\dfrac{bd}{2} & \dfrac{ad}{2} \\ 0 & 0 & -c & \dfrac{bc}{2} & -\dfrac{ac}{2} \end{bmatrix} \\ \hat{\boldsymbol{B}}_{s3}^e &= \frac{1}{2A_e}\begin{bmatrix} 0 & 0 & -b & \dfrac{bd}{2} & -\dfrac{bc}{2} \\ 0 & 0 & a & -\dfrac{ad}{2} & \dfrac{ac}{2} \end{bmatrix} \end{aligned}\right. \tag{5.13}$$

参数$a=\hat{x}_2-\hat{x}_1$，$b=\hat{y}_2-\hat{y}_1$，$c=\hat{y}_3-\hat{y}_1$，$d=\hat{x}_3-\hat{x}_1$。

因此，第e号单元内第j号节点对于第i号节点的本地刚度矩阵$\widehat{\boldsymbol{K}}_{ij}^e$、质量矩阵$\widehat{\boldsymbol{M}}_{ij}^e$以及与第$i$号节点相关联的载荷向量$\widehat{\boldsymbol{f}}_i^e$分别表示为

$$\widehat{\boldsymbol{K}}_{ij}^e=\int_{\Omega_s^e}\left(\widehat{\boldsymbol{B}}_{mi}^{e\ \mathrm{T}}\boldsymbol{D}_m\widehat{\boldsymbol{B}}_{mj}^e+\widehat{\boldsymbol{B}}_{bi}^{e\ \mathrm{T}}\boldsymbol{D}_b\widehat{\boldsymbol{B}}_{bj}^e+\widehat{\boldsymbol{B}}_{si}^{e\ \mathrm{T}}\boldsymbol{D}_s\widehat{\boldsymbol{B}}_{sj}^e\right)\mathrm{d}\Omega \tag{5.14}$$

$$\widehat{\boldsymbol{M}}_{ij}^e=\int_{\Omega_s^e}\boldsymbol{\mathcal{N}}_i^{e\mathrm{T}}\widehat{\boldsymbol{m}}\boldsymbol{\mathcal{N}}_j^e\mathrm{d}\Omega \tag{5.15}$$

$$\widehat{\boldsymbol{f}}_i^e=\int_{\Omega_s^e}\boldsymbol{\mathcal{N}}_i^{e\mathrm{T}}\widehat{\boldsymbol{\tau}}\mathrm{d}\Omega \tag{5.16}$$

其中，局部坐标系下的质量矩阵$\widehat{\boldsymbol{m}}=\mathrm{diag}\left[\rho_f h,\rho_f h,\rho_f h,\rho_f h^3/12,\rho_f h^3/12\right]$，diag表示对角矩阵，$h$表示壳单元的厚度，$\rho_f$表示流体域的密度。获得局部系数矩阵后，将其扩展到以匹配节点全局坐标系下的六自由度并进行坐标旋转变换获取第e号单元在全局坐标系下的刚度矩阵：

$$\boldsymbol{K}_{ij}^e=\begin{bmatrix}\boldsymbol{Q}^{e\mathrm{T}} & \\ & \boldsymbol{Q}^{e\mathrm{T}}\end{bmatrix}\begin{bmatrix}\widehat{\boldsymbol{K}}_{ij}^e & \\ & a\end{bmatrix}\begin{bmatrix}\boldsymbol{Q}^e & \\ & \boldsymbol{Q}^e\end{bmatrix} \tag{5.17}$$

其中，a表示任意非零实数，用于去除自由度扩展所起的刚度矩阵奇异性。同理，全局坐标系下的质量矩阵$\boldsymbol{M}_{ij}^e$和载荷向量$\boldsymbol{f}_i^e$分别为

$$\boldsymbol{M}_{ij}^e=\begin{bmatrix}\boldsymbol{Q}^{e\mathrm{T}} & \\ & \boldsymbol{Q}^{e\mathrm{T}}\end{bmatrix}\begin{bmatrix}\widehat{\boldsymbol{M}}^e & \\ & 0\end{bmatrix}\begin{bmatrix}\boldsymbol{Q}^e & \\ & \boldsymbol{Q}^e\end{bmatrix} \tag{5.18}$$

$$\boldsymbol{f}_i^e=\begin{bmatrix}\boldsymbol{Q}^{e\mathrm{T}} & \\ & \boldsymbol{Q}^{e\mathrm{T}}\end{bmatrix}\widehat{\boldsymbol{f}}_i^e \tag{5.19}$$

遍历所有单元，将单元上的局部系数矩阵装配到全局坐标系下，得到壳体结构弱奇异积分(5.4)的有限元方法离散表达式为

$$(\boldsymbol{K}-\omega^2\boldsymbol{M})\boldsymbol{u}_s=\boldsymbol{f}_s \tag{5.20}$$

其中，ω表示圆频率；$\boldsymbol{K}$和$\boldsymbol{M}$分别表示全局坐标系下的刚度矩阵和质量矩阵；$\boldsymbol{u}_s$表示节点位移向量。每个节点具有 6 个自由度，包括 3 个平移自由度和 3 个转动自由度，$\boldsymbol{f}_s$表示节点上的载荷向量。

5.3　结构-声学耦合分析理论

5.3.1　耦合方程

如图 5.1 所示，结构和声学在交界面$\partial\Omega$上耦合，交界面上的法向量$\boldsymbol{n}$定义为

从流体域指向结构域，与前序章节中边界元方法中的边界法向量$\boldsymbol{n}_f$定义一致。为了便于分析，有限元方法和边界元方法在交界面上采用同一套网格。在交界面$\partial\Omega$上，结构表面法向量$\boldsymbol{n}_s$和声学流体域外法向量$\boldsymbol{n}_f$满足如下关系：

$$\boldsymbol{n} = \boldsymbol{n}_f = \boldsymbol{n}_s \tag{5.21}$$

交界面$\partial\Omega$上流体域的声压p和结构表面的牵引力$\boldsymbol{\tau}$需要满足应力平衡条件，即

$$\boldsymbol{\tau} = p\boldsymbol{n} \tag{5.22}$$

另外，根据 Euler 条件，声压沿法向量$\boldsymbol{n}$的导数与质点速度在交界面$\partial\Omega$上满足

$$\frac{\partial p}{\partial n} = \rho_f \omega^2 \tilde{\boldsymbol{u}}_s \cdot \boldsymbol{n} \tag{5.23}$$

其中，$\tilde{\boldsymbol{u}}_s$表示质点沿x、y、z方向的位移向量，包含在壳单元的节点位移向量$\boldsymbol{u}_s$中。因此，在结构-声学耦合分析时，将声压对结构的影响通过耦合边界条件(5.22)代入结构的有限元动力学方程，即

$$(\boldsymbol{K} - \omega^2 \boldsymbol{M})\boldsymbol{u} = \boldsymbol{f}_s + \boldsymbol{T}^{sf}\boldsymbol{C}^{sf}\boldsymbol{p} \tag{5.24}$$

其中，$\boldsymbol{p}$是节点声压组成的列向量；$\boldsymbol{T}^{sf}$是流体载荷到结构载荷的转换矩阵；$\boldsymbol{C}^{sf}$是交界面上流体域对结构域作用的耦合矩阵。因为 Reissner-Mindlin 壳单元上每个节点具有 6 个自由度，如式(5.23)所示，只有沿x、y、z方向的位移自由度与流体域直接发生了相互作用。与第i号节点相关联的转换矩阵$\boldsymbol{T}^{sf,i}$可表示为

$$\boldsymbol{T}^{sf,i} = \left[\frac{\boldsymbol{I}_3}{\boldsymbol{0}_3}\right] \tag{5.25}$$

其中，$\boldsymbol{I}_3$和$\boldsymbol{0}_3$分别表示三维单位矩阵和三维零矩阵。

同理，结构对于流体域的影响通过耦合边界条件(5.23)代入声学波动问题的边界元方程(4.86)，即

$$\boldsymbol{H}\boldsymbol{p} = \tilde{\boldsymbol{G}}\boldsymbol{T}^{fs}\boldsymbol{u} + \boldsymbol{b} \tag{5.26}$$

其中，$\boldsymbol{T}^{fs}$是结构载荷到流体载荷的转换矩阵，是转换矩阵$\boldsymbol{T}^{sf}$的转置；$\tilde{\boldsymbol{G}}$考虑了耦合条件(5.23)对边界元方程(4.86)中的系数矩阵$\boldsymbol{G}$的影响，以第j号节点和第i号配点为例，其具体表达式为

$$\tilde{G}_{ij} = \rho_f \omega^2 \sum_{e=1}^{\dim(\boldsymbol{I}^j)} G_{ij} \begin{bmatrix} n_1^{I_e^j} & n_2^{I_e^j} & n_3^{I_e^j} \end{bmatrix} \tag{5.27}$$

其中，下标“$\boldsymbol{j}$”是三维行向量，表示第j号节点x、y、z方向的位移在结构离散位移向量$\boldsymbol{u}$中的位置；$\boldsymbol{I}^j$表示包含第j号节点的单元集合；I_e^j表示单元集合$\boldsymbol{I}^j$中的第e个单元的编号；$[n_1^e, n_2^e, n_3^e]$表示第e号单元单位法向量沿x、y、z方向的投影。

值得注意的是，耦合矩阵$\boldsymbol{C}^{sf}$是个稀疏阵，一般采用数值积分的方法获取。当

耦合面采用线性三角形单元离散时，$\boldsymbol{C}^{sf}$存在解析表达式。以第 e 号单元$\partial\Omega^e$为例，其上的局部耦合矩阵元素可以表示为

$$\mathcal{C}_{Ij}^{e} = n_k^e \int_{\partial\Omega^e} \mathcal{N}_i^{e,s}\, \mathcal{N}_j^{e,f} \mathrm{d}\Omega = 2A^e n_k^e \mathcal{C}_{ij} \tag{5.28}$$

其中，下标$I = 3(i-1)+k, (i,j,k) = 1,2,3$；$\mathcal{N}_i^{e,s}$和$\mathcal{N}_i^{e,f}$分别表示第 e 号单元上与第i号顶点相关联的结构域和流体域形函数。对于共形网格，结构域和流体域的三角形单元的形函数是相同的，均为式(3.25)，从而式(5.28)中$\mathcal{C}_{ij}$可以表示为

$$\mathcal{C}_{ij} = \int_0^1 \int_0^{1-\xi} \mathcal{N}_i\, \mathcal{N}_j \mathrm{d}\eta \mathrm{d}\xi \tag{5.29}$$

将式(5.29)进行完全积分，得到对称的系数矩阵为

$$\boldsymbol{\mathcal{C}} = \frac{1}{12}\begin{bmatrix} 2 & 1 & 1 \\ 1 & 2 & 1 \\ 1 & 1 & 2 \end{bmatrix} \tag{5.30}$$

因此，将式(5.24)和式(5.26)联立，以节点位移和声压为未知量，组成如下耦合方程：

$$\begin{bmatrix} \boldsymbol{K} - \omega^2 \boldsymbol{M} & -\boldsymbol{T}^{sf}\boldsymbol{C}^{sf} \\ -\widetilde{\boldsymbol{G}}\boldsymbol{T}^{fs} & \boldsymbol{H} \end{bmatrix} \begin{bmatrix} \boldsymbol{u} \\ \boldsymbol{p} \end{bmatrix} = \begin{bmatrix} \boldsymbol{f}^s \\ \boldsymbol{\mathscr{b}} \end{bmatrix} \tag{5.31}$$

式(5.31)中耦合系数矩阵的结构比较复杂，即包括结构有限元方法的稀疏矩阵$\boldsymbol{K} - \omega^2\boldsymbol{M}$和稀疏的耦合矩阵$\boldsymbol{T}^{sf}\boldsymbol{C}^{sf}$，又包括声学边界元方法的稠密系数矩阵$\widetilde{\boldsymbol{G}}$和$\boldsymbol{H}$。该方程的维数是结构有限元方程和声学边界元方程的维数之和，等于节点数目的 7 倍(每个节点 6 个位移和 1 个声压自由度)。另外，当结构域和流体域的力学属性相差较大时，耦合系数矩阵数值特性较差，如矩阵条件数大、奇异等。因此，求解式(5.31)所需的内存使用量较多、时间较长，不利于直接求解。

5.3.2　位移求解格式

根据式(5.26)，声压关于位移的表达式为

$$\boldsymbol{p} = \boldsymbol{H}^{-}\boldsymbol{\mathscr{b}} + \boldsymbol{H}^{-}\widetilde{\boldsymbol{G}}\boldsymbol{T}^{fs}\boldsymbol{u} \tag{5.32}$$

将式(5.32)代入式(5.24)，得

$$\left[\widetilde{\boldsymbol{K}} - \boldsymbol{T}^{sf}\boldsymbol{C}^{sf}\boldsymbol{H}^{-}\widetilde{\boldsymbol{G}}\boldsymbol{T}^{fs}\right]\boldsymbol{u} = \boldsymbol{f}^s + \boldsymbol{T}^{sf}\boldsymbol{C}^{sf}\boldsymbol{H}^{-}\boldsymbol{\mathscr{b}} \tag{5.33a}$$

或

$$\boldsymbol{A}^s\boldsymbol{u} = \boldsymbol{f}^s + \boldsymbol{T}^{sf}\boldsymbol{C}^{sf}\boldsymbol{H}^{-}\boldsymbol{\mathscr{b}} \tag{5.33b}$$

其中，$\widetilde{\boldsymbol{K}}$为有限元的刚度矩阵

$$\widetilde{\boldsymbol{K}} = \boldsymbol{K} - \omega^2\boldsymbol{M} \tag{5.34}$$

$\boldsymbol{A}^s$表示以位移为未知量的耦合系数矩阵

$$\boldsymbol{A}^s = \widetilde{\boldsymbol{K}} - \boldsymbol{T}^{sf}\boldsymbol{C}^{sf}\boldsymbol{H}^{-}\widetilde{\boldsymbol{G}}\boldsymbol{T}^{fs} \tag{5.35}$$

值得注意的是，由于壳单元节点有 6 个自由度，仅有x、y、z方向的位移与流体域发生耦合，因此$\boldsymbol{T}^{sf}\boldsymbol{C}^{sf}\boldsymbol{H}^{-}\widetilde{\boldsymbol{G}}\boldsymbol{T}^{fs}$是一稀疏矩阵且稀疏度为 75%。假设有限元刚度矩阵$\widetilde{\boldsymbol{K}}$的稀疏度为$z\%$，则耦合系数矩阵$\boldsymbol{A}^s$的稀疏度介于$(z-25)\%$和$75\%$之间。如图 5.3 所示的耦合系数矩阵的稀疏度示意图，可以看出 588 个节点的离散球壳模型的耦合系数矩阵的稀疏度为69.75%，略大于$(z-25)\%$。但随着离散自由度的增加，结构刚度矩阵的稀疏度持续增大，并趋近于 100，即$z \to 100$。则耦合系数矩阵的稀疏度趋向于矩阵$\boldsymbol{T}^{sf}\boldsymbol{C}^{sf}\boldsymbol{H}^{-}\widetilde{\boldsymbol{G}}\boldsymbol{T}^{fs}$的稀疏度，即 75%。

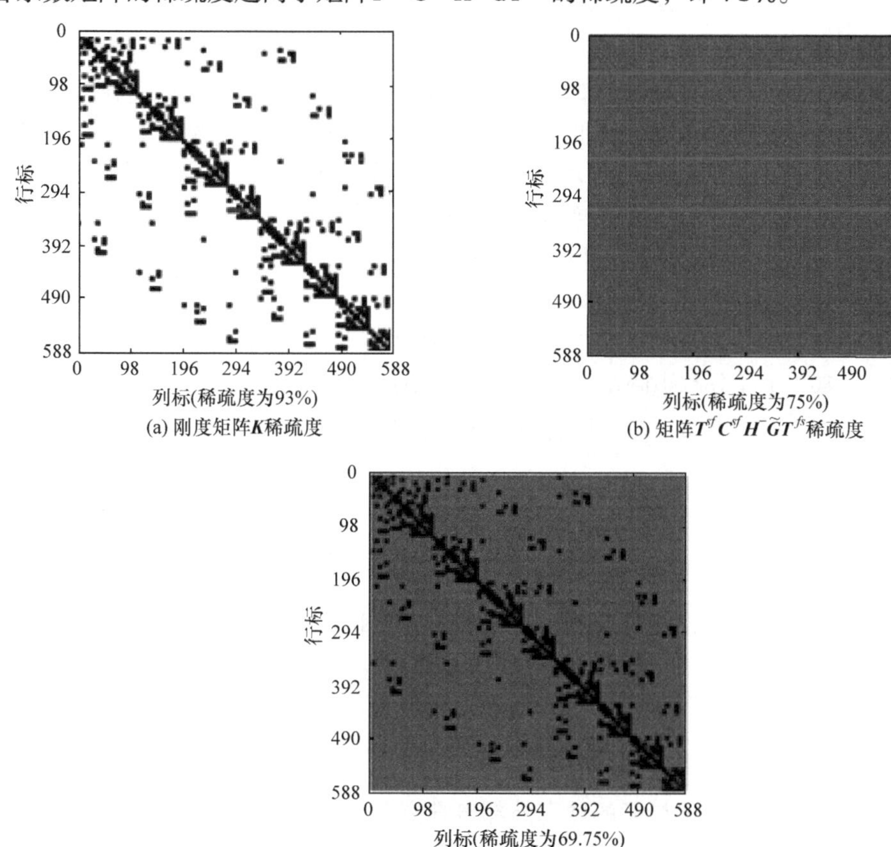

(a) 刚度矩阵$\boldsymbol{K}$稀疏度

(b) 矩阵$\boldsymbol{T}^{sf}\boldsymbol{C}^{sf}\boldsymbol{H}^{-}\widetilde{\boldsymbol{G}}\boldsymbol{T}^{fs}$稀疏度

(c) 耦合系数矩阵$\boldsymbol{A}^s$的稀疏度

图 5.3　系数矩阵的稀疏度示意图

5.3.3 声压求解格式

根据式(5.24)，获得位移关于声压的表达式为

$$\boldsymbol{u} = \left(\widetilde{\boldsymbol{K}}\right)^{-}\left[\boldsymbol{f}^{s} + \boldsymbol{T}^{sf}\boldsymbol{C}^{sf}\boldsymbol{p}\right] \tag{5.36}$$

然后将式(5.36)代入式(5.26)，得

$$\left[\boldsymbol{H} - \widetilde{\boldsymbol{G}}\boldsymbol{T}^{fs}\left(\widetilde{\boldsymbol{K}}\right)^{-}\boldsymbol{T}^{sf}\boldsymbol{C}^{sf}\right]\boldsymbol{p} = \boldsymbol{\ell} + \widetilde{\boldsymbol{G}}\boldsymbol{T}^{fs}\left(\widetilde{\boldsymbol{K}}\right)^{-}\boldsymbol{f}^{s} \tag{5.37a}$$

或

$$\boldsymbol{A}^{f}\boldsymbol{p} = \boldsymbol{\ell} + \widetilde{\boldsymbol{G}}\boldsymbol{T}^{fs}\left(\widetilde{\boldsymbol{K}}\right)^{-}\boldsymbol{f}^{s} \tag{5.37b}$$

其中，$\boldsymbol{A}^{f}$表示以声压为未知量的耦合系数矩阵

$$\boldsymbol{A}^{f} = \boldsymbol{H} - \widetilde{\boldsymbol{G}}\boldsymbol{T}^{fs}\left(\widetilde{\boldsymbol{K}}\right)^{-}\boldsymbol{T}^{sf}\boldsymbol{C}^{sf} \tag{5.38}$$

根据式(5.38)的定义，在获取耦合系数矩阵$\boldsymbol{A}^{f}$的过程中，需要对结构有限元的刚度矩阵进行求逆。但是，稀疏矩阵的逆一般不再是稀疏矩阵，显式求出并存储稀疏矩阵的逆占用大量的内存。为此，先将稀疏矩阵$\widetilde{\boldsymbol{K}}$进行 LU 分解并存储，然后按$\boldsymbol{T}^{sf}\boldsymbol{C}^{sf}$的列循环求解$\widetilde{\boldsymbol{K}}\boldsymbol{X} = \boldsymbol{T}^{sf}\boldsymbol{C}^{sf}$，并与稀疏矩阵$\boldsymbol{H}$相加，伪代码如下(这种计算方法内存使用量少，且计算效率基本不受影响)：

对稀疏刚度矩阵$\widetilde{\boldsymbol{K}}$进行 LU 分解，并保存；
按矩阵$\boldsymbol{T}^{sf}\boldsymbol{C}^{sf}$的列进行循环：
　　提取矩阵$\boldsymbol{T}^{sf}\boldsymbol{C}^{sf}$的第$i$列，并赋给向量$\boldsymbol{b}$；
　　基于 LU 分解矩阵$\widetilde{\boldsymbol{K}}$求解方程$\widetilde{\boldsymbol{K}}\boldsymbol{x} = \boldsymbol{b}$；
　　$\widetilde{\boldsymbol{G}}\boldsymbol{T}^{fs}$左乘向量$\boldsymbol{x}$并与稀疏矩阵$\boldsymbol{H}$的第$i$列相加，即$\boldsymbol{H}_i += \widetilde{\boldsymbol{G}}\boldsymbol{T}^{fs}\boldsymbol{x}$;
循环结束。

5.4 数 值 算 例

本节给出数值算例，验证基于 Reissner-Mindlin 板壳理论的有限元方法和声学边界元方法耦合分析理论和计算程序的正确性。本节所有算例均采用基于声压的耦合求解格式，计算程序采用 C++语言实现。

5.4.1 球壳外部声学耦合扫频分析

首先，采用具有解析解的球壳外部声学耦合问题验证理论和程序的正确性。如图 5.4 所示，一钢制球壳浸没在水中，顶部受到沿z方向的集中载荷 F。球壳结构的材料和流体媒质的属性如表 5.1 所示。在球坐标系下，该耦合模型的表面声压和径向位移解析解为[195]

$$p(\theta) = \frac{F}{4\pi a^{2}}\sum_{n=0}^{\infty}\frac{(2n+1)z_{n}}{Z_{n} + z_{n}}\mathrm{P}_{n}(\cos\theta) \tag{5.39}$$

$$u(\theta) = \frac{F\mathrm{i}}{4\pi a^2\omega}\sum_{n=0}^{\infty}\frac{2n+1}{Z_n+z_n}\mathrm{P}_n(\cos\theta) \tag{5.40}$$

其中，θ为响应点在球坐标系下的俯仰角，P_n为 n 阶 Legendre 多项式，z_n和Z_n分别为外部流体域声学阻抗和球壳模态阻抗，即

$$z_n = \mathrm{i}\rho_f c_0 \mathrm{h}_n(ka)\left(\frac{\partial \mathrm{h}_n(ka)}{\partial(ka)}\right)^{-1} \tag{5.41}$$

$$Z_n = -\mathrm{i}\frac{h}{a}\rho_s c_p \frac{\left(\Omega^2-\left(\Omega_n^{(1)}\right)^2\right)\left(\Omega^2-\left(\Omega_n^{(2)}\right)^2\right)}{\Omega^3-\Omega(n^2+n-1+\nu)} \tag{5.42}$$

其中，相速度$c_p=\sqrt{E/[\rho_s(1-\nu^2)]}$，$\mathrm{h}_n$表示 n 阶球 Hankel 函数，球壳无量纲频率$\Omega=\omega a/c_p$，$\Omega_n^{(1)}$和$\Omega_n^{(2)}$是如下特征方程的解：

$$\begin{aligned}&\Omega^4-[1+3\nu+\lambda_n-\beta^2(1-\nu-\lambda_n^2-\nu\lambda_n)]\Omega^2+(\lambda_n-2)(1-\nu^2)\\&\quad+\beta^2[\lambda_n^3-4\lambda_n^2+\lambda_n(5-\nu^2)-2(1-\nu^2)]=0\end{aligned} \tag{5.43}$$

其中，$\lambda_n=n(n+1)$，无量纲厚度参数$\beta=h/(\sqrt{12}a)$。

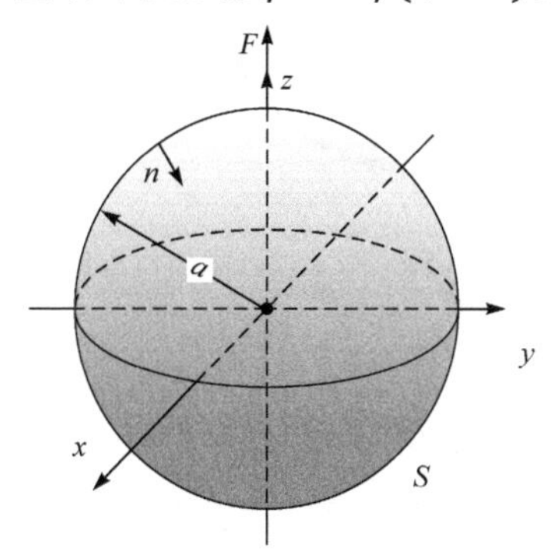

图 5.4　球壳外部声学耦合模型

表 5.1　浸水球体模型的属性

参数	取值
密度(水)ρ_f/(kg/m^3)	1000
声速(水)c_0/(m/s)	1482
密度(钢)ρ_s/(kg/m^3)	7860
杨氏模量(钢)E/Pa	2.1×10^{11}
泊松比(钢)ν	0.3
球体半径a/m	5
球壳厚度h/m	0.05

对该模型进行扫频分析，并考察$\theta = \pi$处的声压和径向速度的计算结果。球壳表面离散成 8112 个三角形单元，包含 4058 个节点。采用有限元方法和边界元方法耦合算法(FEM/BEM)，从 1Hz 开始每隔 1Hz 扫频计算到 100Hz，解析解每隔 0.1Hz 计算一次。图 5.5 和图 5.6 分别给出了声压、径向位移的解析解(Anal)和 FEM/BEM 的计算结果。可以看出，两种计算结果整体上具有较好的吻合度，随着频率的增加，仿真结果与解析解的偏差变大，主要是由于模型离散误差噪声的影响。

如图 5.5 和图 5.6 所示，声压和径向位移的峰值随着频率增加而增加。类似于结构的频响分析，峰值响应发生在耦合模型的奇异频率附近，即该频率下耦合系数矩阵接近奇异或者具有较大的条件数。为此，考察耦合矩阵的条件数随频率变化的规律。直接求解矩阵的条件数计算量比较大，这里采用既能保证准确性又能保

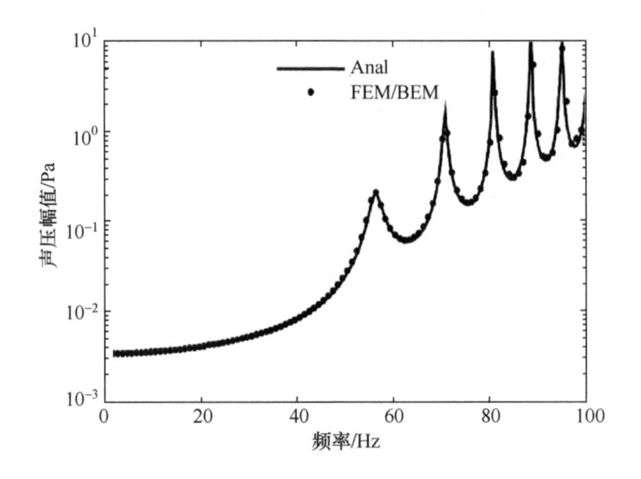

图 5.5　球体模型上$\theta = \pi$处声压幅值

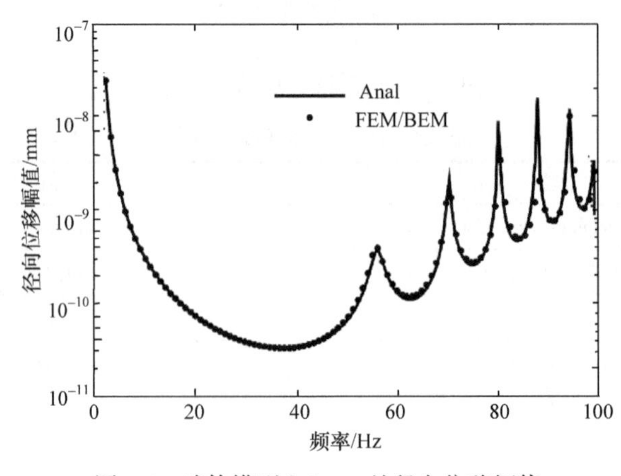

图 5.6　球体模型上$\theta = \pi$处径向位移幅值

证计算效率较高的无穷范数条件数估计方法。从耦合系数矩阵条件数估计值随频率的变化曲线图 5.7 可以看出，声压和径向位移响应的峰值与条件数的峰值一致。但值得注意的是，非耦合结构及其内部声场的第一个共振频率分别为 121Hz 和 148Hz，均大于耦合响应的第一个峰值频率，表明耦合系统对结构固有频率产生了较大的影响。

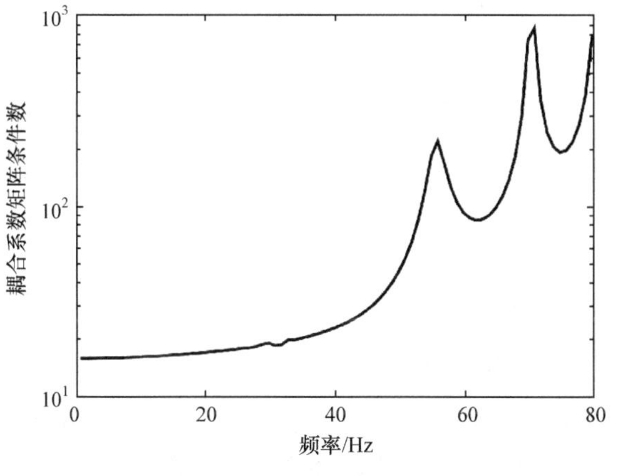

图 5.7　耦合系数矩阵条件数

模型和载荷均关于z轴对称，这里考察母线上声压和径向位移分布的计算结果的正确性。图 5.8 和图 5.9 分别给出了 50Hz 激励下母线上声压和径向位移的数值解和解析解。由图可以看出耦合计算结果具有较好的一致性。但在母线上$0.08\pi \leqslant \theta \leqslant 0.13\pi$范围内，节点径向位移计算结果与解析解偏差较大，可以通过加密网格提高计算精度[179]。

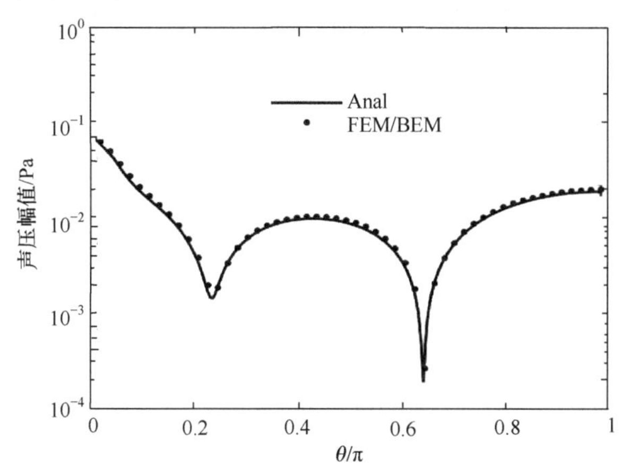

图 5.8　50Hz 激励下球体母线上声压幅值

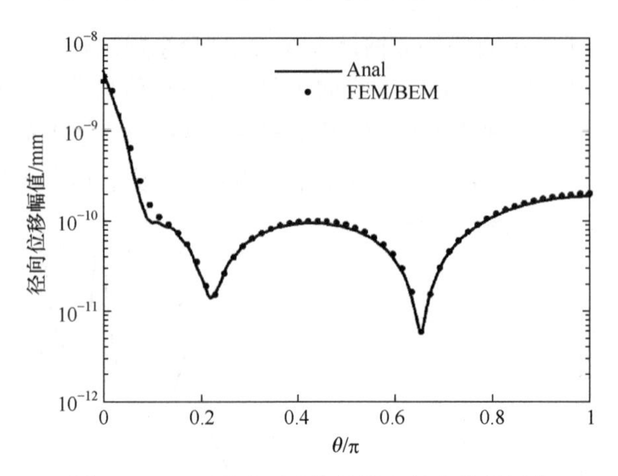

图 5.9 50Hz 激励下球体母线上径向位移幅值

5.4.2 球壳外部声场耦合收敛性分析

根据 5.4.1 节的分析，选取图 5.5 中的两个峰值频率，分别为 56Hz 和 89Hz，考察耦合计算结果的收敛性。通过不断加密球壳的离散模型，从最粗糙的 218 个节点增加到 15002 个节点。同时为了考察不同边界元方法对耦合分析的影响，分别采用常数边界元方法和线性边界元方法与有限元方法耦合计算。对于三角形单元离散模型，单元数目一般是节点数目的 2 倍。对于基于常数单元的耦合模型，由于内存的限制，无法分析单元数超过 30000 的耦合模型。图 5.10 和图 5.11 分别给出了$\theta=\pi$处的声压和径向速度关于解析解的相对误差随自由度增加的收敛性。由图可以看出，在同一分析频率下，声压和速度具有近似相同的收敛率，但低频结果的收敛率优于高频结果的收敛率。通过本例网格细分的分析结果可以看出，耦合算法是收敛的且采用线性边界元方法的耦合算法计算精度要优于采用常数边界元方法的计算精度。

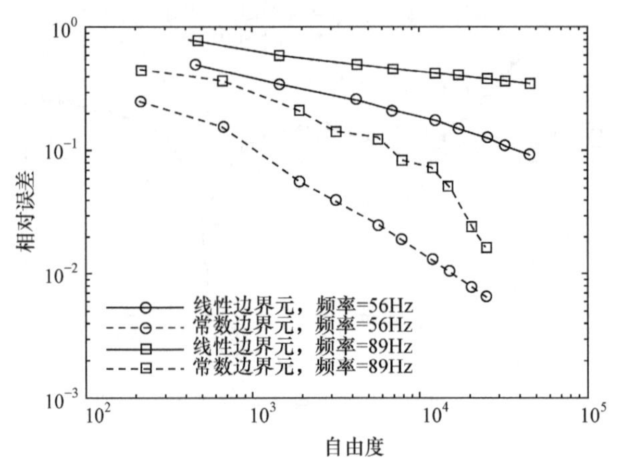

图 5.10 $\theta=\pi$处声压相对误差随自由度的收敛性

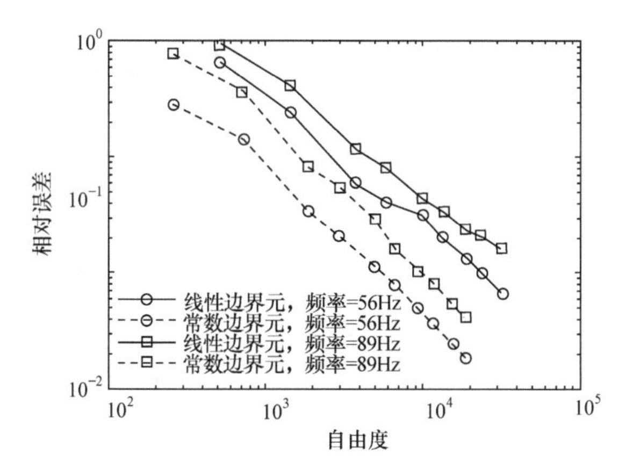

图 5.11　$\theta = \pi$处径向速度相对误差随自由度的收敛性

5.4.3　内部声腔耦合分析

结构与内部声学耦合分析在工程中经常遇到，如汽车和空天航行器的舱室。由于声学区域是有限的，内部声学耦合问题采用统一的有限元方法求解方式更为方便。但一些复杂的结构模型，采用 FEM/BEM 更方便模型的网格处理。因此，本节研究 FEM/BEM 对于结构和内部声学耦合问题分析的特性。

如图 5.12 所示，一矩形声腔内部充满气体，在x、y、z方向的尺寸为$0.32\mathrm{m} \times 0.32\mathrm{m} \times 0.4\mathrm{m}$，由 6 块厚度为$h = 0.002\mathrm{m}$的铝合金板组成。在耦合分析时，除顶部是弹性板外，其余壁面均完全约束，铝合金板和气体的属性如表 5.2 所示。在矩形腔顶部的弹性板中心施加单位载荷 F，由于声腔形态规则，内部气体采用三角形棱柱进行规则划分，声腔壁面采用三角形网格进行规则划分。对声腔的结构和声学耦合问题进行谐响应分析，频率从 1Hz 到 1000Hz，频率间隔为 1Hz。采用有限元方法分析精细化的耦合模型，如表 5.3 所示，并将计算结果作为有限元方法的参考值(FEM Ref.)，考察 FEM/BEM 耦合分析结果。由于内存的限制，FEM/BEM 无法完成精细化网格的直接求解，因此采用相对粗糙网格进行分析，同时在这种网格划分下进行有限元分析计算。声腔几何中心点处的声压计算结果如图 5.13 所示。由图可以看出，耦合算法的计算结果在 500Hz 以下与有限元的参考值及有限元计算结果具有很好的一致性。但随着频率的增加，耦合算法的计算结果与有限元方法的计算结果偏差变大，特别是在第三个和第四个峰值频率及其之间频率的响应值。这种低频比高频计算结果好的现象进一步说明，FEM/BEM 适用于低频结构-声学耦合问题的分析。

表 5.2　平板材料和声腔气体的属性

参数	取值
密度(气体)ρ_f/(kg/m³)	1.225
声速(气体)c_0/(m/s)	340
密度(铝)ρ_s/(kg/m³)	2700
杨氏模量(铝)E/Pa	7×10^{10}
泊松比(铝)ν	0.3
壁面厚度 h/m	0.002

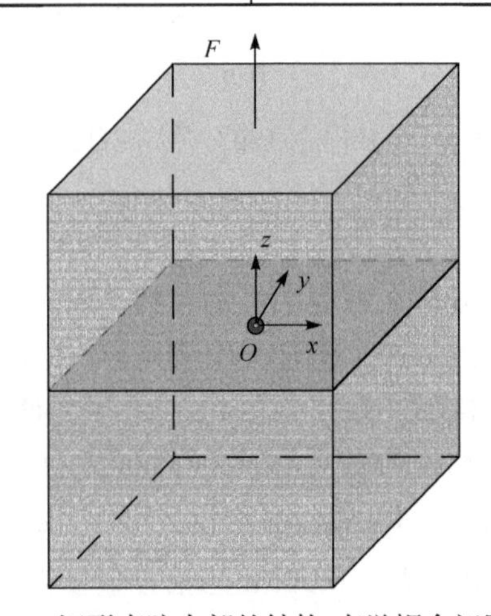

图 5.12　矩形声腔内部的结构-声学耦合问题模型

表 5.3　内部耦合模型的离散网格

模型		流体网格		结构网格	
		单元数	节点数	单元数	节点数
矩形声腔	FEM Ref.	128000	64000	19200	8976
	FEM/BEM	16000	8000	4800	2402
车内声腔	FEM/BEM	119793	22396	10102	5053

进一步，分析复杂结构的内部声腔耦合问题。如图 5.14 所示，车内声腔模型在x、y、z方向的尺寸为 2.6m × 1.4m × 0.8m，其中顶部弹性板尺寸为0.8m × 1.1m，是铝合金材质。仅在顶部弹性板中心施加单位载荷，其余都为全约束的刚性面。声腔结构和内部流体材料属性与矩形声腔的模型相同，见表 5.2。进行谐响应扫频计算，频率从 1Hz 至 400Hz，间隔为 1Hz。由于车内声腔不规则，采用四面体网格对气体建模，壁面则仍然采用三角形单元建模，耦合模型的离散网格信息列于表 5.3。分别采用有限元方法和 FEM/BEM 分析耦合模型。图 5.15 给出了驾驶员耳朵附近(图 5.14 内部圆点处)声压值的计算结果，可以看出耦合计算结果

在频率小于 250Hz 的频段内与有限元方法计算结果均具有较好的吻合度，在高频处同样具有较大的偏差。

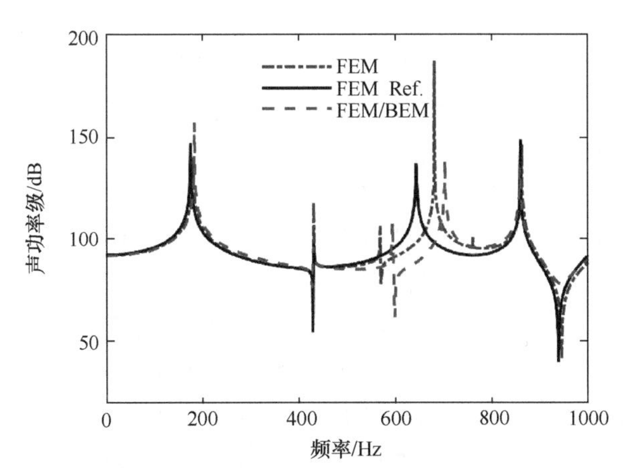

图 5.13　矩形声腔几何中心的声压计算结果

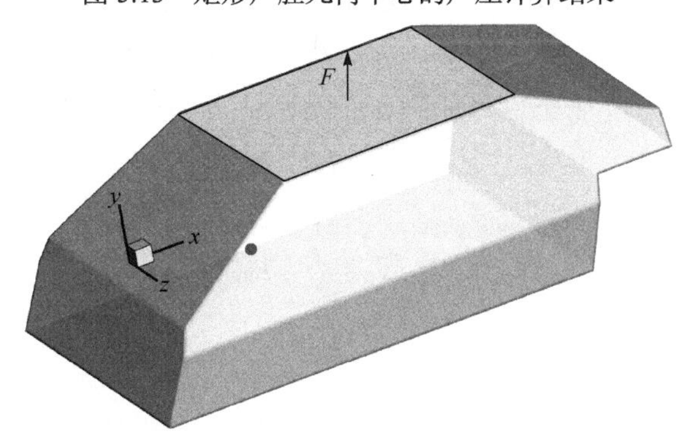

图 5.14　车内声腔内部声学耦合问题模型

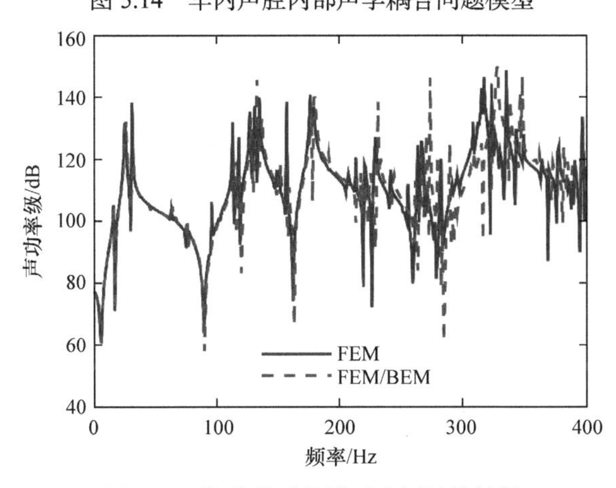

图 5.15　驾驶员耳朵附近声压计算结果

5.5 小　结

对于结构和声学的相互耦合作用这一类不可忽视的声学问题，本章发展了基于有限元方法和边界元方法的耦合计算方法。为了能够同时分析薄壳和厚壳模型，采用基于一阶剪切理论的 Reissner-Mindlin 板壳有限元方法并利用 DSG 方法去除薄壳问题中的“剪切锁死”问题。声学域利用基于线性连续单元的声学边界元方法，构建了离散网格和物理量均满足连续性的强耦合条件，并且声学问题基于无奇异的边界积分方程方便边界元程序的实现。

本章推导了基于三角形平面网格划分的耦合矩阵解析表达式，提高了结构和声学耦合效应的计算精度。LU 分解结构的刚度矩阵重复求解线性方程，将结构域对流体域的影响代入声学边界元方程中，发展了一种基于声压求解形式的结构-声学耦合高效求解方法。球壳外部声学耦合分析的数值算例验证了有限元方法和边界元方法的正确性，并且收敛性分析展示了基于线性边界元耦合算法相对于常数单元耦合算法具有更高的计算精度。通过矩形声腔和车内声腔耦合问题的分析，并与有限元方法的计算结果进行比较，充分验证了该方法在内部声腔耦合计算上的正确性和适用性。

第 6 章　快速多极子边界元方法

6.1　引　　言

对声学波动问题的描述，积分方程和微分方程在数学上是等价的。不同于有限元方法、有限差分法等基于微分方程的数值计算方法，边界元方法是一种基于积分方程的数值计算方法，只需要离散边界且能自动满足无限远处的辐射条件，因而特别适用于声学问题尤其是外部声学问题的分析。虽然这两类计算方法几乎同时被提出，但是由于边界元方法的系数矩阵是非对称满阵，其求解时间和内存使用量随着自由度的增加急速增加，严重制约了边界元方法在实际工程分析中的应用，因此边界元方法的应用和普及远落后于有限元方法。

快速多极子方法极大地降低了内存使用量，提高了计算效率，克服了传统边界元方法的最大瓶颈。按照求解效率和稳定性，声学快速多极子边界元方法具有三种类型的方法，分别为低频快速多极子边界元方法、高频快速多极子边界元方法和全频段快速多极子边界元方法。这三种方法各有优缺点，如低频方法稳定性好但对于高频问题求解效率低；高频方法计算效率高但在低频处会产生数值不稳定；全频段方法是低频和高频方法的组合，克服了低频和高频方法各自的缺点，可以用于较宽频带内声学问题的分析，但增加了方法实现的难度。

本章详细介绍这三种快速多极子边界元方法的理论和算法，着重介绍 Green 函数的高频及低频形式的多极子展开理论，对方法中所涉及的理论进行了必要的推导。本章首先详细介绍快速多极子边界元方法的算法流程，然后分别介绍高频快速多极子边界元方法、低频快速多极子边界元方法以及全频段快速多极子边界元方法的算法，以及其计算技术的实现细节，并辅以数值算例验证每种方法的正确性和计算效率。

6.2　快速多极子边界元方法的实现

快速多极子边界元方法是一种边界元方法的加速求解技术，与传统边界元方法具有相同的离散处理流程，如模型离散、配点生成等，其基本算法流程如图 6.1 所示。快速多极子边界元方法的核心思想是将传统边界元方法中“点对点”的直接运算通过中间变换和传递分解，划分为“块对块”的间接计算，从而极大地降低计算复杂度。快速多极子提升计算效率的思想，广泛存在于日常生活现象中，如邮局或快递寄送系统、电信基站的收发系统等都采取站点收集、站点间集中传输和站点分发的策略。图 6.2 展示了快速多极子边界元方法基本算法的复杂度，图中线段的个数代表计算复杂度。图 6.2(a)表示边界元模型中N个源点和 M 个场点之间的相互作用关系，可以看出直接计算的计算复杂度为$O(N \times M)$。当采用单层多极子传递并在场点和源点分别配置N_y和M_x个中间点后，由图 6.2(b)所示的计算复杂度为$O\left(N + M + N_y M_x\right)$，当$N$和 M 远远大于N_y和M_x时，计算复杂度近似为$O(N + M)$，即线性等比于场点和源点个数之和。当场点数目和源点数目均非常大时，可以配置多层中间点，以达到计算复杂度正比于场点和源点个数之和，如图 6.2(c)所示。

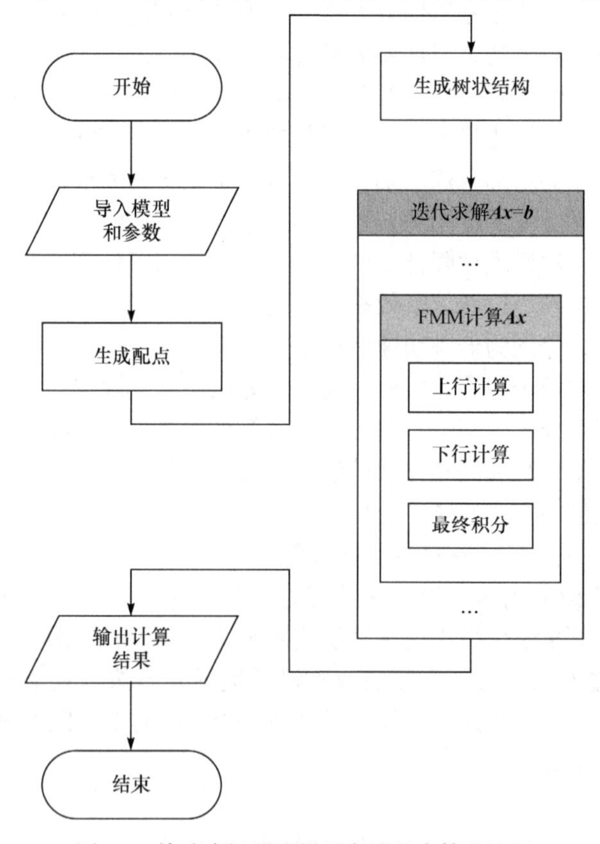

图 6.1　快速多极子边界元方法基本算法流程

快速多极子边界元方法极大地提高了矩阵和向量乘积运算($\boldsymbol{Ax}$)的效率，一般采用迭代求解器(如 GMRES[196]、CGS[197]、Bi-CGSTAB[198]、GPBi-CG[199])求解线性方程组(4.19)，避免显式生成系数矩阵，实现内存使用量和计算复杂度的降低，从 $O(N^2)$分别降到 $O(N)$和 $O(N\lg N)$，极大地提高了边界元方法的分析规模和计算效率。

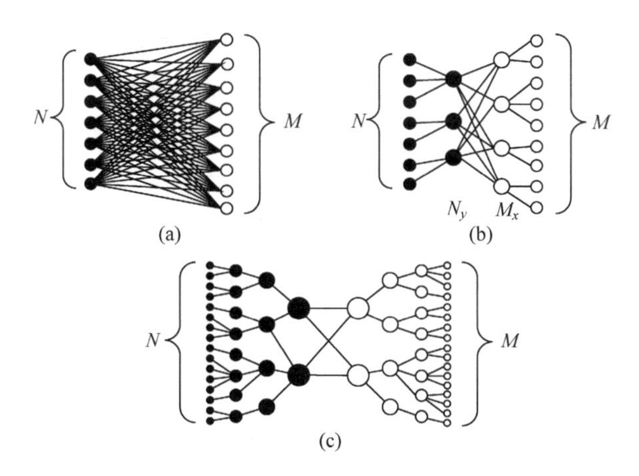

图 6.2　快速多极子边界元方法基本算法复杂度示意图

6.2.1　树状结构

多极子算法只用于加速相距较远的场点和源点的积分运算(远距计算)，而距离较近的积分运算(近距计算)仍采用传统的直接积分方法。通常二维和三维离散模型分别采用四叉树和八叉树结构进行离散单元分组，用于近距和远距的判定。

离散单元分组是快速多极子边界元方法的首要步骤，会直接影响算法的效率和精度。下面以图 6.3 所示的二维结构为例，介绍四叉树的构造过程。首先，根据结构的尺寸形成一个恰好包围离散模型的正方形，这个正方形代表树状结构的第 0 级；然后将正方形区域四等分，等分后的正方形代表树状结构的第 1 级，称为 1 级栅格；在 1 级栅格上继续进行四等分，等分后的正方形称为 2 级栅格；以此类推，直到栅格中包含的单元数量不大于指定的单元数目，或者栅格所处级数达到最大指定级数，则停止划分。指定每个栅格中最多包含的单元数为 1，图 6.3 所示离散模型生成的四叉树层级结构如图 6.4 所示。栅格在树状结构所在层级的编号按照左下右上的顺序用整数逐行表示，如第 1 级中的四个栅格的编号分别为 0、1、2、3。

为了便于理解算法，以图 6.5 为例，说明树状结构中不同栅格的特性。对于某一栅格 C，其父级栅格表示四等分后生成栅格 C 的栅格；相应地，栅格 C 的子级栅格表示由栅格 C 四等分后生成的包含单元的栅格；如果栅格 C 不包含任何子栅格，则称该栅格为叶子栅格。如果两个栅格在l级上有至少一个相同的顶点，则称为在l级上相邻；如果两个栅格在l级上没有相同的顶点，但是它们的父级栅格在$l-1$级上相邻，则称这两个栅格为在l级上的交互栅格；对于栅格 C，其所有的在l级上非邻近栅格构成的集合称为栅格 C 的交互栅格集；如果两个栅格的父级栅格也没有共同的顶点，则称为远场栅格；所有的远场栅格的集合构成了远场栅格集。根据 Green 函数多极子展开式(6.4)、式(6.71)和式(6.72)，可以看出交互栅格和远场栅格中的场点和源点关于栅格展开中心满足多极子展开条件。

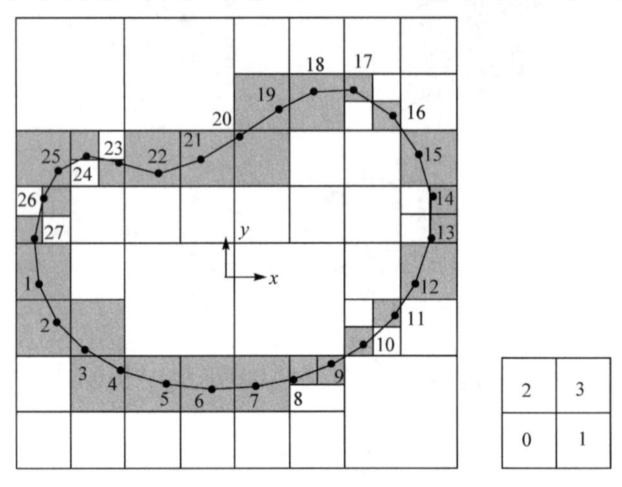

图 6.3　二维离散模型的四叉树结构示意图

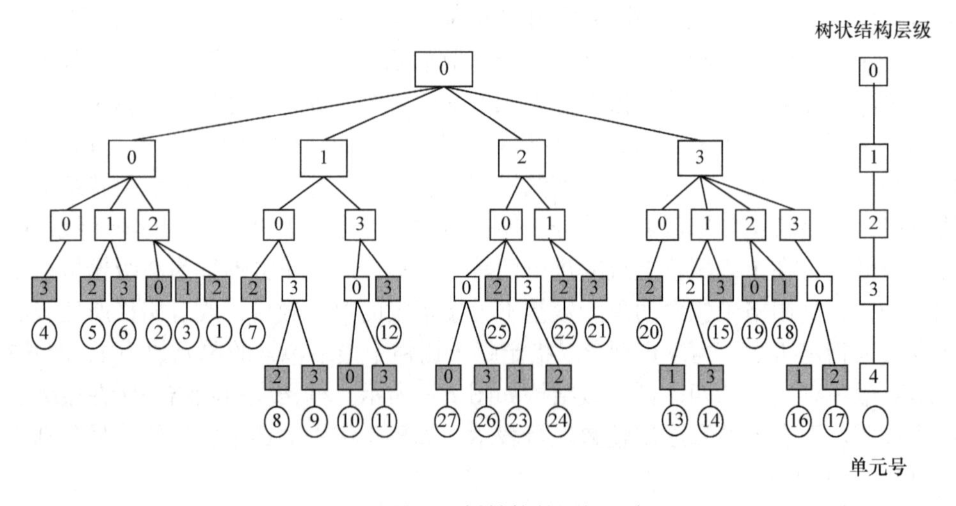

图 6.4　二维四叉树结构的层级示意图

6.2.2　算法流程

快速多极子边界元方法的核心技术之一是 Green 函数的多极子展开式及转移公式，并结合树状结构的规则分组实现边界积分的快速计算。树状结构主要用于形成离散单元的规则划分，便于栅格内单元空间位置的计算，方便判定积分核函数多极子展开的必要条件。本节以单层势积分为例，详细介绍快速多极子边界元

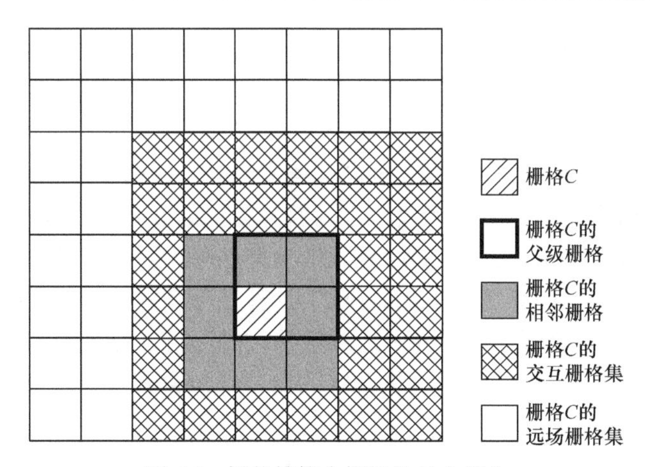

图 6.5　树状结构中栅格的几个概念

方法沿树状结构的上行、下行和最终积分计算的流程。

上行计算：沿树状结构的最低级向上搜索到第 2 级，计算所有栅格内的源点矩，如图 6.6 所示。对于叶子栅格，高频算法采用式(6.16)、低频算法采用式(6.78)计算单元的源点矩，并将所有单元的源点矩汇聚到叶子栅格中心。非叶子栅格的

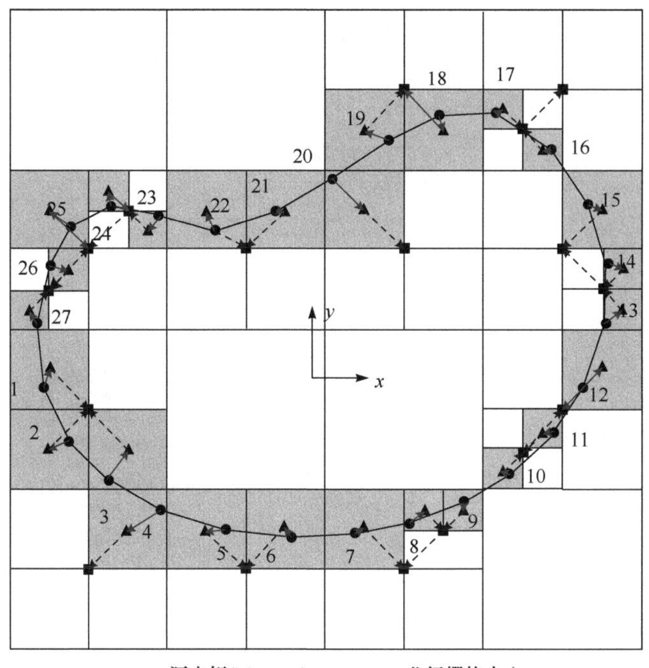

图 6.6　上行计算：源点矩、M2M 示意图

源点矩由其子栅格的源点矩传递求和得到。图 6.6 中，源点矩传递(M2M)高频算法采用式(6.19)计算，低频算法采用式(6.80)计算。每次迭代中，需要重新计算所有栅格的源点矩。

下行计算：沿树状结构的第 2 级向下搜索到叶子栅格，计算所有栅格内的本地展开系数。栅格的本地展开系数包含两部分：一部分由所有邻近栅格的源点矩转移得到，高频算法采用式(6.21)计算，低频算法采用式(6.85)计算；另一部分由父级栅格传递得到，高频算法采用式(6.23)计算，低频算法采用式(6.99)计算。图 6.7 给出了第 9 号单元所在栅格的本地展开系数的下行计算过程。可以看出，第 2 级的栅格只进行 M2L 传递运算。更低级的栅格则包含有 M2L 和 L2L 两种传递。

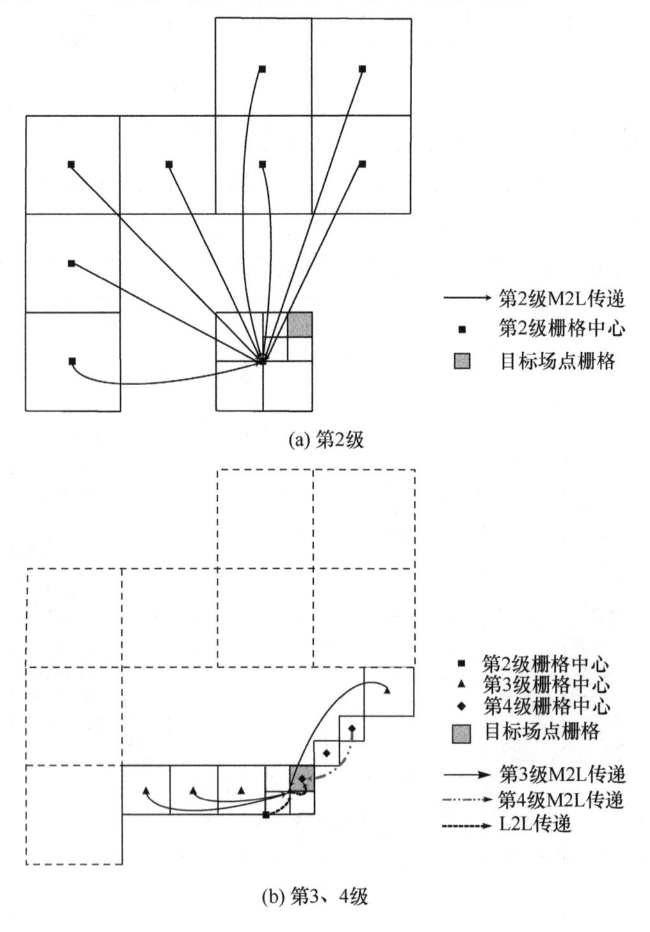

图 6.7　下行计算：M2L、L2L 两种传递

最终积分：计算叶子栅格内所有场点的积分结果。单层势(见式(4.5))的积分可以重新表示为

$$S^S(\boldsymbol{x}) = \left(\int_{S_{\text{Near}}} + \int_{S_{\text{Far}}}\right) G(\boldsymbol{x},\boldsymbol{y}) q(\boldsymbol{y}) \mathrm{d}S(\boldsymbol{y}) \tag{6.1}$$

其中，$S = S_{\text{Near}} \cup S_{\text{Far}}$。来自邻近单元$S_{\text{Near}}$(包含叶子栅格和邻近栅格内的单元)对场点 $\boldsymbol{x}$ 的贡献，采用与传统边界元方法相同的直接积分运算。来自远距单元S_{Far}(包含交互栅格和远场栅格内的单元)对场点 $\boldsymbol{x}$ 的贡献，采用快速多极子边界元方法计算。值得注意的是，如果与目标场点栅格或其父级栅格邻近的栅格是叶子栅格，则此栅格内所有单元对目标场点的积分贡献都应采用直接数值积分的方法计算，如图 6.8 中第 7 号单元所在的栅格。另外，在最终积分计算时也应考虑场点所在单元上的自身积分，即通常所说的奇异积分。图 6.8 给出了第 9 号单元最终积分的计算流程。

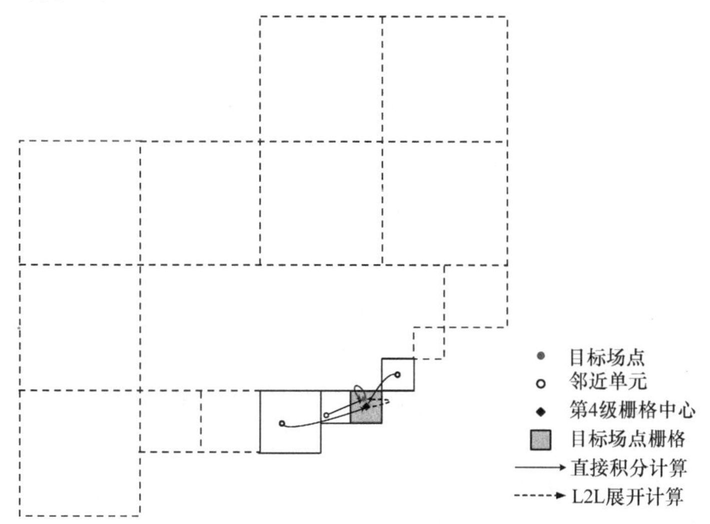

图 6.8 第 9 号单元的最终积分计算流程

本节介绍的是一种最原始和最基本的快速多极子边界元方法的算法流程，适用于单元网格大小相当且均匀分布的离散模型。当模型上离散单元分布不均，特别是当离散单元数差别很大的局部结构相邻时，宜采用自适应快速多极子边界元方法，重新定义邻近栅格和交互栅格，提高传递计算的效率[110,200]。这也表明，可以根据分析问题的特征，提出更有效的树状结构，进而提高快速多极子边界元方法的计算效率。

6.2.3 预处理

由于计算机内存的限制，大规模声学问题无法显式获得系数矩阵$\boldsymbol{A}$，一般采用迭代求解法求解方程组(4.105)。迭代求解法从初始值$\boldsymbol{x}_0$开始，依次计算$\boldsymbol{x}_1, \boldsymbol{x}_2, \cdots, \boldsymbol{x}_n$，

采用余量即

$$\boldsymbol{r}_n = \boldsymbol{b} - \boldsymbol{A}\boldsymbol{x}_n \tag{6.2}$$

来衡量迭代解$\boldsymbol{x}_n$逼近方程组真实解的程度。迭代求解期望在满足一定精度的要求下,尽量减少迭代次数,使得整体求解复杂度小于直接求解法的复杂度(4.4.3 节)。迭代算法的收敛性由系数矩阵的特性决定。

为了加速迭代求解的收敛速度，需要对方程组进行预处理，即获取一种等价方程组，使系数矩阵具有更好的数值收敛性。预处理技术一般分为正向型、逆向型两大类。每种类型又可分为左乘、右乘和混合三种形式。

正向型：寻找矩阵$\boldsymbol{M} \approx \boldsymbol{A}$，且满足如下不同形式：

I(左乘)　　$\boldsymbol{M}^{-1}\boldsymbol{A}\boldsymbol{x} = \boldsymbol{M}^{-1}\boldsymbol{b}$

II(右乘)　　$\boldsymbol{A}\boldsymbol{M}^{-1}\boldsymbol{y} = \boldsymbol{M}^{-1}\boldsymbol{b}, \quad \boldsymbol{x} = \boldsymbol{M}^{-1}\boldsymbol{y}$

III(混合)　　$\boldsymbol{M}_2^{-1}\boldsymbol{A}\boldsymbol{M}_1^{-1}\boldsymbol{y} = \boldsymbol{M}_2^{-1}\boldsymbol{b}, \quad \boldsymbol{x} = \boldsymbol{M}_1^{-1}\boldsymbol{y}$

逆向型：寻找矩阵$\boldsymbol{M}^{-1} \approx \boldsymbol{A}$，且满足如下不同形式：

I(左乘)　　$\boldsymbol{M}\boldsymbol{A}\boldsymbol{x} = \boldsymbol{M}\boldsymbol{b}$

II(右乘)　　$\boldsymbol{A}\boldsymbol{M}\boldsymbol{y} = \boldsymbol{M}\boldsymbol{b}, \quad \boldsymbol{x} = \boldsymbol{M}\boldsymbol{y}$

III(混合)　　$\boldsymbol{M}_2\boldsymbol{A}\boldsymbol{M}_1\boldsymbol{y} = \boldsymbol{M}_2\boldsymbol{b}, \quad \boldsymbol{x} = \boldsymbol{M}_1\boldsymbol{y}$

无论是正向型($\boldsymbol{M} \approx \boldsymbol{A}$)预处理技术还是逆向型($\boldsymbol{M}^{-1} \approx \boldsymbol{A}$)预处理技术，预处理矩阵$\boldsymbol{M}$(或者$\boldsymbol{M}^{-1}$)应该与矩阵$\boldsymbol{A}$(或者$\boldsymbol{A}^{-1}$)近似，或者具有相同的数值特性，如矩阵$\boldsymbol{M}$和$\boldsymbol{A}$均具有相同的小量特征值。

在声学快速多极子边界元方法中，采用叶子栅格内单元的系数矩阵$\boldsymbol{A}_n$是一种简单有效的预处理技术，能够生成一种块对角矩阵$\boldsymbol{M}$，即

$$\boldsymbol{M} = \begin{bmatrix} \boldsymbol{A}_1 & \boldsymbol{0} & \boldsymbol{0} & \boldsymbol{0} & \boldsymbol{0} \\ \boldsymbol{0} & \boldsymbol{A}_2 & \boldsymbol{0} & \boldsymbol{0} & \boldsymbol{0} \\ \boldsymbol{0} & \boldsymbol{0} & \boldsymbol{A}_3 & \boldsymbol{0} & \boldsymbol{0} \\ \boldsymbol{0} & \boldsymbol{0} & \boldsymbol{0} & \ddots & \boldsymbol{0} \\ \boldsymbol{0} & \boldsymbol{0} & \boldsymbol{0} & \boldsymbol{0} & \boldsymbol{A}_n \end{bmatrix} \tag{6.3}$$

叶子栅格内指定的单元数越多，预处理矩阵越逼近系数矩阵$\boldsymbol{A}$，但是生成矩阵$\boldsymbol{M}$的时间就越长。如果要存储$\boldsymbol{M}$用于迭代求解中重复使用，则占用的内存也越多。因此，如何发展一种兼顾内存使用量和计算效率的预处理技术，是快速多极子边界元方法迭代求解的一个重要问题[201]，值得深入研究，特别是在高频声学问题的分析中。如无特殊说明，本书快速多极子边界元方法中使用的均是正向型左乘块对角预处理技术。

6.3　高频快速多极子边界元方法

高频快速多极子边界元方法是基于 Green 函数的平面波多极子展开理论，又称对角形式展开理论[95,202]。Green 函数的平面波展开式在高频及低频快速边界元方法中具有重要的作用，本节对 Green 函数的平面波展开式进行简要的推导。

6.3.1　Green 函数的平面波展开式

三维自由空间 Green 函数，即式(2.163)，当满足条件$|\boldsymbol{x}| > |\boldsymbol{y}|$时，其 Gegenbauer 展开式为[162]

$$G(\boldsymbol{x},\boldsymbol{y}) = \frac{\mathrm{i}k}{4\pi}\sum_{n=0}^{\infty}(2n+1)\,\mathrm{h}_n(kx)\mathrm{j}_n(ky)\mathrm{P}_n(\hat{\boldsymbol{x}}\cdot\hat{\boldsymbol{y}}) \tag{6.4}$$

其中，标量$x = \|\boldsymbol{x}\|$标量$y = \|\boldsymbol{y}\|$，单位向量$\hat{\boldsymbol{x}} = \boldsymbol{x}/x$、单位向量$\hat{\boldsymbol{y}} = \boldsymbol{y}/y$。特殊函数$\mathrm{j}_n$为$n$阶球 Bessel 函数，$\mathrm{P}_n$为$n$阶 Legendre 函数。

式(6.4)可以转换为对角形式。利用平面波的展开式即

$$\mathrm{e}^{\mathrm{i}k\boldsymbol{y}\cdot\hat{\boldsymbol{\sigma}}} = \sum_{n=0}^{\infty}(2n+1)\mathrm{i}^n\mathrm{j}_n(ky)\mathrm{P}_n\,(\hat{\boldsymbol{y}}\cdot\hat{\boldsymbol{\sigma}}) \tag{6.5}$$

及 Legendre 函数的加法定理[97]，即

$$\mathrm{P}_n(\hat{\boldsymbol{y}}\cdot\hat{\boldsymbol{\sigma}}) = \frac{4\pi}{2n+1}\sum_{m=-n}^{n}\mathrm{Y}_n^m(\hat{\boldsymbol{y}})\mathrm{Y}_n^{-m}(\hat{\boldsymbol{\sigma}}) \tag{6.6}$$

可得

$$\mathrm{e}^{\mathrm{i}k\boldsymbol{y}\cdot\hat{\boldsymbol{\sigma}}} = 4\pi\sum_{n=0}^{\infty}\mathrm{i}^n\mathrm{j}_n(ky)\sum_{m=-n}^{n}\mathrm{Y}_n^m(\hat{\boldsymbol{y}})\mathrm{Y}_n^{-m}(\hat{\boldsymbol{\sigma}}) \tag{6.7}$$

其中，$\hat{\boldsymbol{\sigma}}$为单位球面上的一点，定义为$\hat{\boldsymbol{\sigma}} = \hat{\boldsymbol{\sigma}}(\theta,\phi) = (\sin\theta\cos\phi, \sin\theta\sin\phi, \cos\theta)$，$0\leqslant\theta\leqslant\pi, 0\leqslant\phi\leqslant 2\pi$为球坐标系的方位角。式(6.7)两边同时乘以式(6.6)，在单位球面σ_1上进行积分，并再次利用加法定理得

$$\int_{\sigma_1}\mathrm{e}^{\mathrm{i}k\boldsymbol{y}\cdot\hat{\boldsymbol{\sigma}}}\,\mathrm{P}_l(\hat{\boldsymbol{x}}\cdot\hat{\boldsymbol{\sigma}})\mathrm{d}\sigma = 4\pi\mathrm{i}^l\mathrm{j}_l(ky)\mathrm{P}_l(\hat{\boldsymbol{x}}\cdot\hat{\boldsymbol{y}}) \tag{6.8}$$

将式(6.8)代入式(6.4)得 Green 函数的平面波展开式，又称对角展开式为

$$G(\boldsymbol{x},\boldsymbol{y}) = \frac{\mathrm{i}k}{16\pi^2}\sum_{l=0}^{\infty}\mathrm{i}^l(2l+1)\,\mathrm{h}_l(kx)\int_{\sigma_1}\mathrm{e}^{\mathrm{i}k\boldsymbol{y}\cdot\hat{\boldsymbol{\sigma}}}\,\mathrm{P}_l(\hat{\boldsymbol{x}}\cdot\hat{\boldsymbol{\sigma}})\mathrm{d}\sigma \tag{6.9}$$

理论上，式(6.9)中的积分运算与求和运算可以交换顺序。但在实际数值计算中，对角形式的多极子展开式具有数值不稳定性的问题。因为函数$|\mathrm{h}_l(kx)|$是发散的，当变量kx保持不变时，$|\mathrm{h}_l(kx)|$是阶数l的严格增函数[203]，当阶数l保持不变时，$|\mathrm{h}_l(kx)|$是变量kx的严格减函数。当l足够大或kx非常小时，$|\mathrm{h}_l(kx)|$将非常大，容易超过10^{16}的量级。如果使用式(6.4)计算 Green 函数，当$|\mathrm{h}_l(kx)|$很大时，$|\mathrm{j}_l(ky)|$会很小且其下降速度快于$|\mathrm{h}_l(kx)|$的增长速度，因而式(6.4)仍能保证收敛。若采用式(6.9)计算 Green 函数，当$|\mathrm{h}_l(kx)|$很大时，其积分项最终计算结果应非常小，从而可以抵消$|\mathrm{h}_l(kx)|$的增大。但是被积函数中的$\mathrm{e}^{\mathrm{i}k\boldsymbol{y}\cdot\hat{\boldsymbol{\sigma}}}$和$\mathrm{P}_l(\hat{\boldsymbol{x}}\cdot\hat{\boldsymbol{\sigma}})$在球面上的取值范围为[0,1]。由于舍入误差的存在，式(6.8)在双精度数值积分下可得到的最小值在10^{-16}量级，不能很好地抑制$|\mathrm{h}_l(kx)|$ 在10^{12}量级上的取值，从而产生了数值不稳定现象，而且这种数值不稳定现象是无法通过计算技巧去除的。因此，由于出现数值不稳定现象，基于对角形式的快速多极子边界元方法无法用于低频段的声学分析。

在多层快速多极子边界元方法中，为了减少内存使用量，避免展开项数过大导致数值不稳定，各层取不同的展开项数N_l[202]为

$$N_l = kd_l + c_0\lg(kd_l + \pi) \tag{6.10}$$

其中，d_l是树状结构中第l级正方体栅格的外切圆直径；c_0为控制展开精度的参数。由式(6.10)可以看出，各级间核函数展开项不同，由低至高逐级增加。

6.3.2 高频快速多极子边界元算法

本节以单层势即式(4.5)为例，详细阐述高频快速多极子边界元算法的源点矩(Moment)计算、源点矩转移(M2M)理论、源点矩至本地展开转移(M2L)理论及本地展开转移(L2L)理论。

图 6.9 为多极子传递示意图，场单元(点$\boldsymbol{x}$)和源单元ΔS(点$\boldsymbol{y}$)相距足够远，$\boldsymbol{x}_c$和$\boldsymbol{x}_{c'}$是本地系数展开中心，$\boldsymbol{y}_c$和$\boldsymbol{y}_{c'}$是源点矩的汇聚中心。为了将对角展开式(6.9)用于多层快速多极子边界元方法，取两变量$\boldsymbol{u} = \boldsymbol{x}_c - \boldsymbol{y}_c$、 $\boldsymbol{v} = (\boldsymbol{x} - \boldsymbol{x}_c) - (\boldsymbol{y} - \boldsymbol{y}_c)$使之满足$\boldsymbol{x} - \boldsymbol{y} = \boldsymbol{u} + \boldsymbol{v}$，并令$u = |\boldsymbol{u}|$，将其代入对角展开式并交换积分与求和顺序，得

$$G(\boldsymbol{x},\boldsymbol{y}) = \frac{\mathrm{i}k}{16\pi^2}\int_{\sigma_1} I(\hat{\boldsymbol{\sigma}},\boldsymbol{x},\boldsymbol{x}_c)\,T(\hat{\boldsymbol{\sigma}},\boldsymbol{x}_c,\boldsymbol{y}_c)O(\hat{\boldsymbol{\sigma}},\boldsymbol{y}_c,\boldsymbol{y})\mathrm{d}\sigma \tag{6.11}$$

其中，σ_1为单位球面，内部函数$I(\hat{\boldsymbol{\sigma}},\boldsymbol{x},\boldsymbol{x}_c)$、传递函数$T(\hat{\boldsymbol{\sigma}},\boldsymbol{x}_c,\boldsymbol{y}_c)$和外部函数$O(\hat{\boldsymbol{\sigma}},\boldsymbol{y}_c,\boldsymbol{y})$分别定义为

$$I(\hat{\boldsymbol{\sigma}},\boldsymbol{x},\boldsymbol{x}_c) = \mathrm{e}^{\mathrm{i}k(\boldsymbol{x}-\boldsymbol{x}_c)\cdot\hat{\boldsymbol{\sigma}}} \tag{6.12}$$

$$T(\hat{\boldsymbol{\sigma}},\boldsymbol{x}_c,\boldsymbol{y}_c) = \sum_{l=0}^{\infty} i^l(2l+1)\mathrm{h}_l(ku)\mathrm{P}_l(\hat{\boldsymbol{u}}\cdot\hat{\boldsymbol{\sigma}}) \tag{6.13}$$

$$O(\hat{\boldsymbol{\sigma}}, \boldsymbol{y}_c, \boldsymbol{y}) = \mathrm{e}^{\mathrm{i}k(\boldsymbol{y}_c - \boldsymbol{y})\cdot\hat{\boldsymbol{\sigma}}} \tag{6.14}$$

传递函数展开项数由式(6.10)确定，在满足一定精度要求的同时要保证不产生数值不稳定。

将对角展开式(6.11)代入单层势即式(4.5)，得

$$\mathcal{S}^{\Delta S}(\boldsymbol{x}) = \frac{\mathrm{i}k}{16\pi^2}\int_{\sigma_1} I(\hat{\boldsymbol{\sigma}}, \boldsymbol{x}, \boldsymbol{x}_c)\, T(\hat{\boldsymbol{\sigma}}, \boldsymbol{x}_c, \boldsymbol{y}_c) M(\hat{\boldsymbol{\sigma}}, \boldsymbol{y}_c)\mathrm{d}\sigma \tag{6.15}$$

其中，$M(\hat{\boldsymbol{\sigma}}, \boldsymbol{y}_c)$是以$\boldsymbol{y}_c$为中心的源点矩，定义为

$$M(\hat{\boldsymbol{\sigma}}, \boldsymbol{y}_c) = \int_{\Delta S} \mathrm{e}^{\mathrm{i}k(\boldsymbol{y}_c - \boldsymbol{y})\cdot\hat{\boldsymbol{\sigma}}}\, q(\boldsymbol{y})\mathrm{d}S(\boldsymbol{y}) \tag{6.16}$$

可见源点矩$M(\hat{\boldsymbol{\sigma}}, \boldsymbol{y}_c)$与场点无关，一旦求出，对于任意距单元$\Delta S$足够远的场点$\boldsymbol{x}$，单层势均可由式(6.15)直接求出，无须重复计算$M(\hat{\boldsymbol{\sigma}}, \boldsymbol{y}_c)$。源点矩的计算一般采用 Gauss 积分方法，如果将整体坐标系转移到单元上的局部坐标系，则对于线性和常数单元均存在解析表达式[204,205]，详见 6.3.2.1 节内容。

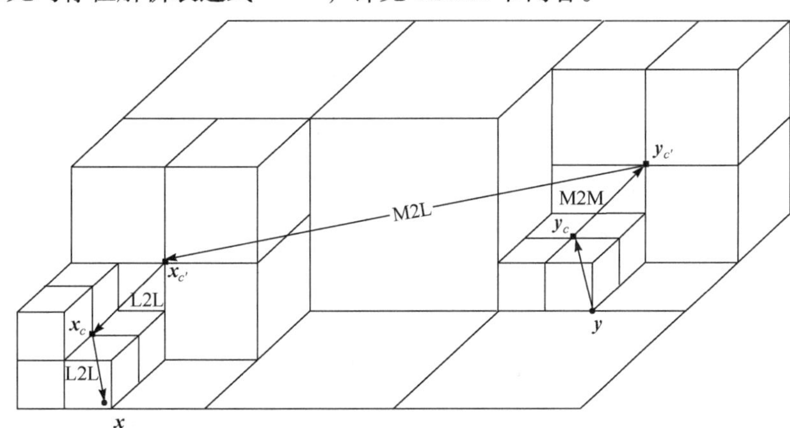

图 6.9　多极子传递示意图

解析表达式可以提高源点矩的计算速度和计算精度，另外，对于常数单元，利用函数$\mathrm{e}^{\mathrm{i}k(\boldsymbol{y}_c - \boldsymbol{y})\cdot\hat{\boldsymbol{\sigma}}(\theta,\phi)}$在球面上的反对称性，即

$$\mathrm{e}^{\mathrm{i}k(\boldsymbol{y}_c - \boldsymbol{y})\cdot\hat{\boldsymbol{\sigma}}(\theta,\phi)} = \mathrm{e}^{-\mathrm{i}k(\boldsymbol{y}_c - \boldsymbol{y})\cdot\hat{\boldsymbol{\sigma}}(\pi-\theta,\pi+\phi)} \tag{6.17}$$

可以减少一半的源点矩计算量。因为声学问题中，单元上的物理量一般为复数，反对称性无法直接应用到源点矩计算中。在式(6.16)中，首先不引入物理量$q(\boldsymbol{y})$，先计算上半球面($0\leqslant\theta\leqslant\pi/2$，$0\leqslant\phi\leqslant 2\pi$)的源点矩，下半球面($\pi/2 < \theta\leqslant\pi, 0\leqslant\phi\leqslant 2\pi$)的源点矩由

$$M(\hat{\boldsymbol{\sigma}}(\theta,\phi), \boldsymbol{y}_c) = M(\hat{\boldsymbol{\sigma}}(\pi-\theta, \pi+\phi), \boldsymbol{y}_c)^* \tag{6.18}$$

得到。式中上角*表示复共轭转置。最后用常数单元上的物理量乘以式(6.18)，得到最终的源点矩。

当展开中心转移到邻近的位置$\boldsymbol{y}_{c'}$时，新展开中心的源点矩可由已计算的源点矩转移得到，即

$$M(\hat{\boldsymbol{\sigma}},\boldsymbol{y}_{c'}) = \mathrm{e}^{\mathrm{i}k(\boldsymbol{y}_{c'}-\boldsymbol{y}_c)\cdot\hat{\boldsymbol{\sigma}}}M(\hat{\boldsymbol{\sigma}},\boldsymbol{y}_c) \tag{6.19}$$

上述过程称为源点矩转移(M2M)。如果不同展开位置的单位球面上积分离散点相同，则对角形式的 M2M 非常简单。但是在多层快速多极子边界元方法中，一般每层展开系数不同，单位球面上的积分离散点也会相应地有所变化。如果展开项数为N_l，则单位球面上的积分点一般在ϕ方向等间距选取$2N_l+2$个点，偶数积分点的选取是为了便于利用反对称性计算下半球面的源点矩，在θ方向上取N_l+1个 Gauss 积分点。因为在源点矩的上行传递过程中，积分点数会变密，需要由已计算得出的源点矩插值得到对应父级积分点上的源点矩，再通过式(6.19)进行上行传递。

完成源点矩的计算后，将源点矩转换成本地展开系数，以实现远场单元对场点贡献的计算。将转移后的源点矩代入式(6.15)，相应的本地展开中心取为$\boldsymbol{x}_{c'}$，得

$$\mathcal{S}^{\Delta S}(\boldsymbol{x}) = \frac{\mathrm{i}k}{16\pi^2}\int_{\sigma_1} I(\hat{\boldsymbol{\sigma}},\boldsymbol{x},\boldsymbol{x}_{c'})\,L(\hat{\boldsymbol{\sigma}},\boldsymbol{x}_{c'})\mathrm{d}\sigma \tag{6.20}$$

其中，$L(\hat{\boldsymbol{\sigma}},\boldsymbol{x}_{c'})$为本地展开系数，它由源点矩至本地展开转移(M2L)公式计算得到，即

$$L(\hat{\boldsymbol{\sigma}},\boldsymbol{x}_{c'}) = T(\hat{\boldsymbol{\sigma}},\boldsymbol{x}_{c'},\boldsymbol{y}_c)M(\hat{\boldsymbol{\sigma}},\boldsymbol{y}_c) \tag{6.21}$$

当本地展开系数转移到新的邻近点$\boldsymbol{x}_c$时，式(6.20)可重新表示为

$$\mathcal{S}^{\Delta S}(\boldsymbol{x}) = \frac{\mathrm{i}k}{16\pi^2}\int_{\sigma_1} I(\hat{\boldsymbol{\sigma}},\boldsymbol{x},\boldsymbol{x}_c)\,L(\hat{\boldsymbol{\sigma}},\boldsymbol{x}_c)\mathrm{d}\sigma \tag{6.22}$$

比较式(6.22)和式(6.20)，并考虑$I(\hat{\boldsymbol{\sigma}},\boldsymbol{x},\boldsymbol{x}_c)=\mathrm{e}^{\mathrm{i}k(\boldsymbol{x}_c-\boldsymbol{x}_{c'})\cdot\hat{\boldsymbol{\sigma}}}$，得到本地展开转移(L2L)公式为

$$L(\hat{\boldsymbol{\sigma}},\boldsymbol{x}_c) = \mathrm{e}^{\mathrm{i}k(\boldsymbol{x}_c-\boldsymbol{x}_{c'})\cdot\hat{\boldsymbol{\sigma}}}L(\hat{\boldsymbol{\sigma}},\boldsymbol{x}_{c'}) \tag{6.23}$$

L2L 与 M2M 是相反的传递过程。同样，如果当各层间展开项数不同时，仍需在单位球面上进行插值，再进行下行传递。单层势最终结果由式(6.22)进行计算。

参考单层势的平面波展开式，其他算子的展开式可分别表示为

$$\mathcal{D}^{\Delta S}(\boldsymbol{x}) = \frac{\mathrm{i}k}{16\pi^2}\int_{\sigma_1} I(\hat{\boldsymbol{\sigma}},\boldsymbol{x},\boldsymbol{x}_c)\,T(\hat{\boldsymbol{\sigma}},\boldsymbol{x}_c,\boldsymbol{y}_c)\left[\int_{\Delta S}\frac{\partial O(\hat{\boldsymbol{\sigma}},\boldsymbol{y}_c,\boldsymbol{y})}{\partial n(\boldsymbol{y})}p(\boldsymbol{y})\,\mathrm{d}S(\boldsymbol{y})\right]\mathrm{d}\sigma \tag{6.24}$$

$$\mathcal{A}^{\Delta S}(\boldsymbol{x})=\frac{\mathrm{i}k}{16\pi^2}\int_{\sigma_1}\left[\int_{\Delta S}\frac{\partial I(\widehat{\boldsymbol{\sigma}},\boldsymbol{x},\boldsymbol{x}_c)}{\partial n(\boldsymbol{x})}\mathrm{d}S(\boldsymbol{y})\right]T(\widehat{\boldsymbol{\sigma}},\boldsymbol{x}_c,\boldsymbol{y}_c)O(\widehat{\boldsymbol{\sigma}},\boldsymbol{y}_c,\boldsymbol{y})q(\boldsymbol{y})\mathrm{d}\sigma \tag{6.25}$$

$$\begin{aligned}&\mathcal{H}^{\Delta S}(\boldsymbol{x})\\&=\frac{\mathrm{i}k}{16\pi^2}\int_{\sigma_1}\left[\int_{\Delta S}\frac{\partial I(\widehat{\boldsymbol{\sigma}},\boldsymbol{x},\boldsymbol{x}_c)}{\partial n(\boldsymbol{x})}\mathrm{d}S(\boldsymbol{y})\right]T(\widehat{\boldsymbol{\sigma}},\boldsymbol{x}_c,\boldsymbol{y}_c)\left[\int_{\Delta S}\frac{\partial O(\widehat{\boldsymbol{\sigma}},\boldsymbol{y}_c,\boldsymbol{y})}{\partial n(\boldsymbol{y})}p(\boldsymbol{y})\,\mathrm{d}S(\boldsymbol{y})\right]\mathrm{d}\sigma\end{aligned} \tag{6.26}$$

其中

$$\frac{\partial}{\partial n(\boldsymbol{y})}O(\widehat{\boldsymbol{\sigma}},\boldsymbol{y}_c,\boldsymbol{y})=-\mathrm{i}k[\widehat{\boldsymbol{n}}(\boldsymbol{y})\cdot\widehat{\boldsymbol{\sigma}}]O(\widehat{\boldsymbol{\sigma}},\boldsymbol{y}_c,\boldsymbol{y}) \tag{6.27}$$

$$\frac{\partial}{\partial n(\boldsymbol{x})}I(\widehat{\boldsymbol{\sigma}},\boldsymbol{x},\boldsymbol{x}_c)=\mathrm{i}k[\widehat{\boldsymbol{n}}(\boldsymbol{x})\cdot\widehat{\boldsymbol{\sigma}}]I(\widehat{\boldsymbol{\sigma}},\boldsymbol{x},\boldsymbol{x}_c) \tag{6.28}$$

可以看出，算子$\mathcal{D}^{\Delta S}(\boldsymbol{x})$与$\mathcal{S}^{\Delta S}(\boldsymbol{x})$的源点矩相差一个系数$-\mathrm{i}k\widehat{\boldsymbol{n}}(\boldsymbol{y})\cdot\widehat{\boldsymbol{\sigma}}$，算子$\mathcal{A}^{\Delta S}(\boldsymbol{x})$与$\mathcal{S}^{\Delta S}(\boldsymbol{x})$的最终计算表达式相差一个系数$\mathrm{i}k\widehat{\boldsymbol{n}}(\boldsymbol{x})\cdot\widehat{\boldsymbol{\sigma}}$，算子$\mathcal{H}^{\Delta S}(\boldsymbol{x})$的源点矩和最终计算表达式分别与算子$\mathcal{S}^{\Delta S}(\boldsymbol{x})$的源点矩和最终计算表达式相差系数$-\mathrm{i}k\widehat{\boldsymbol{n}}(\boldsymbol{y})\cdot\widehat{\boldsymbol{\sigma}}$和$\mathrm{i}k\widehat{\boldsymbol{n}}(\boldsymbol{x})\cdot\widehat{\boldsymbol{\sigma}}$。除此之外，这四个核函数的 M2M、M2L、L2L 均相同。

6.3.2.1　解析源点矩

源点矩，即式(6.16)，本质上是指数函数在单元上的面积分，可以获得解析表达式。如图 6.10 所示，三角形顶点分别为$\boldsymbol{y}_1$、$\boldsymbol{y}_2$和$\boldsymbol{y}_3$，单位球面上的一点为$\widehat{\boldsymbol{\sigma}}$。

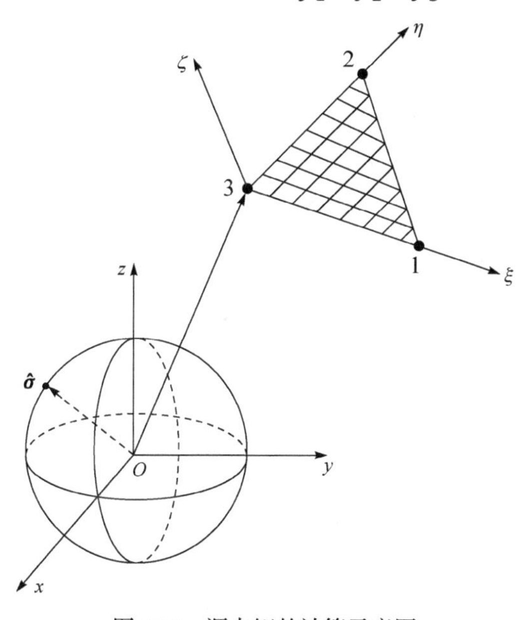

图 6.10　源点矩的计算示意图

假设单元类型是线性的，即单元中的物理量由三个顶点处的物理量插值得到。为了方便，以式(6.16)为例介绍解析形式的源点矩，对于双层势的源点矩(6.27)，与式(6.16)仅相差一常数。

将整体坐标系(x,y,z)转换到定义在单元上的局部坐标系(ξ,η,ζ)，如图 6.10 所示。参考 3.4 节的内容，定义三角形单元的形函数为

$$\mathcal{N}_1(\xi,\eta)=\xi \tag{6.29}$$

$$\mathcal{N}_2(\xi,\eta)=\eta \tag{6.30}$$

$$\mathcal{N}_3(\xi,\eta)=1-\xi-\eta \tag{6.31}$$

值得注意的是，这里的形函数与 3.4 节的定义并不完全一致，但并不影响最终积分的计算结果。设 $\boldsymbol{y}$ 为单元上的一点，该点在这两个坐标系下的表达式为

$$\boldsymbol{y}=\begin{bmatrix}x_1-x_3 & x_2-x_3\\ y_1-y_3 & y_2-y_3\\ z_1-z_3 & z_2-z_3\end{bmatrix}\begin{bmatrix}\xi\\ \eta\end{bmatrix}+\boldsymbol{y}_3=\xi\boldsymbol{T}_1+\eta\boldsymbol{T}_2+\boldsymbol{y}_3 \tag{6.32}$$

其中，$\boldsymbol{T}_1$和$\boldsymbol{T}_2$为两个三维列向量，由式(6.32)决定；ξ和η为局部坐标系下的两个变量。在局部坐标系下，源点矩(6.16)可以表示为

$$M(\widehat{\boldsymbol{\sigma}})=2A\int_0^1\int_0^{1-\xi}\mathrm{e}^{\mathrm{i}k(\boldsymbol{y}_c-\boldsymbol{y})\cdot\widehat{\boldsymbol{\sigma}}}\,q(\boldsymbol{y})\mathrm{d}\eta\mathrm{d}\xi \tag{6.33}$$

其中，A表示三角形单元的面积。在线性单元中，单元上$\boldsymbol{y}$处的物理量$q(\boldsymbol{y})$可由其节点上的值q_1、q_2和q_3表示为

$$q(\boldsymbol{y})=\xi q_1+\eta q_2+(1-\xi-\eta)q_3 \tag{6.34}$$

将式(6.32)和式(6.34)代入式(6.33)，得

$$M(\widehat{\boldsymbol{\sigma}})=2A\mathrm{e}^{\mathrm{i}k(\boldsymbol{y}_c-\boldsymbol{y}_3)\cdot\widehat{\boldsymbol{\sigma}}}\int_0^1\int_0^{1-\xi}(q_{13}\xi+q_{23}\eta+q_3)\mathrm{e}^{-\mathrm{i}k\boldsymbol{T}_1\cdot\widehat{\boldsymbol{\sigma}}\xi-\mathrm{i}k\boldsymbol{T}_2\cdot\widehat{\boldsymbol{\sigma}}\eta}\,\mathrm{d}\eta\mathrm{d}\xi \tag{6.35}$$

其中，$q_{13}=q_1-q_3$ 和 $q_{23}=q_2-q_3$。定义

$$\alpha=2A\mathrm{e}^{\mathrm{i}k(\boldsymbol{y}_c-\boldsymbol{y}_3)\cdot\widehat{\boldsymbol{\sigma}}} \tag{6.36}$$

$$\beta=-\mathrm{i}k\boldsymbol{T}_1\cdot\widehat{\boldsymbol{\sigma}} \tag{6.37}$$

$$\gamma=-\mathrm{i}k\boldsymbol{T}_2\cdot\widehat{\boldsymbol{\sigma}} \tag{6.38}$$

显然，如果球面上的单位向量 $\widehat{\boldsymbol{\sigma}}$ 垂直于三角形单元，则 β、γ 和 $\beta-\gamma$ 全为零。因此，在计算解析表达式时，需要注意单位向量 $\widehat{\boldsymbol{\sigma}}$ 和三角形单元之间的关系。

如果单位向量 $\widehat{\boldsymbol{\sigma}}$ 不垂直于三角形单元，则β、γ 和 $\beta-\gamma$中不可能有两个同时为零。如果$\gamma=0$，则

$$M(\hat{\boldsymbol{\sigma}}) = \frac{\alpha}{b^3}[(2q_{13} - q_{23}) + (q_{13} - q_{23} - q_3)b - (q_{23}/2 + q_3)b^2 + (q_{13}b + q_3 b + q_{23} - 2q_{13})\mathrm{e}^b] \tag{6.39}$$

如果$\beta = 0$，则

$$M(\hat{\boldsymbol{\sigma}}) = \frac{\alpha}{\gamma^3}[(2q_{23} - q_{13}) + (q_{23} - q_{13} - q_3)\gamma - (q_{23}/2 + q_3)\gamma^2 + (q_{23}\gamma + q_3\gamma + q_{13} - 2q_{23})\mathrm{e}^\gamma] \tag{6.40}$$

如果$\beta - \gamma = 0$，则

$$M(\hat{\boldsymbol{\sigma}}) = \alpha\left\{a + \frac{b}{2} - \frac{q_{13}}{\beta^2}\left[1 + \mathrm{e}^\beta(\beta - 1)\right] + \frac{c}{\beta}\left(\mathrm{e}^\beta - 1\right)\right\} \tag{6.41}$$

如果 β、γ 和 $\beta - \gamma$ 全不为零，则相应的源点矩表达式为

$$M(\hat{\boldsymbol{\sigma}}) = \frac{b}{(\beta-\gamma)^2}\left\{\frac{b}{(\beta-\gamma)^2}\left[1 + \mathrm{e}^{\beta-\gamma}(\beta - \gamma - 1)\right] - \frac{q_{13}}{\beta^2}\left[1 + \mathrm{e}^\beta(\beta - 1)\right] + a\frac{\mathrm{e}^{\beta-\gamma} - 1}{\beta - \gamma} + c\frac{\mathrm{e}^\beta - 1}{\beta}\right\} \tag{6.42}$$

式(6.39)～式(6.42)中

$$a = (q_{23} + q_3 - q_{23}/\gamma)\mathrm{e}^\gamma/\gamma \tag{6.43}$$

$$b = (q_{13} - q_{23})\mathrm{e}^\gamma/\gamma \tag{6.44}$$

$$c = (q_{23}/\gamma - q_3)/\gamma \tag{6.45}$$

当单位向量 $\hat{\boldsymbol{\sigma}}$ 垂直于三角形单元，即$|\hat{\boldsymbol{\sigma}} \cdot \boldsymbol{n}| = 1$时，有

$$M(\hat{\boldsymbol{\sigma}}) = \alpha(q_{13} + q_{23} + 3q_3)/6 \tag{6.46}$$

由上面的分析可以看出，对于线性单元，高频快速多极子边界元方法的源点矩具有解析表达式，其计算精度较直接 Gauss 数值积分的计算精度应该更为准确[205]。同理，对于四边形单元，也可以推导出解析形式的源点矩。

快速多极子边界元方法一般使用常数单元，三角形常数单元的源点矩解析表达式如表 6.1 所示，其中q为常数单元上的物理量。

表 6.1　常数单元的源点矩解析

工况		源点矩$M(\hat{\boldsymbol{\sigma}})$
$\lvert\hat{\boldsymbol{\sigma}} \cdot \boldsymbol{n}\rvert = 1$		$\alpha q/2$
$\lvert\hat{\boldsymbol{\sigma}} \cdot \boldsymbol{n}\rvert \neq 1$	$\beta = 0$	$\alpha q(\mathrm{e}^\gamma - 1 - \gamma)/\gamma^2$
	$\gamma = 0$	$\alpha q(\mathrm{e}^\beta - 1 - \beta)/\beta^2$
	$\beta - \gamma = 0$	$\alpha q\,[\mathrm{e}^\gamma - (\mathrm{e}^\beta - 1)/\beta]/\gamma$
	$\beta\gamma(\beta - \gamma) \neq 0$	$\alpha q\frac{1}{\gamma}\left[\mathrm{e}^\gamma\frac{\mathrm{e}^{\beta-\gamma} - 1}{\beta - \gamma} - \frac{1}{\beta}(\mathrm{e}^\beta - 1)\right]$

6.3.2.2 球面插值

源点矩的上行传递过程中，积分点数会变多，需要由已计算得出的源点矩插值得到对应父级积分点上的源点矩。相反，本地展开系数下行传递中，积分点数会变少，需要由已计算得出的本地展开系数插值得到对应子级积分点上的本地展开系数。

球谐和函数式Y_n^m是球面上一组完备、独立的正交基，任意球面上的函数$f(\theta,\phi)$均可用此组基进行展开，即

$$f(\theta,\phi)=\sum_{n=0}^{\infty}\sum_{m=-n}^{n}f_n^m\mathrm{Y}_n^m(\theta,\phi) \tag{6.47}$$

高频快速多极子边界元方法中的源点矩和本地展开系数是定义在球面上的函数，它们的插值变换是一种基于谱变换的方法。该方法首先利用函数在已知离散点的数值，求出此函数在正交基上的投影系数f_n^m，再以所求的投影系数计算出在其他离散点处的函数值。

假设函数$f(\theta,\phi)$是有限带宽的(即高阶频率成分可以忽略)，式(6.47)可以表示为

$$f(\theta,\phi)=\sum_{n=0}^{N}\sum_{m=-n}^{n}f_n^m\mathrm{Y}_n^m(\theta,\phi) \tag{6.48}$$

令其在单位球面上的离散点为$(\theta_{l'},\phi_l)$，对应的函数值为$f(\theta_{l'},\phi_l)$，其中$l'=0,1,\cdots,L'-1$; $l=0,1,\cdots,L-1$。根据正交性，投影系数为

$$f_n^m=\int_{\boldsymbol{\sigma}_1}f(\theta,\phi)\mathrm{Y}_n^{-m}(\theta,\phi)\mathrm{d}\sigma \tag{6.49}$$

其中，$\boldsymbol{\sigma}_1$为单位球面。积分应该在离散点上计算，为了快速精确地计算，离散点$(\theta_{l'},\phi_l)$及其个数L'和L根据展开项数N进行适当选取。将式(6.47)代入式(6.49)，可知式(6.49)中系数f_n^m的准确计算由如下积分的正确性决定，即

$$\int_{\boldsymbol{\sigma}_1}\mathrm{Y}_n^{-m}(\theta,\phi)\mathrm{Y}_{n'}^{m'}(\theta,\phi)\mathrm{d}\sigma_1=\delta_{mm'}\delta_{nn'},\quad |m|\leqslant n,|m'|\leqslant n',0\leqslant n,n'\leqslant N \tag{6.50}$$

参考球谐和函数的定义(2.56)，由于θ、ϕ相互独立，可知f_n^m正确性由如下两个积分共同决定：

$$\delta_{mm'}=\frac{1}{2\pi}\int_0^{2\pi}\mathrm{e}^{\mathrm{i}(m'-m)\phi}\,\mathrm{d}\phi \tag{6.51}$$

$$\delta_{nn'} = \int_0^{\pi} \overline{\mathrm{P}_n^m}(\cos\theta)\overline{\mathrm{P}_{n'}^{m'}}(\cos\theta)\sin\theta\,\mathrm{d}\theta = \int_{-1}^{1} \overline{\mathrm{P}_n^m}(x)\overline{\mathrm{P}_{n'}^{m'}}(x)\mathrm{d}x \tag{6.52}$$

由文献[206]的分析可知，采用L点矩形求积公式，当 $L \geqslant |m| + |m'| + 1$时，可以精确计算 $\delta_{mm'}$。由归一化连带 Legendre 函数的定义可知，当m为偶数时，$\overline{\mathrm{P}_n^m}(x)$是关于$x$的$n$阶多项式；当$m$为奇数时，$\overline{\mathrm{P}_n^m}(x)$是关于$x$的$n-1$阶多项式乘上$\sqrt{1-x^2}$。因此，当 $m = m'$ 时，$\overline{\mathrm{P}_n^m}(x)\overline{\mathrm{P}_{n'}^{m'}}(x)$是一个关于$x$的$n+n'$阶多项式。根据定理，$L'$点 Gauss-Legendre 积分可以精确积分 $2L'-1$ 阶多项式。如果在θ方向采用L'点 Gauss-Legendre 积分，且$2L'-1 \geqslant n+n'$，则当 $m = m'$时，式(6.52)可以被精确积分。这里关于$\overline{\mathrm{P}_n^m}(x)\overline{\mathrm{P}_{n'}^{m'}}(x)$的积分没有考虑$m \neq m'$的情况，因为此时在精确积分下式(6.51)为零。

综上分析，考虑 n 和 n' 的取值范围和计算效率，在 ϕ 方向上采用$2N+2$点矩形积分公式，在 θ 方向采用 $N+1$ 点 Gauss-Legendre 积分。从而$L = 2N+2$，$L' = N+1$，并且$\phi_l = \pi l/(N+1)$，$\theta_{l'} = \cos\mu_{l'}$ 其中$\mu_{l'}$是在区间$(-1, 1)$的第l' 个 Gauss-Legendre 积分点。在上述积分离散下，投影系数f_n^m由式(6.53)计算得到

$$f_n^m = \frac{2\pi}{2N+2}\sum_{l'=0}^{N}\sum_{l=0}^{2N+1} w_{l'} f(\theta_{l'},\phi_l)\mathrm{Y}_n^{-m}(\theta_{l'},\phi_l) \tag{6.53}$$

其中，$w_{l'}$是第 l' 个 Gauss-Legendre 积分点上的权重。得到所有的投影系数 f_n^m后，其他离散点处$(\tilde{\theta}_{t'},\tilde{\phi}_t)$的函数值为

$$f(\tilde{\theta}_{t'},\tilde{\phi}_t) = \sum_{n=0}^{N}\sum_{m=-n}^{n} f_n^m \mathrm{Y}_n^m(\tilde{\theta}_{t'},\tilde{\phi}_t) \tag{6.54}$$

基于谱变换的插值方法，首先需要求出全部投影系数(由式(6.53))，然后计算其他点处的函数值(由式(6.54))。直接计算的复杂度较高，通过适当的过程变化，可以更高效地计算插值。因为θ方向和ϕ方向是相互独立的，所以在计算中可以分别处理。

整个插值过程分为如下四步：

(1) 计算ϕ方向的求和。因为是等间距分布的，所以采用离散 Fourier 变换，对于特定的 $\theta_{l'}$ 和 m，有

$$f^m(\theta_{l'}) = \frac{\sqrt{2\pi}}{2N+2}\sum_{l=0}^{2N+1} f(\theta_{l'},\phi_l)\mathrm{e}^{-\mathrm{i}m\phi_l}, \quad l' = 0,1,\cdots,N \tag{6.55}$$

显然，式(6.55)可以通过快速 Fourier 变换加速计算。

离散 Fourier 变换的具体形式多样，分别定义 L 点离散 Fourier 变换$\mathcal{F}_L$及其逆变换$\mathcal{F}_L^{-1}$为

$$X(m) = \frac{1}{L}\sum_{l=0}^{L-1} x(l)\mathrm{e}^{-\mathrm{i}ml\frac{2\pi}{L}} = \mathcal{F}_L\big(x(:)\big)(m), \quad m = 0,1,\cdots,L-1 \tag{6.56}$$

$$x(l) = \sum_{m=0}^{L-1} X(m)\mathrm{e}^{\mathrm{i}ml\frac{2\pi}{L}} = \mathcal{F}_L^{-1}\big(X(:)\big)(l), \quad l = 0,1,\cdots,L-1 \tag{6.57}$$

参考式(6.55)，令

$$X(m) = \sqrt{2\pi}\mathcal{F}_{2N+2}\big(f(\theta_{l'},:)\big)(m), \quad m = 0,1,\cdots,2N+1 \tag{6.58}$$

由于式(6.55)中m的取值范围为$-N,\cdots,0,\cdots,N$，利用离散 Fourier 变换的周期性，可得

$$\begin{aligned} f^m(\theta_{l'}) &= X(m), \quad m = 0,1,\cdots,N, \\ f^m(\theta_{l'}) &= X(m+2N+2), \quad m = -N,-N+1,\cdots,-1 \end{aligned} \tag{6.59}$$

其中，$X(N+1)$的值没有使用。可以使用快速离散 Fourier 变换加速计算，因此计算效率比直接方法计算效率高。

(2) 对$f^m(\theta_{l'})$，沿θ方向采用 Gauss-Legendre 积分，计算投影系数，即

$$f_n^m = \sum_{l'=0}^{N} w_{l'} f^m(\theta_{l'})\overline{\mathrm{P}_n^m}(\mu_{l'}), \quad |m| \leqslant n, 0 \leqslant n \leqslant N \tag{6.60}$$

(3) 根据所得的投影系数，计算其他点处的函数值。假设 θ 方向的离散个数为T'，ϕ方向的离散个数为T，这两个方向的个数是任意的，可以比之前的离散数目多，也可以比之前的离散数目少。因为$\sum_{n=0}^{N}\sum_{m=-n}^{n} = \sum_{m=-N}^{N}\sum_{n=|m|}^{N}$，首先沿$\theta$方向计算有

$$f^m(\tilde{\theta}_{t'}) = \sum_{n=|m|}^{N} f_n^m \overline{\mathrm{P}_n^m}(\tilde{\mu}_{t'}), \quad t' = 0,1,\cdots,T'-1 \tag{6.61}$$

(4) 沿ϕ方向求和，即

$$f(\tilde{\theta}_{t'},\tilde{\phi}_t) = \frac{1}{\sqrt{2\pi}}\sum_{m=-N}^{N} f^m(\tilde{\theta}_{t'})\mathrm{e}^{\mathrm{i}m\tilde{\phi}_t}, \quad t = 0,1,\cdots,T-1 \tag{6.62}$$

其中，$\tilde{\phi}_t = 2\pi t/T$。同样，式(6.62)也可以采用离散 Fourier 变换。为了利用 Fourier 逆变换(6.57)，根据离散 Fourier 级数的周期性，有

$$
\begin{aligned}
f\left(\tilde{\theta}_{l'},\tilde{\phi}_{t'}\right) &= \frac{1}{\sqrt{2\pi}}\left(\sum_{m=-N}^{-1} f^m\left(\tilde{\theta}_{t'}\right)\mathrm{e}^{\mathrm{i}m\tilde{\phi}_t} + \sum_{m=0}^{N} f^m\left(\tilde{\theta}_{t'}\right)\mathrm{e}^{\mathrm{i}m\tilde{\phi}_t}\right) \\
&= \frac{1}{\sqrt{2\pi}}\left(\sum_{m=-N+\kappa T}^{-1+\kappa T} f^{m-\kappa T}\left(\tilde{\theta}_{t'}\right)\mathrm{e}^{\mathrm{i}m\tilde{\phi}_t} + \sum_{m=0}^{N} f^m\left(\tilde{\theta}_{t'}\right)\mathrm{e}^{\mathrm{i}m\tilde{\phi}_t}\right)
\end{aligned} \tag{6.63}
$$

其中，κ是一自然数且满足$-N+\kappa T \geqslant N+1$。定义数组为

$$
X(m) = \begin{cases} f^m\left(\tilde{\theta}_{t'}\right), & m = 0,1,\cdots,N \\ 0, & m = N+1, N+2,\cdots,\kappa T - N - 1 \\ f^{m-\kappa T}\left(\tilde{\theta}_{t'}\right), & m = \kappa T - N,\cdots,\kappa T - 1 \end{cases} \tag{6.64}
$$

即进行了周期延拓和补零操作，则根据 Fourier 逆变换的定义式(6.57)和式(6.64)，式(6.63)最终可表示为

$$
f\left(\tilde{\theta}_{t'},\tilde{\phi}_t\right) = \frac{1}{\sqrt{2\pi}}\mathcal{F}_{\kappa T}^{-1}\left(X(:)\right)(t), \quad t = 0,1,\cdots,T-1 \tag{6.65}
$$

将步骤(2)和步骤(3)合并，并且交换求和顺序得

$$
f^m\left(\tilde{\theta}_{t'}\right) = \sum_{l'=0}^{N-1} w_{l'} f^m(\theta_{l'}) \sum_{n=|m|}^{N} \overline{\mathrm{P}_n^m}(\tilde{\mu}_{t'})\overline{\mathrm{P}_n^m}(\mu_{l'}) \tag{6.66}
$$

对其中的连带 Legendre 函数使用 Christoffel-Darboux 公式有

$$
\sum_{n=|m|}^{N} \overline{\mathrm{P}_n^m}(\tilde{\mu}_{t'})\overline{\mathrm{P}_n^m}(\mu_{l'}) = \frac{\varepsilon_{N+1}^m}{\tilde{\mu}_{t'} - \mu_{l'}}\left[\overline{\mathrm{P}_{N+1}^m}(\tilde{\mu}_{t'})\overline{\mathrm{P}_N^m}(\mu_{l'}) - \overline{\mathrm{P}_N^m}(\tilde{\mu}_{t'})\overline{\mathrm{P}_{N+1}^m}(\mu_{l'})\right] \tag{6.67}
$$

其中，参数ε_n^m定义为

$$
\varepsilon_n^m = \sqrt{(n^2 - m^2)(4n^2 - 1)} \tag{6.68}
$$

将式(6.67)代入式(6.66)，得

$$
\begin{aligned}
f^m\left(\tilde{\theta}_{t'}\right) &= \sum_{l'=0}^{N-1} w_{l'} f^m(\theta_{l'})\varepsilon_{N+1}^m \frac{\overline{\mathrm{P}_{N+1}^m}(\tilde{\mu}_{t'})\overline{\mathrm{P}_N^m}(\mu_{l'}) - \overline{\mathrm{P}_N^m}(\tilde{\mu}_{t'})\overline{\mathrm{P}_{N+1}^m}(\mu_{l'})}{\tilde{\mu}_{t'} - \mu_{l'}} \\
&= \varepsilon_{N+1}^m \left\{\overline{\mathrm{P}_{N+1}^m}(\tilde{\mu}_{t'}) \sum_{l'=0}^{N-1} \frac{w_{l'} f^m(\theta_{l'})\overline{\mathrm{P}_N^m}(\mu_{l'})}{\tilde{\mu}_{t'} - \mu_{l'}}\right.
\end{aligned}
$$

$$-\overline{\mathrm{P}_N^m}(\tilde{\mu}_{l'})\sum_{l'=0}^{N-1}\frac{w_{l'}f^m(\theta_{l'})\overline{\mathrm{P}_{N+1}^m}(\mu_{l'})}{\tilde{\mu}_{t'}-\mu_{l'}}\Bigg\} \tag{6.69}$$

其中形如

$$f(x)=\sum_{n=0}^{N-1}\frac{a_n}{x-x_n} \tag{6.70}$$

的求和运算，可由一维快速多极子方法进一步加速获得[207,208]。

6.4 高频快速多极子边界元方法数值算例

本节给出数值算例来验证高频快速多极子边界元方法的正确性和效率。暂不给出关于求解非唯一性的数值算例，留在 6.5 节和低频快速多极子边界元方法一起比较和分析。所有算例均使用 FORTRAN 95 编写，在英特尔酷睿 2(计算中只使用一个核)、主频 2.2GHz、内存 6GB 的计算机上完成。声学媒质为空气，声速为340m/s，密度1.25kg/m^3。快速多极子边界元方法使用 GMRES 迭代求解器，求解误差设为10^{-4}，求解中使用左对角块预处理技术改善矩阵的条件数，加速收敛过程。

6.4.1 刚性球声散射

首先分析具有解析解的刚硬球声散射问题，验证算法的正确性。球的半径$a=1$m，一单位幅值平面波沿$+x$方向传播，频率满足$ka=20$。采用 6 种不同网格，离散三角形单元数从 3888 到 607500 不等。为避免数值不稳定，树状结构中叶子栅格最大允许单元数随模型网格自由度增大而增大，见表 6.2。

表 6.2 树状结构参数及迭代求解次数

自由度	栅格允许单元数	树状结构深度	迭代次数
3888	20	4	16
14700	20	5	14
30000	20	6	14
50700	20	6	14
120000	30	7	14
307200	30	7	14
607500	50	7	14

将 6.3.2 节中的高频快速多极子边界元方法与文献[112]中的原始算法及解析

法比较。图 6.11 给出了高频快速多极子边界元方法相对于原始算法和解析解的无穷范数(L_∞)、2-范数(L_2)的相对误差。可以看出，当离散单元数大于 14700 时，高频快速边界元方法在 2-范数意义下已经收敛到指定的误差10^{-4}，但无穷范数误差表明仍需加密网格以满足相同的精度要求。

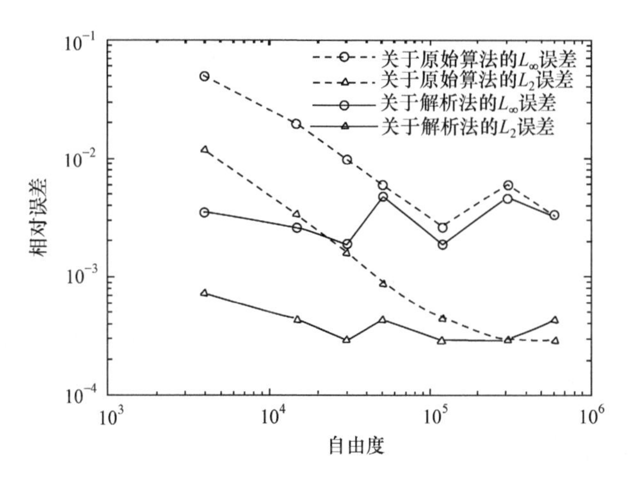

图 6.11　不同离散自由度的无穷范数和 2-范数的相对误差

进一步分析源点矩计算对整体求解效率的影响。高频快速多极子边界元方法分别使用直接源点矩和解析源点矩，求解时间随自由度变化的曲线如图 6.12 所示。可以看出，解析法计算源点矩可以提高 40%的计算效率。由图 6.13 可以看出，解析源点矩对算法整体计算精度并没有显著的影响，表明虽然解析法可以提高源点

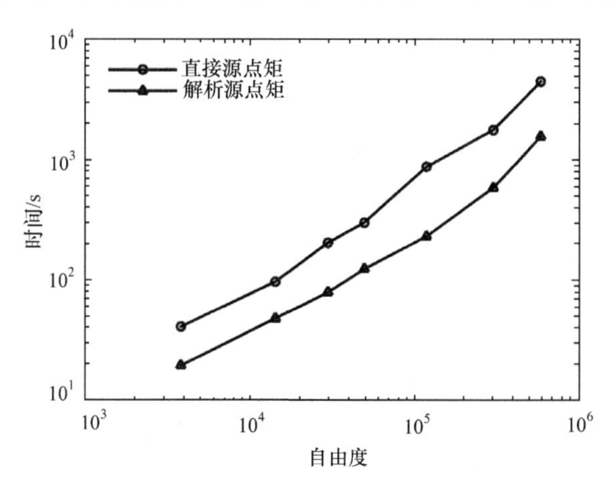

图 6.12　使用不同源点矩的高频快速多极子边界元方法的求解时间

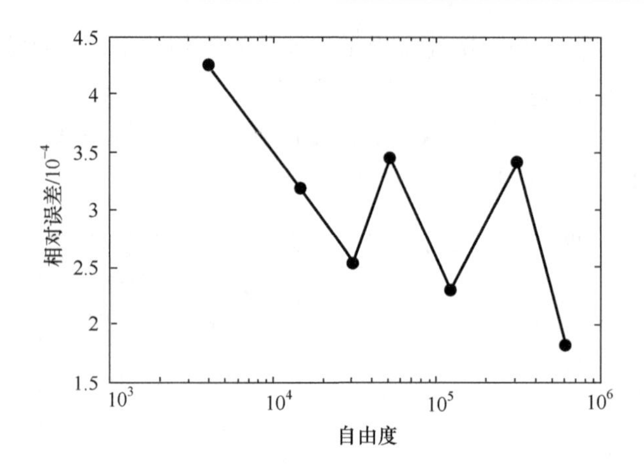

图 6.13　解析源点矩和直接源点矩的求解相对误差

矩的计算效率和计算精度，但并不能保证整体求解精度的提高，因为多极子展开法主要是计算远场的贡献，而近场的贡献仍由直接数值法计算。

6.4.2　多球体声辐射

如图 6.14 所示，7 个球体做同相脉动声辐射，模型特征长度为 30，离散三角形单元数从 4320 到 541908 不等。随着网格的加密，求解过程应该收敛于精确解。以 601687 个离散单元下的解作为参考解，随着网格的加密，边界元数值计算结果关于参考解的相对误差具有很好的收敛性，如图 6.15 所示。图 6.16 给出了不同离散自由度下的求解时间，正比于$O(N\lg N)$。表 6.3 给出了模型离散自由度、树状结构深度和迭代次数。

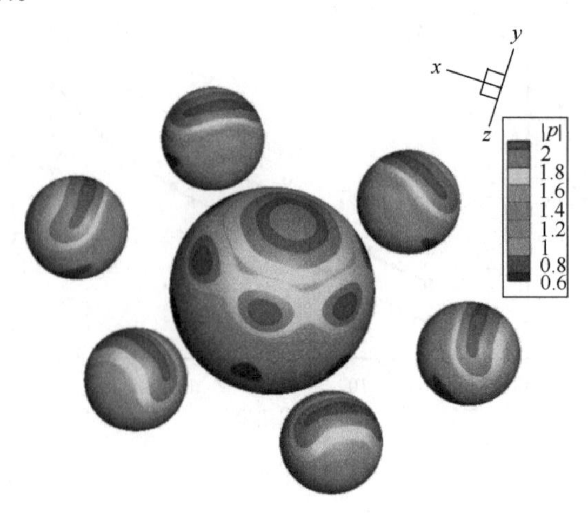

图 6.14　多脉动球体声辐射

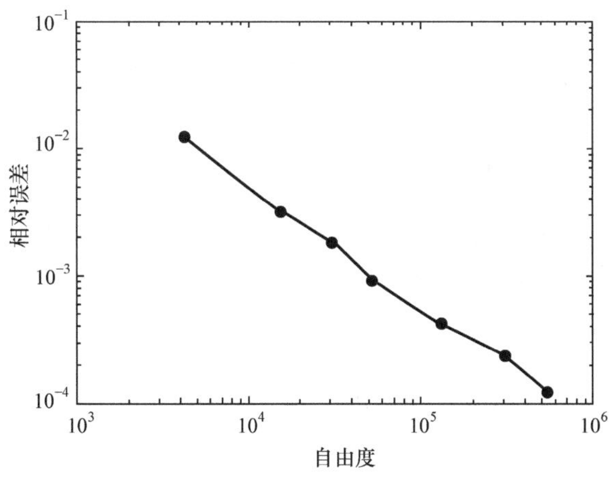

图 6.15　多脉动球体声辐射的求解收敛性

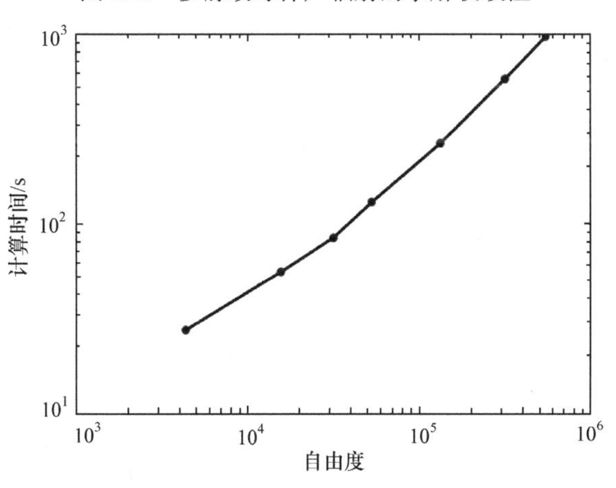

图 6.16　求解时间

表 6.3　树状结构参数及迭代求解次数

自由度	模型离散自由度	树状结构深度	迭代次数
4320	10	5	23
15624	10	6	19
31500	10	7	18
52920	10	7	18
132276	10	8	17
312120	10	8	17
541908	25	8	16

6.5　低频快速多极子边界元方法

6.5.1　Green 函数的多极子展开式

6.3 节推导了 Green 函数在满足条件$|\boldsymbol{x}| > |\boldsymbol{y}|$时的 Gegenbauer 展开式(6.4)。在源点附近某点展开，即满足$|\boldsymbol{x}-\boldsymbol{y}_c| > |\boldsymbol{y}-\boldsymbol{y}_c|$，三维自由空间 Green 函数的 Gegenbauer 展开式为[162]

$$G(\boldsymbol{x},\boldsymbol{y}) = \frac{\mathrm{i}k}{4\pi}\sum_{n=0}^{\infty}(2n+1)\mathrm{j}_n(k|\boldsymbol{y}-\boldsymbol{y}_c|)\mathrm{h}_n(k|\boldsymbol{x}-\boldsymbol{y}_c|)\mathrm{P}_n\left(\frac{\boldsymbol{y}-\boldsymbol{y}_c}{|\boldsymbol{y}-\boldsymbol{y}_c|}\frac{\boldsymbol{x}-\boldsymbol{y}_c}{|\boldsymbol{x}-\boldsymbol{y}_c|}\right) \tag{6.71}$$

以场点附近的某点展开，即$|\boldsymbol{y}-\boldsymbol{x}_c| > |\boldsymbol{x}-\boldsymbol{x}_c|$，相应的 Gegenbauer 展开式为

$$G(\boldsymbol{x},\boldsymbol{y}) = \frac{\mathrm{i}k}{4\pi}\sum_{n=0}^{\infty}(2n+1)\mathrm{j}_n(k|\boldsymbol{x}-\boldsymbol{x}_c|)\mathrm{h}_n(k|\boldsymbol{y}-\boldsymbol{x}_c|)\mathrm{P}_n\left(\frac{\boldsymbol{x}-\boldsymbol{x}_c}{|\boldsymbol{x}-\boldsymbol{x}_c|}\frac{\boldsymbol{y}-\boldsymbol{x}_c}{|\boldsymbol{y}-\boldsymbol{x}_c|}\right) \tag{6.72}$$

将 Legendre 加法公式分别代入式(6.71)和式(6.72)，得

$$G(\boldsymbol{x},\boldsymbol{y}) = \mathrm{i}k\sum_{n=0}^{\infty}\sum_{m=-n}^{n} I_n^m(k,\boldsymbol{x},\boldsymbol{y}_c)\,O_n^{-m}(k,\boldsymbol{y},\boldsymbol{y}_c),\quad |\boldsymbol{x}-\boldsymbol{y}_c| > |\boldsymbol{y}-\boldsymbol{y}_c| \tag{6.73}$$

$$G(\boldsymbol{x},\boldsymbol{y}) = \mathrm{i}k\sum_{n=0}^{\infty}\sum_{m=-n}^{n} I_n^m(k,\boldsymbol{y},\boldsymbol{x}_c)O_n^{-m}(k,\boldsymbol{x},\boldsymbol{x}_c),\quad |\boldsymbol{y}-\boldsymbol{x}_c| > |\boldsymbol{x}-\boldsymbol{x}_c| \tag{6.74}$$

其中，函数O_n^m和I_n^m的表达式为

$$O_n^m(k,\boldsymbol{y},\boldsymbol{y}_c) = \mathrm{j}_n(k|\boldsymbol{y}-\boldsymbol{y}_c|)\mathrm{Y}_n^m\left(\frac{\boldsymbol{y}-\boldsymbol{y}_c}{|\boldsymbol{y}-\boldsymbol{y}_c|}\right) \tag{6.75}$$

$$I_n^m(k,\boldsymbol{x},\boldsymbol{y}_c) = \mathrm{h}_n(k|\boldsymbol{x}-\boldsymbol{y}_c|)\mathrm{Y}_n^m\left(\frac{\boldsymbol{x}-\boldsymbol{y}_c}{|\boldsymbol{x}-\boldsymbol{y}_c|}\right) \tag{6.76}$$

根据球谐和函数Y_n^m的定义，显然有$O_n^{m*} = O_n^{-m}$。事实上，O_n^m和I_n^m是球坐标系下 Helmholtz 微分方程的内部声学问题和外部声学问题的基本解。即在球坐标系下，对于内部声学问题，任意声场可以表示成O_n^m函数的级数，反之，则可以表示成I_n^m函数的级数。

式(6.73)和式(6.74)是低频多极子展开式的两个重要理论公式，在算法实现中需要截断，式(6.10)也可以用于低频快速多极子展开项数的选定。虽然函数I_n^m包含n阶球 Hankel 函数h_n，在$n\to\infty$或$k|\boldsymbol{x}-\boldsymbol{y}_c|\to 0$时，函数$|I_n^m(k,\boldsymbol{x},\boldsymbol{y}_c)|\to\infty$，但同时函数$|O_n^m(k,\boldsymbol{y},\boldsymbol{y}_c)|\to 0$，且其下降速率大于$|I_n^m(k,\boldsymbol{x},\boldsymbol{y}_c)|$的增长速率，从而保证了低频多极子展开式的收敛性。

6.5.2 低频快速多极子边界元算法

以单层势即式(4.5)为例，详细阐述低频快速多极子边界元算法的源点矩计算、源点矩转移、源点矩至本地展开转移及本地展开转移的理论。多极子传递示意如图 6.9 所示，源点和场点及其相应展开点均满足展开条件。

将多极子展开式(6.73)代入式(4.5)，得

$$\mathcal{S}^{\Delta S}(\boldsymbol{x}) = \mathrm{i}k \sum_{n=0}^{\infty} \sum_{m=-n}^{n} I_n^m(k, \boldsymbol{x}, \boldsymbol{y}_c)\, M_n^{-m}(k, \boldsymbol{y}_c) \tag{6.77}$$

其中，$M_n^m(k, \boldsymbol{y}_c)$是以$\boldsymbol{y}_c$为展开中心的源点矩，定义为

$$M_n^m(k, \boldsymbol{y}_c) = \int_{\Delta S} O_n^m(k, \boldsymbol{y}, \boldsymbol{y}_c)\, q(\boldsymbol{y}) \mathrm{d}S(\boldsymbol{y}) \tag{6.78}$$

可见源点矩$M_n^m(k, \boldsymbol{y}_c)$与场点无关，一旦求出，对于任意距单元$\Delta S$足够远的场点$\boldsymbol{x}$，单层势均可由式(6.77)直接求出，无须重复计算$M_n^m(k, \boldsymbol{y}_c)$。低频源点矩(6.78)，不存在解析的计算方法，一般采用 Gauss 积分法计算。但对于常数单元，可以利用函数O_n^m的反对称性减少源点矩的计算量。在不引入$q(\boldsymbol{y})$的情况下，仅计算$0 \leqslant m \leqslant n$，其余的指数$m$由如下反对称性得到

$$M_n^{-m}(k, \boldsymbol{y}_c) = M_n^m(k, \boldsymbol{y}_c)^*, \quad 1 \leqslant m \leqslant n \tag{6.79}$$

最后将常量$q(\boldsymbol{y})$乘上源点矩$M_n^m(k, \boldsymbol{y}_c)$，得到如式(6.78)所示的完整计算结果。同样，双层势也可以使用此法减少计算量。

当展开中心转移到邻近的位置$\boldsymbol{y}_{c'}$时，关于新展开中心的源点矩可由已计算的源点矩转移得到[96]，即

$$M_n^m(k, \boldsymbol{y}_{c'}) = \sum_{n'=0}^{\infty} \sum_{m'=-n'}^{n'} (M|M)_{n',n}^{m',m}(k, \boldsymbol{t})\, M_{n'}^{m'}(k, \boldsymbol{y}_c) \tag{6.80}$$

其中，$\boldsymbol{t}$为传递向量，定义为

$$\boldsymbol{t} = \boldsymbol{y}_c - \boldsymbol{y}_{c'} \tag{6.81}$$

源点矩传递系数$(M|M)_{n',n}^{m',m}(k, \boldsymbol{t})$仅与两展开点之间的相对位置$\boldsymbol{t}$有关。传递系数通过如下公式计算[96]，即

$$(M|M)_{n',n}^{m',m}(k, \boldsymbol{t}) = \sum_{l=0}^{(n+n'-|n-n'|)/2} W_{|n-n'|+2l, n', n}^{m-m', m, m'}\, O_{|n-n'|+2l}^{m-m'}(k, \boldsymbol{t}) \tag{6.82}$$

其中，参数W为

$$W_{n'',n',n}^{m'',m',m}=4\pi m''\varepsilon_{-m'}\varepsilon_m \mathrm{i}^{n''+n'-n}\times\left[\frac{(2n''+1)(2n'+1)(2n+1)}{4\pi}\right]^{\frac{1}{2}}\begin{pmatrix}n'' & n' & n\\ 0 & 0 & 0\end{pmatrix}\begin{pmatrix}n'' & n' & n\\ m'' & -m' & m\end{pmatrix} \tag{6.83}$$

其中，$\begin{pmatrix}* & * & *\\ * & * & *\end{pmatrix}$表示 Winger-3j 符号，$\varepsilon_m=\begin{cases}(-1)^m, & m>0\\ 1, & m\leqslant 0\end{cases}$。将源点矩转移到新的展开点$\boldsymbol{y}_{c'}$后，单层势可表示为

$$\mathcal{S}^{\Delta S}(\boldsymbol{x})=\mathrm{i}k\sum_{n=0}^{\infty}\sum_{m=-n}^{n}I_n^m(k,\boldsymbol{x},\boldsymbol{y}_{c'})\,M_n^{-m}(k,\boldsymbol{y}_{c'}) \tag{6.84}$$

在满足展开条件下，级数(6.73)是绝对收敛的，对其进行任意次微分不会改变其收敛半径。由基本解的微分公式可知，函数$I_n^m(k,\boldsymbol{x},\boldsymbol{y}_c)$可由$I_0^0(k,\boldsymbol{x},\boldsymbol{y})$多次微分得到，且 Green 函数$G(\boldsymbol{x},\boldsymbol{y})=\mathrm{i}k\sqrt{1/(4\pi)}\,I_0^0(k,\boldsymbol{x},\boldsymbol{y})$。因此，$I_n^m$可以展开成$O_n^m$的级数，即

$$I_n^m(k,\boldsymbol{x},\boldsymbol{y}_{c'})=\sum_{n'=0}^{\infty}\sum_{m'=-n'}^{n'}(M|L)_{n',n}^{m',m}(k,\boldsymbol{t})\,O_{n'}^{m'}(k,\boldsymbol{x},\boldsymbol{x}_{c'}) \tag{6.85}$$

当满足$\boldsymbol{x}-\boldsymbol{y}_{c'}=(\boldsymbol{x}-\boldsymbol{x}_{c'})+(\boldsymbol{x}_{c'}-\boldsymbol{y}_{c'})$，且$|\boldsymbol{x}-\boldsymbol{x}_{c'}|<\boldsymbol{t}$时，传递向量$\boldsymbol{t}$定义为

$$\boldsymbol{t}=\boldsymbol{x}_{c'}-\boldsymbol{y}_{c'} \tag{6.86}$$

将式(6.85)代入式(6.73)，得

$$G(\boldsymbol{x},\boldsymbol{y})=\mathrm{i}k\sum_{n=0}^{\infty}\sum_{m=-n}^{n}\sum_{n'=0}^{\infty}\sum_{m'=-n'}^{n'}(M|L)_{n',n}^{m',m}(k,\boldsymbol{t})\,O_{n'}^{m'}(k,\boldsymbol{x},\boldsymbol{x}_{c'})O_n^{-m}(k,\boldsymbol{y},\boldsymbol{y}_{c'}) \tag{6.87}$$

式(6.87)需要满足两个条件，即$|\boldsymbol{x}-\boldsymbol{x}_{c'}|<\boldsymbol{t}$和$|\boldsymbol{y}-\boldsymbol{y}_{c'}|<|\boldsymbol{x}-\boldsymbol{y}_{c'}|$。利用传递系数$(M|L)_{n',n}^{m',m}(k,\boldsymbol{t})$的对称性[136]，即

$$(M|L)_{n',n}^{m',m}(k,\boldsymbol{t})=(M|L)_{n,n'}^{-m,-m'}(k,-\boldsymbol{t}) \tag{6.88}$$

将式(6.88)代入式(6.87)，因其绝对收敛，所以可交换求和顺序，并令$m'=-m'$，$m=-m$，得

$$G(\boldsymbol{x},\boldsymbol{y})=\mathrm{i}k\sum_{n'=0}^{\infty}\sum_{m'=-n'}^{n'}\left[\sum_{n=0}^{\infty}\sum_{m=-n}^{n}(M|L)_{n,n'}^{m,m'}(k,-\boldsymbol{t})\,O_n^m(k,\boldsymbol{y},\boldsymbol{y}_{c'})\right]O_{n'}^{-m'}(k,\boldsymbol{x},\boldsymbol{x}_{c'}) \tag{6.89}$$

比较式(6.89)与式(6.74)，可以看出

$$I_{n'}^{m'}(k,\boldsymbol{y},\boldsymbol{x}_{c'})=\sum_{n=0}^{\infty}\sum_{m=-n}^{n}(M|L)_{n,n'}^{m,m'}(k,\boldsymbol{t})\,O_n^m(k,\boldsymbol{y},\boldsymbol{y}_{c'}) \tag{6.90}$$

其中，$\boldsymbol{t}$的方向与式(6.86)中的相反，为

$$\boldsymbol{t}=\boldsymbol{y}_{c'}-\boldsymbol{x}_{c'} \tag{6.91}$$

将式(6.89)代入单层势即式(4.5)，得

$$\mathcal{S}^{\Delta S}(\boldsymbol{x})=\mathrm{i}k\sum_{n=0}^{\infty}\sum_{m=-n}^{n}O_n^{-m}(k,\boldsymbol{x},\boldsymbol{x}_{c'})\,L_n^m(k,\boldsymbol{x}_{c'}) \tag{6.92}$$

其中本地展开系数L_n^m由源点矩转换得到，为

$$L_n^m(k,\boldsymbol{x}_{c'})=\sum_{n'=0}^{\infty}\sum_{m'=-n'}^{n'}(M|L)_{n',n}^{m',m}(k,\boldsymbol{t})\,M_{n'}^{m'}(k,\boldsymbol{y}_{c'}) \tag{6.93}$$

式(6.93)即源点矩至本地展开转移公式，其中传递系数由式(6.94)计算：

$$(M|L)_{n',n}^{m',m}(k,\boldsymbol{t})=\sum_{l=0}^{(n+n'-|n-n'|)/2}W_{|n-n'|+2l,n',n}^{m-m',m,m'}\,I_{|n-n'|+2l}^{m-m'}(k,\boldsymbol{t}) \tag{6.94}$$

当本地展开系数转移到新的邻近点$\boldsymbol{x}_c$时，式(6.92)可重新表示为

$$\mathcal{S}^{\Delta S}(\boldsymbol{x})=\mathrm{i}k\sum_{n=0}^{\infty}\sum_{m=-n}^{n}O_n^{-m}(k,\boldsymbol{x},\boldsymbol{x}_c)\,L_n^m(k,\boldsymbol{x}_c) \tag{6.95}$$

其中，以$\boldsymbol{x}_c$为中心的本地展开系数由以$\boldsymbol{x}_{c'}$为中心的展开系数转换而来。参考式(6.80)，可得

$$O_n^{-m}(k,\boldsymbol{x},\boldsymbol{x}_{c'})=\sum_{n'=0}^{\infty}\sum_{m'=-n'}^{n'}(M|M)_{n',n}^{m',-m}(k,\boldsymbol{t})\,O_{n'}^{m'}(k,\boldsymbol{x},\boldsymbol{x}_c) \tag{6.96}$$

其中，传递向量$\boldsymbol{t}=\boldsymbol{x}_c-\boldsymbol{x}_{c'}$。进一步，在式(6.96)中，令$m'=-m'$，并利用传递系数的对称性即式(6.88)，得

$$O_n^{-m}(k,\boldsymbol{x},\boldsymbol{x}_{c'})=\sum_{n'=0}^{\infty}\sum_{m'=-n'}^{n'}(M|M)_{n,n'}^{m,m'}(k,-\boldsymbol{t})\,O_{n'}^{-m'}(k,\boldsymbol{x},\boldsymbol{x}_c) \tag{6.97}$$

将式(6.97)代入式(6.92)并交换求和顺序，得

$$\mathcal{S}^{\Delta S}(\boldsymbol{x}) = \mathrm{i}k \sum_{n'=0}^{\infty} \sum_{m'=-n'}^{n'} O_{n'}^{-m'}(k, \boldsymbol{x}, \boldsymbol{x}_c) \sum_{n=0}^{\infty} \sum_{m=-n}^{n} (M|M)_{n,n'}^{m,m'}(k, -\boldsymbol{t})\, L_n^m(k, \boldsymbol{x}_{c'}) \tag{6.98}$$

与式(6.95)比较，可知本地展开系数的转移公式为[96]

$$L_n^m(k, \boldsymbol{x}_c) = \sum_{n'=0}^{\infty} \sum_{m'=-n'}^{n'} (M|M)_{n',n}^{m',m}(k, \boldsymbol{t})\, L_{n'}^{m'}(k, \boldsymbol{x}_{c'}) \tag{6.99}$$

其中传递向量定义为

$$\boldsymbol{t} = \boldsymbol{x}_{c'} - \boldsymbol{x}_c \tag{6.100}$$

可以看出，本地展开转移和源点矩转移的方法是相同的，可以共用相同的传递系数，但要注意两种转移方法所使用的传递系数是对称的，但不完全相等。单层势的最终结果由式(6.95)给出，其他 3 个算子同单层势一样，具有相同的源点矩转移、源点矩至本地展开转移和本地展开转移。但是其他几个算子，需要对函数$O_n^m(\boldsymbol{y})$和$I_n^m(\boldsymbol{y})$的法向量求导[136]。

6.6 低频旋转-同轴平移-反旋转快速多极子边界元方法

根据 6.5 节低频快速多极子边界元方法的传递过程，假设多极子展开式的截断项数为 P，则上述方法的计算复杂度为$O(P^5)$。当频率比较高时，展开项数P通常大于 10，利用上述方法进行传递的效率非常低，一般很少直接用于大规模声学问题的分析。但较之高频快速多极子边界元方法，这种方法在低频处不存在数值不稳定的问题，且其源点矩和本地展开系数的内存使用量低。采用递推计算传递系数和传递运算的方法可以提高低频快速多极子边界元方法的计算效率[129]，通过旋转-同轴平移-反旋转(RCR)技术，将计算复杂度降为$O(P^3)$，从而可将低频快速多极子边界元方法扩展到更高频率问题中分析计算。

如图 6.17 所示，源点矩或本地展开系数沿$\boldsymbol{t}$方向直接传递的复杂度为$O(P^5)$。RCR 方法首先旋转坐标系，使传递向量$\boldsymbol{t}$与新坐标系的z轴同轴，然后沿z轴平行传递，最后反向旋转坐标系至原始坐标系。因为旋转和同轴传递的计算复杂度均为$O(P^3)$，所以 RCR 总的计算复杂度也为$O(P^3)$。

6.6.1 旋转与反向旋转

坐标系的旋转不会改变函数在原坐标系上的奇异性，也不会改变线段的长度，即有

$$r = \|\boldsymbol{r}\| = \|\hat{\boldsymbol{r}}\| = \hat{r} \tag{6.101}$$

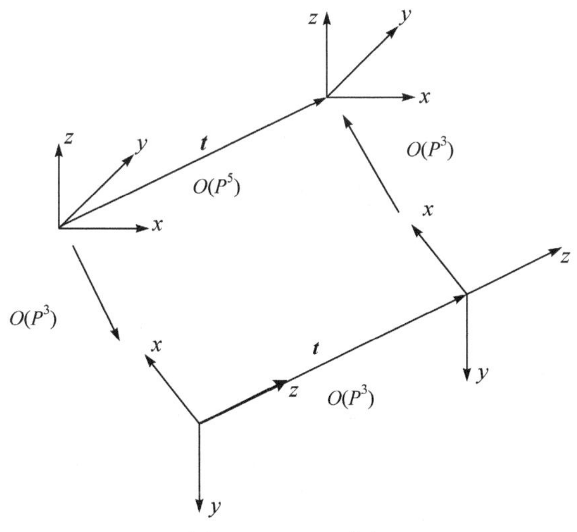

图 6.17　RCR 分解

其中，$\boldsymbol{r} = (x, y, z)$和$\hat{\boldsymbol{r}} = (\hat{x}, \hat{y}, \hat{z})$分别为同一点在原坐标系下和新坐标系下的向量。为表达方便，使用符号$F_n^m(\boldsymbol{r})$表示 Helmholtz 方程坐标系下的基本解，即

$$F_n^m(\boldsymbol{r}) = \mathrm{f}_n(kr)\mathrm{Y}_n^m(\widehat{\boldsymbol{\sigma}}), \quad \widehat{\boldsymbol{\sigma}} = \frac{\boldsymbol{r}}{r} \tag{6.102}$$

其中，f_n表示n阶球 Bessel 函数j_n或球 Hankel 函数h_n。因为旋转变换并不改变函数的特性，所以原坐标系中的函数$F_n^m(\boldsymbol{r})$可通过新坐标系中的函数$F_n^m(\hat{\boldsymbol{r}})$旋转变换得到[136]

$$F_n^m(\boldsymbol{r}) = \sum_{n'=0}^{\infty} \sum_{m'=-n'}^{n'} T_{n',n}^{m',m}(\boldsymbol{Q})\, F_{n'}^{m'}(\hat{\boldsymbol{r}}) \tag{6.103}$$

其中，$\boldsymbol{Q}$为坐标系旋转变换矩阵，满足$\boldsymbol{r} = \boldsymbol{Q}\hat{\boldsymbol{r}}$，是角度$\alpha$、$\beta$和$\gamma$的函数。如图 6.18 所示，$\beta$和$\alpha$为新坐标系的 z 轴在原坐标系中的极角，β和γ为原坐标系的 z 轴在新坐标系中的极角。

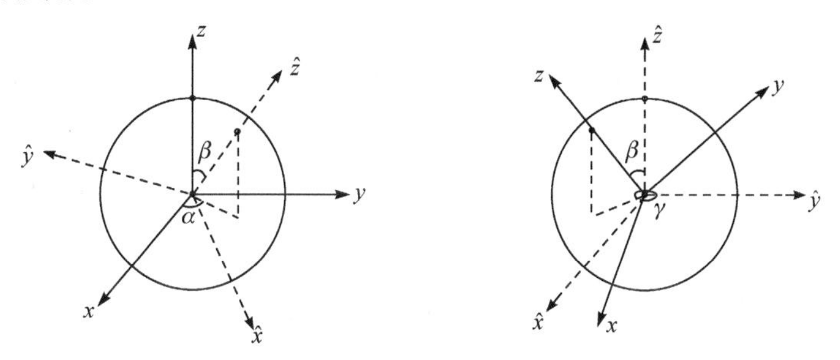

图 6.18　坐标系旋转

将式(6.102)代入式(6.103)，得

$$\mathrm{f}_n(kr)\mathrm{Y}_n^m(\boldsymbol{\sigma}) = \sum_{n'=0}^{\infty} \mathrm{f}_{n'}(kr) \sum_{m'=-n'}^{n'} T_{n',n}^{m',m}(\boldsymbol{Q})\, \mathrm{Y}_{n'}^{m'}(\hat{\boldsymbol{\sigma}}) \tag{6.104}$$

因为球 Bessel 函数和 Hankel 函数均为线性独立的，即f_n不可能表示为阶数不同于n的其他函数$\mathrm{f}_{n'}$，从而有

$$\sum_{m'=-n'}^{n'} T_{n',n}^{m',m}(\boldsymbol{Q})\, \mathrm{Y}_{n'}^{m'}(\hat{\boldsymbol{\sigma}}) = \delta_{n'n}\mathrm{Y}_n^m(\boldsymbol{\sigma}) \tag{6.105}$$

其中，$\delta_{n'n}$为 Kronecker 符号。当$n' \neq n$时，式(6.105)等号右边为零。此时可认为，将零在球谐和函数$\mathrm{Y}_{n'}^{m'}$上展开，由于$\mathrm{Y}_{n'}^{m'}$是线性独立的，因此只有系数全为零，即

$$T_{n',n}^{m',m} = 0, \quad n' \neq n \tag{6.106}$$

从而式(6.103)退化为

$$F_n^m(\boldsymbol{\sigma}) = \sum_{m'=-n}^{n} T_n^{m',m}(\boldsymbol{Q})\, F_n^{m'}(\hat{\boldsymbol{\sigma}}) \tag{6.107}$$

假设n的上限为 P，则式(6.107)的计算量为$O(P^3)$。

旋转变换系数$T_n^{m',m}(\boldsymbol{Q})$可以拆分为

$$T_n^{m',m}(\boldsymbol{Q}) = T_n^{m',m}(\alpha,\beta,\gamma) = \mathrm{e}^{\mathrm{i}m\alpha}\mathrm{e}^{-\mathrm{i}m'\gamma}H_n^{m',m}(\beta) \tag{6.108}$$

其中，$H_n^{m',m}(\beta)$具有显式表达式[209]，即

$$\begin{aligned} H_n^{m',m}(\beta) = {} & \varepsilon_m\varepsilon_{m'}[(n+m')!\,(n-m')!\,(n+m)!\,(n-m)!]^{\frac{1}{2}} \\ & \times \sum_{l=\max(0,-(m+m'))}^{\min(n-m,n-m')} \frac{(-1)^{n-l}\cos^{2l+m'+m}\frac{\beta}{2}\sin^{2n-2l-m'-m}\frac{\beta}{2}}{l!\,(n-m-l)!\,(n-m'-l)!\,(m+m'+l)!} \end{aligned} \tag{6.109}$$

ε_m与式(6.83)中的定义相同，可见$H_n^{m',m}(\beta)$为纯实数。但通过式(6.109)获取所有系数$H_n^{m',m}$的计算复杂度为$O(P^4)$，如用此种方法计算$T_n^{m',m}(\boldsymbol{Q})$再用于旋转变换，将导致整体计算复杂度下降为$O(P^5)$。如下的递推方法，可以大大减少旋转变换矩阵的计算量

$$\begin{aligned} H_{n-1}^{m',m+1}(\beta) = \frac{1}{b_n^m}\Big\{ & \frac{1}{2}\Big[b_n^{-m'-1}(1-\cos\beta)H_n^{m'+1,m} \\ & -b_n^{m'-1}(1+\cos\beta)H_n^{m'-1,m}\Big] - a_{n-1}^{m'}\sin\beta\, H_n^{m',m}\Big\} \end{aligned} \tag{6.110}$$

其中，a_n^m和b_n^m为两系数[136]。式(6.110)的初始值为

$$H_n^{m',0}(\beta)=\sqrt{\frac{2}{2n+1}}\overline{\mathrm{P}_n^{m'}}(\cos\beta) \tag{6.111}$$

$H_n^{m',m}(\beta)$还具有如下对称性：

$$H_n^{m',m}(\beta)=H_n^{-m',-m}(\beta) \tag{6.112}$$

实际计算按式(6.110)沿着m递增的方向进行递推。由对称性可知，仅需计算$m>0$的情况。

上述旋转变换，是球谐和函数在不同坐标系下的转换，广泛应用于经典的散射问题、量子力学等领域。递推法可以加速旋转系数及旋转变换的计算[129,210,211]。它的计算效率较高，但因舍入误差，高阶球谐和函数的旋转变换具有数值不稳定性。数值实验表明，当$n>30$时，旋转变换计算累积误差将无法接受，这主要是由基于递推法的旋转系数矩阵的计算误差太大所致。在保证计算效率的前提下，谱投影[212]方法可用于解决递推法的数值不稳定问题。因此，实际旋转变换要根据问题的规模选择合适的递推方法，以保证求解精度和效率。

6.6.2 同轴平移

旋转变换后，传递向量$\boldsymbol{t}$与新坐标系的 z 轴重合，如图 6.17 所示，此时$\boldsymbol{t}$与z轴的夹角$\theta(\boldsymbol{t})=0$。以 M2M 为例，重新考察源点矩传递公式。因为归一化的连带 Legendre 函数为

$$\overline{\mathrm{P}_n^m}(\cos\theta(\boldsymbol{t}))=\overline{\mathrm{P}_n^m}(1)=\begin{cases}\sqrt{\dfrac{2n+1}{2}}, & m=0\\ 0, & m\neq 0\end{cases} \tag{6.113}$$

并根据球谐和函数的定义(2.56)、式(6.75)及式(6.82)，可得

$$(M|M)_{n',n}^{m',m}(k,\boldsymbol{t})=0,\quad m'\neq m \tag{6.114}$$

同理可得源点矩至本地展开转移的传递系数为

$$(M|L)_{n',n}^{m',m}(k,\boldsymbol{t})=0,\quad m'\neq m \tag{6.115}$$

设阶数n'和n的上限分别为P'和 P，利用$\sum_{n'=0}^{P'}\sum_{m'=-n'}^{n'}=\sum_{m'=-P'}^{P'}\sum_{n'=|m'|}^{P'}$，则 M2M、M2L 和 L2L 在同轴情况下退化为[136]

$$E_n^m(k,\boldsymbol{r}+t\boldsymbol{i}_z)=\sum_{n'=|m|}^{P'}(F|E)_{n',n}^m(k,t\boldsymbol{i}_z)\,F_{n'}^m(k,\boldsymbol{r}) \tag{6.116}$$

其中，$(F|E)$相应地表示$(M|M)$、$(M|L)$及$(L|L)$，$n=0,1,\cdots,P$，$-n\leqslant m\leqslant n$，$n'=0,1,\cdots,P'$，$-n'\leqslant m'\leqslant n'$。可以看出同轴平移的计算复杂度为$O(P^3)$，$P'$与$P$可能不相等，表示计算复杂度的$P$为广义截断项数。

同轴平移的系数可以通过递推法快速计算，采用先m再n最后n'的计算顺序。$(F|E)_{n',n}^m$具有两个递推公式[136]，分别为

$$a_n^m(F|E)_{n',n+1}^m=a_{n-1}^m(F|E)_{n',n-1}^m+a_{n'-1}^m(F|E)_{n'-1,n}^m-a_{n'}^m(F|E)_{n'+1,n}^m \tag{6.117}$$

$$b_n^m(F|E)_{n',n-1}^{m+1}-b_{n+1}^{-m-1}(F|E)_{n',n+1}^{m+1}=b_{n'+1}^m(F|E)_{n'+1,n}^m-b_{n'}^{-m-1}(F|E)_{n'-1,n}^m \tag{6.118}$$

其中，a_n^m和b_n^m为两系数[136]。M2M 和 M2L 的初始值不同，分别表示为

$$(M|M)_{n',0}^0(t)=\sqrt{4\pi}(-1)^{n'}O_{n'}^0(\boldsymbol{t})|_{\theta_t=0}=(-1)^{n'}\sqrt{2n'+1}\mathrm{j}_{n'}(kt) \tag{6.119}$$

$$(M|L)_{n',0}^0(t)=\sqrt{4\pi}(-1)^{n'}S_{n'}^0(\boldsymbol{t})|_{\theta_t=0}=(-1)^{n'}\sqrt{2n'+1}\mathrm{h}_{n'}(kt) \tag{6.120}$$

其中，$t=\|\boldsymbol{t}\|$。为了便于沿指数m方向的递增，选取$n=m$，式(6.118)变为

$$b_{m+1}^{-m-1}(F|E)_{l,m+1}^{m+1}=b_l^{-m-1}(F|E)_{l-1,m}^m-b_{l+1}^m(F|E)_{l+1,m}^m \tag{6.121}$$

其中使用了$b_m^m=0$和$b_{m+1}^m=0$。在实际平移计算中仅需要指数满足$n=0,1,\cdots,P$，$-n\leqslant m\leqslant n$，$n'=0,1,\cdots,P'$，$-n'\leqslant m'\leqslant n'$。但在递推过程中需要一些其余的辅助系数。虽然在递推中需要计算一些辅助系数，但整个过程的计算复杂度仍为$O(P^3)$，较之式(6.82)和式(6.94)的直接方法，传递系数的计算量大大降低。

6.6.3 低频快速多极子边界元算法传递系数

高频快速多极子边界元方法中，M2M、M2L 和 L2L 传递系数的推导清晰，表达式简单。但低频快速多极子边界元方法中，相应传递系数的推导过程较为复杂，且表达式较为烦琐。从积分表达形式出发，可以得到较为简单的推导过程，有助于理解低频快速多极子边界元方法的传递过程。

由 6.5.2 节的推导可知，低频快速多极子边界元方法的 M2M 和 L2L 传递系数具有相同的表达式。首先，推导 M2M 传递系数，即式(6.82)。为了便于区分，用R_n^m代替低频的O_n^m，用S_n^m代替低频的I_n^m。指数函数满足：

$$\mathrm{e}^{\mathrm{i}k(\boldsymbol{y}-\boldsymbol{y}_{c'})\cdot\hat{\boldsymbol{\sigma}}}=\mathrm{e}^{\mathrm{i}k\boldsymbol{t}\cdot\hat{\boldsymbol{\sigma}}}\mathrm{e}^{\mathrm{i}k(\boldsymbol{y}-\boldsymbol{y}_c)\cdot\hat{\boldsymbol{\sigma}}} \tag{6.122}$$

其中，$\boldsymbol{t}$定义在式(6.81)中。分别对式(6.122)两边的$\mathrm{e}^{\mathrm{i}k(\boldsymbol{y}-\boldsymbol{y}_{c'})\cdot\hat{\boldsymbol{\sigma}}}$和$\mathrm{e}^{\mathrm{i}k(\boldsymbol{y}-\boldsymbol{y}_c)\cdot\hat{\boldsymbol{\sigma}}}$在球函数基本解下展开，即式(6.7)，得

$$\begin{aligned}&\sum_{n'=0}^{\infty}\sum_{m'=-n'}^{n'}\mathrm{i}^{n'}\mathrm{Y}_{n'}^{-m'}(\hat{\boldsymbol{\sigma}})R_{n'}^{m'}(k,\boldsymbol{y},\boldsymbol{y}_{c'})\\&=\mathrm{e}^{\mathrm{i}k\boldsymbol{t}\cdot\hat{\boldsymbol{\sigma}}}\sum_{n'=0}^{\infty}\sum_{m'=-n'}^{n'}\mathrm{i}^{n'}\mathrm{Y}_{n'}^{-m'}(\hat{\boldsymbol{\sigma}})R_{n'}^{m'}(k,\boldsymbol{y},\boldsymbol{y}_{c})\end{aligned}\tag{6.123}$$

两边乘以$\mathrm{Y}_n^m(\hat{\boldsymbol{\sigma}})$，在单位球面上进行积分，并利用球谐和函数的正交性，得

$$\begin{aligned}&R_n^m(k,\boldsymbol{y},\boldsymbol{y}_{c'})\\&=\sum_{n'=0}^{\infty}\sum_{m'=-n'}^{n'}\left[\iint_{\sigma_1}\mathrm{i}^{n'-n}\mathrm{e}^{\mathrm{i}k\boldsymbol{t}\cdot\hat{\boldsymbol{\sigma}}}\mathrm{Y}_{n'}^{-m'}(\hat{\boldsymbol{\sigma}})\mathrm{Y}_n^m(\hat{\boldsymbol{\sigma}})\,\mathrm{d}\sigma\right]R_{n'}^{m'}(k,\boldsymbol{y},\boldsymbol{y}_c)\end{aligned}\tag{6.124}$$

对比式(6.80)和式(6.124)，可得

$$(M|M)_{n',n}^{m',m}(k,\boldsymbol{t})=\mathrm{i}^{n'-n}\int_{\sigma_1}\mathrm{e}^{\mathrm{i}k\boldsymbol{t}\cdot\hat{\boldsymbol{\sigma}}}\mathrm{Y}_{n'}^{-m'}(\hat{\boldsymbol{\sigma}})\mathrm{Y}_n^m(\hat{\boldsymbol{\sigma}})\,\mathrm{d}\sigma\tag{6.125}$$

进一步，将式(6.125)中的$\mathrm{e}^{\mathrm{i}k\boldsymbol{t}\cdot\hat{\boldsymbol{\sigma}}}$进行球谐和函数展开，并交换积分与求和顺序，得

$$\begin{aligned}&(M|M)_{n',n}^{m',m}(k,\boldsymbol{t})\\&=4\pi\sum_{n''=0}^{\infty}\sum_{m''=-n''}^{n''}\mathrm{i}^{n'+n''-n}\int_{\sigma_1}\mathrm{Y}_{n''}^{-m''}(\hat{\boldsymbol{\sigma}})\mathrm{Y}_{n'}^{-m'}(\hat{\boldsymbol{\sigma}})\mathrm{Y}_n^m(\hat{\boldsymbol{\sigma}})\,\mathrm{d}\sigma R_{n'}^{m'}(k,\boldsymbol{t})\end{aligned}\tag{6.126}$$

令

$$W_{n'',n',n}^{m'',m',m}=4\pi\sum_{n''=0}^{\infty}\sum_{m''=-n''}^{n''}\mathrm{i}^{n'+n''-n}\int_{\sigma_1}\mathrm{Y}_{n''}^{-m''}(\hat{\boldsymbol{\sigma}})\mathrm{Y}_{n'}^{-m'}(\hat{\boldsymbol{\sigma}})\mathrm{Y}_n^m(\hat{\boldsymbol{\sigma}})\,\mathrm{d}\sigma\tag{6.127}$$

则式(6.126)可表示为

$$(M|M)_{n',n}^{m',m}(k,\boldsymbol{t})=\sum_{n''=0}^{\infty}\sum_{m''=-n''}^{n''}W_{n'',n',n}^{m'',m',m}R_{n'}^{m'}(k,\boldsymbol{t})\tag{6.128}$$

根据式(6.51)，则当$m''\neq m-m'$时，$W_{n'',n',n}^{m'',m',m}=0$，式(6.128)变为

$$(M|M)_{n',n}^{m',m}(k,\boldsymbol{t})=\sum_{n''=0}^{\infty}W_{n'',n',n}^{m-m',m',m}R_{n'}^{m-m'}(k,\boldsymbol{t})\tag{6.129}$$

由文献[136]中式(3.2.25)～式(3.2.40)的推导，可以排除其他为零的系数，则式(6.129)可简化成式(6.82)的形式。

关于 M2L 的传递系数，以式(6.11)为参考，将函数$I(\hat{\boldsymbol{\sigma}},\boldsymbol{x},\boldsymbol{x}_c)$和函数$O(\hat{\boldsymbol{\sigma}},\boldsymbol{y}_c,\boldsymbol{y})$的显式表达式(6.12)和式(6.14)代入，得

$$G(\boldsymbol{x},\boldsymbol{y})=\frac{\mathrm{i}k}{16\pi^2}\int_{\sigma_1}\mathrm{e}^{\mathrm{i}k(\boldsymbol{x}-\boldsymbol{x}_c)\cdot\hat{\boldsymbol{\sigma}}}T(\hat{\boldsymbol{\sigma}},\boldsymbol{x}_c,\boldsymbol{y}_c)\mathrm{e}^{\mathrm{i}k(\boldsymbol{y}_c-\boldsymbol{y})\cdot\hat{\boldsymbol{\sigma}}}\mathrm{d}\sigma \tag{6.130}$$

将式(6.130)中的指数函数展开成球谐和函数级数，即式(6.7)，并交换顺序，得

$$\begin{aligned}G(\boldsymbol{x},\boldsymbol{y})&=\mathrm{i}k\sum_{n=0}^{\infty}\sum_{m=-n}^{n}R_n^{-m}(k,\boldsymbol{x},\boldsymbol{x}_c)\\&\times\sum_{n'=0}^{\infty}\sum_{m'=-n'}^{n'}\left[\int_{\sigma_1}\mathrm{i}^{n-n'}\mathrm{Y}_{n'}^{-m'}(\hat{\boldsymbol{\sigma}})\mathrm{Y}_n^m(\hat{\boldsymbol{\sigma}})T(\hat{\boldsymbol{\sigma}},\boldsymbol{x}_c,\boldsymbol{y}_c)\mathrm{d}\sigma R_{n'}^{m'}(k,\boldsymbol{y},\boldsymbol{y}_c)\right]\end{aligned} \tag{6.131}$$

比较式(6.74)，得

$$\begin{aligned}&S_n^m(k,\boldsymbol{y},\boldsymbol{x}_c)\\&=\sum_{n'=0}^{\infty}\sum_{m'=-n'}^{n'}\left[\int_{\sigma_1}\mathrm{i}^{n-n'}\mathrm{Y}_{n'}^{-m'}(\hat{\boldsymbol{\sigma}})\mathrm{Y}_n^m(\hat{\boldsymbol{\sigma}})T(\hat{\boldsymbol{\sigma}},\boldsymbol{x}_c,\boldsymbol{y}_c)\mathrm{d}\sigma\right]R_{n'}^{m'}(k,\boldsymbol{y},\boldsymbol{y}_c)\end{aligned} \tag{6.132}$$

对比式(6.85)和式(6.132)，注意符号的变化，又可得

$$(M|L)_{n',n}^{m',m}(k,\boldsymbol{t})=\int_{\sigma_1}\mathrm{i}^{n-n'}\mathrm{Y}_{n'}^{-m'}(\hat{\boldsymbol{\sigma}})\mathrm{Y}_n^m(\hat{\boldsymbol{\sigma}})T(\hat{\boldsymbol{\sigma}},\boldsymbol{x}_c,\boldsymbol{y}_c)\mathrm{d}\sigma \tag{6.133}$$

令

$$\boldsymbol{t}=\boldsymbol{y}_c-\boldsymbol{x}_c \tag{6.134}$$

注意这里的向量$\boldsymbol{t}$与式(6.13)中的向量$\boldsymbol{u}$是反向的。将其用于式(6.13)中，并使用 Legendre 函数加法定理，则有

$$T(\hat{\boldsymbol{\sigma}},\boldsymbol{x}_c,\boldsymbol{y}_c)=4\pi\sum_{n''=0}^{\infty}\sum_{m''=-n''}^{n''}\mathrm{i}^{-n''}S_{n''}^{m''}(k,\boldsymbol{t})\,\mathrm{Y}_{n''}^{-m''}(\hat{\boldsymbol{\sigma}}) \tag{6.135}$$

将式(6.135)代入式(6.133)，得

$$\begin{aligned}&(M|L)_{n',n}^{m',m}(k,\boldsymbol{t})\\&=\sum_{n''=0}^{\infty}\sum_{m''=-n''}^{n''}\left[4\pi\mathrm{i}^{n-n'-n''}\int_{\sigma_1}\mathrm{Y}_{n''}^{-m''}(\hat{\boldsymbol{\sigma}})\mathrm{Y}_{n'}^{-m'}(\hat{\boldsymbol{\sigma}})\mathrm{Y}_n^m(\hat{\boldsymbol{\sigma}})\,\mathrm{d}\sigma\right]S_{n''}^{m''}(k,\boldsymbol{t})\end{aligned} \tag{6.136}$$

根据式(6.127)，由于$\mathrm{i}^{n-n'-n''}=(-1)^{n'+n''-n}\mathrm{i}^{n'+n''-n}$，式(6.136)可重新表示为

$$(M|L)_{n',n}^{m',m}(k,\boldsymbol{t})=\sum_{n''=0}^{\infty}\sum_{m''=-n''}^{n''}\left[(-1)^{n'+n''-n}W_{n'',n',n}^{m'',m',m}\right]S_{n''}^{m''}(k,\boldsymbol{t}) \tag{6.137}$$

由理论分析可知，$(M|L)_{n',n}^{m',m}(k,\boldsymbol{t})$和$(M|M)_{n',n}^{m',m}(k,\boldsymbol{t})$的结构传递参数应该相等[136]。但是，比较式(6.128)和式(6.133)，发现两者并不相等，而是相差一常数$(-1)^{n'+n''-n}$。考虑三维 Green 函数式，即

$$G(\boldsymbol{x},\boldsymbol{y})=\frac{\mathrm{e}^{\mathrm{i}k|\boldsymbol{x}-\boldsymbol{y}|}}{4\pi|\boldsymbol{x}-\boldsymbol{y}|}=\frac{\mathrm{e}^{\mathrm{i}k|\boldsymbol{y}-\boldsymbol{x}|}}{4\pi|\boldsymbol{y}-\boldsymbol{x}|} \tag{6.138}$$

而高频多极展开式，是对$r=\|\boldsymbol{x}-\boldsymbol{y}\|$进行的，若对$r=\|\boldsymbol{y}-\boldsymbol{x}\|$进行，其展开式应为

$$G(\boldsymbol{x},\boldsymbol{y})=\frac{\mathrm{i}k}{16\pi^2}\int_{\sigma_1}\mathrm{e}^{\mathrm{i}k(\boldsymbol{x}_c-\boldsymbol{x})\cdot\hat{\boldsymbol{\sigma}}}T(\hat{\boldsymbol{\sigma}},\boldsymbol{x}_c,\boldsymbol{y}_c)\mathrm{e}^{\mathrm{i}k(\boldsymbol{y}-\boldsymbol{y}_c)\cdot\hat{\boldsymbol{\sigma}}}\mathrm{d}\sigma \tag{6.139}$$

其中，函数$T(\hat{\boldsymbol{\sigma}},\boldsymbol{x}_c,\boldsymbol{y}_c)$中的传递向量与式(6.134)相同。仿照式(6.130)的分析，可以得到

$$(M|L)_{n',n}^{m',m}(k,\boldsymbol{t})=\sum_{n''=0}^{\infty}\sum_{m''=-n''}^{n''}W_{n'',n',n}^{m'',m',m}S_{n''}^{m''}(k,\boldsymbol{t}) \tag{6.140}$$

可以看出，式(6.128)和式(6.140)确实具有相同的结构传递参数。另外，因为式(6.128)和式(6.139)相等，由此推导的式(6.137)和式(6.140)应该相等。显然，当$n'+n''-n$为偶数时，式(6.137)和式(6.140)相等。当$n'+n''-n$为奇数时，对任意其他指标都满足

$$W_{n'',n',n}^{m'',m',m}=-W_{n'',n',n}^{m'',m',m} \tag{6.141}$$

则只有一种情况能满足，即

$$W_{n'',n',n}^{m'',m',m}=0,\quad n'+n''-n=2l+1;\ \ l=0,1,\cdots \tag{6.142}$$

与文献[136]中的结论是一致的。

6.7　低频快速多极子边界元方法数值算例

传统的低频快速多极子边界元方法的计算复杂度为$O(P^5)$，不适用于高频声学问题的分析。M2M、M2L 和 L2L 采用 RCR 分解，可以获得计算复杂度为$O(P^3)$的算法，大大提升了算法的计算效率，是低频快速多极子边界元方法广泛采用的

算法。为了进一步提升低频快速多极子边界元方法的计算效率，将高频源点矩的计算方法用于低频快速多极子边界元方法中，如图 6.19 所示。下标“HF”和“LF”分别表示高频和低频形式的源点矩或本地展开系数。“HF2LF”表示将高频源点矩转换成低频源点矩，其计算方法与本地展开系数从高频向低频转换的方法相同，仅需将源点矩M_{HF}替代式(6.148)中的本地展开系数L_{HF}即可。具体转换理论分析将在 6.8 节详细说明。改进的低频快速多极子边界元方法保留了内存使用量小的特点，上行传递的计算复杂度从$O(3P^3)$降为$O(P^2 \lg P)$。

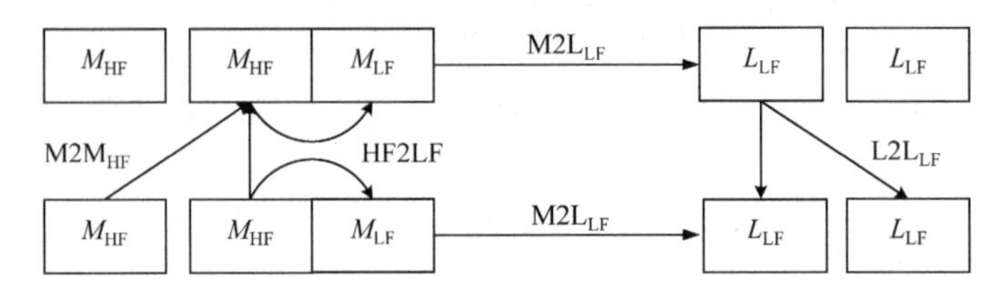

图 6.19 改进的低频快速多极子边界元方法

本节给出数值算例，验证低频快速多极子边界元方法的正确性和效率。首先给出基于 Burton-Miller 方程的高频快速多极子边界元方法和低频快速多极子边界元方法克服求解非唯一性的数值算例。为了便于比较，高频快速多极子边界元方法用“A3”表示，基于 RCR 的低频快速多极子边界元方法用“A1”表示，在 A1 算法基础上采用高频解析源点矩转换的低频快速多极子边界元方法用“A2”表示。所有算例均使用 FORTRAN 95 进行编写，在英特尔酷睿 2(计算中只使用一个核)、主频 2.9GHz、内存 6GB 的计算机上完成。声学媒质为空气，声速为$340\mathrm{m/s}$，密度为$1.25\mathrm{kg/m^3}$。快速多极子边界元方法使用 GMRES 迭代求解器，求解误差设为10^{-4}，使用左对角块预处理技术改善矩阵条件数，加速收敛过程。

6.7.1 刚性球声散射

扫频分析刚性球散射声场，验证基于 Burton-Miller 方程的快速多极子边界元方法在共振频率处的求解唯一性。分析频率满足球散射体的无量纲特征尺寸$2 \leqslant ka \leqslant 10$。在不同频率下，球面离散的准则是三角形单元边长的特征尺寸小于2.63×10^{-2}。一单位幅值的平面波沿$+z$方向传播，取场点坐标为$(0,0,1.25a)$。半径为a的球的内部理论共振频率为$ka = n\pi$，$n = 1,2,\cdots$。在分析频率范围内，存在三个共振频率，$ka = n\pi$，$n = 1,2,3$。图 6.20 给出了场点的声压级，可以看出基于传统边界积分方程的快速多极子边界元方法(用 CBIE 表示)产生了较大的求解误差，而基于 Burton-Miller 的快速多极子边界元方法(用 CHBIE 表示)能够给出正确的结果。由于 A2 和 A3 的结果与 A1 基本一致(相对误差在10^{-5}量级上)，所以图中仅给出了 A1 的 CHBIE 计算结果，其中“Anal”表示场点的解析解。

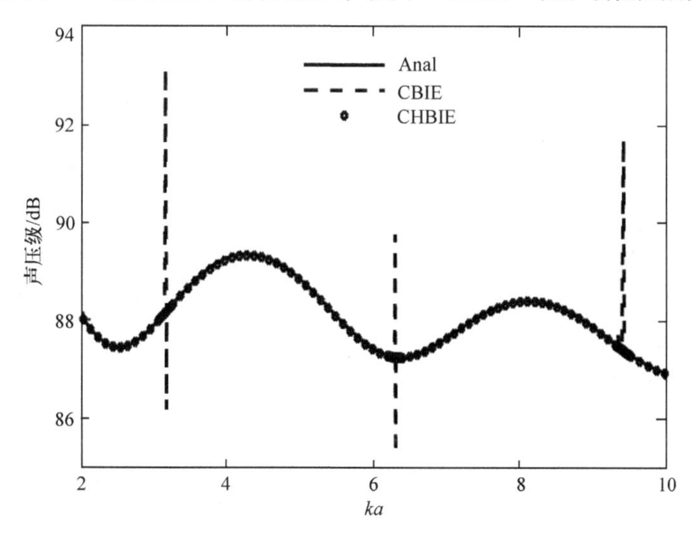

图 6.20　不同算法的扫频计算所得的场点声压级

进一步分析算法的求解效率，图 6.21 给出了固定频率下三种方法随离散自由度变化的计算时间。可以看出，计算效率从高到低的排序为 A3、A2 和 A1，符合计算复杂度的理论分析。A3 的整体传递计算复杂度为$O(P^2\lg P)$。A2 中采用解析源点矩，其上行传递计算复杂度为$O(P^2\lg P)$，下行传递采用 RCR 方法，计算复杂度为$O(P^3)$。A1 全部采用 RCR 方法，整体计算复杂度为$O(P^3)$。

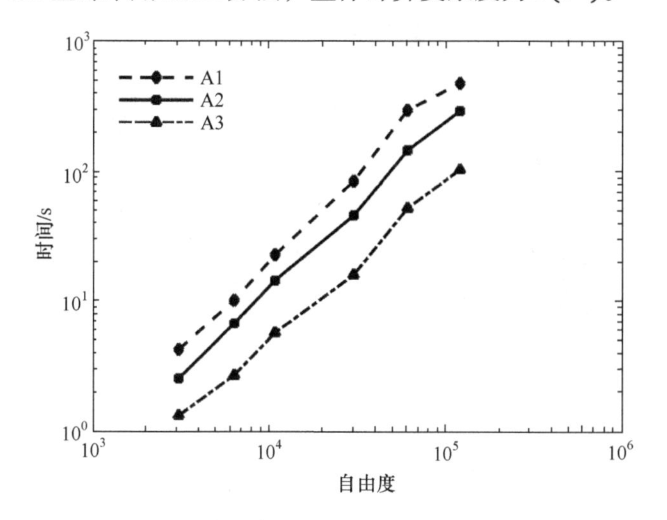

图 6.21　快速多极子边界元方法的计算时间

6.7.2 人工头声散射

如图 6.22 所示，人工头在x、y和z轴方向的尺寸为$0.25\text{m} \times 0.43\text{m} \times 0.35\text{m}$，设为刚性表面。整个模型离散成 556370 个三角形单元，最小单元的尺寸为1.62×10^{-2}个波长，最大单元的尺寸为4.05×10^{-2}个波长。叶子栅格中最大允许单元数为 50，共生成了深度为 7 级的树状结构。一单位幅值的平面波沿$+z$方向传播，频率满足$ka = 96.6$，其中a为人工头在 y 方向的尺寸。

高频快速多极子边界元方法的计算效率和计算精度已经得到了充分的验证，在此作为基准用来验证低频快速多极子边界元方法。高频快速多极子边界元方法 A3 求解此模型仅使用 1.81h，低频快速多极子边界元方法 A2 求解时间为 8.54h。两种方法均迭代了 129 次，计算结果的相对误差在10^{-4}量级，验证了 A2 算法在大规模声学问题中的求解正确性，但 A3 的计算效率仅为 A2 的 20%。值得注意的是，在低频 Green 函数多极子的展开项数大于 30 时，旋转变换产生了数值不稳定性，在本例中如果旋转变换的系数采用式(6.110)计算，会导致 A2 计算不准确。因此多极子展开项数大于 30 时，旋转变换采用谱投影[212]方法。

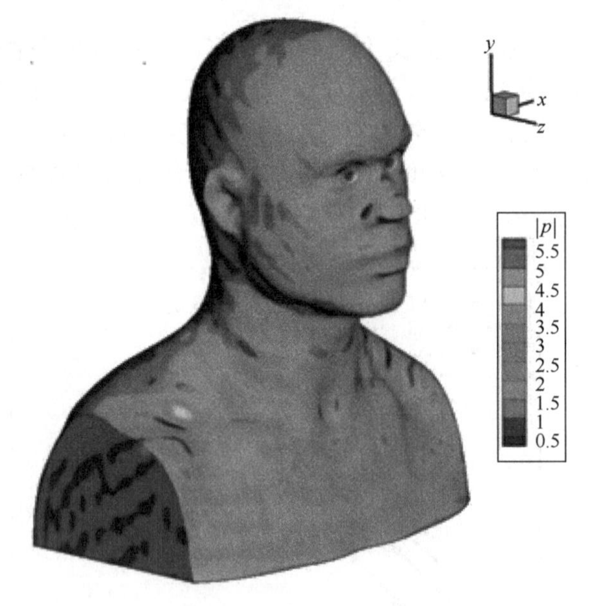

图 6.22　刚性人工头散射声场

6.8　全频段快速多极子边界元方法

声学分析中高频和低频问题是用特征尺寸度量的，即根据波数与模型几何尺寸之积划分。频率高低对于树状结构不同级的栅格是一个相对概念。即使频率相对较高，但树状结构较低级的栅格尺寸可能很小，从而导致特征尺寸较小，产生数值不稳定问题。6.7.2 节的数值算例表明，低频快速多极子边界元方法虽不存在数值不稳定性问题，但高频问题的计算效率低。因此，恰当地组合两种方法，使其在各自适用的频段范围内计算，可以克服基于平面波展开的高频快速多极子边界元方法在低频段的数值不稳定性，又可以解决基于多极子展开的低频快速多极子边界元方法在高频段计算效率低下的问题。

最直接的方法是在树状结构上根据栅格的特征尺寸选择高频和低频算法[132,133]。如图 6.23 所示，虚线表示频段分割线，当栅格的特征尺寸小于或等于此分割线上所指定的阈值时，采用低频(LF)快速多极子边界元方法；当栅格的特征尺寸大于此分割线上所指定的阈值时，采用高频(HF)快速多极子边界元方法。因此阈值越小，低频算法参与传递得越少。理论上越小越好，一般指定为高频算法产生数值不稳定的最小值。其中“LF2HF”表示将低频的源点矩转换为高频源点矩，“HF2LF”表示将高频本地展开系数转换成低频本地展开系数。因此，全频段快速边界元方法要实现源点矩和本地展开系数在低频和高频形式之间的转换。

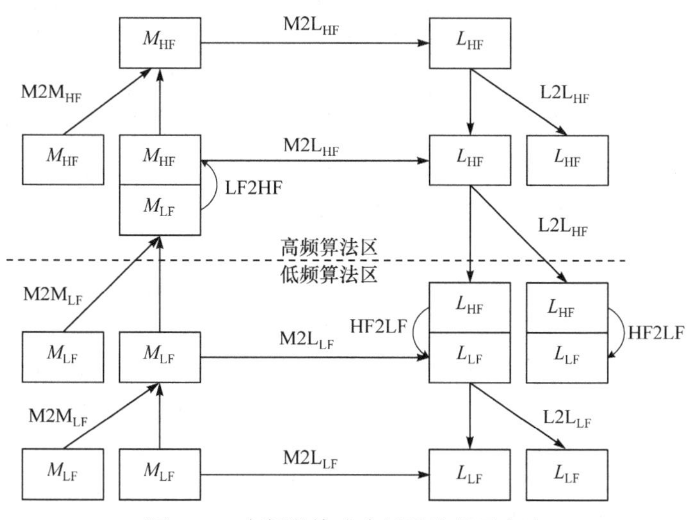

图 6.23 全频段快速多极子边界元方法

低频源点矩向高频源点矩的转换比较直接。假设源点为$\boldsymbol{y}$，包含在中心为$\boldsymbol{y}_c$的栅格中，则此栅格的高频源点矩和低频源点矩可分别表示成式(6.16)和式(6.78)。根据式(6.5)，令其中的$\boldsymbol{y} = -(\boldsymbol{y} - \boldsymbol{y}_c)$，并利用 Legendre 函数的性质$\mathrm{P}_n(-x) = (-1)^n \mathrm{P}_n(x)$，可得

$$\mathrm{e}^{\mathrm{i}k(\boldsymbol{y}_c-\boldsymbol{y})\cdot\hat{\boldsymbol{\sigma}}} = \sum_{n=0}^{\infty}(2n+1)(-\mathrm{i})^n \mathrm{j}_n(k|\boldsymbol{y}-\boldsymbol{y}_c|)\mathrm{P}_n\left(\frac{\boldsymbol{y}-\boldsymbol{y}_c}{|\boldsymbol{y}-\boldsymbol{y}_c|}\cdot\hat{\boldsymbol{\sigma}}\right) \tag{6.143}$$

利用 Legendre 函数的加法定理，即式(6.6)，式(6.143)可写为

$$\mathrm{e}^{\mathrm{i}k(\boldsymbol{y}_c-\boldsymbol{y})\cdot\hat{\boldsymbol{\sigma}}} = 4\pi\sum_{n=0}^{\infty}\sum_{m=-n}^{n}(-\mathrm{i})^n O_n^m(k,\boldsymbol{y},\boldsymbol{y}_c)\mathrm{Y}_n^{-m}(\hat{\boldsymbol{\sigma}}) \tag{6.144}$$

比较高频源点矩和低频源点矩的表达式(6.16)和式(6.78)，则低频向高频源点矩转换的表达式为

$$\boldsymbol{M}_{\mathrm{HF}}(\boldsymbol{\sigma},\boldsymbol{y}_c) = 4\pi\sum_{n=0}^{\infty}\sum_{m=-n}^{n}(-\mathrm{i})^n {\boldsymbol{M}_{\mathrm{LF}}}_n^m(k,\boldsymbol{y}_c)\mathrm{Y}_n^{-m}(\hat{\boldsymbol{\sigma}}) \tag{6.145}$$

为了便于区分高频和低频源点矩，在源点矩的符号 M 中分别添加了下标“HF”和“LF”以示区别。根据式(6.145)，低频源点矩可视为高频源点矩的谱密度。如果低频源点矩的截断项数为 P，相应高频源点矩在单位球上的积分点数为 $2(P+1)^2$，则使用式(6.145)直接计算的复杂度为$O(P^4)$。在ϕ方向采用快速 Fourier 变换，可以得到一种计算复杂度为$O(P^3)$的算法。

在式(6.145)中，认为低频源点矩是高频源点矩的谱密度，本地展开系数的运算是源点矩的逆运算，如 M2M 和 L2L 的传递是相反的过程。所以，本地展开系数从高频形式向低频形式转移，是式(6.145)的逆运算。假设场点为$\boldsymbol{x}$，包含在中心为$\boldsymbol{x}_c$的栅格中，则高频和低频单层势多极子展开式的最终计算结果分别由式(6.20)和式(6.95)计算。根据函数$I(\hat{\boldsymbol{\sigma}},\boldsymbol{x},\boldsymbol{x}_c)$的表达式(6.12)，令式(6.5)中的$\boldsymbol{y}=\boldsymbol{x}-\boldsymbol{x}_c$，并利用 Legendre 函数的加法定理，即式(6.6)，可得

$$I(\hat{\boldsymbol{\sigma}},\boldsymbol{x},\boldsymbol{x}_c) = \mathrm{e}^{\mathrm{i}k(\boldsymbol{x}-\boldsymbol{x}_c)\cdot\hat{\boldsymbol{\sigma}}} = 4\pi\sum_{n=0}^{\infty}\sum_{m=-n}^{n}\mathrm{i}^n O_n^{-m}(k,\boldsymbol{x},\boldsymbol{x}_c)\mathrm{Y}_n^m(\hat{\boldsymbol{\sigma}}) \tag{6.146}$$

为了保证与低频展开式的符号一致，式(6.146)中将函数O_n^{-m}的次数取成$-m$。将式(6.146)代入式(6.22)并交换积分与求和顺序，则高频单层势可表示为

$$\mathcal{S}^{\Delta S}(\boldsymbol{x}) = \frac{\mathrm{i}k}{4\pi}\sum_{n=0}^{\infty}\sum_{m=-n}^{n}\mathrm{i}^n O_n^{-m}(k,\boldsymbol{x},\boldsymbol{x}_c)\int_{\sigma_1} L(\hat{\boldsymbol{\sigma}},\boldsymbol{x}_c)\mathrm{Y}_n^m(\hat{\boldsymbol{\sigma}})\,\mathrm{d}\sigma \tag{6.147}$$

比较式(6.147)与低频单层势的表达式(6.95)，可得高频向低频本地展开系数转换的表达式为

$${L_{\mathrm{LF}}}_n^m(k,\boldsymbol{x}_c) = \frac{\mathrm{i}^n}{4\pi}\int_{\sigma_1} L_{\mathrm{HF}}(\hat{\boldsymbol{\sigma}},\boldsymbol{x}_c)\mathrm{Y}_n^m(\hat{\boldsymbol{\sigma}})\,\mathrm{d}\sigma \tag{6.148}$$

由式(6.145)和式(6.148)可以看出，本地展开系数的高频形式向低频形式转换和源点矩的低频形式向高频形式转换，是一对互逆变换。同样，直接计算式(6.148)的计算复杂度为$O(P^4)$，一般采用计算复杂度为$O(P^3)$的快速变换算法。

为满足不同算法间的转换，如“LF2HF”和“HF2LF”，树状结构本级上的展开项数不仅要满足低频展开形式的收敛精度，同时也应该满足高频展开形式的精度要求，特别是上行传递中源点矩插值运算的精度。6.7 节的理论分析和数值算例验证了低频快速边界元方法使用高频源点矩可以提高源点矩的计算精度和上行传递的效率。同样，在全频段算法的低频段使用该方法，可以产生一种改进的全频段快速多极子边界元方法，如图 6.24 所示。

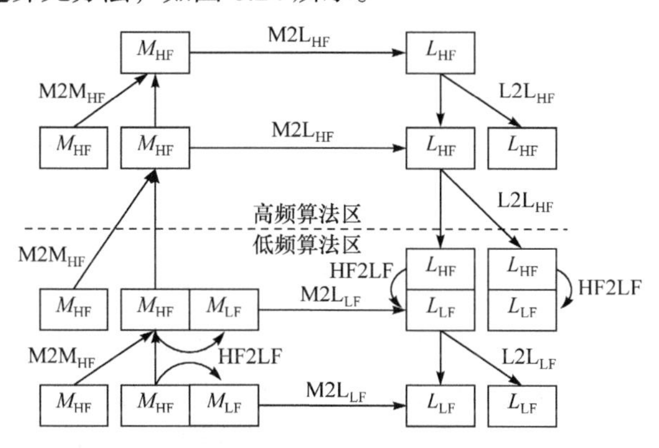

图 6.24　改进的全频段快速多极子边界元方法

6.9　全频段快速多极子边界元方法数值算例

本节给出数值算例，验证全频段快速多极子边界元方法的正确性和效率。所有算例均使用 FORTRAN 95 进行编写，在英特尔酷睿 2(计算中只使用一个核)主频 2.9GHz、内存 6GB 的计算机上完成。声学媒质为空气，声速为$340\mathrm{m/s}$，密度$1.25\mathrm{kg/m^3}$。快速多极子边界元方法使用 GMRES 迭代求解器，求解误差设为10^{-4}，使用左对角块预处理技术改善矩阵条件数，加速收敛过程。

6.9.1　刚性球声散射

球的半径$a = 0.5\mathrm{m}$，表面离散成 43200 个三角形单元。一单位幅值平面波沿$+z$方向传播，频率满足$ka = 2$，算法中每个叶子栅格中最多允许包含 10 个单元。

表 6.4 中，“ka”表示栅格的特征尺寸(波数乘以栅格边长)，低频算法和高频算法转换的阈值定义为$\overline{ka}$，“HF”和“LF”分别表示本级中的传递运算使用高频算法和低频算法。相对于解析解的 2-范数相对误差定义为

$$\varepsilon_p = \frac{\|p_{\mathrm{FMBEM}} - p_{\mathrm{ana}}\|}{\|p_{\mathrm{ana}}\|} \tag{6.149}$$

其中，p_{FMBEM}表示快速多极子边界元方法的计算结果；p_{ana}表示解析表达式的计

算结果。

表 6.4　全频段快速多极子边界元方法计算结果

树状结构层级	ka	全频段快速多极子边界元方法		
		$\overline{ka}=0.05$	$\overline{ka}=0.12$	$\overline{ka}=0.2$
2	0.50000×10^{0}	HF	HF	HF
3	0.25000×10^{0}	HF	HF	HF
4	0.12500×10^{0}	HF	HF	LF
5	0.62500×10^{-1}	HF	LF	LF
6	0.31250×10^{-1}	LF	LF	LF
7	0.15625×10^{-1}	LF	LF	LF
迭代次数		7	4	4
求解时间/s		0.803×10^{2}	0.624×10^{2}	0.647×10^{2}
相对误差(L2)		0.243×10^{0}	0.404×10^{-3}	0.293×10^{-3}

表 6.4 中，当阈值$\overline{ka}=0.05$时，第 5 级使用了高频形式的传递算法，因为此级的ka过小，采用高频快速多极子边界元方法产生了数值不稳定问题，导致最终计算结果错误，该方法较其他两种算法的相对误差高，相应的求解时间较长。采用其他两种阈值$\overline{ka}$的全频段快速多极子边界元方法，均很好地规避了高频算法产生的数值不稳定性，给出了正确的结果。比较阈值$\overline{ka}=0.12$和$\overline{ka}=0.2$的计算时间，可以看出采用$\overline{ka}=0.2$的全频段快速多极子边界元方法较另外一种情况的计算时间长。这是因为阈值$\overline{ka}$越大，低频算法参与计算的部分越多，需要的计算时间越长。所以，实际计算尽量将$\overline{ka}$设置为高频算法产生数值不稳定的最小值。数值计算表明，采用$\overline{ka}=0.12$可以兼顾计算效率和计算精度。

6.9.2　飞机发动机声辐射

本例采用全频段快速多极子边界元方法分析大规模飞机发动机声辐射问题。如图 6.25 所示，此模型在x、y和z方向的尺寸分别为$38.0\text{m}\times12.4\text{m}\times46.7\text{m}$，设为刚性边界。假设两发动机产生单极子声源，分析的频率满足$ka=25.5$。表面离散成 662292 个三角形单元，最小网格的尺寸为0.342×10^{-2}个波长，最大网格尺寸为0.17×10^{-1}个波长。

全频段快速多极子边界元方法的阈值$\overline{ka}$设置为 0.15。算法中每个叶子栅格中最多允许包含 50 个单元，共产生 9 级树状结构，共 44569 个栅格。全频段快速多极子边界元方法共迭代 24 次，耗时 1.1h 完成了边界值的求解，飞机表面辐射声压分布如图 6.25 所示。在此树状结构的第 8 级和第 9 级，由于栅格的特征尺寸太小，进入了高频快速多极子边界元方法数值不稳定区，因此高频算法无法用于计算。为了验证全频段快速多极子边界元方法计算的正确性，同时采用低频快速多极子边界元方法对该模型进行计算求解，两者计算结果的 2-范数相对误差为 8.982×10^{-4}，表明求解结果基本是一致的，相互验证了正确性。

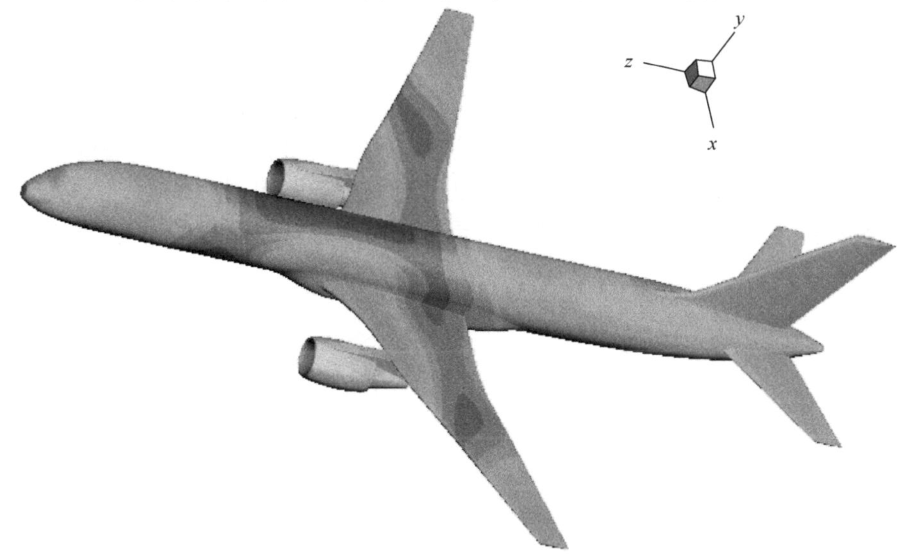

图 6.25　飞机发动机辐射表面声压

对此模型的成功计算，充分显示了全频段快速多极子边界元方法在大规模声场分析中的适用性，可用于较宽频带的分析，求解效率介于低频快速多极子边界元方法和高频快速多极子边界元方法之间，具有重要的工程应用前景。

6.10　小　结

本章详细介绍了自由空间声学快速多极子边界元方法的思想和算法流程，它是后续章节的基础。根据计算的稳定性和分析效率，快速多极子边界元方法划分为高频、低频及全频段三种算法。本章详细地推导并分析了高频、低频及全频段快速多极子边界元方法的核函数展开理论、源点矩转移、源点矩至本地展开转移及本地展开转移。

(1) 发展了高频快速多极子边界元方法的常数和线性单元的解析形式源点矩。源点矩的解析计算比直接采用 Gauss 数值积分更稳定、更精确和更高效。虽然无法保证整体计算精度的提高，但提升了计算效率。对常数单元，利用源点矩积分核函数的对称性，进一步减少了一半的源点矩计算量。数值实验表明，采用解析源点矩的高频快速多极子边界元方法，计算效率提高了 40%左右。

(2) 改进了低频快速多极子边界元方法。在保证高频源点矩和低频源点矩转换精度的前提下，上行传递中使用高频形式的源点矩，利用解析源点矩和高频形式的 M2M，提高了上行传递的效率。理论和数值实验表明，改进的低频快速多极子边界元方法，计算效率高于基于 RCR 的低频快速多极子边界元方法，低于对角形式的高频快速多极子边界元方法。

(3) 发展了一种全频段快速多极子边界元方法。当树状结构中的栅格特征尺寸小于或等于设定阈值时，使用改进的低频快速多极子边界元方法；当其大于设定阈值时，使用高频快速多极子边界元方法。数值实验表明，全频段算法克服了高频算法的数值不稳定性以及低频算法的计算效率低的问题，提高了传统全频段快速多极子边界元方法的计算效率，可灵活地用于较宽频段的大规模声学问题的分析计算。

第 7 章 多联通域快速多极子边界元方法

7.1 引 言

多联通域声学问题在实际工程分析中常会遇到，如多孔吸声材料设计、水下结构声学探测及生物组织声学特性模拟等。第 5 章介绍了单联通域快速多极子边界元方法的理论及算法，本章讨论多联通域的快速多极子边界元方法。

Cheng 等将消声器的内部分成很多个小区域，在相邻区域的边界上使用声压和速度连续性条件，提出了多联通域边界元的耦合求解方法，用于设计消声器 [52]。消声器声传递损失的计算结果表明，多联通域边界元方法与有限元方法的计算结果具有很好的一致性。基于同样的思想，崔晓兵和季振林发展了消声器声学性能预测的子结构快速多极子边界元方法[117,118]，以带有插入管和膨胀腔的消声器为例，验证了该算法的正确性和高效性。Sarradj 提出了一种多联通域边界元方法，用于分析多孔吸声材料的声学问题[213]。Seydou 等建立了三维多联通域边界积分方程[214]，用于分析三维多层结构的声学问题，并与解析解进行比较，取得了较为满意的结果。

使用快速多极子边界元方法分析多联通域声学问题，不仅仅是单联通域算法的直接应用和耦合，它会带来求解和分析技术的新问题，特别是当各个区域的材料属性不同时，所生成系数矩阵条件数非常差，不利于数值求解。因此，本章将快速多极子边界元方法扩展到多联通域声学问题的分析计算中，发展相应的预处理技术，以解决实际工程中的大规模多联通域声学问题的计算难题。

7.2 多联通域声学问题

声波在无限大区域Ω_{L+1}中传播，遇到包含若干声可穿透媒质Ω_L的散射问题，如图 7.1 所示，区域$\Omega_l(l=1,2,\cdots,L+1)$为$L+1$个不相交的区域，由$L$个边界$S_l(l=1,2,\cdots,L)$分割而成。在第$l$个区域中，声速和媒质密度分别定义为$c_l$和$\overline{\rho_l}$，相应的波数定义为$k_l=\omega/c_l$，其中$\omega$为入射波的圆频率。边界的法向量$\boldsymbol{n}_l$定义为指向区域$\Omega_l$的内部。

从图 7.1 中可以看出，每个边界属于两个相邻的区域。由声压连续性条件可知，在每个边界S_l上有如下边界条件：

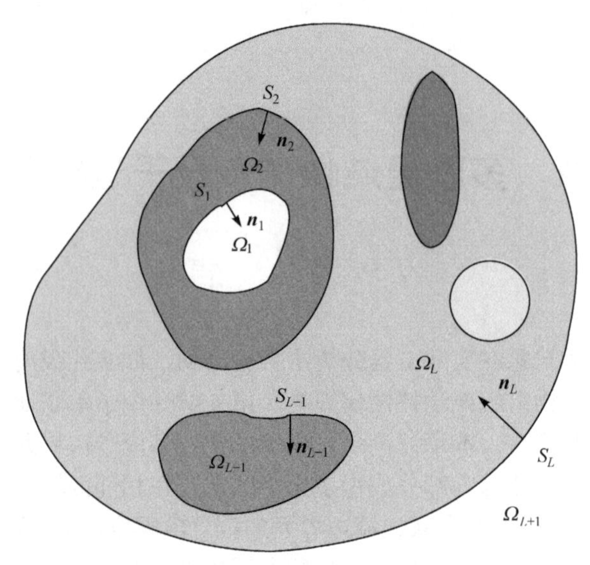

图 7.1 多联通区域模型

$$p_{l_i}(\boldsymbol{y}) = p_{l_o}(\boldsymbol{y}) = p_l(\boldsymbol{y}), \quad \boldsymbol{y} \in S_l \tag{7.1}$$

其中，l_i和l_o表示共边界S_l的两个区域编号，分别称为边界S_l的内区域和外区域。另外，边界S_l上的速度也应该连续，由 Euler 方程，可以得到另一边界条件为

$$\frac{\partial p_{l_i}(\boldsymbol{y})}{\partial n_l(\boldsymbol{y})} = \frac{\overline{\rho}_{l_i}}{\overline{\rho}_{l_o}} \frac{\partial p_{l_o}(\boldsymbol{y})}{\partial n_l(\boldsymbol{y})}, \quad \boldsymbol{y} \in S_l \tag{7.2}$$

即相邻区域媒质阻抗不一致，声压的法向导数不同。由边界条件(7.1)和式(7.2)可知，两相邻区域声学媒质不同，如果阻抗相同，也应该建模成同一区域。

定义区域Ω_l中边界S_l上沿法向量$\boldsymbol{n}_m$方向的声压法向梯度为

$$q_m^l(\boldsymbol{y}) = \frac{\partial p_l(\boldsymbol{y})}{\partial n_m(\boldsymbol{y})} \tag{7.3}$$

虽然共边界相邻区域沿同一方向的法向梯度不同，但它们并不独立，而是通过边界条件(7.2)关联。为便于分析，选取外部区域沿边界法向的声压法向梯度为未知量，则速度边界条件(7.2)可重新表示为

$$q_l^{l_i} = \rho_l q_l, \quad l = 1,2, \cdots, L \tag{7.4}$$

其中，$\rho_l = \overline{\rho}_{l_i}/\overline{\rho}_{l_o}$，$q_l = q_l^{l_o}$。根据式(7.1)和式(7.4)，每个边界$S_l$上的两组物理量分别为$p_l$和$q_l$。

假设区域Ω_l的所有光滑边界组成的集合为Γ_l。如图 7.1 所示，边界集合Γ_1只包含一个边界S_1，边界集合Γ_2包含两个边界S_1和S_2，边界集合Γ_L包含 L–1 个边界$S_l(l =$

$2,\cdots,L$)，边界集合Γ_{L+1}仅包含边界S_L。根据 4.2 节的理论，声学边界积分方程中边界的法向定义为指离声学区域。为了便于分析，多联通域边界的法向定义为由外部区域指向内部区域，如图 7.1 所示。根据图 7.1 所示的区域和边界编号准则，某些区域的边界法向与对应的声学问题(内部问题、外部问题)的法向定义相反，如区域Ω_2的边界S_2上的法向应该指离区域Ω_2。为了建立统一的多联通域积分方程，定义区域Ω_l的边界S_m的法向方向系数为

$$\varepsilon_m^l = \begin{cases} -1, & l = m \\ 1, & l > m \end{cases} \tag{7.5}$$

即按照图 7.1 所示的区域和边界编号准则，当区域编号l与边界编号m相等时，区域Ω_l中关于边界S_m的积分法向应该取反；当区域编号l大于边界编号m时，区域Ω_l中关于边界S_m的积分法向不变。参考单联通域的 CBIE(4.3)，多联通声学问题中每个区域的 CBIE 表示为

$$\begin{aligned} c(\boldsymbol{x})p(\boldsymbol{x}) = \sum_{S_m \in \Gamma_l} \left\{ \varepsilon_m^l \int_{S_m} \left[G_l(\boldsymbol{x},\boldsymbol{y}) q_m^l(\boldsymbol{y}) - \frac{\partial G_l(\boldsymbol{x},\boldsymbol{y})}{\partial n_m(\boldsymbol{y})} p_m(\boldsymbol{y}) \right] \mathrm{d}S(\boldsymbol{y}) \right\} \\ + \wp(\boldsymbol{x}), \quad \boldsymbol{x} \in \Omega_l \cup \Gamma_l \end{aligned} \tag{7.6}$$

其中，$l = 1,2,\cdots,L+1$，参数$c(\boldsymbol{x})$的定义见式(4.4)，源场声压$\wp(\boldsymbol{x})$的定义同公式(2.115)。时间项取为$\mathrm{e}^{-\mathrm{i}\omega t}$，根据式(2.163)，相应的第$l$个区域自由空间 Green 函数为

$$G_l(\boldsymbol{x},\boldsymbol{y}) = \frac{\mathrm{e}^{\mathrm{i}k_l r}}{4\pi r}, \quad r = \|\boldsymbol{x} - \boldsymbol{y}\| \tag{7.7}$$

其中，k_l为区域Ω_l内的波数。

在外部问题求解时，当分析频率与内部结构的共振频率重合时，式(7.6)会遇到求解非唯一性的问题。Burton-Miller 方法将式(7.6)与其法向导数进行适当的组合，可以克服求解非唯一性的问题[34]。假设场点$\boldsymbol{x} \in S_\tau \in \Gamma_l$，将式(7.6)对场点$\boldsymbol{x}$沿法向量$\boldsymbol{n}_\tau$方向求导，得到如下超奇异边界积分方程(NDBIE 或 HBIE)，即

$$\begin{aligned} c(\boldsymbol{x}) \frac{\partial p(\boldsymbol{x})}{\partial n_\tau(\boldsymbol{x})} = \sum_{S_m \in \Gamma_l} \left\{ \varepsilon_m^l \int_{S_m} \left[\frac{\partial G_l(\boldsymbol{x},\boldsymbol{y})}{\partial n_\tau(\boldsymbol{x})} q_m^l(\boldsymbol{y}) \right. \right. \\ \left. \left. - \frac{\partial^2 G_l(\boldsymbol{x},\boldsymbol{y})}{\partial n_\tau(\boldsymbol{x}) \partial n_m(\boldsymbol{y})} p_m(\boldsymbol{y}) \right] \mathrm{d}S(\boldsymbol{y}) \right\} + \frac{\partial \wp(\boldsymbol{x})}{\partial n_\tau(\boldsymbol{x})} \end{aligned} \tag{7.8}$$

在多联通域声学问题中，定义区域Ω_l中边界S_τ上的场点$\boldsymbol{x}$关于边界S_m的积分算子为

$$S_{l,m}^\tau(\boldsymbol{x}) q_m^l = \int_{S_m} G_l(\boldsymbol{x},\boldsymbol{y}) q_m^l(\boldsymbol{y}) \mathrm{d}S(\boldsymbol{y}) \tag{7.9}$$

$$\mathcal{D}_{l,m}^{\tau}(\boldsymbol{x})p_m = \int_{S_m} \frac{\partial G_l(\boldsymbol{x},\boldsymbol{y})}{\partial n_m(\boldsymbol{y})} p_m(\boldsymbol{y})\,\mathrm{d}S(\boldsymbol{y}) \tag{7.10}$$

$$\mathcal{A}_{l,m}^{\tau}(\boldsymbol{x})q_m^l = \int_{S_m} \frac{\partial G_l(\boldsymbol{x},\boldsymbol{y})}{\partial n_\tau(\boldsymbol{x})} q_m^l(\boldsymbol{y})\mathrm{d}S(\boldsymbol{y}) \tag{7.11}$$

$$\mathcal{H}_{l,m}^{\tau}(\boldsymbol{x})p_m = \int_{S_m} \frac{\partial^2 G_l(\boldsymbol{x},\boldsymbol{y})}{\partial n_\tau(\boldsymbol{x})\partial n_m(\boldsymbol{y})} p_m(\boldsymbol{y})\mathrm{d}S(\boldsymbol{y}) \tag{7.12}$$

将式(7.6)和式(7.8)进行线性组合，得到区域Ω_l内 Burton-Miller 方程为

$$\begin{aligned} &c(\boldsymbol{x})p(\boldsymbol{x}) + \sum_{S_m\in\Gamma_l} \varepsilon_m^l\left[\mathcal{D}_{l,m}^{\tau}(\boldsymbol{x}) + \gamma_l\mathcal{H}_{l,m}^{\tau}(\boldsymbol{x})\right]p_m \\ &= \sum_{S_m\in\Gamma_l} \varepsilon_m^l\left[\mathcal{S}_{l,m}^{\tau}(\boldsymbol{x}) + \gamma_l\mathcal{A}_{l,m}^{\tau}(\boldsymbol{x})\right]q_m^l - \gamma_l c(\boldsymbol{x})\frac{\partial p(\boldsymbol{x})}{\partial n_\tau(\boldsymbol{x})} + \wp(\boldsymbol{x}) + \gamma_l\frac{\partial \wp(\boldsymbol{x})}{\partial n_\tau(\boldsymbol{x})} \end{aligned} \tag{7.13}$$

其中，$\boldsymbol{x}\in S_\tau\in\Gamma_l$，$\gamma_l$为区域$\Omega_l$内的组合系数[167]，一般取为复数，当 Fourier 时间项取为$\mathrm{e}^{\mathrm{i}\zeta\omega t}$时，$\gamma_l=\zeta\mathrm{i}/k_l$，$\zeta=\pm1$。

因为每个边界被两个相邻的区域所包含，具有L个边界的多联通域声学问题，会产生$2L$组边界积分方程。边界积分方程既可以按区域排列，也可以按边界排列。由于各个区域声学媒质的特性不同，离散边界积分方程的条件数可能非常差，不利于迭代求解。因此，边界积分方程的排列方式应该便于预处理技术的使用。为了便于多联通域离散方程的推导，假设积分方程采用常数单元离散。参照文献[215]的建议，按照边界排列积分方程，将边界条件式(7.1)、式(7.3)和式(7.4)代入式(7.13)，则由图 7.1 所示的多联通域的离散表达式形式上可表示为

$$\begin{bmatrix} \boldsymbol{A}_{1,1}^1 & \rho_1\boldsymbol{B}_{1,1}^1 & \boldsymbol{0} & \boldsymbol{0} & \cdots & \boldsymbol{0} & \boldsymbol{0} \\ \boldsymbol{A}_{2,1}^1 & \boldsymbol{B}_{2,1}^1 & \boldsymbol{A}_{2,2}^1 & \rho_2\boldsymbol{B}_{2,2}^1 & \cdots & \boldsymbol{0} & \boldsymbol{0} \\ \boldsymbol{A}_{2,1}^2 & \boldsymbol{A}_{2,1}^2 & \boldsymbol{A}_{2,2}^2 & \rho_2\boldsymbol{B}_{2,2}^2 & \cdots & \boldsymbol{0} & \boldsymbol{0} \\ \boldsymbol{0} & \boldsymbol{0} & \boldsymbol{A}_{L,2}^2 & \boldsymbol{B}_{L,2}^2 & \cdots & \boldsymbol{A}_{L,L}^2 & \rho_L\boldsymbol{B}_{L,L}^2 \\ \vdots & \vdots & \vdots & \vdots & & \vdots & \vdots \\ \boldsymbol{0} & \boldsymbol{0} & \boldsymbol{0} & \boldsymbol{0} & \cdots & \boldsymbol{A}_{L,L}^L & \rho_L\boldsymbol{B}_{L,L}^L \\ \boldsymbol{0} & \boldsymbol{0} & \boldsymbol{0} & \boldsymbol{0} & \cdots & \boldsymbol{A}_{L+1,L}^L & \boldsymbol{B}_{L+1,L}^L \end{bmatrix} \begin{bmatrix} \boldsymbol{p}_1 \\ \boldsymbol{q}_1 \\ \boldsymbol{p}_2 \\ \boldsymbol{q}_2 \\ \vdots \\ \boldsymbol{p}_L \\ \boldsymbol{q}_L \end{bmatrix} = \begin{bmatrix} \boldsymbol{0} \\ \boldsymbol{0} \\ \boldsymbol{0} \\ \boldsymbol{0} \\ \vdots \\ \boldsymbol{0} \\ \boldsymbol{\ell}_L \end{bmatrix} \tag{7.14}$$

其中，$\boldsymbol{p}_l$、$\boldsymbol{q}_l$为边界上两组离散物理量所组成的列向量($l=1,2,\cdots,L$)，向量$\boldsymbol{\ell}_L$为由最外层的入射波生成的列向量，在观测点 $\boldsymbol{x}$ 处的具体表达式为

$$\ell_L(\boldsymbol{x}) = \wp(\boldsymbol{x}) + \gamma_{L+1}\frac{\partial \wp(\boldsymbol{x})}{\partial n_L(\boldsymbol{x})} \tag{7.15}$$

系数子矩阵$\boldsymbol{A}_{l,m}^{\tau}$和$\boldsymbol{B}_{l,m}^{\tau}$定义为

$$\boldsymbol{A}_{l,m}^{\tau} = c(\boldsymbol{x})\boldsymbol{I} + \varepsilon_m^l\left(\boldsymbol{\mathcal{D}}_{l,m}^{\tau} + \gamma_l \boldsymbol{\mathcal{H}}_{l,m}^{\tau}\right) \tag{7.16}$$

$$\boldsymbol{B}_{l,m}^{\tau} = \left[c(\boldsymbol{x})\gamma_l \delta_{\tau m}\boldsymbol{I} - \varepsilon_m^l\left(\boldsymbol{\mathcal{S}}_{l,m}^{\tau} + \gamma_l \boldsymbol{\mathcal{A}}_{l,m}^{\tau}\right)\right]\rho_m \tag{7.17}$$

其中，$\boldsymbol{I}$为单位对角阵。对于系数子矩阵$\boldsymbol{A}_{l,m}^{\tau}$和$\boldsymbol{B}_{l,m}^{\tau}$，当$\tau = m$时，即场点所在面和源面重合时，存在奇异积分问题。当然，采用平面单元离散时，存在非奇异的解析表达式，详见 4.3 节内容。

设线性方程组(7.14)的维数为N，则使用直接求解器如 LU 分解或 Gauss 消去法，将导致内存使用量正比于自由度的平方$O(N^2)$，计算时间正比于自由度的三次方$O(N^3)$。另外，多联通域快速多极子边界元方法线性方程组的维数为模型离散自由度的 2 倍。综上，由于求解规模及内存使用量和计算条件的限制，较单联通域声学问题，传统边界元方法更难用于多联通域大规模声学问题的求解。

7.3　多联通域快速多极子边界元算法

7.3.1　多联通域快速多极子展开理论

参考单联通域自由空间声学快速多极子边界元方法的全频段算法(6.8 节)，本节论述多联通域快速多极子边界元方法的算法。多联通域中每个区域均具有一个独立的树状结构，其上行传递和下行传递同单联通域的方法一样。

单联通域快速多极子边界元方法的边界条件仅有一组，即每个自由度上要么速度未知，要么声压未知。而在多联通域快速多极子边界元方法中，大部分边界上的速度和声压两组变量均未知，需要耦合多区域边界元方程求解。多联通域声学问题中的快速多极子方法需要同时加速计算声压及其法向导数的积分。为了便于算法的说明，这里仅考察区域Ω_l的边界积分计算，省略边界的编号，边界上$\boldsymbol{y}$点处的声压及其法向导数统一用$p(\boldsymbol{y})$和$q(\boldsymbol{y})$表示，外法向量用$\boldsymbol{n}$表示。假设源点$\boldsymbol{y}$在三角形单元ΔS上，且场点$\boldsymbol{x}$距离此单元足够远，如图 6.9 所示，定义

$$f(\boldsymbol{x}) = \int_{\Delta S}\left[G_l(\boldsymbol{x},\boldsymbol{y})q(\boldsymbol{y}) - \frac{\partial G_l(\boldsymbol{x},\boldsymbol{y})}{\partial n(\boldsymbol{y})}p(\boldsymbol{y})\right]\mathrm{d}S(\boldsymbol{y}) \tag{7.18}$$

和

$$\frac{\partial f(\boldsymbol{x})}{\partial n(\boldsymbol{x})} = \int_{\Delta S}\left[\frac{\partial G_l(\boldsymbol{x},\boldsymbol{y})}{\partial n(\boldsymbol{x})}q(\boldsymbol{y}) - \frac{\partial^2 G_l(\boldsymbol{x},\boldsymbol{y})}{\partial n(\boldsymbol{x})\partial n(\boldsymbol{y})}p(\boldsymbol{y})\right]\mathrm{d}S(\boldsymbol{y}) \tag{7.19}$$

则多联通域中的快速多极子算法需要计算如下积分，即

$$f(\boldsymbol{x}) + \gamma_l \frac{\partial f(\boldsymbol{x})}{\partial n(\boldsymbol{x})} \tag{7.20}$$

根据 Green 函数高频多极子展开理论，即式(6.11)，定义多联通域的高频源点矩为

$$M(\hat{\boldsymbol{\sigma}},\boldsymbol{y}_c)=\int_{\Delta S}\left[q(\boldsymbol{y})-\mathrm{i}k_l\big(\hat{\boldsymbol{n}}(\boldsymbol{y})\cdot\hat{\boldsymbol{\sigma}}\big)p(\boldsymbol{y})\right]O(\hat{\boldsymbol{\sigma}},\boldsymbol{y}_c,\boldsymbol{y})\mathrm{d}S(\boldsymbol{y}) \tag{7.21}$$

同理，参考 Green 函数低频多极子展开理论，即式(6.73)，定义多联通域的低频源点矩为

$$M_n^m(k_l,\boldsymbol{y}_c)=\int_{\Delta S}\left[O_n^m(k_l,\boldsymbol{y},\boldsymbol{y}_c)q(\boldsymbol{y})-\frac{\partial O_n^m(k_l,\boldsymbol{y},\boldsymbol{y}_c)}{\partial n(\boldsymbol{y})}p(\boldsymbol{y})\right]\mathrm{d}S(\boldsymbol{y}) \tag{7.22}$$

函数 $O(\hat{\boldsymbol{\sigma}},\boldsymbol{y}_c,\boldsymbol{y})$ 和 $O_n^m(k,\boldsymbol{y},\boldsymbol{y}_c)$ 分别定义在式(6.14)和式(6.75)中，且 $\partial O_n^m(k_l,\boldsymbol{y},\boldsymbol{y}_c)/\partial n(\boldsymbol{y})=\nabla O_n^m(k_l,\boldsymbol{y},\boldsymbol{y}_c)\cdot\boldsymbol{n}(\boldsymbol{y})$。如何使用解析法和被积函数的对称性加速源点矩的计算，已经在 6.3 节和 6.5 节做了详细描述。在上行传递中，叶子栅格的源点矩根据其所处的频段不同，分别采用式(7.21)和式(7.22)进行计算。

虽然多联通域的源点矩与单联通域的源点矩的表达形式不同，但对于中心点在$\boldsymbol{y}_{c'}$处的非叶子栅格源点矩的上行 M2M 传递，多联通域的方法与单联通域的方法相同，高频算法采用式(6.19)计算，低频算法采用式(6.80)计算。下行传递与上行传递是沿树状结构相反的过程，从第二级开始到最低级结束。中心点为$\boldsymbol{x}_c$的栅格，本地展开系数一部分由其所有交互栅格的源点矩转换(M2L)得到，另一部分从其父栅格 L2L 传递而来。下行传递的过程，多联通域的算法也与单联通域的算法相同，高频算法 M2L 和 L2L 分别采用式(6.21)和式(6.23)计算，低频算法 M2L 和 L2L 分别采用式(6.93)和式(6.99)计算。

值得注意的是，由于树状结构中各级展开项数不同，高频源点矩在子级和父级的单位球面上的离散点不同，所以在进行 M2M 和 L2L 之前应该辅以插值操作(详见 6.3.2.2 节内容)，得到子栅格在父栅格离散点上的临时源点矩。对于低频形式的 M2M 和 L2L，一般采用 RCR 分解的方法(6.6 节)计算，可大大降低计算量。上行传递从树状结构最低级开始一直传递到第二级结束，可直接或间接得到所有栅格的源点矩，为下行传递做准备。

在下行传递中，如果遇到包含场点 $\boldsymbol{x}$、中心点在$\boldsymbol{x}_c$的叶子栅格，式(7.20)的最终结果通过式(7.23)和式(7.24)计算：

$$f(\boldsymbol{x})+\gamma_l\frac{\partial f(\boldsymbol{x})}{\partial n(\boldsymbol{x})}=\frac{\mathrm{i}k_l}{16\pi^2}\int_{\sigma}\left[1+\mathrm{i}k_l\gamma_l(\hat{\boldsymbol{n}}(\boldsymbol{x})\cdot\hat{\boldsymbol{\sigma}})\right]I(\hat{\boldsymbol{\sigma}},\boldsymbol{x},\boldsymbol{x}_c)L(\hat{\boldsymbol{\sigma}},\boldsymbol{x}_c)\mathrm{d}\sigma \tag{7.23}$$

和

$$f(\boldsymbol{x})+\gamma_l\frac{\partial f(\boldsymbol{x})}{\partial n(\boldsymbol{x})}=\mathrm{i}k_l\sum_{n=0}^{\infty}\sum_{m=-n}^{n}\left[1+\gamma_l\frac{\partial}{\partial n(\boldsymbol{x})}\right]O_n^{-m}(k_l,\boldsymbol{x},\boldsymbol{x}_c)\,L_n^m(k_l,\boldsymbol{x}_c) \tag{7.24}$$

其中，式(7.23)为高频形式，式(7.24)为低频形式，函数$I(\hat{\boldsymbol{\sigma}},\boldsymbol{x},\boldsymbol{x}_c)$定义在式(6.12)中，$O_n^{-m}(k_l,\boldsymbol{x},\boldsymbol{x}_c)$定义在式(6.75)中，$\partial O_n^{-m}(k,\boldsymbol{x},\boldsymbol{x}_c)/\partial n(\boldsymbol{x})$的计算与源点矩即

式(7.22)中$\partial O_n^m(k,\boldsymbol{y},\boldsymbol{y}_c)/\partial n(\boldsymbol{y})$的计算相同。

使用快速多极子边界元方法计算式(7.20)时，高频展开式(7.23)需要在单位球面上进行离散数值积分，低频展开式(7.24)需要适当地截断级数展开项。在给定误差下，式(6.10)可以给出很好的截断项数。虽然快速多极子边界元方法需要多次用到级数截断、系数转换、数值离散积分以及插值和滤波运算，但这些误差在数学上已证明是可控的[216-218]，因此整个算法的精度是可以保证的。

7.3.2　预处理

由于各个区域的声学媒质特性不同，不便于统一预处理，多联通域快速多极子边界元方法采用多树状结构分组离散不同区域模型，导致各个区域内树状结构的叶子栅格及交互栅格的定义不同。快速多极子边界元方法在加速矩阵向量相乘时，首先按照各个区域的树状结构单独计算，然后将计算结果按照式(7.14)的形式重新排列提供给迭代求解器。每个树状结构栅格中均有两组系数，分别为源点矩和本地展开系数。但在下行传递中，由于父级传递而来的本地展开系数仅发生在两个相邻级栅格之间，所以不是所有栅格都需要开辟内存存储本地展开系数，在下行传递中它们可以共用一块临时内存。某级中所有栅格的本地展开系数计算完成后，用其覆盖栅格中的源点矩，可以减少存储本地展开系数的内存使用量。

由于各区域树状结构中叶子栅格的定义不同，无法直接使用块对角预处理技术。文献[215]提出了多孔弹性问题的一种有效预处理技术，可以用于多联通域声学问题的处理。但是，它将整个边界上的单元生成的系数矩阵作为预处理矩阵，因此预处理矩阵的内存使用量比较大、求逆时间比较长。本节发展一种改进的预处理技术，减少迭代次数同时减少内存使用量和求解时间，该预处理矩阵并不是利用整个边界的系数对角阵，而是将边界离散成许多较小的块，将相邻区域内共用这些离散边界面的矩阵作为预处理矩阵。重新采用树状结构算法分组每个边界，但仅使用叶子栅格中包含的离散面，如图 7.2 所示。

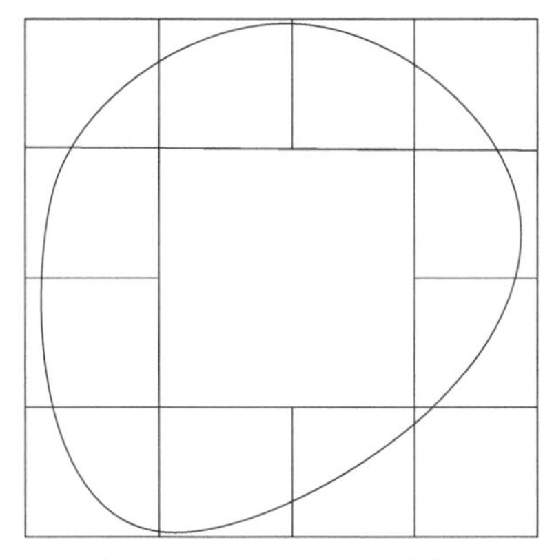

图 7.2　简单模型的边界分块

将边界离散成大小适当的块，其上的单元相应分组，则多联通域快速多极子边界元方法的线性方程组，即式(7.14)，按块重新排列。为便于说明，如图 7.3 所示，假设一模型有三个区域(Ω_1、Ω_2和Ω_3)和两个边界(S_1和S_2)，且每个边界分成两块，即$S_1 = S_{11} \cup S_{12}$和$S_2 = S_{21} \cup S_{22}$，则边界方程组可表示为

$$\begin{bmatrix} \boldsymbol{A}_{1,11}^{11} & \rho_1 \boldsymbol{B}_{1,11}^{11} & \boldsymbol{A}_{1,12}^{11} & \rho_1 \boldsymbol{B}_{1,12}^{11} & \boldsymbol{0} & \boldsymbol{0} & \boldsymbol{0} & \boldsymbol{0} \\ \boldsymbol{A}_{2,11}^{11} & \boldsymbol{B}_{2,11}^{11} & \boldsymbol{A}_{2,12}^{11} & \boldsymbol{B}_{2,12}^{11} & \boldsymbol{A}_{2,21}^{11} & \rho_2 \boldsymbol{B}_{2,21}^{11} & \boldsymbol{A}_{2,22}^{11} & \rho_2 \boldsymbol{B}_{2,22}^{11} \\ \boldsymbol{A}_{1,11}^{12} & \rho_1 \boldsymbol{B}_{1,11}^{12} & \boldsymbol{A}_{1,12}^{12} & \rho_1 \boldsymbol{B}_{1,12}^{12} & \boldsymbol{0} & \boldsymbol{0} & \boldsymbol{0} & \boldsymbol{0} \\ \boldsymbol{A}_{2,11}^{12} & \boldsymbol{B}_{2,11}^{12} & \boldsymbol{A}_{2,12}^{12} & \boldsymbol{B}_{2,12}^{12} & \boldsymbol{A}_{2,21}^{12} & \rho_2 \boldsymbol{B}_{2,21}^{12} & \boldsymbol{A}_{2,22}^{12} & \rho_2 \boldsymbol{B}_{2,22}^{12} \\ \boldsymbol{A}_{2,11}^{21} & \boldsymbol{B}_{2,11}^{21} & \boldsymbol{A}_{2,12}^{21} & \boldsymbol{B}_{2,12}^{21} & \boldsymbol{A}_{2,21}^{21} & \rho_2 \boldsymbol{B}_{2,21}^{21} & \boldsymbol{A}_{2,22}^{21} & \rho_2 \boldsymbol{B}_{2,22}^{22} \\ \boldsymbol{0} & \boldsymbol{0} & \boldsymbol{0} & \boldsymbol{0} & \boldsymbol{A}_{3,21}^{21} & \boldsymbol{B}_{3,21}^{21} & \boldsymbol{A}_{3,22}^{21} & \boldsymbol{B}_{3,22}^{21} \\ \boldsymbol{A}_{2,11}^{22} & \boldsymbol{B}_{2,11}^{22} & \boldsymbol{A}_{2,12}^{22} & \boldsymbol{B}_{2,12}^{22} & \boldsymbol{A}_{2,21}^{22} & \rho_2 \boldsymbol{B}_{2,21}^{22} & \boldsymbol{A}_{2,22}^{22} & \rho_2 \boldsymbol{B}_{2,22}^{22} \\ \boldsymbol{0} & \boldsymbol{0} & \boldsymbol{0} & \boldsymbol{0} & \boldsymbol{A}_{3,21}^{22} & \boldsymbol{B}_{3,21}^{22} & \boldsymbol{A}_{3,22}^{22} & \boldsymbol{B}_{3,22}^{22} \end{bmatrix} \tag{7.25}$$

$$\times \begin{bmatrix} \boldsymbol{p}_{11} \\ \boldsymbol{q}_{11} \\ \boldsymbol{p}_{12} \\ \boldsymbol{q}_{12} \\ \boldsymbol{p}_{21} \\ \boldsymbol{q}_{21} \\ \boldsymbol{p}_{22} \\ \boldsymbol{q}_{22} \end{bmatrix} = \begin{bmatrix} \boldsymbol{0} \\ \boldsymbol{0} \\ \boldsymbol{0} \\ \boldsymbol{0} \\ \boldsymbol{0} \\ \boldsymbol{b}_{21} \\ \boldsymbol{0} \\ \boldsymbol{b}_{22} \end{bmatrix}$$

其中，双上标和下标“τn”表示第τ个边界上的第n块。从式(7.25)的系数矩阵中抽取块对角矩阵 $\boldsymbol{M}$ 作为预处理矩阵，即

$$\boldsymbol{M} = \begin{bmatrix} \boldsymbol{A}_{1,11}^{11} & \rho_1 \boldsymbol{B}_{1,11}^{11} & \boldsymbol{0} & \boldsymbol{0} & \boldsymbol{0} & \boldsymbol{0} & \boldsymbol{0} & \boldsymbol{0} \\ \boldsymbol{A}_{2,11}^{11} & \boldsymbol{B}_{2,11}^{11} & \boldsymbol{0} & \boldsymbol{0} & \boldsymbol{0} & \boldsymbol{0} & \boldsymbol{0} & \boldsymbol{0} \\ \boldsymbol{0} & \boldsymbol{0} & \boldsymbol{A}_{1,12}^{12} & \rho_1 \boldsymbol{B}_{1,12}^{12} & \boldsymbol{0} & \boldsymbol{0} & \boldsymbol{0} & \boldsymbol{0} \\ \boldsymbol{0} & \boldsymbol{0} & \boldsymbol{A}_{2,12}^{12} & \boldsymbol{B}_{2,12}^{12} & \boldsymbol{0} & \boldsymbol{0} & \boldsymbol{0} & \boldsymbol{0} \\ \boldsymbol{0} & \boldsymbol{0} & \boldsymbol{0} & \boldsymbol{0} & \boldsymbol{A}_{2,21}^{21} & \rho_2 \boldsymbol{B}_{2,21}^{21} & \boldsymbol{0} & \boldsymbol{0} \\ \boldsymbol{0} & \boldsymbol{0} & \boldsymbol{0} & \boldsymbol{0} & \boldsymbol{A}_{3,21}^{21} & \boldsymbol{B}_{3,21}^{21} & \boldsymbol{0} & \boldsymbol{0} \\ \boldsymbol{0} & \boldsymbol{0} & \boldsymbol{0} & \boldsymbol{0} & \boldsymbol{0} & \boldsymbol{0} & \boldsymbol{A}_{2,22}^{22} & \rho_2 \boldsymbol{B}_{2,22}^{22} \\ \boldsymbol{0} & \boldsymbol{0} & \boldsymbol{0} & \boldsymbol{0} & \boldsymbol{0} & \boldsymbol{0} & \boldsymbol{A}_{3,22}^{22} & \boldsymbol{B}_{3,22}^{22} \end{bmatrix} \tag{7.26}$$

该预处理矩阵是稀疏的，比基于整个边界的预处理矩阵的内存使用量小，求逆时间短，适用于多联通域快速多极子边界元方法。当然，基于整个边界的预处理矩阵更接近原始矩阵，能更好地改善系数矩阵的条件数，加速收敛。

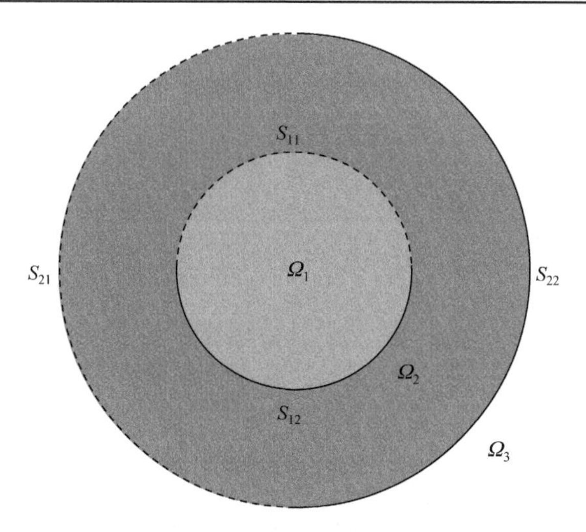

图 7.3　简单多联通域模型

7.4　数 值 算 例

本节通过数值算例验证多联通域全频段快速多极子边界元方法的正确性和效率。所有算例均使用 FORTRAN 95 进行编写，在英特尔酷睿 2(计算中只使用一个核)、主频 2.9GHz、内存 6GB 的计算机上完成。快速多极子边界元方法使用 GMRES 迭代求解器，求解误差设为10^{-4}，使用左对角块预处理技术改善矩阵的条件数，加速收敛过程。

7.4.1　可穿透球体

首先，采用较为简单的无限大区域中声可穿透球体的声散射，验证基于 Burton-Miller 方程的多联通域快速多极子边界元方法的正确性。模型如图 7.4 所示，球体半径$a = 1\text{m}$，一单位幅值平面波沿$+z$方向传播。在区域Ω_1中的声速和流体密度为$c_1 = 200\text{m/s}$，$\overline{\rho}_1 = 2.01\text{kg/m}^3$；在区域$\Omega_2$中的声速和流体密度为$c_2 = 300\text{m/s}$，$\overline{\rho}_2 = 3.01\text{kg/m}^3$。

该模型具有解析解，其外部区域声压可表示为

$$p_2(\boldsymbol{x}) = \sum_{n=0}^{\infty} \mathrm{i}^n (2n+1)\,\mathrm{P}_n(\cos\theta)[\mathrm{j}_n(k_2|\boldsymbol{x}|) + a_n \mathrm{h}_n(k_2|\boldsymbol{x}|)], \quad |\boldsymbol{x}| \geqslant a \tag{7.27}$$

其中，θ为球坐标系中点 $\boldsymbol{x}$ 与 z 轴的极角，参数a_n的表达式为

$$a_n = \frac{\beta \mathrm{j}_n{}'(k_1 a)\mathrm{j}_n(k_2 a) - \mathrm{j}_n(k_1 a)\mathrm{j}_n{}'(k_2 a)}{\mathrm{j}_n(k_1 a)\mathrm{h}_n{}'(k_2 a) - \beta \mathrm{j}_n{}'(k_1 a)\mathrm{h}_n(k_2 a)} \tag{7.28}$$

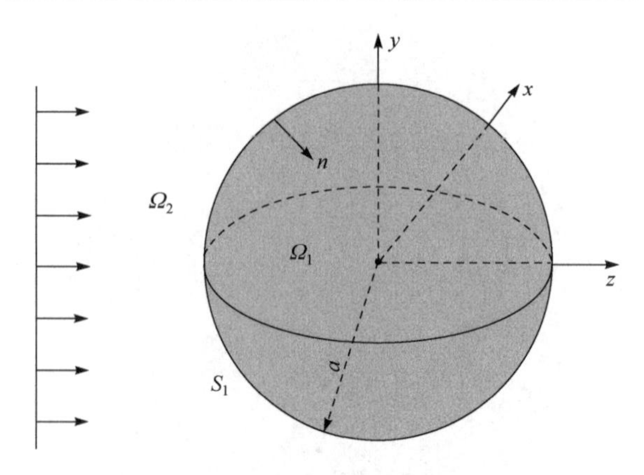

图 7.4　可穿透球体声散射模型

其中，j_n和h_n分别为n阶第一类球 Bessel 函数和第一类球 Hankel 函数，且$\beta = k_1/(\rho_1 k_2)$。分析频率满足$2 \leqslant k_2 a \leqslant 10$，共等分成 500 步计算，其中$k_2$为区域$\Omega_2$中的波数。对不同的频率，离散单元数从 3888 到 25392 不等。分别采用基于传统边界积分方程(CBIE)(7.6)和 Burton-Miller 方程(CHBIE)(7.13)的快速多极子边界元方法求解。

图 7.5(a)给出了场点$(0,2a,0)$处的解析声压(用 Anal 表示)、CBIE 计算所得声压(用 CBIE 表示)及 CHBIE 计算所得声压(用 CHBIE 表示)，说明基于 CBIE 的边界元方法在共振频率处，即$k_2 a = n\pi(n = 1,2,\cdots)$受到求解非唯一性的影响，计算结果不准确。图 7.5(b)给出了 CBIE 和 CHBIE 计算结果与解析解的相对误差，可以看出在非共振频率处 CHBIE 的计算结果略差于 CBIE 的计算结果，这主要是由于 CHBIE 需要利用 CBIE 的导数方程，增加了计算难度，引入了误差，同时所生成的系数矩阵的条件数较非共振频率处生成的系数矩阵的条件数更差。

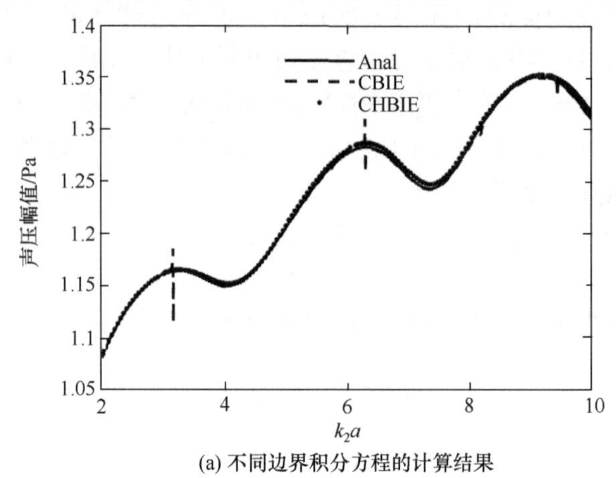

(a) 不同边界积分方程的计算结果

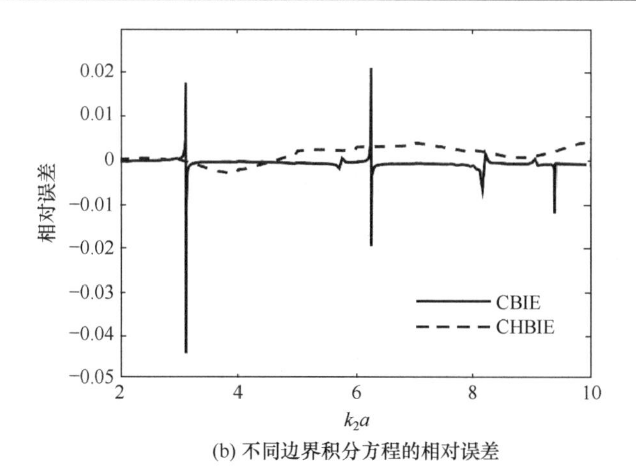

(b) 不同边界积分方程的相对误差

图 7.5　可穿透球体扫频分析

7.4.2　两同心球体

图 7.6 为两同心球体在yOz平面上的截面，内球半径$a = 1\text{m}$，区域Ω_2在半径方向的厚度定义为$d = 0.25a$,外球半径为 a+d。一单位幅值的平面波沿+z方向传播。在区域Ω_1中，声速和媒质密度分别为：$c_1 = 1500\text{m/s}$，$\overline{\rho}_1 = 1000\text{kg/m}^3$；在区域$\Omega_2$中，声速和媒质密度分别为：$c_2 = 1324\text{m/s}$，$\overline{\rho}_2 = 800\text{kg/m}^3$；在区域$\Omega_3$中，声速和媒质密度分别为：$c_3 = 1121\text{m/s}$，$\overline{\rho}_3 = 791\text{kg/m}^3$。

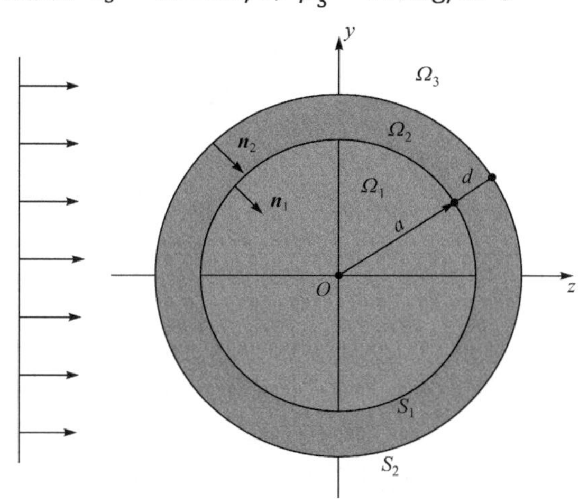

图 7.6　两同心可穿透球体声散射模型

首先，计算频率$f = 800\text{Hz}$的散射声场。此模型同样具有解析解，理论上加密网格会使数值解逼近精确解。为此，考察多联通域快速多极子边界元方法随网格加密的收敛性。网格数从 1068 增加到 29496，值得注意的是，线性方程组的维数

是单元数的 2 倍。比较数值计算结果与解析解，2-范数的相对误差定义为

$$\varepsilon=\frac{\|(\boldsymbol{p}_{\text{num}}-\boldsymbol{p}_{\text{ana}})+(\boldsymbol{q}_{\text{num}}-\boldsymbol{q}_{\text{ana}})\|}{\|\boldsymbol{p}_{\text{ana}}+\boldsymbol{q}_{\text{ana}}\|} \tag{7.29}$$

其中，$\boldsymbol{p}_{\text{num}}$和$\boldsymbol{q}_{\text{num}}$为快速多极子边界元方法(FMBEM)的计算结果和传统边界元方法(CBEM)的计算结果，$\boldsymbol{p}_{\text{ana}}$和$\boldsymbol{q}_{\text{ana}}$为解析解。

求解的相对误差见图 7.7,可以看出快速多极子边界元方法和传统边界元方法的计算结果吻合得很好。但由于内存的限制，传统边界元方法无法计算单元数过万的模型，所以仅给出了前三个网格的计算结果。随着网格的加密，求解误差急剧下降并趋向稳定，表明多联通域快速多极子边界元方法的计算结果是正确的。对本例中的八种网格，迭代求解器的迭代次数从 36 上升到 46，最后三种网格的迭代次数均为 46。图 7.8 和图 7.9 给出了多联通域快速多极子边界元方法和传统边界元方法的计算时间和内存使用量，从中可以看出多联通域快速多极子边界元方法的计算效率和内存使用量的优势。图 7.9 中快速多极子边界元方法的内存使用量包括用于预处理的邻近栅格中直接系数的内存，虚线表示传统边界元方法求解此问题的内存预计使用量。

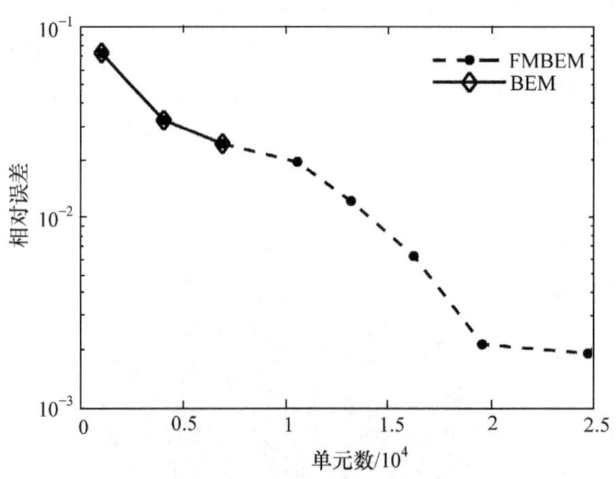

图 7.7　快速多极子边界元方法与传统边界元方法的计算相对误差

下面进一步验证多联通域快速多极子边界元方法在宽频声学问题求解中的精度和效率。扫频分析两同心球体，入射频率从 200Hz 到 1800Hz 等间距取 9 步。各个频域的离散单元数、求解误差即式(7.29)列于表 7.1 中。从表中可以看出，多联通域快速多极子边界元方法均给出了较好的结果。此例中，同时考察预处理技术对迭代次数的影响。令 Bmaxl 为每块边界中最多包含的单元数，采用八叉树算法对边界分块，分别设定 Bmaxl=20 和 Bmaxl=60。不同预处理配置下的迭代次数列于表 7.1 中，其中“工况 1”表示不采用预处理技术，“工况 2”表示预处理技术中采用 Bmaxl=20，“工况 3”表示预处理技术中采用 Bmaxl=60。可以看出，预处理

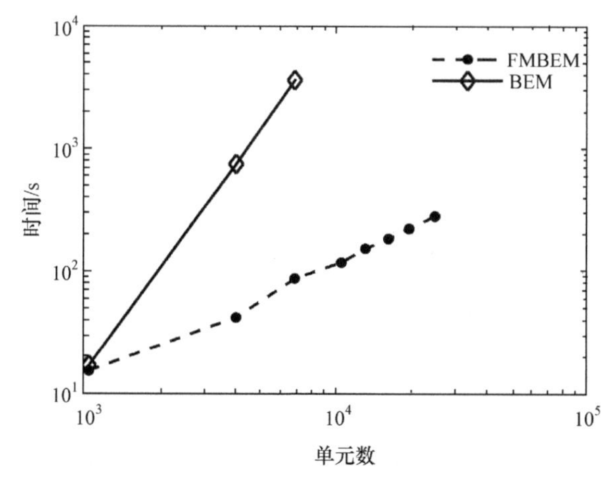

图 7.8　快速多极子边界元方法与传统边界元方法的计算时间

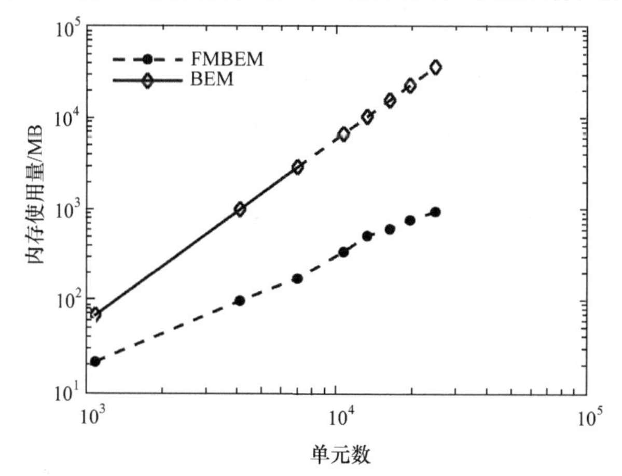

图 7.9　快速多极子边界元方法与传统边界元方法的内存使用量

技术可以有效地提高求解效率。比较“工况 2”和“工况 3”的迭代次数，发现有些频率中两者的迭代次数相差不大，主要是由于两种配置下边界的离散情况差别微小，预处理矩阵的特性差别不大。但如果不采用预处理技术，迭代次数将随频率的增加而迅速增加，增加速率高于单联通域问题，表明预处理技术对多联通域快速多极子边界元方法的求解效率具有重要影响。

表 7.1　同心球体声散射扫频分析计算结果

频率/Hz	单元数		预处理			误差
	内部球面	外部球面	工况 1	工况 2	工况 3	
200	1728	2700	30	18	17	2.15×10^{-3}
400	4800	6438	44	30	27	1.788×10^{-3}
600	9408	11532	60	43	36	1.326×10^{-3}

续表

频率/Hz	单元数		预处理			误差
	内部球面	外部球面	工况 1	工况 2	工况 3	
800	15552	19200	85	57	47	1.192×10^{-3}
1000	24300	30000	103	87	74	9.060×10^{-3}
1200	36300	43200	152	99	85	7.265×10^{-3}
1400	44652	55488	155	99	81	6.500×10^{-3}
1600	58800	86700	255	137	109	1.900×10^{-3}
1800	76800	120000	279	194	152	1.503×10^{-3}

图 7.10 给出了使用预处理方法和未使用预处理方法的情况下快速多极子边界元方法的计算时间，由图可以看出本例中采用预处理比不采用预处理的计算求解效率提高了 40%左右。使用预处理技术后的内存使用量见图 7.11，Bmaxl 设置越大，所需的内存越多。如果程序采用双精度进行计算，假设每个边界块均包含 Bmaxl 个单元，则预处理技术的内存使用量应该小于$6.1035\times\text{Bmaxl}\times N\times10^{-5}$ MB，其中N表示模型单元数。

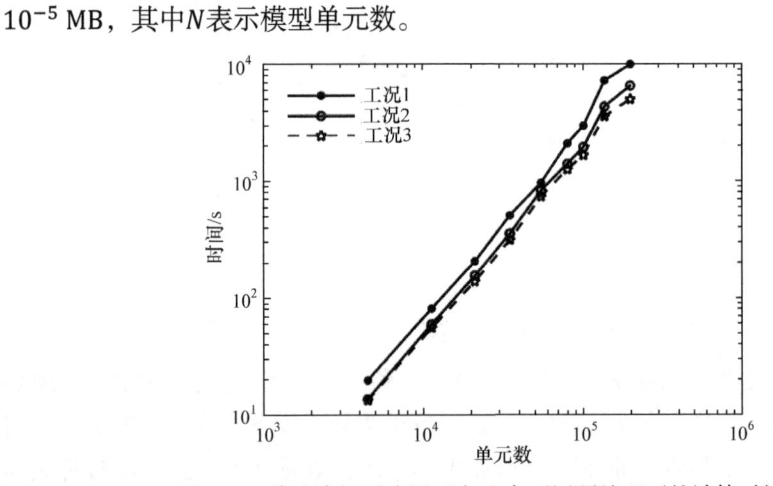

图 7.10 快速多极子边界元方法在不用预处理下的计算时间

7.4.3 包含多球体的正方体

在无限大区域内的正方体散射母体，尺寸为$5\text{m}\times5\text{m}\times5\text{m}$，内部均匀分布着 27 个半径为$a=0.5\text{m}$的球体，如图 7.12 所示。此模型共有 29 个区域和 28 个边界。所有球体内部区域声学媒质的声速和密度相同，即前 27 个区域取相同的声速和密度$c=1190\text{m/s}$，$\bar{\rho}=791\text{kg/m}^3$；在正方体内部和球体外部所定义的第 28 个区域中，声学媒质的声速和密度为$c_{28}=1324\text{m/s}$，$\bar{\rho}_{28}=800\text{kg/m}^3$，第 29 个区域即正方体外部声学媒质的声速和密度为$c_{29}=1121\text{m/s}$，$\bar{\rho}_{29}=791\text{kg/m}^3$。

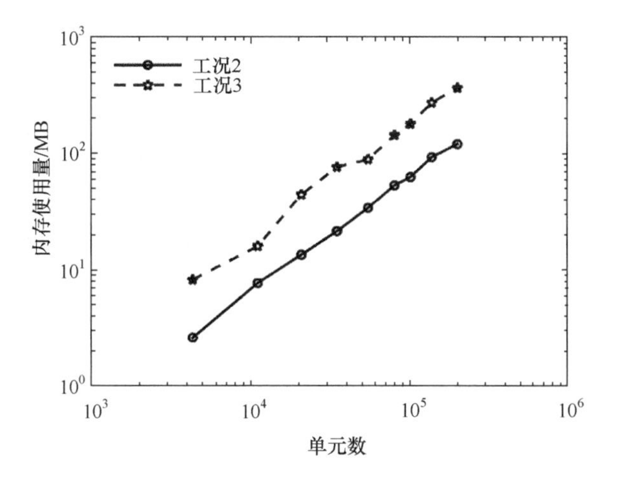

图 7.11　使用预处理技术后的内存使用量

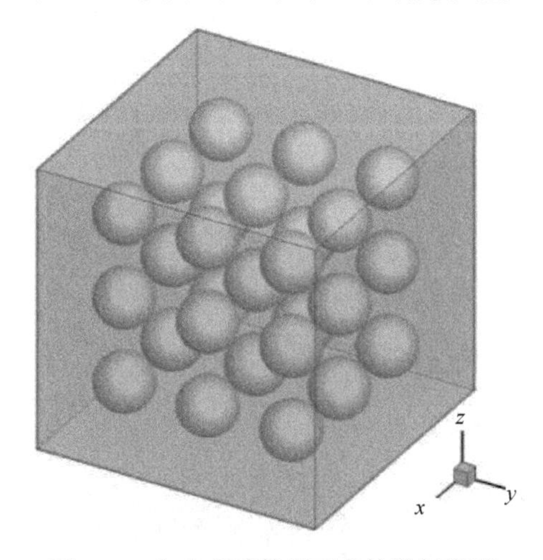

图 7.12　包含多球体的正方体散射模型

一单位幅值平面波沿$+z$方向传播，频率为 1000Hz。预处理边界离散中设置 Bmaxl=80，树状结构中叶子栅格最多允许包含 40 个单元，GMRES 迭代误差设置为10^{-3}。每个球体表面离散成 7500 个三角形单元，正方体表面离散成 120000 个三角形单元。因此，模型总的离散单元数为 322500，线性方程组的维数为总单元数自由度的 2 倍，即 645000。多联通域快速多极子边界元方法迭代求解 137 次，共耗时 2.84h 完成计算，边界计算结果和场点声压云图分别绘于图 7.13 和图 7.14 中。

本例的成功计算显示了快速多极子边界元方法在大规模多联通域声学散射问题分析中的能力。如当水中结构和流体的声学阻抗相差不大，且忽略结构的横波时，可视为本章所发展的多联通域问题，可以采用本章的算法实现大规模声学问题的直接数值模拟。

(a) 母体表面声压绝对值

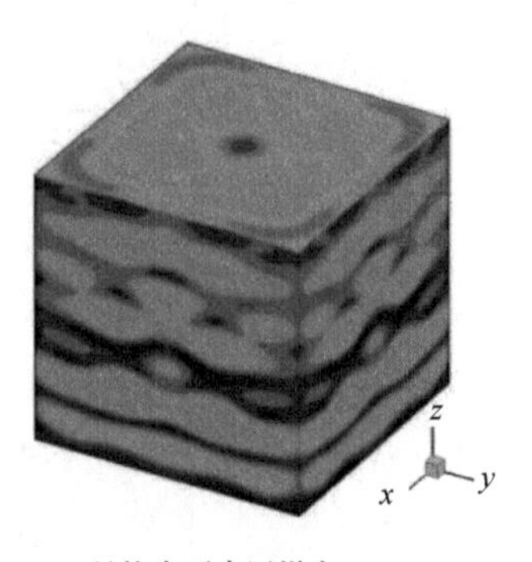

(b) 母体表面声压梯度

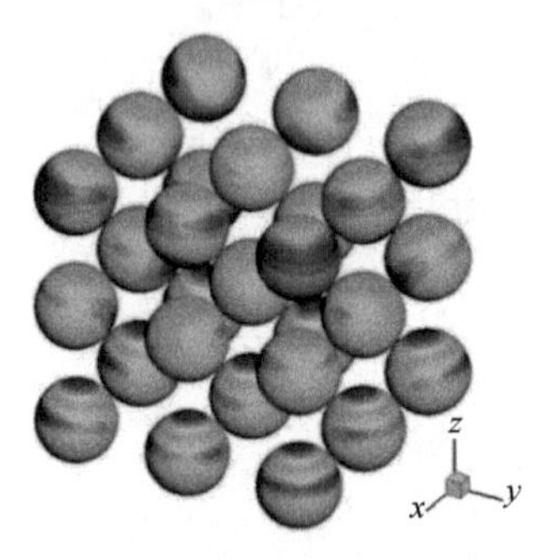

(c) 内部球体表面声压绝对值

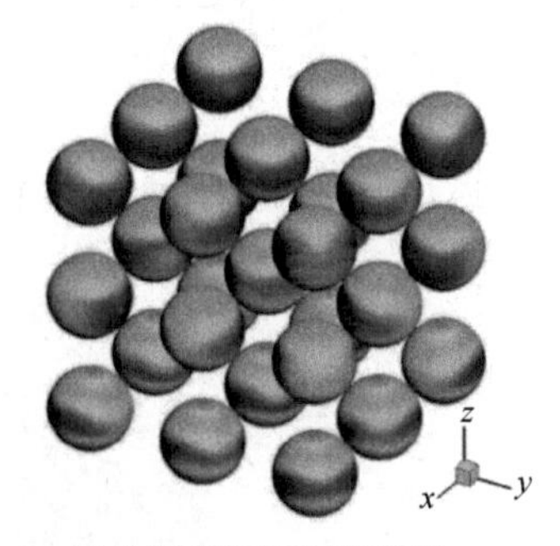

(d) 内部球体表面声压梯度

图 7.13　多联通散射计算结果

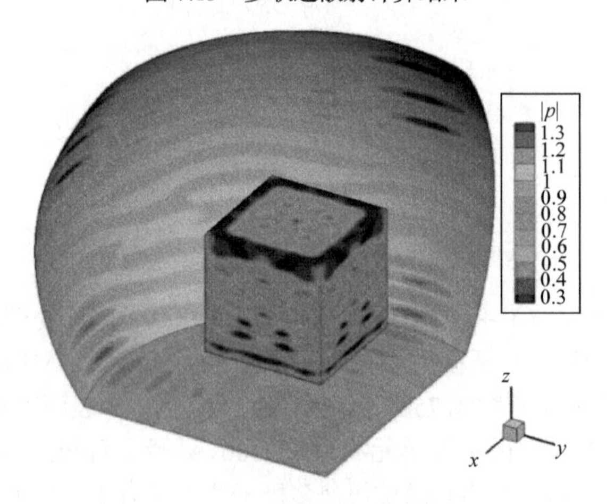

图 7.14　场点及正方体表面声压云图

7.5　小　　结

由于多联通域声学问题比较常见，如多孔吸声材料设计、水下结构声学探测及生物组织中声学特性模拟等，针对多联通域的实际工程需求及多联通域快速多极子边界元方法存在的困难，本章发展了可用于大规模多联通域声学问题计算的快速多极子边界元方法。

本章基于边界声压和质点速度连续性条件，详细推导了基于 Burton-Miller 方法的多联通域边界积分方程，发展了相应的全频段快速多极子边界元算法，提出了不同区域的多树状结构分组离散方法，实现了快速多极子边界元算法在各个域内提高矩阵和向量乘积运算的效率。

本章将离散的线性方程组按联通域边界为序重新排列，提出了一种有效的预处理方法，改善了系数矩阵的条件数，减少了迭代求解次数，加速了求解。所发展的预处理方法在各个边界上进行分块，以共用同一边界块的相邻区域子系数矩阵作为预处理矩阵，具有内存使用量少、块对角矩阵预处理求逆时间短及明显改善条件数的优点。

本章设计了具有解析解的单球体和同心球体声散射模型，验证了多联通域快速多极子边界元方法的正确性和效率。数值仿真表明，算法能够克服共振频率的求解非唯一性问题，在较宽频段范围内均能快速、精确地给出准确解；成功求解了包含 29 个区域、28 个边界，离散单元数为 322500 个单元(线性方程组的维数为 645000)的模型声散射问题，充分显示了多联通域快速多极子边界元方法在大规模多联通域声学问题分析中的能力和潜在的工程应用价值。

第 8 章　半空间快速多极子边界元方法

8.1　引　　言

实际工程中，如水下航行物靠近海平面或海底面的声散射、城市高架列车在地面反射下的声辐射、飞机升空或降落过程中的声辐射等，是一类存在反射面的半空间声学问题。由于半空间声学问题在工程分析中的普遍性和重要性，半空间边界元方法得到了关注和研究[219-221]。半空间边界元方法无须处理无限大平面上的边界条件，仅需要离散模型表面，大大简化了建模及计算，关键在于获得满足无限大平面上边界条件的 Green 函数。除了绝对刚性和软等简单的无限大平面，对于一般无限大阻抗边界条件的半空间问题，Green 函数不存在初等函数形式的表达式。

半空间阻抗平面的 Green 函数包含 Sommerfeld 积分，利用 Green 函数的直接数值积分法生成边界元系数矩阵的计算量巨大，无法用于建立边界元方法。因此，对于半空间阻抗平面的声学问题，大量研究致力于简单形式 Green 函数的构造和 Sommerfeld 积分的快速精确计算。Wenzel 给出了半空间阻抗条件下 Green 函数的理论分析，将其分成入射、反射和辐射三部分，便于数值计算[222]。Thomasson[223]和 Ingard[224]发现了在点源激励下无限大阻抗平面上的解可以表示成关于 Hankel 函数沿最速下降曲线的单重积分，更方便数值计算。Kawai 等[225]根据修正鞍点法，推导了一种更精确的 Green 函数渐近表达式。Li 等[226]采用热传导方程的解作为辅助积分核，推导了 Helmholtz 方程在半空间无限大阻抗平面下的 Green 函数的单重积分。随后，Li 和 White[227]提出了一种简单、快速的方法计算阻抗平面附近的 Green 函数。Ochmann 发展了一种复等效源的方法，推导了适用于质量型和弹簧型的无限大阻抗边界条件的半空间 Green 函数[163]。Koh 和 Lee 将 Sommerfeld 积分转换成两个级数表达式，推导了无限大半空间阻抗边界条件的封闭表达式[228]。上述方法在一定程度上提高了半空间无限大阻抗平面 Green 函数的计算效率，但直接用于构建半空间声学边界元方法，仍然非常耗时。

快速多极子边界元方法极大地加速了矩阵和向量的乘积运算，可用于半空间声学问题的快速求解。Yasuda 和 Sakuma 发展了对称快速多极子边界元方法，计算了对称声学问题[229]。该方法采用自由空间 Green 函数，利用面对称声学问题系数矩阵的对称性来减少矩阵和向量的计算量，可以处理含有一个、两个及三个对称面的情形。无限大绝对刚性和软边界上的声学问题，利用镜像模型理论，可视为平面对称模型，因此对称快速多极子边界元方法可以处理此类问题。对于无限大硬边界和软边界条件，Bapat 等在快速多极子边界元方法中采用了半空间 Green 函数，避免了模型的镜像处理，降低了一半的内存使用量和计算时间[111]。

对于更一般的无限大阻抗边界条件，如何利用快速多极子边界元方法加速 Green 函数中的 Sommerfeld 积分，是阻抗平面半空间声学问题的关键。为了解决工程中存在半空间无限大阻抗表面情况下的声学模拟计算需要，本章将讨论半空间 Green 函数的多极子展开式，发展相应的算法，使边界元方法可以快速、精确地分析半空间无限大阻抗平面的声学问题。

8.2　半空间阻抗平面问题

如图 8.1 所示，V表示位于半无限大空间Ω中的封闭结构，结构表面为S。半无限大空间Ω中声学媒质的声速为c，密度为ρ。无限大平面S_0位于$z=0$处，将整个空间分为上半空间($z>0$，即结构所处空间)和下半空间($z<0$)。平面S_0上的声学阻抗为z_m。

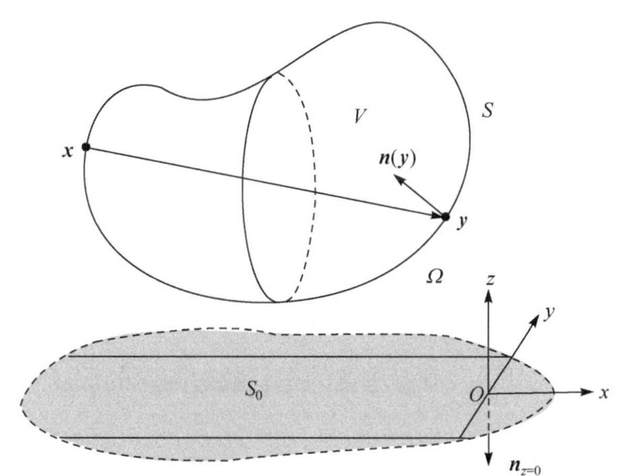

图 8.1　半空间声学问题

无限大平面S_0上的边界条件为

$$\frac{\partial}{\partial n}p(\boldsymbol{x})-\beta p(\boldsymbol{x})=0,\quad \forall \boldsymbol{x}\in S_0 \tag{8.1}$$

其中，β为声导纳，定义为$\beta=\mathrm{i}k\rho c/z_m$。半无限大空间$\Omega$中的稳态声场控制方程为

$$\nabla^2 p(\boldsymbol{x})+k^2 p(\boldsymbol{x})=0,\quad \forall \boldsymbol{x}\in \Omega \tag{8.2}$$

其中，$p(\boldsymbol{x})$为点$\boldsymbol{x}$处的声压，∇^2为 Laplace 算子，波数$k=\omega/c$，ω为圆频率。

令$G(\boldsymbol{x},\boldsymbol{y})$为满足边界条件(8.1)的半空间 Green 函数，即

$$\frac{\partial}{\partial n}G(\boldsymbol{x},\boldsymbol{y})-\beta G(\boldsymbol{x},\boldsymbol{y})=0,\quad \forall \boldsymbol{x}\in S_0 \tag{8.3}$$

图 8.1 所示的半无限大空间域的边界为$\partial\Omega=S\cup \mathrm{S}_0\cup S_R$，其中，$S_R$是包含封闭结构 V，位于$z>0$ 上半空间的无限半球面，此半空间问题的积分方程为

$$p(\boldsymbol{x})=\lim_{R\to\infty}\left\{\int_{S\cup S_0\cup S_R}\left[G(\boldsymbol{x},\boldsymbol{y})q(\boldsymbol{y})-\frac{\partial G(\boldsymbol{x},\boldsymbol{y})}{\partial n(\boldsymbol{y})}p(\boldsymbol{y})\right]\mathrm{d}S(\boldsymbol{y})\right\}+\wp(\boldsymbol{x}),\quad \forall \boldsymbol{x}\in\Omega \tag{8.4}$$

其中，$q(\boldsymbol{y})$为声压法向梯度，定义为$q(\boldsymbol{y})=\partial p(\boldsymbol{y})/\partial n(\boldsymbol{y})$，$n(\boldsymbol{y})$为边界上$\boldsymbol{y}$点的法向量，源场声压$\wp(\boldsymbol{x})$的定义同式(2.115)。参考 4.2 节外部问题的分析，由于积分方程自动满足无限远处边界条件，式(8.4)关于无限大半球面S_R的积分极限$\lim\limits_{R\to\infty}$为零。另外，考虑到 Green 函数和声压在无限大平面S_0上满足边界条件(8.1)和(8.3)，则有

$$\begin{aligned}&\int_{S_0}\left[G(\boldsymbol{x},\boldsymbol{y})q(\boldsymbol{y})-\frac{\partial G(\boldsymbol{x},\boldsymbol{y})}{\partial n(\boldsymbol{y})}p(\boldsymbol{y})\right]\mathrm{d}S(\boldsymbol{y})\\&=\int_{S_0}[\beta G(\boldsymbol{x},\boldsymbol{y})p(\boldsymbol{y})-\beta G(\boldsymbol{x},\boldsymbol{y})p(\boldsymbol{y})]\mathrm{d}S(\boldsymbol{y})=0\end{aligned} \tag{8.5}$$

因此，当 Green 函数满足无限大平面上的边界条件时，半空间问题可以仅表示为关于结构边界的积分方程，即

$$\alpha(\boldsymbol{x})p(\boldsymbol{x})=\int_S\left[G(\boldsymbol{x},\boldsymbol{y})q(\boldsymbol{y})-\frac{\partial G(\boldsymbol{x},\boldsymbol{y})}{\partial n(\boldsymbol{y})}p(\boldsymbol{y})\right]\mathrm{d}S(\boldsymbol{y})+\wp(\boldsymbol{x}) \tag{8.6}$$

其中，$\alpha(\boldsymbol{x})$的定义同式(4.9)。值得注意的是，散射问题的源场声压$\wp(\boldsymbol{x})$也应满足边界条件。

对于绝对刚性或理想柔性的无限大平面，根据 2.8 节的理论，通过镜像原理不难得到相应的 Green 函数。但如果无限大平面是阻抗平面，则满足阻抗平面的 Green 函数无法用初等函数表示。对于阻性平面，Green 函数的表达式为[163]

$$G(\boldsymbol{x},\boldsymbol{y})=\frac{\mathrm{e}^{\mathrm{i}kr(\boldsymbol{x},\boldsymbol{y})}}{4\pi r(\boldsymbol{x},\boldsymbol{y})}+\frac{\mathrm{e}^{\mathrm{i}kr(\bar{\boldsymbol{x}},\boldsymbol{y})}}{4\pi r(\bar{\boldsymbol{x}},\boldsymbol{y})}+2\beta\int_{-\infty}^{0}\mathrm{e}^{-\mathrm{i}\beta\eta}\frac{\mathrm{e}^{\mathrm{i}kr(\bar{\boldsymbol{x}}+\eta\hat{\boldsymbol{z}},\boldsymbol{y})}}{4\pi r(\bar{\boldsymbol{x}}+\eta\hat{\boldsymbol{z}},\boldsymbol{y})}\mathrm{d}\eta \tag{8.7}$$

其中，$r(\boldsymbol{x},\boldsymbol{y})=\|\boldsymbol{x}-\boldsymbol{y}\|$表示点$\boldsymbol{x}$和点$\boldsymbol{y}$之间的距离，$\bar{\boldsymbol{x}}$是点$\boldsymbol{x}$在下半空间中的镜像点，$\hat{\boldsymbol{z}}=(0,0,1)$是$z$方向的单位向量，如图 8.2 所示。为了便于后续快速多极子边

界元算法的推导和实现，式(8.7)利用了自由空间 Green 函数的互易定理。对于阻性平面(又称吸声平面)，导纳β的实部必须小于零，即$\mathrm{Re}(\beta) < 0$，才能保证式(8.7)的无穷积分收敛。显然，当β取两种极限情形时，即$\beta \to -0$和$\beta \to -\infty$，阻性平面的 Green 函数(8.7)退化为绝对刚性 Green 函数(2.168)和软平面的 Green 函数(2.167)。抗性平面的 Green 函数具有另外一种表达形式[163]。因为阻性平面在工程中普遍存在，本章以阻性平面的半空间声学问题为例，详细介绍相应的快速多极子边界元算法，该算法可以拓展到抗性类型的半空间声学问题。

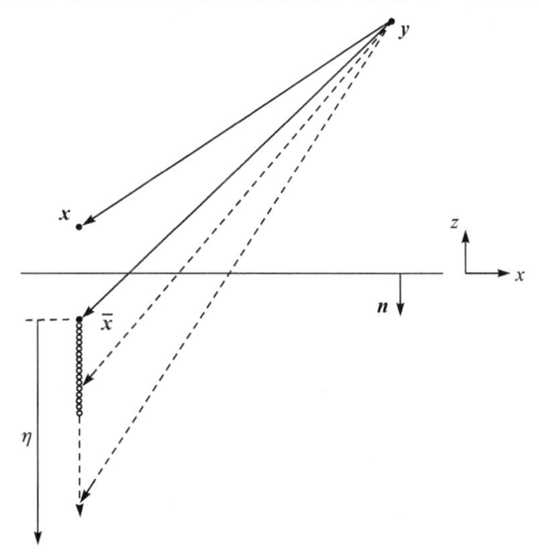

图 8.2　半空间 Green 函数示意图(空心圆点表示影像点$\bar{\boldsymbol{x}} + \eta\hat{\boldsymbol{z}}$)

为便于推导，将式(8.7)中的三项分别定义为

$$G_1(\boldsymbol{x}, \boldsymbol{y}) = \frac{\mathrm{e}^{\mathrm{i}kr(\boldsymbol{x},\boldsymbol{y})}}{4\pi r(\boldsymbol{x}, \boldsymbol{y})} \tag{8.8}$$

$$G_2(\bar{\boldsymbol{x}}, \boldsymbol{y}) = \frac{\mathrm{e}^{\mathrm{i}kr(\bar{\boldsymbol{x}},\boldsymbol{y})}}{4\pi r(\bar{\boldsymbol{x}}, \boldsymbol{y})} \tag{8.9}$$

$$G_3(\bar{\boldsymbol{x}}, \boldsymbol{y}) = 2\beta \int_{-\infty}^{0} \mathrm{e}^{-\beta\eta} \frac{\mathrm{e}^{\mathrm{i}kr(\bar{\boldsymbol{x}}+\eta\hat{\boldsymbol{z}},\boldsymbol{y})}}{4\pi r(\bar{\boldsymbol{x}} + \eta\hat{\boldsymbol{z}}, \boldsymbol{y})} \mathrm{d}\eta \tag{8.10}$$

定义无限大阻抗平面边界积分方程的算子为

$$\begin{cases} \mathcal{S}^S(\boldsymbol{x}) = \displaystyle\int_S G_1(\boldsymbol{x}, \boldsymbol{y}) q(\boldsymbol{y}) \mathrm{d}S(\boldsymbol{y}) \\ \mathcal{S}_r^S(\boldsymbol{x}) = \displaystyle\int_S [G_2(\bar{\boldsymbol{x}}, \boldsymbol{y}) + G_3(\bar{\boldsymbol{x}}, \boldsymbol{y})] q(\boldsymbol{y}) \mathrm{d}S(\boldsymbol{y}) \end{cases} \tag{8.11}$$

$$\begin{cases} \mathcal{D}^S(\boldsymbol{x}) = \int_S \frac{\partial G_1(\boldsymbol{x},\boldsymbol{y})}{\partial n(\boldsymbol{y})} p(\boldsymbol{y}) \mathrm{d}S(\boldsymbol{y}) \\ \mathcal{D}_r^S(\boldsymbol{x}) = \int_S \frac{\partial}{\partial n(\boldsymbol{y})} [G_2(\overline{\boldsymbol{x}},\boldsymbol{y}) + G_3(\overline{\boldsymbol{x}},\boldsymbol{y})] p(\boldsymbol{y}) \mathrm{d}S(\boldsymbol{y}) \end{cases} \tag{8.12}$$

$$\begin{cases} \mathcal{A}^S(\boldsymbol{x}) = \int_S \frac{\partial G_1(\boldsymbol{x},\boldsymbol{y})}{\partial n(\boldsymbol{x})} q(\boldsymbol{y}) \mathrm{d}S(\boldsymbol{y}) \\ \mathcal{A}_r^S(\boldsymbol{x}) = \int_S \frac{\partial}{\partial n(\boldsymbol{x})} [G_2(\overline{\boldsymbol{x}},\boldsymbol{y}) + G_3(\overline{\boldsymbol{x}},\boldsymbol{y})] q(\boldsymbol{y}) \mathrm{d}S(\boldsymbol{y}) \end{cases} \tag{8.13}$$

$$\begin{cases} \mathcal{H}^S(\boldsymbol{x}) = \int_S \frac{\partial^2 G_1(\boldsymbol{x},\boldsymbol{y})}{\partial n(\boldsymbol{x}) \partial n(\boldsymbol{y})} p(\boldsymbol{y}) \mathrm{d}S(\boldsymbol{y}) \\ \mathcal{H}_r^S(\boldsymbol{x}) = \int_S \frac{\partial^2}{\partial n(\boldsymbol{x}) \partial n(\boldsymbol{y})} [G_2(\overline{\boldsymbol{x}},\boldsymbol{y}) + G_3(\overline{\boldsymbol{x}},\boldsymbol{y})] p(\boldsymbol{y}) \mathrm{d}S(\boldsymbol{y}) \end{cases} \tag{8.14}$$

其中，算子$\mathcal{S}_r^S$、$\mathcal{D}_r^S$、$\mathcal{A}_r^S$和$\mathcal{H}_r^S$均为常规积分。参考第 4 章自由空间积分方程的推导，半空间的边界积分方程(CBIE)表示为

$$c(\boldsymbol{x})p(\boldsymbol{x}) = \mathcal{S}^S(\boldsymbol{x}) + \mathcal{S}_r^S(\boldsymbol{x}) - \mathcal{D}^S(\boldsymbol{x}) - \mathcal{D}_r^S(\boldsymbol{x}) + \wp(\boldsymbol{x}), \quad \forall \boldsymbol{x} \in S \tag{8.15}$$

法向导数积分方程(NDBIE)表示为

$$c(\boldsymbol{x})q(\boldsymbol{x}) = \mathcal{A}^S(\boldsymbol{x}) + \mathcal{A}_r^S(\boldsymbol{x}) - \mathcal{H}^S(\boldsymbol{x}) - \mathcal{H}_r^S(\boldsymbol{x}) + \mathscr{q}(\boldsymbol{x}), \quad \forall \boldsymbol{x} \in S \tag{8.16}$$

按照$\mathrm{CBIE} + \gamma\mathrm{NDBIE}$进行线性组合，可得无限大阻抗平面半空间声学问题的 Burton-Miller 方程(CHBIE)，即

$$\begin{aligned} & c(\boldsymbol{x})p(\boldsymbol{x}) + \mathcal{D}^S(\boldsymbol{x}) + \mathcal{D}_r^S(\boldsymbol{x}) + \gamma[\mathcal{H}^S(\boldsymbol{x}) + \mathcal{H}_r^S(\boldsymbol{x})] \\ = & [\mathcal{S}^S(\boldsymbol{x}) + \mathcal{S}_r^S(\boldsymbol{x})] + \gamma[\mathcal{A}^S(\boldsymbol{x}) + \mathcal{A}_r^S(\boldsymbol{x})] - \gamma c(\boldsymbol{x})q(\boldsymbol{x}) + \mathscr{b}(\boldsymbol{x}), \quad \forall \boldsymbol{x} \in S \end{aligned} \tag{8.17}$$

假设离散模型表面S采用平面单元，且$S \cap S_0 = \varnothing$，即边界S与无限大反射面S_0不相交。在此种情况下，仅第一项$G_1(\boldsymbol{x},\boldsymbol{y})$会在边界上产生奇异，其他两项均为常规积分。参考 4.3 节无奇异的边界积分方程，当采用线性或常数平面单元离散时，仿照式(4.68)和式(4.85)显示地写出算子$\mathcal{S}^S$、$\mathcal{D}^S$、$\mathcal{A}^S$和$\mathcal{H}^S$，可获得半空间声学问题的无奇异积分表达式。

值得注意的是，因为半空间阻抗反射面的 Green 函数包含无穷积分项$G_3(\overline{\boldsymbol{x}},\boldsymbol{y})$，所以直接计算生成系数矩阵非常耗时。尽管存在一些方法和技术可用于 Green 函数的快速计算[230,231]，但对于此类半空间问题，计算效率仍是妨碍边界元方法应用的主要因素。

8.3　半空间快速多极子边界元算法

8.3.1　半空间快速多极子展开理论

由第 6 章的分析可知，声学问题的快速多极子边界元方法按照频段可分为三种类型，分别为低频快速多极子边界元方法、高频快速多极子边界元方法及全频段快速多极子边界元方法。低频快速多极子边界元方法基于 Green 函数的多极子展开，对高频声学问题求解效率不高。高频快速多极子边界元方法基于 Green 函数的对角形式展开，在低频段具有数值不稳定性。全频段快速多极子边界元方法是低频快速多极子边界元方法和高频快速多极子边界元方法的混合形式[132,133]，能克服这两种算法的缺点。但是对于半空间无限大阻抗平面，低频快速多极子边界元方法不能很好地处理 Green 函数中的第三项$G_3(\overline{\boldsymbol{x}},\boldsymbol{y})$，所以不适用于此类半空间问题的分析。因此，本节在高频快速多极子边界元方法的基础上，介绍一种新的快速多极子边界元方法，可以准确、快速地分析无限大阻抗平面上的半空间声学问题。

图 8.3 为一对相距较远的场点$\boldsymbol{x}$和源点$\boldsymbol{y}$的多极子展开示意图。仿照高频形式的对角展开式(6.11)，Green 函数的第一项和第二项的对角展开式可写为

$$G_1(\boldsymbol{x},\boldsymbol{y})=\frac{\mathrm{i}k}{16\pi^2}\int_{\sigma_1} I(\hat{\boldsymbol{\sigma}},\boldsymbol{x},\boldsymbol{x}_c)\,T(\hat{\boldsymbol{\sigma}},\boldsymbol{x}_c,\boldsymbol{y}_c)O(\hat{\boldsymbol{\sigma}},\boldsymbol{y}_c,\boldsymbol{y})\mathrm{d}\sigma \tag{8.18}$$

$$G_2(\overline{\boldsymbol{x}},\boldsymbol{y})=\frac{\mathrm{i}k}{16\pi^2}\int_{\sigma_1} I(\hat{\boldsymbol{\sigma}},\overline{\boldsymbol{x}},\overline{\boldsymbol{x}}_c)\,T(\hat{\boldsymbol{\sigma}},\overline{\boldsymbol{x}}_c,\boldsymbol{y}_c)O(\hat{\boldsymbol{\sigma}},\boldsymbol{y}_c,\boldsymbol{y})\mathrm{d}\sigma \tag{8.19}$$

其中，$\boldsymbol{x}_c$为场点$\boldsymbol{x}$附近的展开中心，$\boldsymbol{y}_c$为源点$\boldsymbol{y}$附近的展开中心，$\overline{\boldsymbol{x}}$和$\overline{\boldsymbol{x}}_c$为点$\boldsymbol{x}$和点$\boldsymbol{x}_c$在下半空间中的镜像点。函数$I(\hat{\boldsymbol{\sigma}},\boldsymbol{x},\boldsymbol{x}_c)$、$O(\hat{\boldsymbol{\sigma}},\boldsymbol{y}_c,\boldsymbol{y})$及传递函数$T(\hat{\boldsymbol{\sigma}},\boldsymbol{x}_c,\boldsymbol{y}_c)$的定义分别参见式(6.12)、式(6.14)和式(6.13)。对于$G_2(\overline{\boldsymbol{x}},\boldsymbol{y})$中的函数$I(\hat{\boldsymbol{\sigma}},\overline{\boldsymbol{x}},\overline{\boldsymbol{x}}_c)$和$T(\hat{\boldsymbol{\sigma}},\overline{\boldsymbol{x}}_c,\boldsymbol{y}_c)$仅需将式(6.12)和式(6.13)中的对应变量换为$\overline{\boldsymbol{x}}$和$\overline{\boldsymbol{x}}_c$即可。

对于 Green 函数的第三项，并不能直接得到其对角展开式，因为在$G_3(\overline{\boldsymbol{x}},\boldsymbol{y})$的被积函数中，$\overline{\boldsymbol{x}}$在 z 方向上有η-偏移，所以其展开中心$\overline{\boldsymbol{x}}_c$在 z 方向也应该有适当的偏移，以抵消$\overline{\boldsymbol{x}}$在 z 方向上的偏移。假设场点$\boldsymbol{x}$的偏移展开中心$\widetilde{\boldsymbol{x}}_c(\zeta)$为

$$\widetilde{\boldsymbol{x}}_c(\zeta)=\overline{\boldsymbol{x}}_c+\zeta\hat{\boldsymbol{z}} \tag{8.20}$$

其中，偏移量的选取应该满足对角展开式成立的条件，即对特定的η有$|\widetilde{\boldsymbol{x}}_c(\zeta)-\boldsymbol{y}_c|>\left|\left(\overline{\boldsymbol{x}}+\eta\hat{\boldsymbol{z}}-\widetilde{\boldsymbol{x}}_c(\zeta)\right)+(\boldsymbol{y}_c-\boldsymbol{y})\right|$。仿照$G_1(\boldsymbol{x},\boldsymbol{y})$和$G_2(\overline{\boldsymbol{x}},\boldsymbol{y})$，并用式(8.20)作为展开中心，则$G_3(\overline{\boldsymbol{x}},\boldsymbol{y})$的对角展开式在形式上可以表示为

$$G_3(\overline{\boldsymbol{x}},\boldsymbol{y}) = \frac{2\mathrm{i}k\beta}{16\pi^2}\int_{\sigma_1}\left[\int_{-\infty}^{0}\mathrm{e}^{-\beta\eta}I\big(\widehat{\boldsymbol{\sigma}},\overline{\boldsymbol{x}}+\eta\widehat{\boldsymbol{z}},\widetilde{\boldsymbol{x}}_c(\zeta)\big)T(\widehat{\boldsymbol{\sigma}},\widetilde{\boldsymbol{x}}_c(\zeta),\boldsymbol{y}_c)\mathrm{d}\eta\right]O(\widehat{\boldsymbol{\sigma}},\boldsymbol{y}_c,\boldsymbol{y})\mathrm{d}\sigma \tag{8.21}$$

式(8.21)交换了$G_3(\overline{\boldsymbol{x}},\boldsymbol{y})$中关于$\sigma$和$\eta$的积分顺序。

显然，如果选取展开中心的偏移量等于场点的偏移量，即$\zeta=\eta$，则式(8.21)可由式(8.19)计算，但传递函数为

$$\overline{T}(\widehat{\boldsymbol{\sigma}},\overline{\boldsymbol{x}}_c,\boldsymbol{y}_c) = \int_{-\infty}^{0}\mathrm{e}^{-\beta\eta}T(\widehat{\boldsymbol{\sigma}},\widetilde{\boldsymbol{x}}_c(\eta),\boldsymbol{y}_c)\,\mathrm{d}\eta \tag{8.22}$$

上述传递函数可以视为上半空间源栅格对下半空间中所有影像场栅格的传递函数的加权，可以用 Gauss 积分法计算，但计算过程要么太过耗时，要么不够精确。为了避免采用数值积分的方法进行传递函数的计算，通过分段的方法推导$G_3(\overline{\boldsymbol{x}},\boldsymbol{y})$对角展开式中解析形式的传递函数。

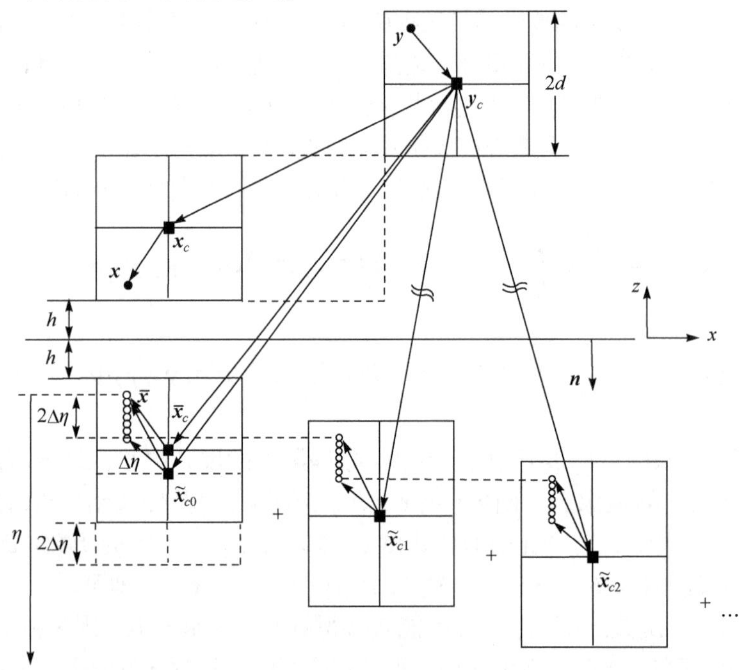

图 8.3　半空间无限大阻抗平面 Green 函数的多极展开

将变量η的积分区间分段，即$[-\infty,0]=\cup_{n=0}^{\infty}[-2(n+1)\Delta\eta,-2n\Delta\eta]$，其中$\Delta\eta$为正实数。对第 n 段，场点的偏移量用ζ_n表示。如图 8.3 所示，为了使η在区间$[-2(n+1)\Delta\eta,-2n\Delta\eta]$内均能满足对角展开式成立的条件即$|\widetilde{\boldsymbol{x}}_c(\zeta_n)-\boldsymbol{y}_c| > \big|\big(\overline{\boldsymbol{x}}+\eta\widehat{\boldsymbol{z}}-\widetilde{\boldsymbol{x}}_c(\zeta_n)\big)+(\boldsymbol{y}_c-\boldsymbol{y})\big|$，$\zeta_n$可取为

$$\zeta_n = -(2n+1)\Delta\eta \tag{8.23}$$

分段情况下$G_3(\bar{\boldsymbol{x}},\boldsymbol{y})$为

$$
\begin{aligned}
G_3(\bar{\boldsymbol{x}},\boldsymbol{y}) = \frac{2\mathrm{i}k\beta}{16\pi^2}\sum_{n=0}^{\infty}\int_{-2(n+1)\Delta\eta}^{-2n\Delta\eta}\int_{\sigma_1}\mathrm{e}^{-\beta\eta}I(\hat{\boldsymbol{\sigma}},\bar{\boldsymbol{x}}+\eta\hat{\boldsymbol{z}},\tilde{\boldsymbol{x}}_c(\zeta_n)) \\
\cdot T(\hat{\boldsymbol{\sigma}},\tilde{\boldsymbol{x}}_c(\zeta_n),\boldsymbol{y}_c)O(\hat{\boldsymbol{\sigma}},\boldsymbol{y}_c,\boldsymbol{y})\mathrm{d}\sigma\mathrm{d}\eta
\end{aligned}
\tag{8.24}
$$

将式(6.12)和式(8.23)代入式(8.24)，并利用$\hat{\boldsymbol{z}}\cdot\hat{\boldsymbol{\sigma}}=\cos\theta$，得

$$
G_3(\bar{\boldsymbol{x}},\boldsymbol{y}) = \frac{\mathrm{i}k}{16\pi^2}\int_{\sigma_1}I(\hat{\boldsymbol{\sigma}},\bar{\boldsymbol{x}},\bar{\boldsymbol{x}}_c)\,\bar{T}(\hat{\boldsymbol{\sigma}},\bar{\boldsymbol{x}}_c,\boldsymbol{y}_c)O(\hat{\boldsymbol{\sigma}},\boldsymbol{y}_c,\boldsymbol{y})\mathrm{d}\sigma \tag{8.25}
$$

定义

$$
\mu = \mathrm{i}k\cos\theta-\beta \tag{8.26}
$$

则式(8.25)中传递函数$\bar{T}(\hat{\boldsymbol{\sigma}},\bar{\boldsymbol{x}}_c,\boldsymbol{y}_c)$为

$$
\begin{aligned}
&\bar{T}(\hat{\boldsymbol{\sigma}},\bar{\boldsymbol{x}}_c,\boldsymbol{y}_c) \\
&=\begin{cases}
4\Delta\eta\beta\displaystyle\sum_{n=0}^{\infty}\mathrm{e}^{\mathrm{i}k(2n+1)\Delta\eta\cos\theta}T(\hat{\boldsymbol{\sigma}},\tilde{\boldsymbol{x}}_c(\zeta_n),\boldsymbol{y}_c), & |\mu|=0 \\
\dfrac{2\beta}{\mu}\left(\mathrm{e}^{\mathrm{i}k\Delta\eta\cos\theta}-\mathrm{e}^{-\mathrm{i}k\Delta\eta\cos\theta+2\beta\Delta\eta}\right)\displaystyle\sum_{n=0}^{\infty}T(\hat{\boldsymbol{\sigma}},\tilde{\boldsymbol{x}}_c(\zeta_n),\boldsymbol{y}_c)\mathrm{e}^{2n\beta\Delta\eta}, & |\mu|\neq 0
\end{cases}
\end{aligned}
\tag{8.27}
$$

因此，每段的传递函数均是解析的，不再需要对变量η进行数值积分。但值得注意的是，下半空间的影像栅格外切圆直径为$2\sqrt{(d+\Delta\eta)^2+2d^2}$，比上半空间栅格的外切圆直径$2\sqrt{3}d$大。图 8.3 中给出了式(8.25)的计算示意，其中下半空间的本地展开中心$\tilde{\boldsymbol{x}}_c(\zeta_n)$标记为$\tilde{\boldsymbol{x}}_{cn}$。

为了便于下半空间中交互栅格和邻近栅格的判别，尽量使下半空间的栅格尺寸与上半空间的栅格尺寸相同，即$\Delta\eta$越小越好。但是如果$\Delta\eta$设置得过小，积分区间的分段就越多，传递函数的计算量就越大。兼顾分段数及栅格的尺寸，取$\Delta\eta=0.125d$。但是如果栅格的尺寸本身就非常小(较大级别的栅格)，同样会导致分段数较多，不利于式(8.27)的计算。为避免该缺点，结合传递函数计算与树状结构，可以大大减少传递函数的计算量，算法将在 8.3.2 节详细介绍。

容易看出 Green 函数中的三项均具有相同的展开形式，仅是传递函数的表达式不同，有利于程序的实现。另外，Green 函数对角形式多极子展开式的导数仅导致函数$I(\hat{\boldsymbol{\sigma}},\boldsymbol{x},\boldsymbol{x}_c)$或$O(\hat{\boldsymbol{\sigma}},\boldsymbol{y}_c,\boldsymbol{y})$发生变化。在实际计算中，需要在满足一定精度的条件下截断$G_3(\bar{\boldsymbol{x}},\boldsymbol{y})$中的无穷积分，设截断值为$\eta'$。在给定误差$\epsilon_\eta$下，截断值$\eta'$满足：

$$
\left|\beta\mathrm{e}^{-\beta\eta'}\right| = \epsilon_\eta \tag{8.28}
$$

根据 Green 函数的三项高频多极子展开式，可以看出半空间无限大阻抗平面快速多极子边界元方法的源点矩表达式同自由空间的算法一样，详细描述见 6.3.2 节，且上半空间中的上行传递和下行传递基本一致。另外，Green 函数中三项多极子展开形式一样，且源点矩相同，第二项和第三项的源点矩至本地转移可以同时进行，定义联合形式的传递函数为

$$\tilde{T}(\hat{\boldsymbol{\sigma}},\overline{\boldsymbol{x}}_c,\boldsymbol{y}_c)=T(\hat{\boldsymbol{\sigma}},\overline{\boldsymbol{x}}_c,\boldsymbol{y}_c)+\overline{T}(\hat{\boldsymbol{\sigma}},\overline{\boldsymbol{x}}_c,\boldsymbol{y}_c) \tag{8.29}$$

其中，$T(\hat{\boldsymbol{\sigma}},\overline{\boldsymbol{x}}_c,\boldsymbol{y}_c)$是用$\overline{\boldsymbol{x}}_c$替换式(6.13)中的$\boldsymbol{x}_c$得到的，$\overline{T}(\hat{\boldsymbol{\sigma}},\overline{\boldsymbol{x}}_c,\boldsymbol{y}_c)$由式(8.27)计算得到。相应地，上半空间和下半空间的本地展开系数分别表示为

$$L(\hat{\boldsymbol{\sigma}},\boldsymbol{x}_c)=T(\hat{\boldsymbol{\sigma}},\boldsymbol{x}_c,\boldsymbol{y}_c)M(\hat{\boldsymbol{\sigma}},\boldsymbol{y}_c) \tag{8.30}$$

$$L(\hat{\boldsymbol{\sigma}},\overline{\boldsymbol{x}}_c)=\tilde{T}(\hat{\boldsymbol{\sigma}},\overline{\boldsymbol{x}}_c,\boldsymbol{y}_c)M(\hat{\boldsymbol{\sigma}},\boldsymbol{y}_c) \tag{8.31}$$

因为$\overline{\boldsymbol{x}}_c$可由$\boldsymbol{x}_c$镜像得到，所以如果将下行传递分成两部分，即上半空间对上半空间和上半空间对下半空间，则下半空间镜像栅格的本地展开系数可以共用上半空间栅格的本地展开系数的存储空间。

下行传递中遇到包含场点$\boldsymbol{x}$的叶子栅格，则单层势积分核函数由式(8.32)计算，即

$$f(\boldsymbol{x})=\frac{\mathrm{i}k}{16\pi^2}\int_{\sigma_1}\left[I(\hat{\boldsymbol{\sigma}},\boldsymbol{x},\boldsymbol{x}_c)L(\hat{\boldsymbol{\sigma}},\boldsymbol{x}_c)+I(\hat{\boldsymbol{\sigma}},\overline{\boldsymbol{x}},\overline{\boldsymbol{x}}_c)L(\hat{\boldsymbol{\sigma}},\overline{\boldsymbol{x}}_c)\right]\mathrm{d}\sigma \tag{8.32}$$

使用类似的方法，可以得到其他算子被积函数多极子展开式，这里不做赘述。

8.3.2 算法流程

根据 8.3.1 节的分析,半空间无限大阻抗平面的快速多极子边界元方法的上行传递，同自由空间快速多极子边界元方法的没有任何区别，且向下传递过程中的本地展开系数传递及最终结果的计算也与自由空间的算法相同,但是 M2L 的传递不同。为了加速计算 M2L，将下行传递中的 M2L 分成两步。第一步，计算上半空间中的 M2L,此种情况的 M2L 与自由空间的 M2L 处理方法完全一致。第二步，计算上半空间栅格到下半空间栅格的 M2L,此种情况 M2L 的传递系数包含变量η的积分，计算比较耗时。在快速多极子边界元方法中，M2L 是传递过程中计算量最多的一步。在自由空间的快速多极子边界元方法中，一个栅格最多含有 316 个交互栅格，为了便于快速计算 M2L，可以预先计算、存储所有传递系数，重复使用[204,232]。因为上半空间栅格到下半空间栅格的 M2L 传递系数包含变量η的积分，更有必要预先计算和存储这些传递系数。

本节讨论算法的模型坐标配置，如图 8.1 所示。为了便于说明半空间快速多极子边界元方法的算法流程，定义算法中常用的一些术语。下半空间以$\overline{\boldsymbol{x}}_c$为中心

的栅格，称为上半空间以$\boldsymbol{x}_c$为中心栅格的镜像栅格。相反，上半空间以$\boldsymbol{x}_c$为中心的栅格，称为下半空间以$\overline{\boldsymbol{x}}_c$为中心栅格的原像栅格。为了便于描述，上半空间的栅格称为实栅格，下半空间的镜像栅格称为镜像栅格。下半空间中，位于镜像栅格下方且与其共z轴的栅格，称为镜像栅格的影像栅格。如果一实栅格与另一镜像栅格在xOy平面内的投影有共同顶点，并且在z方向的距离小于 2 倍的栅格边长，则称这两栅格为邻近栅格。在树状结构第l级，如果一实栅格与一镜像栅格不是邻近栅格，但与其父级栅格为第$l-1$级邻近栅格，则这两个栅格为相距足够远的栅格。显然，如果一实栅格与一镜像栅格相距足够远，则与镜像栅格的所有影像栅格均相距足够远，如图 8.3 所示。所有镜像栅格相距足够远的栅格称为镜像栅格的交互栅格。如果一实栅格和一镜像栅格的父级栅格不是邻近栅格，则称此实栅格为镜像栅格的远距栅格。因为所有镜像栅格的位置均可由其原像栅格得到，因此只需对上半空间的实际模型进行树状结构离散。同时，镜像栅格的邻近、交互及远距栅格均指定给原像栅格。

根据上面的定义，对于镜像栅格的足够远栅格，取η的离散段数为$N=\lfloor \eta'/(2\Delta\eta) \rfloor$，则 M2L 传递系数由式(8.27)计算，$\Delta\eta$相应地变为$\eta'/(2N)$。因为$\Delta\eta$的预先设定值与栅格大小有关，所以树状结构越深，离散段数就越多。因此，对于树状结构中较深级别的栅格，离散数 N 可能非常大，从而 M2L 传递系数的计算非常耗时。进一步分析发现，镜像栅格与影像栅格在z方向上的距离与有η关。因此，即使一实栅格是一镜像栅格的邻近栅格，但其仍可能与镜像栅格的部分影像栅格相距足够远，从而可以进行 M2L 传递。由于$\eta \leqslant 0$，定义与树状结构级数相关的变量$\eta^l=\min(2h-d^l,0)$，其中d^l为第l级栅格的边长，h为树状结构底部距xOy平面的距离。因此，镜像栅格的邻近实栅格可以对η在$[\eta^{l-1},\ \eta^l]$范围内的影像栅格进行 M2L 传递，并称其为镜像栅格的η-相距足够远实栅格，其余η在$[\eta^l,0]$范围内的影像栅格称为镜像栅格的η-邻近栅格。同理，所有镜像栅格的相距η-足够远的栅格称为镜像栅格的η-交互栅格。如果一实栅格和一镜像栅格的父级栅格不是η-邻近栅格，则称此实栅格为镜像栅格的η-远距栅格。如果$\eta^{l-1}=0$，则h已经足够大。

半空间无限大阻抗平面的快速多极子边界元算法流程如下。

上行计算：源点矩计算及其转移同自由空间的快速多极子边界元方法[233]，但需要传递到最顶层。

下行计算：首先，对实栅格之间的传递从树状结构第二级开始，遍历到最低级，进行 M2L 和 L2L 计算。此部分的操作与自由空间的快速多极子边界元方法相同。其次，实栅格对于镜像栅格及其影像栅格的传递从最高级向下传递。在树状结构第l级进行如下操作：

(1) 当$l>0$时，对所有镜像栅格进行 L2L 传递，它将镜像栅格的所有远距栅格和η-远距栅格的贡献从其父级栅格转移到镜像栅格中，如图 8.4 所示。如果栅格为叶子栅格，则所有距离足够远的单元对叶子栅格里单元的贡献，通过式(8.32)计算。值得注意的是，这仅仅包含 Green 函数的$G_2(\overline{\boldsymbol{x}},\boldsymbol{y})$和$G_3(\overline{\boldsymbol{x}},\boldsymbol{y})$中的贡献，邻近单元的贡献则通过直接积分进行计算。另外，如果h足够大，则不需要计算$G_3(\overline{\boldsymbol{x}},\boldsymbol{y})$；否则，需要在$[\eta^l,\ 0]$范围内计算$G_3(\overline{\boldsymbol{x}},\boldsymbol{y})$的$\eta$积分，较$[\eta',\ 0]$大大缩小了计算范围。

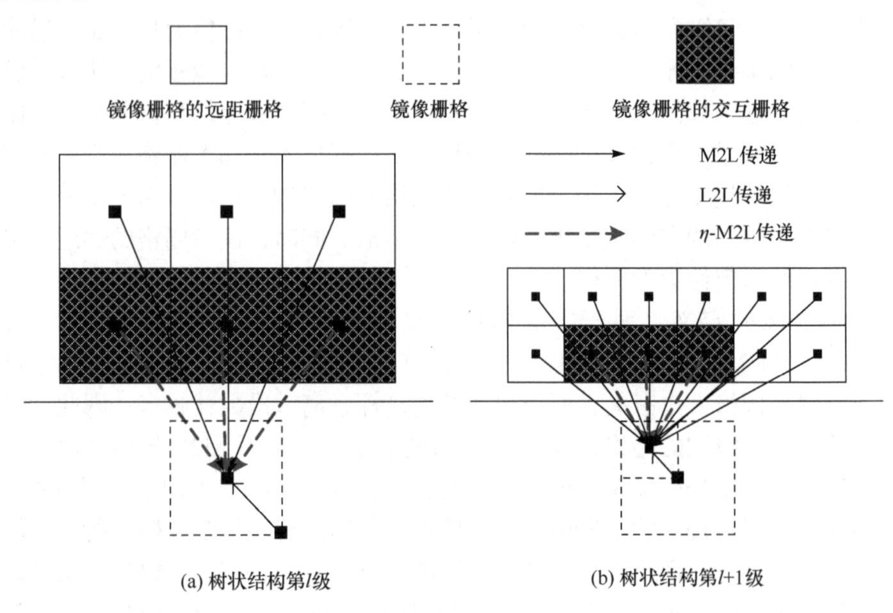

图 8.4　上半空间栅格对下半空间栅格的下行传递

(2) 如果h不是足够大，则对所有镜像栅格进行 M2L 传递，这里的 M2L 也包括η-M2L 传递。它将所有远距栅格和η-远距栅格的贡献都转移到镜像栅格中。进一步研究发现，镜像栅格交互栅格的父级栅格只可能存在于树状结构 z 方向的最低层，如图 8.4 所示。因此，实栅格到镜像栅格 M2L 传递的相对位置最多有 98 个，从而可以更方便和经济地存储 M2L 传递系数。值得注意的是，实栅格到镜像栅格的 M2L 传递是针对$G_2(\overline{\boldsymbol{x}},\boldsymbol{y})$和包含变量$\eta$在$[\eta^l,\ 0]$内的$G_3(\overline{\boldsymbol{x}},\boldsymbol{y})$。对于镜像栅格的$\eta$-交互栅格，其$\eta$-M2L 传递仅针对$G_3(\overline{\boldsymbol{x}},\boldsymbol{y})$，且其算子为

$$\overline{T}(\hat{\boldsymbol{\sigma}},\overline{\boldsymbol{x}}_c,\boldsymbol{y}_c)=\begin{cases}4\widetilde{\Delta\eta}\beta\sum_{n=0}^{N}\mathrm{e}^{\mathrm{i}k(2n+1)\beta\cos\theta}T(\hat{\boldsymbol{\sigma}},\widetilde{\boldsymbol{x}}_c(\zeta_n),\boldsymbol{y}_c), & |\mu|=0\\ b\sum_{n=0}^{N}T(\hat{\boldsymbol{\sigma}},\widetilde{\boldsymbol{x}}_c(\zeta_n),\boldsymbol{y}_c)\mathrm{e}^{2n\beta\widetilde{\Delta\eta}}, & |\mu|\neq 0\end{cases} \tag{8.33}$$

其中，$\widetilde{N}=\lfloor(\eta^{l}-\eta^{l-1})/(2\Delta\eta)\rfloor$，$\widetilde{\Delta\eta}=(\eta^{l}-\eta^{l-1})/(2\widetilde{N})$，$\zeta_n=\eta^{l}-(2n+1)\widetilde{\Delta\eta}$，且

$$b=\frac{2\beta}{\mu}\mathrm{e}^{-\mathrm{i}\beta\eta^{l}}\left(\mathrm{e}^{\mathrm{i}k\widetilde{\Delta\eta}\cos\theta}-\mathrm{e}^{-\mathrm{i}k\widetilde{\Delta\eta}\cos\theta+2\beta\Delta\eta}\right) \tag{8.34}$$

根据上面的算法，第l级需要进行 M2L 传递的镜像栅格数仅为2^{2l+1}，原栅格数为2^{3l}。当$l\geqslant 1$时，需要进行 M2L 传递的镜像栅格数目小于上半空间原栅格数目。另外，镜像栅格最多有 72 次 M2L 传递(包括 M2L 传递和η-M2L 传递)，小于上半空间最多 189 次的 M2L 传递。因此，实栅格对镜像栅格的 M2L 传递的计算时间小于实栅格之间的 M2L 传递的计算时间。

8.4　数 值 算 例

由于阻抗边界条件的复杂性，即使对球体这种对称性的模型，其声辐射和散射问题也不存在解析解。因为快速多极子边界元方法是传统边界元方法的近似，为了验证算法的正确性，将其与传统边界元方法进行比较。对于 Green 函数的第三项，存在如下封闭形式的表达式[230]：

$$\begin{aligned}G_3(\bar{\boldsymbol{x}},\boldsymbol{y})=-\frac{\beta}{2\pi}\mathrm{e}^{-\beta(z_x+z_y)}\Big\{&\pm\mathrm{i}\pi\mathrm{J}_0\left(2\sqrt{c_1c_2}\right)\\&+\frac{\mathrm{i}\pi}{2}\left[\mathrm{H}_0{}^{(2)}\left(2\sqrt{c_1c_2}\right)-E_0^{+}\left(w,2\sqrt{c_1c_2}\right)\right]\Big\}\end{aligned} \tag{8.35}$$

其中，$z_{\boldsymbol{x}}$和$z_{\boldsymbol{y}}$是点$\boldsymbol{x}$和$\boldsymbol{y}$在 z 方向的坐标；J_0为零阶柱 Bessel 函数；$\mathrm{H}_0{}^{(2)}$为零阶第二类柱 Hankel 函数；E_0^{+}为 Poisson 形式的不完全柱函数。另外，参数c_1、c_2和w分别定义为

$$c_1=\frac{\mathrm{i}}{2}(k+\mathrm{i}\beta)\left[r(\boldsymbol{x},\boldsymbol{y})-\left(z_{\boldsymbol{x}}+z_{\boldsymbol{y}}\right)\right] \tag{8.36}$$

$$c_2=-\frac{\mathrm{i}}{2}(k-\mathrm{i}\beta)\left[r(\boldsymbol{x},\boldsymbol{y})+\left(z_{\boldsymbol{x}}+z_{\boldsymbol{y}}\right)\right] \tag{8.37}$$

$$w=\frac{\pi}{2}+\mathrm{i}\ln\left(-\sqrt{c_2/c_1}\right) \tag{8.38}$$

式(8.35)中，当$\mathrm{Re}(-1/c_2)>0$时，取“+”，当$\mathrm{Re}(-1/c_2)<0$时，取“−”，其中“Re”表示复数的实部。在特殊情况下，式(8.35)中特殊函数J_0和$\mathrm{H}_0{}^{(2)}$具有渐近展开式。但为了程序的通用性，采用数值方法直接计算式(8.35)。值得注意的是，在$\mathrm{e}^{-\beta(z_x+z_y)}\to+\infty$的情况下，式(8.35)会出现数值不稳定，如$\beta=-10^4$的情形。

半空间快速多极子边界元方法使用 FORTRAN 95 语言实现，所有算例在英特尔酷睿 2(计算中只使用一个核)、主频 2.9GHz、内存 6GB 的计算机上完成。声学媒

质为空气，其声速为340m/s，密度1.25kg/m^3。叶子栅格中最多允许包含的单元数为 20，单元上采用 12 点 Gauss 积分。所有算例中，积分下限η'的截断误差$\epsilon_\eta = 10^{-8}$。快速多极子边界元方法使用柔性预处理 GMRES 迭代求解器[234]，求解误差设为10^{-4}，其内部 GMRES 预处理计算误差设为10^{-1}。

8.4.1 刚性球散射

首先，分别使用传统边界元方法(CBEM)和快速多极子边界元方法(FMBEM)分析靠近无限大阻抗平面、半径为a的刚性球体散射声场。球心至无限大平面的距离分别取为$1.01a$和$1.25a$。无限大平面的导纳设定为$\beta = -0.914 + 0.397\mathrm{i}$。一单位幅值平面波沿$-z$轴传播，频率满足$ka = 2$。上半空间满足边界条件的平面波为

$$p(z) = \mathrm{e}^{-\mathrm{i}kz} + \frac{\mathrm{i}k - \beta}{\mathrm{i}k + \beta}\,\mathrm{e}^{\mathrm{i}kz} \tag{8.39}$$

图 8.5 给出了这两种方法的求解时间，其中“FMBEM 1.01a”和“FMBEM 1.25a”分别表示球体中心与无限大平面的距离为$1.01a$和$1.25a$模型的快速多极子边界元方法的计算时间，可以看出快速多极子边界元方法的求解时间远小于传统边界元方法的求解时间，验证了算法的高效性。传统边界元方法对 10000 个单元的离散模型求解，耗时近 9h，其中大部分时间用于计算系数矩阵。如果使用其他直接求解器(如 LU 分解、Gauss 消去法)，求解时间将会更长。快速多极子边界元方法分析中，球心至无限大平面距离为$1.01a$模型的计算时间比距离为$1.25a$模型的计算时间要长，这是因为模型距无限大平面越近，较多的邻近单元越需要计算直接数

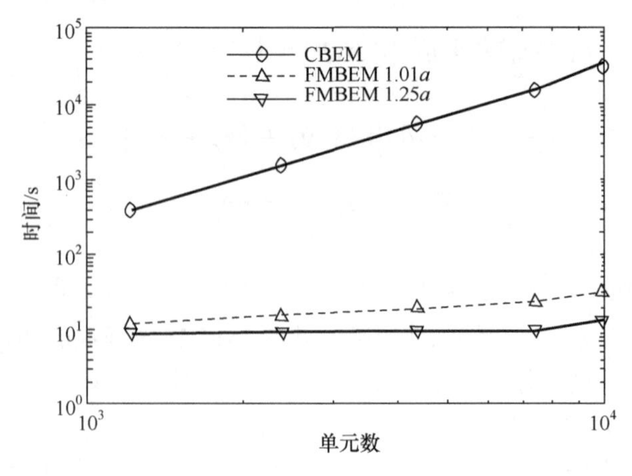

图 8.5 快速多极子边界元方法与传统边界元方法的计算时间

值积分，且包含$G_3(\overline{\boldsymbol{x}},\boldsymbol{y})$项中的$\eta$积分。另外，计算结果表明快速多极子边界元方法相对于传统边界元方法的求解误差在10^{-6}量级，充分显示了算法求解的正确性。

进一步分析快速多极子边界元方法的收敛性。仍采用上例中半径为 a 的刚性球体散射模型，球体中心到无限大平面的距离为$1.1a$，无限大平面的导纳为$\beta=-0.278+0.549\mathrm{i}$，分析频率分别满足$ka=10,15,20,25$。每个频率采用 7 种不同的网格，离散单元数从 6348 到 602112。图 8.6 的相对误差表示是以模型最大离散单元数为 602112 的快速多极子边界元方法的求解结果作为参考值，其他离散模型求解的最大声压相对于参考值的误差。从图 8.6 中可以看出，随着网格的加密，快速多极子边界元方法呈现出较好的收敛性。

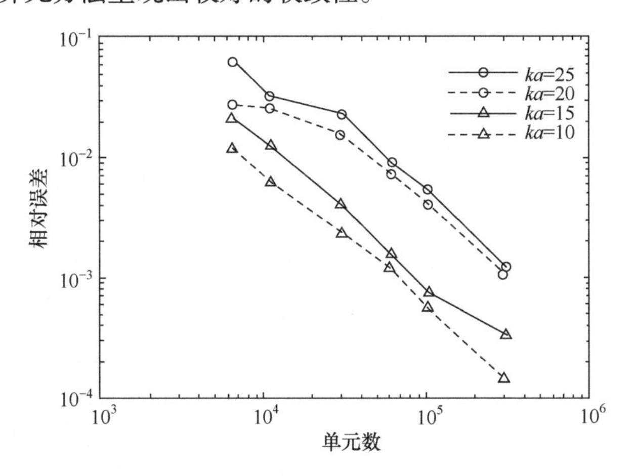

图 8.6　不同频率和自由度的快速多极子边界元方法的计算误差

图 8.7 给出了快速多极子边界元方法在不同自由度和频率下的计算时间，当分析频率满足$ka=25$时，快速多极子边界元方法仅耗时 1.6h 就完成了离散

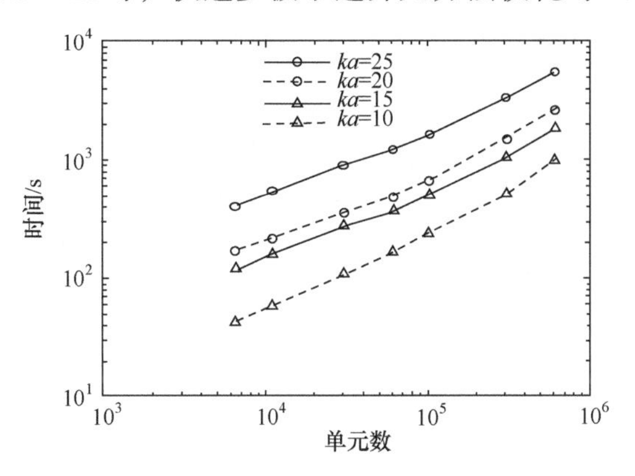

图 8.7　不同频率和自由度的快速多极子边界元方法的计算时间

单元数为 602112 的散射声场求解。对于如此大规模的半空间无限大阻抗平面上的声学模型，高效的求解速度充分显示了快速多极子边界元方法的卓越计算能力。

8.4.2　绝对刚性和软无限大平面

采用快速多极子边界元方法分析无限大平面的两种极端边界条件，即无限大平面为绝对刚性和绝对软。球体的尺寸与 8.4.1 节相同，球心与无限大平面的距离为$1.01a$，表面以单位速度脉动，频率满足$ka = 5$，球表面离散成 10800 个三角形网格。绝对刚性和软无限大平面上的半空间 Green 函数分别为

$$G(\boldsymbol{x},\boldsymbol{y}) = G_1(\boldsymbol{x},\boldsymbol{y}) + G_2(\overline{\boldsymbol{x}},\boldsymbol{y}) \tag{8.40}$$

$$G(\boldsymbol{x},\boldsymbol{y}) = G_1(\boldsymbol{x},\boldsymbol{y}) - G_2(\overline{\boldsymbol{x}},\boldsymbol{y}) \tag{8.41}$$

分别使用传统边界元方法分析这两种边界条件下的声学问题。为了模拟绝对刚性和软无限大平面，半空间阻抗表面的 Green 函数分别取导纳为非常大的负数和非常小的负数，如表 8.1 所示，相对误差(L2)表示关于传统边界元方法计算结果的相对误差。误差分析表明，合理地设置导纳β的取值，可以处理绝对刚性和软无限大平面的半空间问题。表 8.1 中，快速多极子边界元方法模拟绝对刚性反射面的计算时间比模拟软反射面的计算时间少，这主要是因为 Green 函数在趋近这两种极限情况时，$G_3(\overline{\boldsymbol{x}},\boldsymbol{y})$中积分的下限截断值$\eta'$不同。在误差$\epsilon_\eta$固定的情况下，为保证截断下限$\eta'$满足式(8.28)，如果$|\beta|$非常小，则$|\eta'|$非常大，从而实栅格到镜像栅格 M2L 传递系数的计算量非常大，导致总的计算时间变长。

表 8.1　不同阻抗下快速多极子边界元方法的计算结果

工况	导纳β	求解时间/s	相对误差(L2)
绝对刚性	-1×10^{-2}	9.898×10	6.321×10^{-3}
	-1×10^{-3}	6.601×10^{2}	6.486×10^{-4}
	-1×10^{-4}	4.511×10^{3}	1.014×10^{-4}
软	-1×10^{2}	3.146×10	9.682×10^{-2}
	-1×10^{3}	3.569×10^{1}	5.332×10^{-3}
	-1×10^{4}	3.555×10	7.356×10^{-4}

8.4.3　多目标散射

多目标散射体包含 60 个鱼形模型，其在x、y和z方向的整体尺寸分别为

1m、1.05m 和 0.8m。如图 8.8 所示，散射体的顶部到 xOy 平面的距离为 1m。一单位幅值的平面波沿$+z$方向传播，则满足无限大阻性平面边界条件的上半空间入射波为

$$\mathscr{p}(z) = \mathrm{e}^{\mathrm{i}kz} + \frac{\mathrm{i}k + \beta}{\mathrm{i}k - \beta}\,\mathrm{e}^{-\mathrm{i}kz} \tag{8.42}$$

其中，无限大平面的导纳$\beta = -0.104 + 0.323\mathrm{i}$，频率满足$ka = 81$(其中$a$表示模型在$y$方向的尺寸)。鱼形表面的边界条件设为刚性，离散成 8980 个三角形单元，其中最小单元的尺寸为2.71×10^{-2}个波长，最大单元的尺寸为8.05×10^{-2}个波长。该多目标散射体共有 538800 个单元，快速多极子边界元方法耗时 4.85h 完成了散射声场的快速求解。

每次迭代计算中，系数矩阵$\boldsymbol{A}$与求解向量$\boldsymbol{x}$乘积运算的计算效率和精度决定着快速多极子边界元方法的整体性能。与传统边界元方法(CBEM)的计算结果相比较，考察快速多极子边界元方法(FMBEM)计算$\boldsymbol{Ax}$的效率和精度。由于计算效率问题，传统边界元方法仅计算了向量$\boldsymbol{A}_{:,1}\boldsymbol{x}_1$，然后将计算时间乘上矩阵的维数作为传统边界元方法计算$\boldsymbol{Ax}$的总时间，其中$\boldsymbol{A}_{:,1}$为系数矩阵$\boldsymbol{A}$的第一行，$\boldsymbol{x}_1$为向量$\boldsymbol{x}$的第一个元素。表 8.2 中分别列出了快速多极子边界元方法和传统边界元方法计算一次$\boldsymbol{Ax}$使用的时间，2-范数相对误差(L2)显示了快速多极子边界元方法的计算正确性。

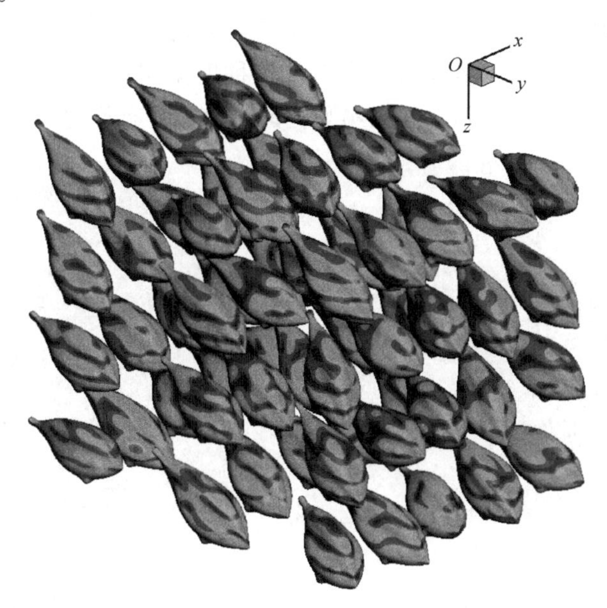

图 8.8　鱼形多目标散射声场

表 8.2　矩阵向量乘积的计算时间及相对误差

模型	多目标声散射		壳体声辐射	
	CBEM	FMBEM	CBEM	FMBEM
计算时间/s	7.195×10^{8}	9.094×10^{1}	3.516×10^{6}	3.011×10^{1}
相对误差(L2)	3.035×10^{-4}		2.149×10^{-4}	

8.4.4　压缩机壳体声辐射

压缩机壳体在x、y和z方向的尺寸分别为0.17m、0.16m 和 0.14m。在频率$f = 6079.72\text{Hz}$处，单位简谐激励下的表面速度采用有限元软件计算得到。压缩机的底部与导纳$\beta = -4.82 + 11.14\text{i}$的无限大平面之间的距离为 0.025m。压缩机表面离散成 107468 个三角形单元，其中最小单元的尺寸为1.61×10^{-2}个波长，最大单元的尺寸为4.73×10^{-2}个波长。为了考察阻抗平面对辐射声场的影响，同时采用自由空间的快速多极子边界元方法分析压缩机辐射声场。自由空间和半空间快速多极子边界元方法分别耗时 567s 和 894s 完成计算。表 8.2 中列出了对快速多极子边界元方法的计算精确性的分析结果。图 8.9 给出了半空间和自由空间快速多极子边界元方法的场点声压云图。比较两种方法的计算结果，可以看出场点声压的分布和最大值的位置产生了较大的变化，表明无限大阻抗平面对模型辐射声场产生了不容忽视的影响。这种现象在工程中经常遇到，如仿真设计中往往假设为自由空间，而在实测验证中通常会有反射面的存在。对于此

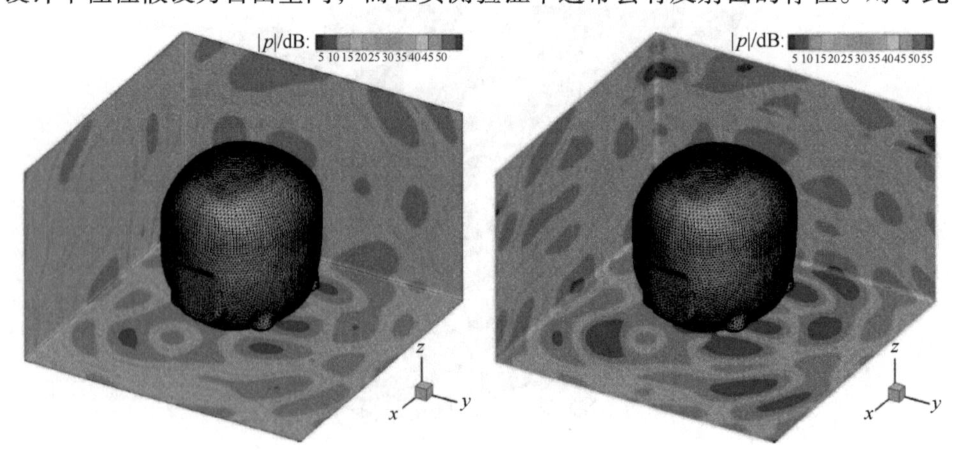

(a) 半空间算法求解结果　　(b) 自由空间算法求解结果

图 8.9　压缩机辐射声场的快速多极子边界元方法的计算结果

类问题，可以使用无限大阻抗平面的半空间快速多极子边界元方法进行高效的声场分析。

8.5 小　　结

由于反射面的存在，半空间声学问题在实际工程中大量存在，如水下航行物靠近海平面或海底面的声散射、城市高架列车在地面反射下的声辐射、飞机升空或降落过程中的声辐射等。对于绝对刚性或软反射面的假设，根据镜像原理，Green 函数具有较简单的形式，比较容易实现快速多极子边界元方法的加速计算。但对于一般的阻抗平面情况，Green 函数无法用初等函数表示。由于含有无穷积分项，Green 函数的计算变得非常复杂。尽管 Green 函数具有封闭的表达式，但其中包含了大量的特殊函数，其计算效率仍是妨碍边界元方法应用于半空间无限大阻抗平面上声学问题分析的主要原因。

本章利用快速多极子边界元方法分析了半空间无限大阻抗表面的声学问题，推导出无限大阻抗平面上半空间 Green 函数的对角展开式。Green 函数对角展开式的 M2L 传递系数存在无穷积分项，导致计算量巨大，不便于甚至无法用于建立半空间问题的快速多极子边界元方法。为此，采用分段积分的方法，获得 Green 函数无穷积分项 M2L 传递系数的解析表达式，大大提高了计算效率。所得到的半空间 Green 函数的对角展开式具有与自由空间 Green 函数相同的对角展开式，唯一不同的是 M2L 传递系数的表达式。

半空间快速多极子边界元方法的传递算法，具有与自由空间快速多极子边界元方法相同的上行传递。其下行传递分成两部分：一部分为计算上半平面中实栅格之间的传递；另一部分为计算上半平面实栅格对下半平面镜像栅格的传递。在实栅格向镜像栅格的传递中，提出了新的邻近、交互栅格定义，提高了镜像栅格的 M2L 计算效率，同时减小了 Green 函数的积分下限，便于边界元方法计算直接系数。

第9章　基于快速多极子边界元方法的声辐射模态分析

9.1　引　　言

辐射声功率是声学问题分析中广泛使用的物理量，在主动声控制、声源重构及结构-声学优化问题中具有普遍的应用。辐射声功率的计算效率和精度对其在工程应用中具有重要的影响。在给定边界条件下，对于外部声辐射问题，一般利用边界元方法获得声学未知量，然后在结构表面上对声压和速度共轭的乘积进行积分，从而获得结构的辐射声功率。由于分析中用到边界元方法，辐射声功率的计算受到效率和内存使用量的限制，所以为了便于辐射声功率的分析和应用，本章采用类似于结构中模态分析的方法，提出声辐射模态的概念。

根据辐射声功率的表达式，构造出辐射算子。辐射算子的特征向量称为声辐射模态，特征值正比于声辐射模态的辐射效率。声辐射模态仅与结构外表面的几何形状及分析频率有关，是分布于结构表面的相互独立且正交的速度模式。各个模态独立地向外辐射能量，不会产生耦合问题，抑制辐射效率较大的模态，可以有效地实现噪声控制。仅选取辐射效率较高的辐射模态，就能实现辐射声功率的精确计算，且计算效率高，进而可以实现以辐射声能量最小为目标的结构-声学优化。

辐射模态在声学分析中具有一定的优越性，并得到了一定发展。Borgiotti 通过奇异值分解的方法，得到了结构表面上一组独立、正交的速度分布模式，并将这些速度分布模式分成两组，即辐射效率较高的分布模式和辐射效率较低的分布模式[235]。Borgiotti 被认为是声辐射模态概念的最早使用者[236,237]。Photiadis 使用奇异值分解法和波矢滤波法求解了表面速度分布，认为辐射效率高的模态对应于表面超声波，辐射效率低的模态对应于次声波[238]。Cunefare 提出了一种用于获得有限障板上辐射效率最小的最优速度分布的方法[239]。后来，Cunefare 和 Currey 研究了模态求解的收敛性、辐射效率的上限和辐射模态小范围摄动的敏感性[240]。术语“辐射模态”最早出现在 Cunefare 的博士论文中[241]。Elliott 和 Johnson 比较了基于结构模态和基于辐射模态的声功率计算方法，认为基于辐射模态的声功率计算方法可以用于估计结构响应的独立变量个数[242]。Chen 和 Ginsberg 认为，不管使用哪种方法获得的辐射算子都是对称的[243]。但是，Cunefare 等[244]、Peters 等[237]认为，基于配点边界元方法的辐射算子是非对称的。由本章 9.2.2 节的分析可知，即使采用 Galerkin 边界元方法，所得到的辐射算子也是非对称的。Fahnline 和 Koopmann 提出了用集中参数模型计算声功率的方法[245,246]。该方法基于 Kirchoff-Helmholtz 积分方程，并假设边界满足 Neumann 条件且每一个单元以相同的速度振动。本质上，这种方法的思想与采用常数单元的边界元方法是一样的。基于表面速度及辐射算子，Arenas 采用集中参数法计算了平板结构的辐射声功率[236]。

辐射算子的计算需要用到边界元方法，计算量大是边界元方法最大的缺点[236,246]。不仅如此，边界元方法还具有内存使用量大的劣势。因此，基于传统边界元方法的声辐射模态计算无法应用于大规模结构的分析。但在实际工程分析中，为了保证计算精度，模型的离散自由度通常比较大(大于 10000)，对声辐射模态的分析计算提出了严峻的挑战。为了克服理论和计算的困难，拓宽声辐射模态在实际工程中的应用范围，本章介绍无限大障板和三维自由空间中振动结构声辐射模态的快速准确计算方法。

9.2　声辐射模态理论

9.2.1　辐射声功率

物体振动引起其周围的流体媒质产生压力波动，如图 9.1 所示，结构表面S以法向速度v振动，向外部区域Ω中辐射能量，结构的表面法向如图 9.1 所示，从外部区域Ω指向内部。声学问题分析一般使用平均辐射声功率描述振动结构向外辐射能量的大小，它可以表示成任意包含振动体的封闭曲面上声压和速度的积分，即

$$W = -\frac{1}{2}\mathrm{Re}\left\{\int_S p(\boldsymbol{x})\, v(\boldsymbol{x})^* \mathrm{d}s(\boldsymbol{x})\right\} \tag{9.1}$$

其中，Re 表示取复数的实部；上标*对于标量表示复共轭，对于向量表示复共轭转置；$p(\boldsymbol{x})$和$v(\boldsymbol{x})$分别表示点$\boldsymbol{x}$处的声压和法向速度。式(9.1)中的负号是由于法向的选取与能量传播的方向相反，质点的法向速度与声压的梯度关系由 Euler 方程表示，即

$$\frac{\partial}{\partial n(\boldsymbol{x})} p(\boldsymbol{x}) = \mathrm{i}k\rho c v(\boldsymbol{x}) \tag{9.2}$$

其中，ρ和 c 分别表示外部区域Ω中的密度和声速；k表示波数。

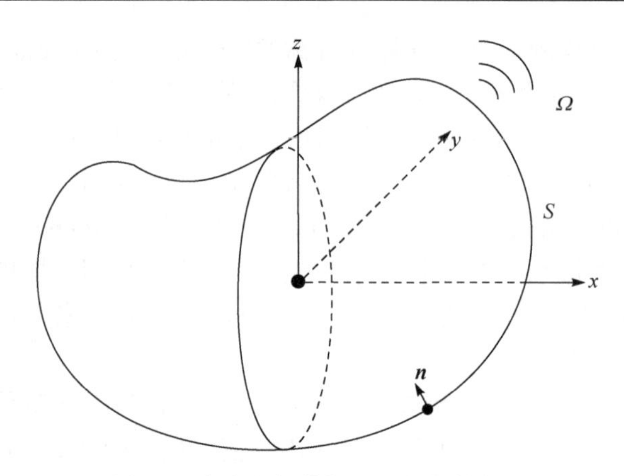

图 9.1　自由空间外部问题声辐射模型

为了计算声功率W，首先需要根据已知表面的速度$v(\boldsymbol{x})$获得表面声压$p(\boldsymbol{x})$。参考式(4.3)，并假设区域内不存在其他声源，则图 9.1 所示外部声辐射问题的表面声压及速度可表示为

$$c(\boldsymbol{x})p(\boldsymbol{x})=\int_S\left[G(\boldsymbol{x},\boldsymbol{y})\frac{\partial p(\boldsymbol{y})}{\partial n(\boldsymbol{y})}-\frac{\partial G(\boldsymbol{x},\boldsymbol{y})}{\partial n(\boldsymbol{y})}p(\boldsymbol{y})\right]\mathrm{d}S(\boldsymbol{y}),\quad \forall\boldsymbol{x}\in S \tag{9.3}$$

方程(9.3)需要采用离散的求解方法，即边界元方法。利用 Euler 方程(9.2)，并将表面离散成面单元(如三角形、四边形等)，可以得到声压和法向速度的矩阵表达式，即

$$\boldsymbol{p}=\mathrm{i}k\rho c\boldsymbol{H}^{-1}\boldsymbol{G}\boldsymbol{v} \tag{9.4}$$

其中，不同离散形式下的矩阵$\boldsymbol{H}$和$\boldsymbol{G}$的定义见 4.3 节，$\boldsymbol{p}$ 和 $\boldsymbol{v}$ 分别为表面上的离散声压和速度向量。

结构-声学优化特别是内部的结构优化，需要对相同的边界模型重复计算声功率。对于此类问题，快速多极子边界元方法可以加速求解，提高优化计算效率。但是优化中每次计算声功率，快速多极子边界元方法都需重新求解一次表面声压，且每次的迭代步数基本相同，求解过程烦琐、耗时长。因为结构的外形不变且频率固定，同结构模态展开法的思想一样，希望找到表面上一组独立正交分布的速度模式，且辐射效率依次降低，则任意给定速度，仅需在少数的前几阶模态展开，就可以有效地计算声功率。这种独立正交的速度分布模式，称为声辐射模态[241]。

9.2.2　辐射模态的特征值分析

为了推导方便，假设结构表面采用常数单元离散，即单元内部物理量相等，单元的形函数$\mathcal{N}=1$。将式(9.4)代入式(9.1)，则离散形式的声功率为

$$W = \mathrm{Re}\,(\boldsymbol{v}^{*}\boldsymbol{R}\boldsymbol{v}) \tag{9.5}$$

其中，辐射算子为

$$\boldsymbol{R} = -\mathrm{i}k\rho c\boldsymbol{\Lambda}_s\boldsymbol{H}^{-1}\boldsymbol{G}/2 \tag{9.6}$$

$\boldsymbol{\Lambda}_s$为对角阵，其对角元素为单元的面积。$\boldsymbol{R}$一般认为是对称矩阵，在计算辐射模态之前，有必要分析辐射算子$\boldsymbol{R}$的特性。一般情况下，配点边界元方法形成的线性方程组的系数矩阵，即式(4.86)的系数矩阵$\boldsymbol{H}$和$\boldsymbol{G}$，均为非对称的满阵，因而辐射算子$\boldsymbol{R}$也是非对称的满阵。即使 Galerkin 边界元方法可以给出对称的系数矩阵$\boldsymbol{H}$和$\boldsymbol{G}$，也不能保证$\boldsymbol{H}^{-1}\boldsymbol{G}$是对称的，因为矩阵$\boldsymbol{H}^{-1}$和$\boldsymbol{G}$是不可交换的。否则，对于同样的边界条件，式(4.86)也可以表示成$\boldsymbol{p} = \mathrm{i}k\rho c\boldsymbol{H}^{-1}\boldsymbol{G}\boldsymbol{v} = \mathrm{i}k\rho c\boldsymbol{G}\boldsymbol{H}^{-1}\boldsymbol{v}$，但在边界元方程中一般是不成立的。因此，在无任何假设的前提下，$\boldsymbol{R}$矩阵一般为非对称复数矩阵。

非对称复数矩阵的特征值和特征向量的求解具有一定的困难，特别是对于大规模矩阵的求解。为了便于分析和简化计算，很多方法假设结构表面的速度为纯实数或纯虚数。在这种假设下，仅取辐射算子$\boldsymbol{R}$的实部即可，且实部矩阵一般是非对称的正定矩阵。对于大多数振动问题，这种假设是可以接受的。但对于其他类型的振动，如考虑了阻尼的有限元模型谐响应分析，或时间域测量的速度信号经过 Fourier 变换变换到频域，结构表面的速度是复数。

不失一般性，默认辐射算子$\boldsymbol{R}$为非对称复数矩阵。无限大障板上结构的辐射算子是正定实 Hermitian 阵，是复辐射算子$\boldsymbol{R}$的特殊情况。如果结构表面速度非零，则振动结构向外辐射的声能量大于零，所以辐射算子$\boldsymbol{R}$必定含有 N 个非零特征值λ_n，且可以排列为$\mathrm{Re}(\lambda_1) > \mathrm{Re}(\lambda_2) > \cdots > \mathrm{Re}(\lambda_N) > 0$，其中 N 为辐射算子$\boldsymbol{R}$的维度。令$\boldsymbol{e}_n$为特征值λ_n所对应的特征向量，有

$$\boldsymbol{R}\boldsymbol{e}_n = \lambda_n\boldsymbol{e}_n, \quad n = 1,2,\cdots,N \tag{9.7}$$

归一化特征向量$\boldsymbol{e}_n$ $(n = 1,2,\cdots,N)$是结构表面上的一组独立正交基，称为辐射模态。任意的表面速度$\boldsymbol{v}$可利用辐射模态展开[241]：

$$\boldsymbol{v} = \boldsymbol{E}\boldsymbol{\beta} \tag{9.8}$$

其中，$\boldsymbol{E}$是由特征向量组成的复单位阵；$\boldsymbol{\beta}$表示模态参与因子向量，其元素定义为$\beta_n = \boldsymbol{v}^{*}\boldsymbol{e}_n$。将式(9.8)和式(9.7)代入式(9.5)，可得到辐射声功率的简单表达式

$$W = \sum_{n=1}^{N}\mathrm{Re}(\lambda_n)|\beta_n|^2 \tag{9.9}$$

可以看出，基于辐射模态的声功率计算仅需要特征值的实部，但是模态参与因子计算需要用到复数特征向量。

振动结构的声辐射效率σ定义为辐射声功率与表面均方速度之比，即

$$\sigma = \frac{W}{\frac{\rho c}{2}\int_S v(\boldsymbol{x})^2 \mathrm{d}S(\boldsymbol{x})} \tag{9.10}$$

显然，如果结构以某一阶辐射模态振动，则相应的辐射效率为

$$\sigma_n = \frac{W_n}{\frac{\rho c}{2}\int_S \boldsymbol{e}_n(\boldsymbol{x})^2 \mathrm{d}S(\boldsymbol{x})} = \frac{2\mathrm{Re}(\lambda_n)}{\rho c} \tag{9.11}$$

即辐射算子特征值的实部正比于辐射模态的辐射效率。

计算声辐射功率时，一般需要截断式(9.9)，即舍去声辐射功率贡献较小(特征值实部较小)的模态，仅保留辐射效率较高(特征值实部较大)的模态。在满足给定误差下，一般有效模态数较辐射算子的自由度小很多。因此，声辐射模态分析仅需要计算辐射算子实部较大的特征值及其特征向量，不需要计算出全部特征值和特征向量，大大降低了计算代价。对于低频辐射问题，少数前几阶辐射模态就能很好地近似辐射声功率。但随着分析频率的增加，所需的有效辐射模态数也将增加。

声辐射模态是模仿结构模态的思想提出的。结构模态与对称系数矩阵的特征向量相关，但辐射算子矩阵却是非对称满阵。因此，如何精确快速地计算出辐射算子的模态，是决定其能否在实际工程中应用的关键。基于传统边界元方法的声辐射模态计算流程首先需要获取辐射算子，然后计算特征值和特征向量。由于内存使用量(正比于自由度的平方)和计算时间(计算复杂度正比于自由度的三次方)的限制，基于传统边界元方法的声辐射模态计算只能分析小规模问题。对于大规模问题,不能够显式生成系数矩阵,需要采用迭代的方法计算特征值和特征向量，每次迭代需要提供辐射算子与向量的乘积。收敛性是迭代求解器的重要性能，它与辐射算子矩阵的特性有很大关系。

9.3　无限大障板声辐射模态分析

9.3.1　辐射算子

如图 9.2 所示，无限大障板上平面或近似平面结构振动产生的声压可以用 Rayleigh 积分表示为

$$p(\boldsymbol{x}) = 2k\rho c \int_S \mathrm{i}G(\boldsymbol{x},\boldsymbol{y})v(\boldsymbol{y})\mathrm{d}S(\boldsymbol{y}) \tag{9.12}$$

其中，S为结构表面，法向定义为辐射区域的反方向；v为结构表面法向速度，且与z轴平行，如图 9.2 所示；$G(\boldsymbol{x},\boldsymbol{y})$为自由空间 Green 函数，与式(2.163)中的定义相同。

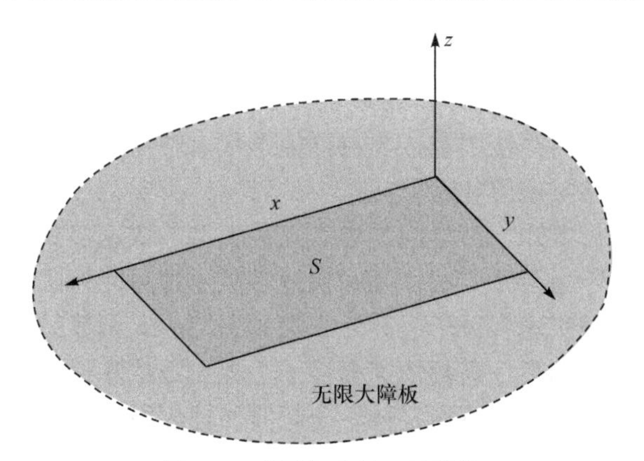

图 9.2　无限大障板上的结构

将 Rayleigh 积分式(9.12)代入声功率计算公式(9.1)，得

$$W = -k\rho c\mathrm{Re}\left\{\int_S \int_S v(\boldsymbol{y})\mathrm{i}G(\boldsymbol{x},\boldsymbol{y})v(\boldsymbol{x})^* \,\mathrm{d}S(\boldsymbol{y})\mathrm{d}S(\boldsymbol{x})\right\} \tag{9.13}$$

使用复数恒等变换$\mathrm{Re}\{a\} = \{a + a^*\}/2$，并利用 Green 函数的互易定理$G(\boldsymbol{x},\boldsymbol{y}) = G(\boldsymbol{y},\boldsymbol{x})$及$\mathrm{i}(G - G^*) = -2G^I$，其中$G^I$表示 Green 函数的虚部，从而式(9.13)可以重新表示为

$$W = k\rho c\int_S \int_S v(\boldsymbol{y})G^I(\boldsymbol{x},\boldsymbol{y})v(\boldsymbol{x})^* \,\mathrm{d}S(\boldsymbol{y})\mathrm{d}S(\boldsymbol{x}) \tag{9.14}$$

为便于推导，假设采用 N 个常数单元离散，式(9.14)的矩阵表达形式为

$$W = \boldsymbol{v}^*\boldsymbol{R}\boldsymbol{v} \tag{9.15}$$

其中，$\boldsymbol{R}$为无限大障板上振动结构的辐射算子，其元素为

$$r_{ij} = k\rho c\int_{\Delta S_i}\int_{\Delta S_j} G^I(\boldsymbol{x},\boldsymbol{y})\,\mathrm{d}S(\boldsymbol{y})\mathrm{d}S(\boldsymbol{x}),\quad i,j = 1,2,\cdots,N \tag{9.16}$$

其中，ΔS_i和ΔS_j分别为第i号和第j号单元。可以看出无限大障板上振动结构的辐射算子$\boldsymbol{R}$是实对称矩阵，从辐射能量分析，可以判断此算子是正定的。为了快速计算，假设$G^I(\boldsymbol{x},\boldsymbol{y})$在两单元$\Delta S_i$和$\Delta S_j$上是慢变函数，采用积分中值定理即$G_{ij}^I = k\rho cG^I(\boldsymbol{x}_i,\boldsymbol{y}_j)S_iS_j$，其中$\boldsymbol{x}_i$和$\boldsymbol{y}_j$分别为单元$\Delta S_i$和$\Delta S_j$的中心，$S_i$和$S_j$则为这两单元的面积[242]。较之一般形式的辐射算子，无限大障板的辐射算子具有对称性和正定性，便于特征值的迭代求解。

9.3.2　基于快速多极子的辐射模态算法

虽然具有无限大障板结构的辐射算子是对称的，可以减少一半的内存使用量，但对于大规模结构声辐射模态的分析，过大的内存使用量和较长的计算时间仍是阻碍其在工程中应用的主要原因。快速多极子方法可以提高矩阵-向量乘积的运算效率，同时大大减少内存使用量，与特征值迭代求解器相结合，可以计算无限大障板上大规模结构的特征值和特征向量。

由第 6 章的分析可知，声学问题中有三种类型的快速多极子边界元方法，分别为低频快速多极子边界元方法、高频快速多极子边界元算法及全频段快速多极子边界元方法。低频快速多极子边界元方法基于 Green 函数的多极子展开，对高频声学问题求解效率不高。高频快速多极子边界元方法基于 Green 函数的对角形式展开，在低频段具有数值不稳定性。全频段快速多极子边界元方法是低频快速多极子边界元方法和高频快速多极子边界元方法的混合形式，能克服这两种算法的缺点。在一般情况下尽量选用全频段快速多极子边界元方法，这样具有更宽的频段分析能力。但无限大障板的辐射算子元素，即式(9.16)，是关于两个单元的双重积分。低频快速多极子边界元方法没有解析形式的源点矩，计算效率较低。因此，为了提高无限大障板上辐射算子与向量乘积运算的效率，采用 Green 函数的高频展开形式。

假设单元ΔS_i和ΔS_j为两个相距较远的单元。根据 Green 函数的对角展开式(6.11)，则式(9.16)可以重新表示为

$$r_{ij} = k\rho c \times \mathrm{Im}\left\{\frac{\mathrm{i}k}{16\pi^2}\int_{\sigma_1}\begin{bmatrix}\int_{\Delta S_i} I(\hat{\boldsymbol{\sigma}},\boldsymbol{x},\boldsymbol{x}_c)\mathrm{d}S(\boldsymbol{x})\,T(\hat{\boldsymbol{\sigma}},\boldsymbol{x}_c,\boldsymbol{y}_c)\\ \cdot\int_{\Delta S_j} O(\hat{\boldsymbol{\sigma}},\boldsymbol{y}_c,\boldsymbol{y})v(\boldsymbol{y})\mathrm{d}S(\boldsymbol{y})\end{bmatrix}\mathrm{d}\sigma\right\} \tag{9.17}$$

其中，“Im”表示取复数的虚部；内部函数$I(\hat{\boldsymbol{\sigma}},\boldsymbol{x},\boldsymbol{x}_c)$、传递函数$T(\hat{\boldsymbol{\sigma}},\boldsymbol{x}_c,\boldsymbol{y}_c)$和外部函数$O(\hat{\boldsymbol{\sigma}},\boldsymbol{y}_c,\boldsymbol{y})$的定义见式(6.12)～式(6.14)。从式(9.17)可以看出，辐射算子多极子展开式与 Galerkin 边界元方法的 Green 函数高频形式的多极子展开式相似，区别在于辐射算子的展开式仅取 Green 函数展开式的虚部。因此，辐射算子的源点矩计算、源点矩转移、源点矩至本地转移、本地展开转移与自由空间高频快速多极子边界元方法相同，具体推导过程和传递过程见 6.3 节的内容。但在下行遇到叶子栅格时，单元ΔS_i上的最终积分为

$$r_{ij} = k\rho c\mathrm{Im}\left\{\frac{\mathrm{i}k}{16\pi^2}\int_{\sigma_1}[f(\hat{\boldsymbol{\sigma}},\boldsymbol{x}_c)L(\hat{\boldsymbol{\sigma}},\boldsymbol{x}_c)]\,\mathrm{d}\sigma\right\} \tag{9.18}$$

其中

$$f(\hat{\boldsymbol{\sigma}}, \boldsymbol{x}_c) = \int_{\Delta S_i} I(\hat{\boldsymbol{\sigma}}, \boldsymbol{x}, \boldsymbol{x}_c) \mathrm{d}s(\boldsymbol{x}) \tag{9.19}$$

可以看出最终积分的计算，需要在场单元上再进行一次积分。此步骤的计算与源点矩的计算相同，有解析表达式，可以大大减少计算量。

无限大障板上结构的分组一般采用三维的八叉树结构，如图 9.3(a)所示。因 Rayleigh 积分采用的是三维自由空间 Green 函数，通过坐标系旋转，使新坐标系的 z 轴与平面结构的法向平行，可以采用四叉树对结构进行分组，如图 9.3(b)所示。这样操作的好处有两个：①简化树状结构的生成，方便上行和下行的传递；②实现算法的优化。M2L 的传递是快速多极子算法中计算量较大的一个传递，八叉树中一个栅格最多需要进行 189 次 M2L 传递。为了加速传递，一般先计算 M2L 传递的系数并将其预存。在树状结构中，一个栅格与其交互栅格共有 316 种相对位置；在四叉树结构中，一个栅格与其交互栅格共有 40 种相对位置，大大降低了传递系数的计算时间及内存使用量。

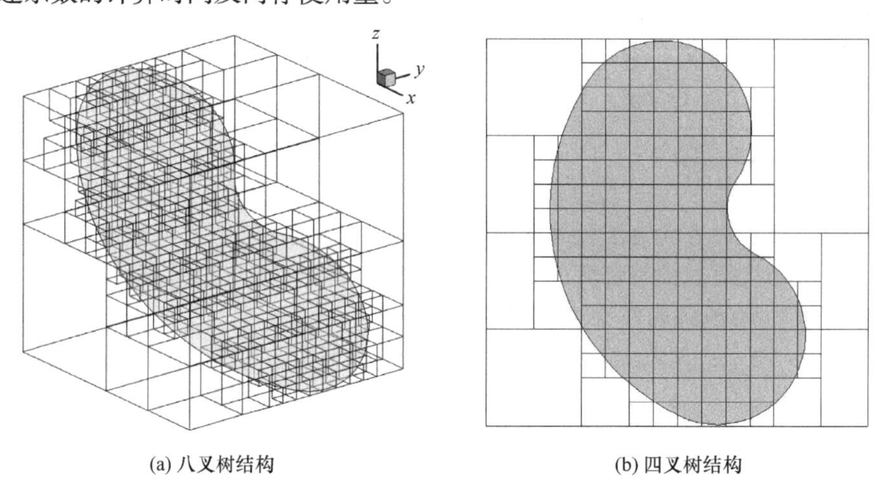

(a) 八叉树结构　　(b) 四叉树结构

图 9.3　平面结构的树状结构

基于快速多极子和特征值迭代求解器的辐射模态算法主要步骤如下，其中步骤的具体细节与自由空间快速多极子边界元方法相同。

(1) 初始化：设定最大特征值和特征向量的求解数。旋转坐标系使 z 轴与无限大障板的法向平行。表面离散，并使用四叉树结构对模型进行分组。

(2) 上行计算：沿树状结构由最低级向上搜索至第二级。叶子栅格使用解析法计算源点矩(6.16)。如果为非第二级栅格，则将源点矩向上传递至其父栅格，即式(6.19)。

(3) 下行计算：与上行传递相反。从树状结构的第二级开始向下搜索。对于非第二级栅格，将父栅格的本地展开系数传递至此栅格中心，即式(6.23)，再汇聚所有交互栅格上的源点矩，即式(6.21)。如果是叶子栅格，则采用式(9.18)计算栅格内所有单元的最终积分，并取其实部。叶子栅格的邻近栅格内的单元贡献通过直接数值积分计算，即式(9.16)。

(4) 特征值和特征向量的迭代搜索：将辐射算子$\boldsymbol{R}$与迭代解$\boldsymbol{v}$的乘积提供给迭代求解器。如果满足求解误差，则此组特征值和特征向量便是一组解。进而，判断是否达到指定的特征值数或最大迭代次数。如果搜索到了指定数目的特征值或迭代求解次数超过指定的最大值，那么求解结束。否则，返回步骤(2)重新搜索。

上述算法基于一般的四叉树结构。如果采用自适应树状结构[111,112]，则可以进一步提高快速多极子中 M2L 的计算效率。

9.4 无限大障板结构的声辐射模态算例

本节给出无限大障板上结构声辐射模态的数值算例，验证了基于快速多极子边界元方法和迭代特征值求解的辐射模态计算方法的正确性和效率。所有算例均使用 FORTRAN 95 进行编写，在英特尔酷睿 2(计算中只使用一个核)、主频 2.9GHz、内存 6GB 的计算机上完成，特征值求解器 IRAM[247]的求解误差设定为10^{-5}。

9.4.1 辐射效率分析

快速多极子边界元方法计算辐射算子矩阵$\boldsymbol{R}$与向量$\boldsymbol{v}$乘积的准确性，决定着无限大障板上结构辐射模态计算的正确性。因此，首先验证快速多极子边界元方法计算辐射声功率(或辐射效率)的正确性。

如图 9.4 所示，无限大障板上活塞振动的声辐射效率解析解表达式(Anal)为[248]

$$\sigma = 1 - \frac{\mathrm{J}_1(2ka)}{ka} \tag{9.20}$$

其中，活塞半径$a = 0.5\mathrm{m}$。数值方法采用式(9.11)直接计算辐射效率，其中的辐射声功率W采用快速多极子边界元方法(FMBEM)计算。分析频率范围满足

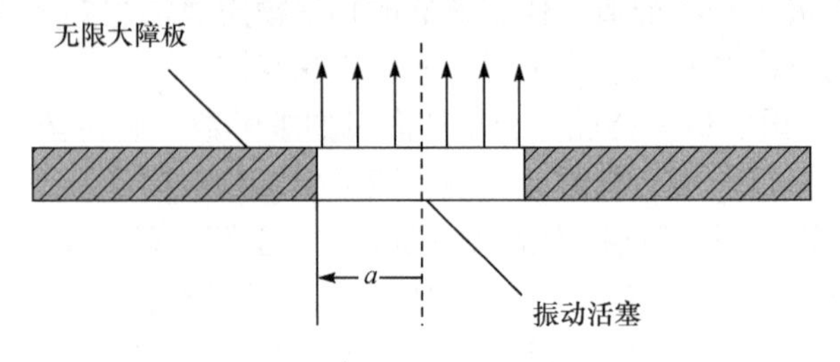

图 9.4 无限大障板上活塞振动

$0.5 \leqslant ka \leqslant 30$。因为采用的是高频形式的快速多极子边界元方法，当频率过低时会产生数值不稳定问题。不同频段离散单元数和四叉树深度列于表 9.1 中。

表 9.1　不同 ka 的离散单元数及 FMBEM 树状结构的深度

ka	≤ 1	≤ 2	≤ 5	≤ 10	≤ 20	≤ 30
单元数	694	904	2402	4544	8012	11272
树状结构深度	2	3	4	5	5	5

在不同频率下，解析法和快速多极子边界元方法计算的辐射效率如图 9.5(a) 所示，它们之间的相对误差定义为$\|\text{FMBEM}-\text{Anal}\|/\|\text{Anal}\|$，见图 9.5(b)。从图 9.5(a) 中可以看出，使用快速多极子边界元方法计算的辐射效率与解析法结果吻合得非常好。

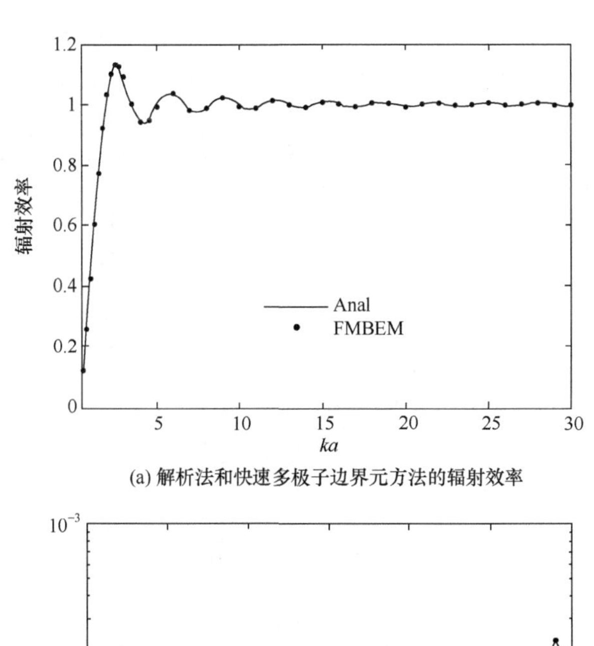

(a) 解析法和快速多极子边界元方法的辐射效率

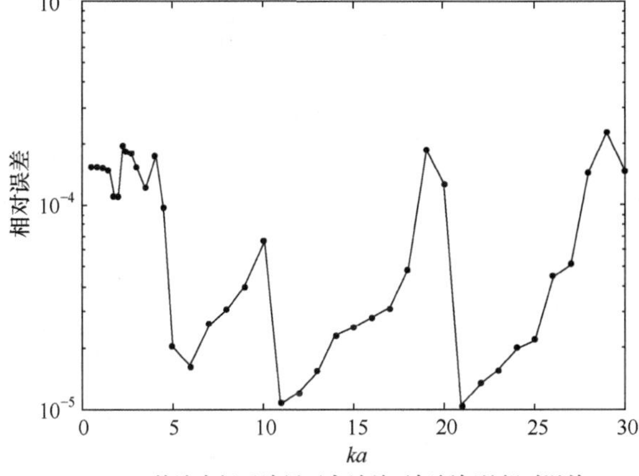

(b) 快速多极子边界元方法关于解析解的相对误差

图 9.5　无限大障板上活塞振动的声辐射效率

从图 9.5(b)中可以看出，在固定离散单元数的频段内，随着频率增加，相对误差略有下降，这种趋势也很符合频率与离散单元数的关系。

9.4.2　矩形板的模态分析

将快速多极子与迭代特征值求解器结合，用于无限大障板上矩形板的辐射模态计算，并考察其计算效率、内存使用量和精度。模型如图 9.2 所示，其在y方向和x方向的长度之比为 0.6，并令 x 方向的长度为a。

首先，分析频率$ka = 5$、离散成 3000 个三角形单元的矩形板的前 6 阶声辐射模态。特征值和特征向量使用两种求解方法，即快速多极子迭代计算(FMBEM)和边界元方法生成辐射算子$\boldsymbol{R}$并直接求解(Direct)方法。表 9.2 给出了这两种方法计算所得的特征值、特征向量及其相对误差，其中相对误差定义为‖FMBEM−Direct‖/‖Direct‖。矩形板前 6 阶声辐射模态云图如图 9.6 所示。从表中可以看出，

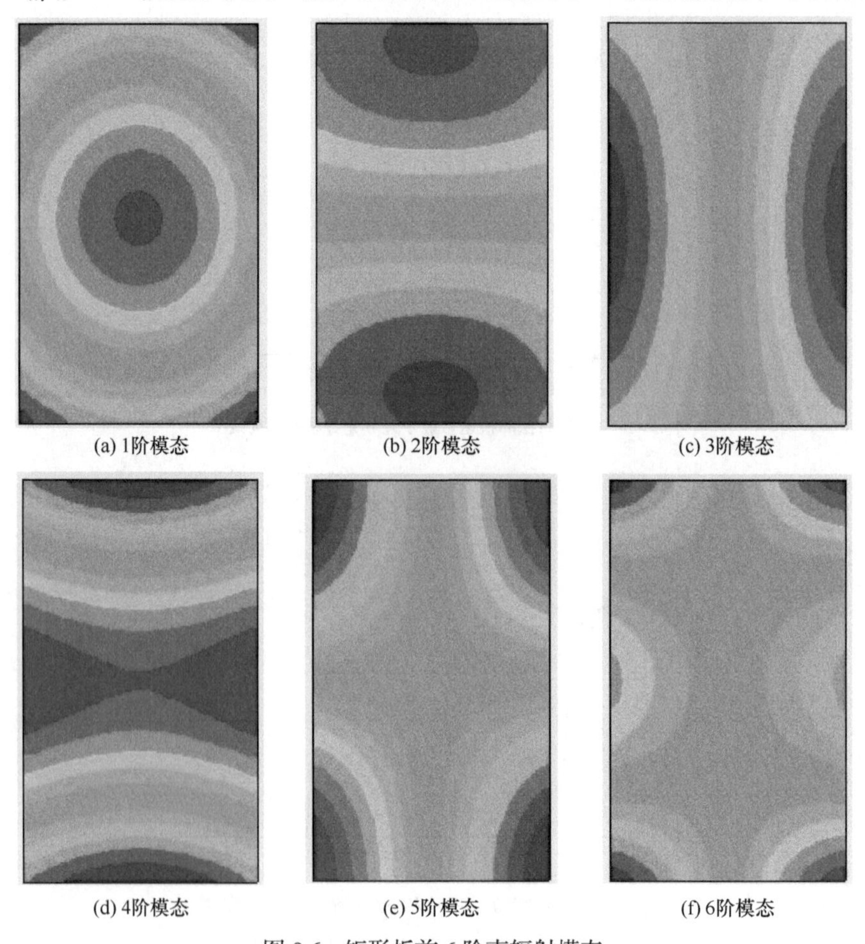

图 9.6　矩形板前 6 阶声辐射模态

这两种方法的计算结果基本一致，验证了基于快速多极子和特征值迭代求解器的辐射模态计算方法的正确性。

表 9.2　前 6 阶特征值及相对误差

辐射模态	特征值			特征向量相对误差
	FMBEM	Direct	相对误差	
1 阶	4.7978×10^{-2}	4.7978×10^{-2}	6.2528×10^{-9}	2.5208×10^{-7}
2 阶	3.0495×10^{-2}	3.0495×10^{-2}	1.6396×10^{-8}	7.4120×10^{-8}
3 阶	1.4138×10^{-2}	1.4138×10^{-2}	5.6583×10^{-8}	3.5601×10^{-7}
4 阶	5.6936×10^{-3}	5.6936×10^{-3}	1.1943×10^{-7}	7.0494×10^{-7}
5 阶	5.3770×10^{-3}	5.3770×10^{-3}	2.1201×10^{-7}	4.4989×10^{-7}
6 阶	6.9162×10^{-4}	6.9162×10^{-4}	1.0700×10^{-7}	1.1662×10^{-7}

同样使用矩形板，进一步验证算法的效率并考察内存使用情况。分析频率满足$ka=15$，离散单元数从 1000 到 75000 不等，如表 9.3 所示。求解前 15 个幅值最大的特征值及其特征向量，分别使用直接边界元方法及 Lapack 中的特征值求解器(BEM_Dir)、直接边界元方法和 IRAM 求解器(BEM_IRAM)以及快速多极子和 IRAM 求解器(FM_IRAM)。由于内存的限制，直接边界元方法只能计算单元数小于 11136 的模型。FM_IRAM 共迭代 31 次，完成了前 15 阶模态。图 9.7 给出了这三种方法的计算时间，内存使用量列于表 9.3 中。从图 9.7 和表 9.3 可以看出，采用快速多极子的迭代算法求解辐射模态具有较高的效率，且内存使用量较少，克服了传统边界元方法的缺点，可用于无限大障板上大规模结构声辐射模态的分析计算。

表 9.3　传统边界元方法和快速多极子界元的内存使用量(单位：MB)

单元数	传统边界元方法	快速多极子边界元方法
1044	8.32	3.60
2100	33.65	5.33
4130	130.13	9.14
6106	284.45	11.51
11136	946.13	22.76
21140	3109.6*	32.78
43930	14723*	77.24
75000	42915*	190.63

*表示估计的内存使用量。

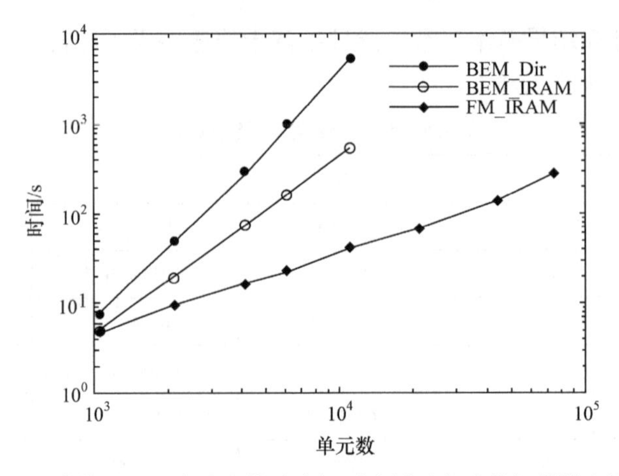

图 9.7　基于直接边界元方法和快速多极子边界元方法的辐射模态计算时间

9.5　三维结构的声辐射模态

由 9.3 节的分析可知，基于 Rayleigh 积分无限大障板结构的辐射算子为实对称的 Hermitian 阵，具有良好的数值特性。9.4 节的数值仿真验证了快速多极子和特征值迭代求解器相结合方法计算声辐射模态的正确性和高效性。但是，三维结构的辐射模态迭代求解存在困难。本节首先理论分析球体辐射模态，揭示三维结构辐射模态不适用迭代求解的原因。为了快速计算结构辐射的声功率，提出映射声辐射模态的概念，并基于映射声辐射模态发展一种简单的、具有解析形式的辐射声功率计算方法。

9.5.1　球体声辐射模态

球形结构具有较好的对称性，广泛应用于声学问题的理论分析，且具有解析的辐射模态。Helmholtz 微分方程在球坐标系下的特征解称为球函数基本解。如果时间项采用$\mathrm{e}^{-\mathrm{i}\omega t}$，那么对于外部声学问题，声压的球函数基本解表达式为

$$p_l^t(\boldsymbol{x}) = \mathrm{h}_l^{(1)}(kr_{\boldsymbol{x}})\mathrm{Y}_l^t(\theta,\phi), \quad l = 0,1,2,\cdots; t = -l,\cdots,l \tag{9.21}$$

其中，$r_{\boldsymbol{x}} = \|\boldsymbol{x}\|$；$\theta$和$\phi$为点$\boldsymbol{x}$在球坐标系下的极角；$\mathrm{h}_l^{(1)}$表示第一类$l$阶球 Hankel 函数，为了推导方便，舍去上标“(1)”；Y_l^t为归一化球谐和函数，即式(2.56)。式(9.21)的法向导数为

$$q_l^t(\boldsymbol{x}) = \frac{\partial}{\partial n(\boldsymbol{x})}p_l^t(\boldsymbol{x}) = \frac{\partial}{\partial n(\boldsymbol{x})}\mathrm{h}_l(kr_{\boldsymbol{x}})\mathrm{Y}_l^t(\theta,\phi) \tag{9.22}$$

实际上，p_l^t和q_l^t为一组求解对，即在三维结构表面上任意给定其中一个作为边界条件，则另一个为相应的解。

如图 9.8 所示，假设球形声源表面声压的级数展开式为

$$p(\boldsymbol{x}) = \sum_{l=0}^{\infty} \sum_{t=-l}^{l} \alpha_l^t \mathrm{h}_l(ka) \mathrm{Y}_l^t(\theta, \phi) \tag{9.23}$$

其中，α_l^t为基函数上的展开系数。根据$p_l^t(\boldsymbol{x})$和$q_l^t(\boldsymbol{x})$的对应关系，或直接对式(9.23)求法向导数，得到球表面声压法向导数为

$$q(\boldsymbol{x}) = \sum_{l=0}^{\infty} \sum_{t=-l}^{l} \alpha_l^t \frac{\partial}{\partial n(\boldsymbol{x})} \mathrm{h}_l(ka) \mathrm{Y}_l^t(\theta, \phi) \tag{9.24}$$

根据 Euler 方程与球谐和函数Y_l^t在球面上的正交性，声功率(9.1)可以表示为

$$\begin{aligned} W &= \frac{-1}{2\rho c} \mathrm{Re}\left[-\mathrm{i} \sum_{l=0}^{\infty} \sum_{t=-l}^{l} \sum_{n=0}^{\infty} \sum_{m=-n}^{n} \alpha_l^t (\alpha_n^m)^* \mathrm{h}_l(ka)\, \mathrm{h}_l'(ka)^* \delta_{ln} \delta_{tm} \right] \\ &= -\frac{a^2}{2\rho c} \sum_{l=0}^{\infty} \sum_{t=-l}^{l} \left| \alpha_l^t \right|^2 \mathrm{Im}[\mathrm{h}_l(ka) \mathrm{h}_l'(ka)^*] \end{aligned} \tag{9.25}$$

由式(9.25)可以看出，声功率中仅包含级数展开式的对角项元素。因此，式(9.22)具有正交性和完备性，是球表面上的一组辐射模态。为便于后续分析，不将球的辐射模态归一化。根据式(9.25)，则第l阶t次速度模态$q_l^t(\boldsymbol{x})/(\mathrm{i}k\rho c)$的辐射声功率为

$$W_l^t = -\frac{a^2}{2\rho c} \mathrm{Im}[\mathrm{h}_l(ka) \mathrm{h}_l'(ka)^*], \quad -l \leqslant t \leqslant l \tag{9.26}$$

可以看出球辐射模态的辐射声功率与次数无关，仅与阶数有关。进一步使用球 Bessel 函数的叉乘公式[162]，式(9.26)可以表示为

$$W_l^t = \frac{a^2}{2\rho c} [\mathrm{j}_l(ka) \mathrm{y}_{l-1}(ka) - \mathrm{j}_{l-1}(ka) \mathrm{y}_l(ka)] = \frac{1}{2\rho c k^2} \tag{9.27}$$

即球的各阶辐射模态的声功率均为常数，与阶数和次数均无关系，仅与声学媒质的特性及频率有关。

将式(9.27)代入式(9.10)，可得各阶辐射模态的辐射效率为

$$\sigma_l^t = \frac{1}{(ka)^2 \left| \mathrm{h}_l'(ka) \right|^2}, \quad -l \leqslant t \leqslant l \tag{9.28}$$

同样辐射效率与次数无关，仅与阶数有关。第l阶有$2l+1$个模态，具有相同的辐射效率，这就是三维结构声辐射模态的分组特性[244]。

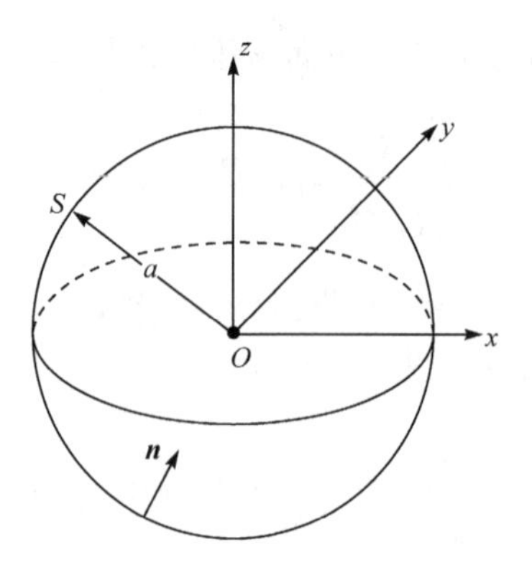

图 9.8　球形声源

虽然球 Hankel 函数是关于变量的无穷级数，但其导数绝对值的平方具有封闭形式的表达式。球 Hankel 函数的递推表达式为[162]

$$\mathrm{h}_l'(x) = \frac{1}{2l+1}[l\mathrm{h}_{l-1}(x) - (l+1)\mathrm{h}_{l+1}(x)] \tag{9.29}$$

其中，使用了公式$|\mathrm{h}_l'(x)|^2 = \mathrm{h}_l'(x)\mathrm{h}_l'(x)^*$和$\mathrm{h}_l(x) = \mathrm{j}_l(x) + \mathrm{i}\mathrm{y}_l(x)$。

第一类球 Bessel 函数和第二类球 Bessel 函数具有如下递推表达式：

$$\mathrm{j}_{l-1}(x) + \mathrm{j}_{l+1}(x) = (2l+1)x^{-1}\mathrm{j}_l(x) \tag{9.30}$$

$$\mathrm{y}_{l-1}(x) + \mathrm{y}_{l+1}(x) = (2l+1)x^{-1}\mathrm{y}_l(x) \tag{9.31}$$

对式(9.30)和式(9.31)两边平方并相加，得

$$\mathrm{f}(\mathrm{j},\mathrm{y}) = (2l+1)^2x^{-2}|\mathrm{h}_l(x)|^2 - |\mathrm{h}_{l-1}(x)|^2 - |\mathrm{h}_{l+1}(x)|^2 \tag{9.32}$$

其中，$\mathrm{f}(\mathrm{j},\mathrm{y})$表示$2[\mathrm{j}_{l-1}(x)\mathrm{j}_{l+1}(x) + \mathrm{y}_{l+1}(x)\mathrm{y}_{l-1}(x)]$。

将式(9.32)代入式(9.29)，得

$$|\mathrm{h}_l{}'(x)|^2 = a_{l-1}|\mathrm{h}_{l-1}(x)|^2 + b_{l+1}|\mathrm{h}_{l+1}(x)|^2 - \frac{c_l}{x^2}|\mathrm{h}_l(x)|^2 \tag{9.33}$$

其中系数为

$$\alpha_{l-1} = \frac{l}{2l+1} \tag{9.34}$$

$$b_{l+1} = \frac{l+1}{2l+1} \tag{9.35}$$

$$c_l = l(l+1) \tag{9.36}$$

根据文献[162]中的式(10.1.26)和式(10.2.27)，可以得到球 Hankel 函数模平方

$|\mathrm{h}_l(x)|^2$的封闭表达式为

$$|\mathrm{h}_l(x)|^2 = \mathrm{j}_l{}^2(x) + \mathrm{y}_l{}^2(x) = \frac{1}{x^2}\sum_{k=0}^{l}\frac{(2l-k)!\,(2l-2k)!}{k!\,[(l-\mathrm{k})!]^2}(2x)^{2k-2l} \tag{9.37}$$

将式(9.37)代入式(9.33)，从而可得球 Hankel 函数导数绝对值平方的封闭表达式。$|\mathrm{h}_l{}'(x)|^2$的前 3 阶表达式为

$$|\mathrm{h}_0{}'(x)|^2 = x^{-4} + x^{-2} \tag{9.38}$$

$$|\mathrm{h}_1{}'(x)|^2 = 4x^{-6} + x^{-2} \tag{9.39}$$

$$|\mathrm{h}_2{}'(x)|^2 = 81x^{-8} + 9x^{-6} - 2x^{-4} + x^{-2} \tag{9.40}$$

根据$|\mathrm{h}_l{}'(x)|$的封闭表达式，辐射效率可以写为

$$\sigma_l^t = \frac{1}{(ka)^2\alpha_{l-1}|\mathrm{h}_{l-1}(ka)|^2 + (ka)^2 b_{l+1}|\mathrm{h}_{l+1}(ka)|^2 - c_l|\mathrm{h}_l(x)|^2} \tag{9.41}$$

参考式(9.34)～式(9.36)，球体前 3 阶辐射模态辐射效率的显式解析表达式为

$$\sigma_0^t = \frac{(ka)^2}{1+(ka)^2},\quad t=0 \tag{9.42}$$

$$\sigma_1^t = \frac{(ka)^4}{4+(ka)^4},\quad t=-1,0,1 \tag{9.43}$$

$$\sigma_2^t = \frac{(ka)^6}{81+9(ka)^2-2(ka)^4+(ka)^6},\quad t=-2,-1,0,1,2 \tag{9.44}$$

在低频情况下，即$ka \to 0$时，辐射效率正比于$(ka)^{2l+2}$，这与文献[244]中的描述相同。因此，在低频情况下，辐射效率随阶数的增加衰减很快，仅需少数几阶辐射模态就能很好地近似辐射声功率。对于高频情况，即$ka \to \infty$时，可以获得声辐射效率的极限表达式，即

$$\lim_{ka\to\infty}\sigma_l^t = \lim_{ka\to\infty}\frac{(ka)^{2l+2}}{f_{<l}((ka)^2) + (ka)^{2l+2}} = 1 \tag{9.45}$$

其中，$f_{<l}(x^2)$是关于变量x^2的阶数小于l的多项式。根据式(9.27)和式(9.45)，可以得到如下规律：频率越高，球体辐射模态的辐射能量越低，但辐射效率越高。

9.5.2　映射声辐射模态

根据球体声辐射模态的理论分析，三维结构的辐射模态具有分组特性，且辐射模态的辐射效率正比于辐射算子的特征值，即式(9.11)。因此，三维结构的辐射算子是非

对称的满阵，特征值的分组特性会导致迭代求解收敛于局部解，不利于迭代求解。

如材料属性、内部结构等不改变外形的大规模结构-声学优化问题，往往需要在相同结构表面上重复计算辐射声功率。虽然快速多极子边界元方法提供了一种快速有效的计算方法，但每次边界条件改变后，都需要重复计算且迭代次数基本相同。另外，由于优化过程的迭代次数非常多，即使采用快速多极子边界元方法加速计算，优化计算量也很难让人接受。

基于辐射模态的声功率计算具有计算效率高的特点，但是一般三维结构的声辐射模态很难通过数值方法得到，特别是大规模声学问题。为了快速精确地计算振动结构的辐射声功率，本节提出一种表面上非正交、但相互独立的速度分布，即映射声辐射模态。映射声辐射模态从等效源方法[249]、边界积分方程及多极子展开式[96]推导而来，具有严格的理论基础。

根据等效源理论，任意振动结构的辐射声场可由一个内部球形声源等效。如图 9.9 所示，图中虚线表示的球形即假设的等效球源。显然，球形声源的表面边界条件可以通过级数展开为球函数基本解。值得注意的是，这里使用的等效源方法不同于 Koopmann 等提出的等效源理论[249](又称波叠加方法)。文献[249]中采用内部等效源的单层势和双层势的体积分来等效外部声场，而本书采用边界积分方程构造映射声辐射模态。

根据式(9.23)和式(9.24)的关系，假设内部的等效球源以它的第l阶t次辐射模态振动，即球表面的声压及其法向梯度为分别为p_l^t和q_l^t。如图 9.9 所示，由于球表面的法向与半径方向相反，则球 Hankel 函数的法向导数可表示为$\partial\,\mathrm{h}_l(kr_{\boldsymbol{x}})/\partial n(\boldsymbol{x}) = -k\mathrm{h}_l{}'(kr_{\boldsymbol{x}})$，其中“′”表示对宗量$kr_{\boldsymbol{x}}$求导。将 Green 函数进行多极子展开为

$$G(\boldsymbol{x},\boldsymbol{y}) = \mathrm{i}k\sum_{n=0}^{\infty}\sum_{m=-n}^{n} p_n^m(k,\boldsymbol{x})\,R_n^{-m}(k,\boldsymbol{y}),\quad \|\boldsymbol{y}\| < \|\boldsymbol{x}\| \tag{9.46}$$

其中，$R_n^m(k,\boldsymbol{y})$为内部声学问题在球坐标系下的基本解，即式(2.70)。表面 S 上$\boldsymbol{x}$点处的声压可由边界积分方程(9.3)表示为

$$p(\boldsymbol{x}) = \mathrm{i}k^2\sum_{n=0}^{\infty}\sum_{m=-n}^{n} p_n^m(k,\boldsymbol{x})\int_{S_o}\gamma_l \mathrm{Y}_n^{-m}(\theta,\phi)\mathrm{Y}_l^t(\theta,\phi)\,\mathrm{d}S(\boldsymbol{y}) \tag{9.47}$$

其中

$$\gamma_l = [\mathrm{j}_l{}'(ka)\mathrm{h}_l(ka) - \mathrm{h}_l{}'(ka)\mathrm{j}_l(ka)] \tag{9.48}$$

利用球谐和函数的正交性，式(9.47)可以表示成更紧凑的形式，即

$$p(\boldsymbol{x}) = \mathrm{i}(ka)^2\gamma_l p_l^t(k,\boldsymbol{x}) \tag{9.49}$$

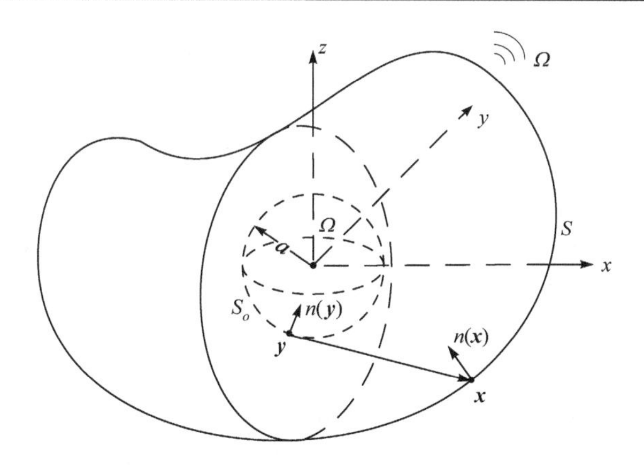

图 9.9　振动结构及内部等效源

将球 Hankel 函数展开为$\mathrm{h}_l = \mathrm{j}_l + \mathrm{i}\mathrm{y}_l$，并利用球 Bessel 的导数关系$l\mathrm{f}_l(z)/z - \mathrm{f}_{l+1}(z) = \mathrm{f}_l{}'(z)$，其中$\mathrm{f}_l$表示$\mathrm{j}_l$或$\mathrm{y}_l$，则式(9.48)变为

$$\mathrm{i}\gamma_l = \mathrm{j}_{l+1}(ka)\mathrm{y}_l(ka) - \mathrm{j}_l(ka)\mathrm{y}_{l+1}(ka) \tag{9.50}$$

利用球 Bessel 函数的叉乘公式[162]，可知$\mathrm{i}\gamma_l = (ka)^{-2}$，从而式(9.48)可表示为

$$p(\boldsymbol{x}) = p_l^t(k, \boldsymbol{x}) \tag{9.51}$$

同理，可以得到声压梯度的表达式为$q(\boldsymbol{x}) = \partial p_l^t(\boldsymbol{x})/\partial n(\boldsymbol{x})$。这表明如果内部球源以其辐射模态振动，则在任意包含球源的封闭面上，其声压及其法向导数与内部球源具有相同的表达式，即球基本函数。反之，如果结构表面法向振速为球函数基本解的法向导数，则内部同心球形声源按照同阶辐射模态振动，可产生与振动结构相同的辐射声场。这种从等效球形表面辐射模态投影到结构表面的速度分布称为映射声辐射模态。

9.5.3　基于映射声辐射模态的声功率

一旦得到足够阶数的映射声辐射模态，就可以很容易基于映射声辐射模态计算不同表面速度分布下的辐射声功率。根据结构表面与内部球形声源的映射关系，可以得到映射声辐射模态辐射声功率的解析表达式[250]。

映射声辐射模态虽不能对角化结构的辐射算子，但在结构表面构成一组完备独立的基，可采用 Gram-Schmidt 进行正交化。为了便于推导，将映射声辐射模态重新表示为

$$v_n(\boldsymbol{x}) = q_l^t(\boldsymbol{x})/(\mathrm{i}k\rho c) \tag{9.52}$$

其中，下标定义为$n = l^2 + l + t + 1$；$l = 0,1,\cdots$；$t = -l,\cdots,0,\cdots,l$。Gram-Schmidt

正交化的过程如下：

$$\boldsymbol{r}_n = \boldsymbol{v}_n - \sum_{m=1}^{n-1} \langle \boldsymbol{v}_n, \boldsymbol{e}_m \rangle \boldsymbol{e}_m, \quad n = 1,2,\cdots,L^2 \tag{9.53}$$

其中，归一化的列向量定义为$\boldsymbol{e}_m = \boldsymbol{r}_m/\|\boldsymbol{r}_m\|$，$\boldsymbol{v}_n$是辐射模态$v_n(\boldsymbol{x})$的离散向量表达式，最大的模态阶数为 L–1，内积定义为$\langle \boldsymbol{v}_n, \boldsymbol{e}_m \rangle = \boldsymbol{e}_m{}^* \boldsymbol{\Lambda}_s \boldsymbol{v}_n$。式(9.53)的矩阵形式为

$$\boldsymbol{EA} = \boldsymbol{V\Lambda} \tag{9.54}$$

其中，$\boldsymbol{E}$是由向量$\boldsymbol{e}_n$组成的酉阵；$\boldsymbol{V} = [\boldsymbol{v}_1, \boldsymbol{v}_2, \cdots, \boldsymbol{v}_{L^2}]$；$\boldsymbol{\Lambda}$为一对角阵，其对角元素为$\Lambda_{nn} = 1/\|\boldsymbol{r}_n\|$；$\boldsymbol{A}$为上三角阵，其对角元素为 1，非对角元素为$a_{mn} = \Lambda_{nn}\langle \boldsymbol{v}_n, \boldsymbol{e}_m \rangle$。定义上三角阵$\boldsymbol{U} = \boldsymbol{\Lambda A}^{-}$，从而$\boldsymbol{E} = \boldsymbol{VU}$。值得注意的是，传统的 Gram-Schmidt 正交化过程中具有数值不稳定性，经过几次正交化后向量$\boldsymbol{e}_n$的正交性会变差。修正的 Gram-Schmidt 正交化通过改变计算顺序，可以克服传统算法的不稳定性，提高正交化的精度。

一旦完成正交化得到矩阵 $\boldsymbol{E}$ 后，表面上任意给定的速度$\boldsymbol{v}$可以展开为

$$\boldsymbol{v} = \sum_{n=1}^{L^2} \lambda_n \boldsymbol{e}_n \tag{9.55}$$

其中，$\lambda_n = \langle \boldsymbol{v}, \boldsymbol{e}_n \rangle$。另外，正交基$\boldsymbol{e}_n$实际上是映射声辐射模态的线性组合，将$\boldsymbol{E} = \boldsymbol{VU}$代入式(9.55)，得

$$\boldsymbol{v} = \sum_{n=1}^{L^2} \beta_n \boldsymbol{v}_n \tag{9.56}$$

其中，β_n为模态参与系数，假设三角阵$\boldsymbol{U}$的元素为u_{nm}，则β_n可进一步表示为

$$\beta_n = \sum_{m=n}^{L^2} u_{nm} \lambda_m \tag{9.57}$$

相应地，振动结构表面的声压可以表示为

$$\boldsymbol{p} = \sum_{n=1}^{L^2} \beta_n \boldsymbol{p}_n \tag{9.58}$$

其中，$\boldsymbol{p}_n$是映射模态$\boldsymbol{v}_n$的求解对。

由式(9.58)、式(9.56)及式(9.5)可知，基于映射声辐射模态的辐射声功率为

$$W = \mathrm{Re}\left[\sum_{n=1}^{L^2}\sum_{m=1}^{L^2}\beta_n{}^*\beta_m w_{nm}\right] \tag{9.59}$$

其中，w_{nm}为交叉声功率，其表达式为

$$w_{nm} = -\frac{1}{2}\boldsymbol{v}_n{}^*\boldsymbol{\Lambda}_s\boldsymbol{p}_m \tag{9.60}$$

因此，一旦辐射模态的交叉声功率、正交归一化模态$\boldsymbol{E}$和上三角阵$\boldsymbol{U}$被预先计算并存储下来，则任意给定表面速度分布下的辐射声功率计算，就会变得非常方便和快捷。

由声功率的定义可知，任意包含振动结构的封闭面上计算得到的声功率与振动结构表面计算得到的声功率是相等的，根据等效球源和振动结构之间的映射关系，可以得到结构在映射声辐射模态下的辐射声功率表达式为

$$W = -\frac{1}{2}\mathrm{Re}\int_S p_n(\boldsymbol{x})v_n(\boldsymbol{x})^*\mathrm{d}s(\boldsymbol{x}) = \frac{1}{2\rho ck^2} \tag{9.61}$$

这说明，无论结构体形状如何，只要以它的映射模态振动，其辐射声功率就为常数。但是，无法得到相应声辐射效率的解析表达式。进一步，可以将振动结构的速度全部映射到内部等效球源上，即结构各阶映射声辐射模态以强度β_n振动，则其内部等效球源的同阶辐射模态以相同的强度β_n振动。根据能量守恒关系及球体辐射模态的正交性，基于映射声辐射模态的辐射声功率的简单表达式为

$$W = \frac{1}{2\rho ck^2}\sum_{n=1}^{L^2}|\beta_n|^2 \tag{9.62}$$

式(9.62)并不是结构辐射声功率的近似，在β_n给定的情况下，它是结构辐射声功率的精确解析表达式。比较式(9.62)及式(9.59)，并利用结构映射声辐射模态声功率的解析表达式(9.27)，可以得到如下推论：

$$\mathrm{Re}\left[\sum_{n=1}^{L^2}\sum_{m=1}^{L^2,m\neq n}\beta_n{}^*\beta_m w_{nm}\right] = 0 \tag{9.63}$$

即$m \neq n$的交叉辐射声功率之和对结构的总体辐射声功率没有贡献。

9.6　基于映射声辐射模态的数值算例

本节首先验证任意结构的映射声辐射模态的性质，它是辐射声功率计算的基础；随后分别采用映射声辐射模态方法和快速多极子边界元方法计算几个不规则

模型在一定速度分布下的声辐射功率，并比较两种算法的计算效率和准确性。

声学媒质为空气，其声速为340m/s，密度为1.25kg/m^3。快速多极子边界元方法中，叶子栅格中最多允许包含的单元数为 20，使用 GMRES 迭代求解器，求解误差设为10^{-4}。所有算例均使用 FORTRAN 95 编写，在英特尔酷睿 2(计算中只使用一个核)、主频 2.9GHz、内存 6GB 的计算机上完成。

9.6.1　理论的数值验证

据 9.5.3 节的理论分析，若辐射模态参与因子已知，理论上，式(9.59)和式(9.62)计算的声功率应该是相等的。数值分析图 9.10 所示的三个模型，以验证理论的正确性。模型分别是正六面体、两端半球形的圆柱体及正四面体，其中尺寸a统一设定为 1m。

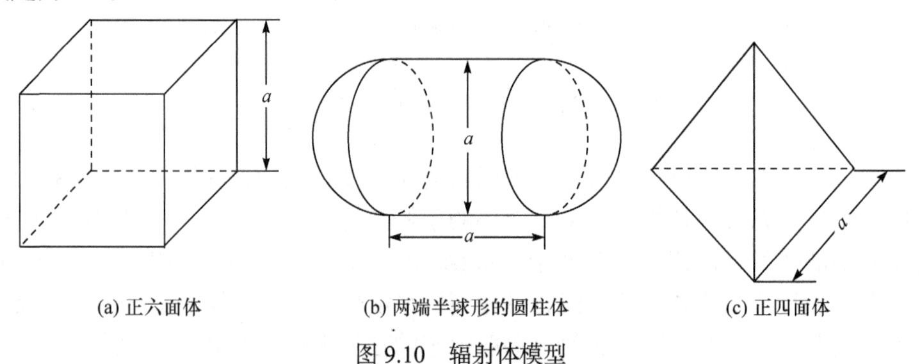

图 9.10　辐射体模型

三个模型分别离散成 43868、40408 和 45348 个三角形常数单元。使用两种数值积分方法计算声功率：一种假设单元为常数单元，即单元上的物理量均为常数，交叉声功率计算时，解析声压和声压梯度均取为单元中心点处的值；另外一种方法是在单元上使用 Gauss 积分计算交叉声功率，即

$$w_{nm} = -\frac{1}{2}\sum_{j=1}^{N}\sum_{i=1}^{N_g} g_i v_n(\boldsymbol{x}_{i,j})^* p_m(\boldsymbol{x}_{i,j}) \tag{9.64}$$

其中，N_g为 Gauss 积分点数；g_i为第i个积分点上的加权值；$\boldsymbol{x}_{i,j}$为第j个单元上的第i个积分点，见表 3.3。这两种方法分别称为基于常数单元的声功率计算方法和基于解析线性单元的声功率计算方法。同时使用两种单元类型计算声功率，是为了验证单元类型对计算精度的影响。分析频率ka从 1 增加到 20，各阶模态的参与因子指定为$\beta_l = (1+\mathrm{i})10^{-0.25l}$，在第$l$阶中有$2l+1$个映射声辐射模态。最大阶数设定为$L = ka/4 + 3\lg(ka/4+\pi)$。

图 9.11 给出了两种方法计算所得辐射声功率关于解析解的相对误差。可以看出，使用解析线性单元计算所得的声功率与解析声功率结果的相对误差非常小，

可视为相等。对于这三种模型，两种方法的计算结果是一致的，说明了解析声功

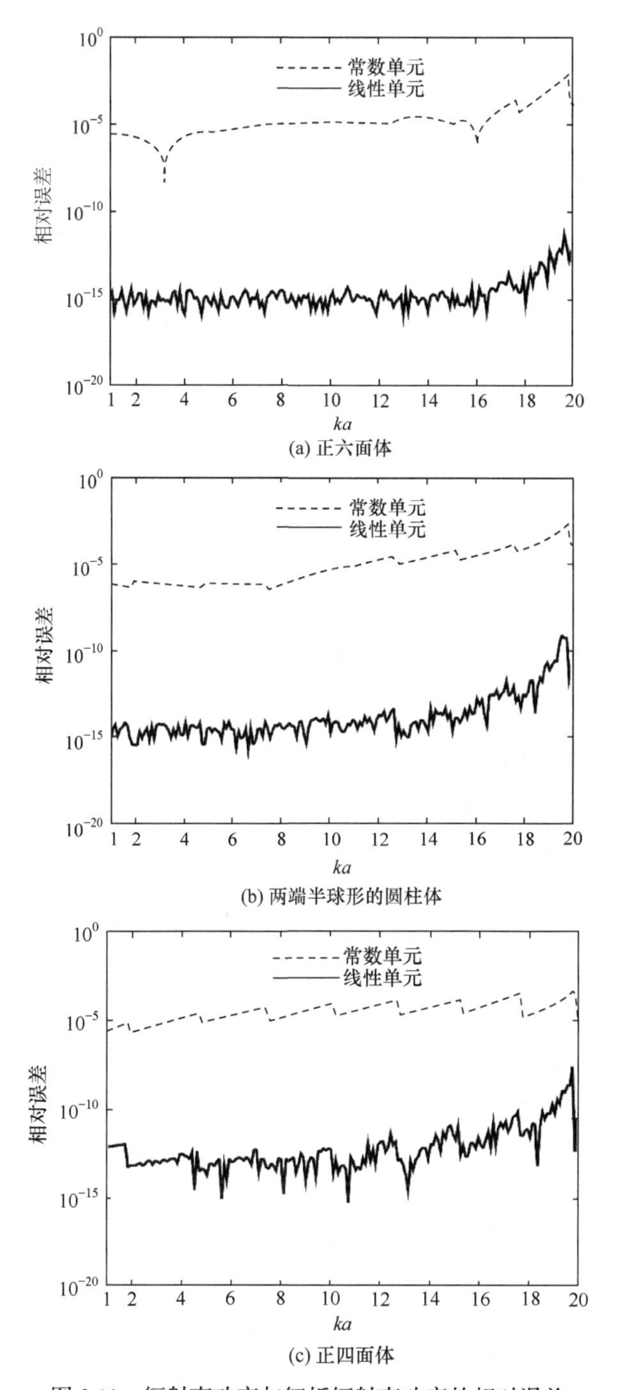

(a) 正六面体

(b) 两端半球形的圆柱体

(c) 正四面体

图 9.11　辐射声功率与解析辐射声功率的相对误差

率理论的正确性。基于解析线性单元的方法，当ka较大时，具有较高的计算相对误差，主要是由离散单元数目不够引起的，可以通过网格细化得到较好的计算结果。采用常数单元的计算结果较采用解析线性单元的差很多，但对于这三个模型与其解析声辐射功率的相对误差仍在10^{-4}量级上，完全满足工程问题的精度要求。

9.6.2　基于映射模态的辐射声功率

在辐射模态参与因子已知的情况下，使用式(9.62)计算声功率时避免了交叉声功率的计算，且使用了映射声辐射模态的解析表达式，因而其计算效率和精度优于式(9.59)的计算结果。采用式(9.62)计算辐射声功率的困难在于，如何精确地得到任意结构表面的映射声辐射模态参与因子。映射声辐射模态本质上是球函数基本函数，因此对于类似球形的振动体具有更好的拟合效果。

采用基于映射声辐射模态的方法(MARM)来计算两种模型给定表面速度的辐射声功率。同时，使用快速多极子边界元方法计算表面声压，由式(9.5)计算辐射声功率，并作为参考值验证 MARM 的正确性。一个为正六面体，另一个为长方体，其在x和y方向的尺寸相同，z方向的尺寸为x方向的 1/2。两种模型在z方向的尺寸均用a表示。图 9.12 和图 9.13 给出了两种模型利用有限元软件计算所得的表面速度。两种模型的声功率计算结果分别列于表 9.4 和表 9.5 中，参考声功率为10^{-12}W，表中 FMBEM 对应的数据是利用快速多极子边界元方法计算的结果。

图 9.12　正六面体在 ka=12.6 的谐响应(表面离散成 10800 个三角形单元)

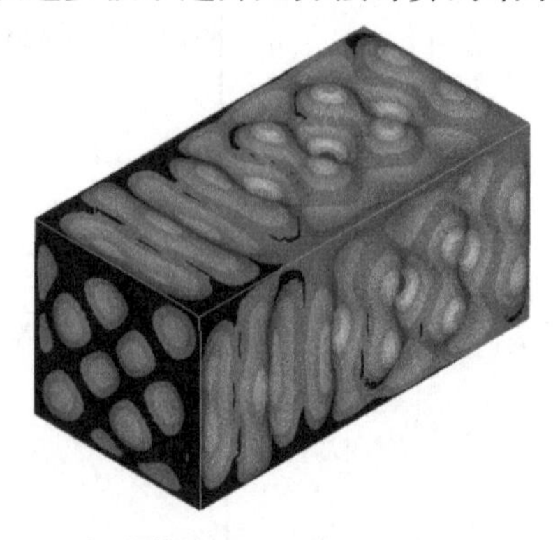

图 9.13　长方体在 ka=12.6 的谐响应(表面离散成 22044 个三角形单元)

表 9.4　正六面体模型辐射声功率的计算结果

模态参与阶数L	声功率/W	声功率级/dB	时间/s
1	6.531×10^{-8}	4.815×10^{1}	1.560×10^{-2}
2	7.974×10^{-8}	4.902×10^{1}	3.120×10^{-2}
3	8.390×10^{-8}	4.924×10^{1}	7.800×10^{-2}
4	1.946×10^{-7}	5.289×10^{1}	1.092×10^{-1}

续表

模态参与阶数L	声功率/W	声功率级/dB	时间/s
5	1.965×10^{-7}	5.293×10^{1}	1.560×10^{-1}
6	2.112×10^{-7}	5.325×10^{1}	2.340×10^{-1}
7	2.350×10^{-7}	5.371×10^{1}	3.744×10^{-1}
8	2.406×10^{-7}	5.381×10^{1}	4.680×10^{-1}
9	2.432×10^{-7}	5.386×10^{1}	6.396×10^{-1}
10	2.450×10^{-7}	5.389×10^{1}	8.268×10^{-1}
FMBEM	2.617×10^{-7}	5.418×10^{1}	3.944×10^{1}

表 9.5　长方体模型辐射声功率的计算结果

模态参与阶数L	声功率/W	声功率级/dB	时间/s
2	3.736×10^{-7}	5.572×10^{1}	7.800×10^{-2}
4	4.950×10^{-7}	5.695×10^{1}	2.184×10^{-1}
6	5.513×10^{-7}	5.741×10^{1}	4.836×10^{-1}
8	5.887×10^{-7}	5.770×10^{1}	9.360×10^{-1}
10	5.816×10^{-7}	5.765×10^{1}	1.732×10^{0}
12	5.939×10^{-7}	5.774×10^{1}	2.933×10^{0}
14	6.015×10^{-7}	5.779×10^{1}	5.054×10^{0}
16	6.133×10^{-7}	5.788×10^{1}	7.909×10^{0}
18	6.241×10^{-7}	5.795×10^{1}	1.179×10^{1}
20	6.384×10^{-7}	5.805×10^{1}	1.661×10^{1}
FMBEM	6.969×10^{-7}	5.843×10^{1}	4.366×10^{1}

由表 9.4 和表 9.5 可以看出，在相同的误差水平下，基于映射模态的声功率计算方法在正六面体上需要较少的辐射模态，而长方体需要较多的辐射模态。这主要因为模型越趋近球形，表面速度拟合所需的模态数就越少。同时，表明了基于映射声辐射模态的方法可以很好地计算具有棱角模型的辐射声功率。如果采用工程中广泛使用的声功率级来衡量方法的正确性，则相同的误差下，所需的映射辐射模态数可以更少。理论上，随着模态参与数的增加，最终的计算结果应收敛于精确解。

为此，使用更多的模态数计算辐射声功率。对于正六面体模型，当使用 45 阶模态时，基于映射模态的声功率计算值为2.598×10^{-7}W，与快速多极子边界元方法计算结果的相对误差仅为7.26×10^{-3}W。对于长方体模型，当使用 70 阶模态时，基于映射模态的声功率计算值为6.854×10^{-7}W，与快速多极子边界元方法计算结果的相对误差为1.65×10^{-2}。基于映射声辐射模态的声功率方法分别耗时 233s 和 1084s 完成了两种模型声功率的计算，且大部分时间用于映射声辐射模态的计算，比使用快速多极子边界元方法直接计算声功率的时间要长。但是，如果预先计算并存储了映射声辐射模态，则基于映射声辐射模态的计算方法的效率要远高于快速多极子边界元方法直接计算的效率。

9.6.3　压缩机辐射声功率计算

本节采用映射声辐射模态计算实际辐射源——压缩机壳体的辐射声功率。如图 9.14 所示，压缩机在x、y和z方向的尺寸分别为0.17m、0.16m 和 0.14m。压缩机谐响应的激励位置和大小由实际模型的大量实验数据决定。分析中考虑了阻尼的影响，所以谐响应的仿真结果为复数。综合考虑时间效率和计算精度，压缩机表面离散成 8394 个三角形单元。

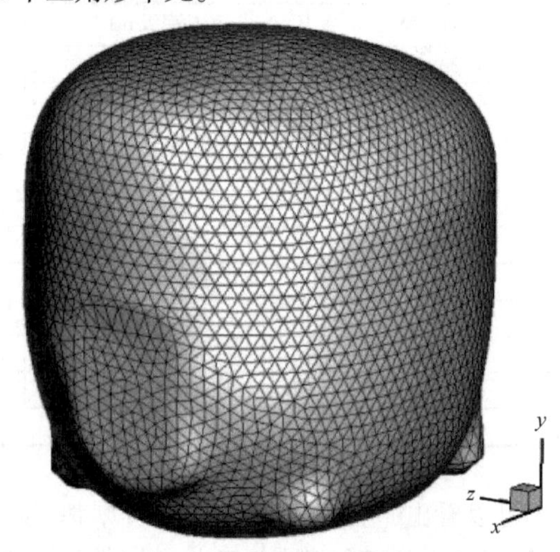

图 9.14　压缩机壳体离散模型

分析频率从 360Hz 到 10000Hz 共 483 步。在满足给定相对误差时，图 9.15 给出了不同频率下所使用的最大映射声辐射模态的数目。MARM 共耗时 1327s 计算完所有频率的辐射声功率，且绝大部分时间用于映射声辐射模态的生成及其正交化。如果所有映射声辐射模态及其正交化过程已经预先计算完成，则 MARM 计算完所有频率的辐射声功率仅耗时 9.5s，而快速多极子边界元方法(FMBEM)计算完成所有 483 步的声功率共耗时 20.5h，远远大于 MARM 的计算时间。图 9.16 对比了两种方法计算的辐射声功率级。以快速多极子边界元方法计算的结果作为基准，图 9.17 给出了使用 MARM 计算的声功率级与快速多极子边界元方法计算的声功率级的相对误差。从图中可以看出，这两种方法的计算结果具有非常好的一致性，可以认为是相同的。这表明，MARM 可以在较宽频段范围内完成类球形结构辐射声功率的快速、精确计算。

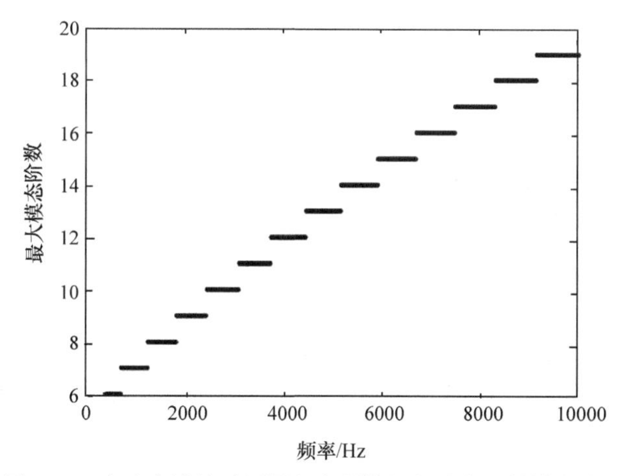

图 9.15　声功率计算时不同频率所使用的最大映射模态阶数

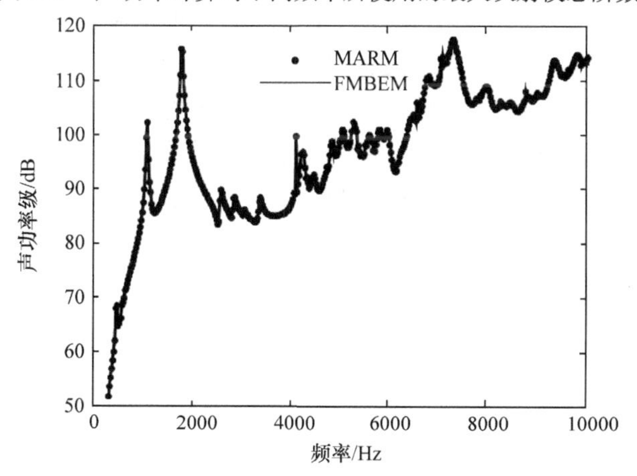

图 9.16　用 MARM 和 FMBEM 计算的不同频率的辐射声功率级

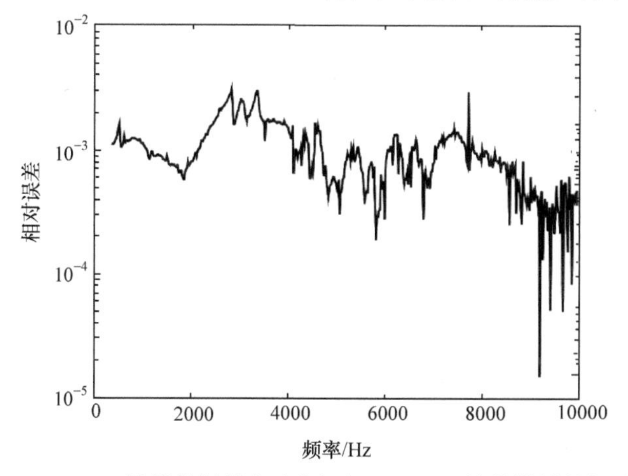

图 9.17　MARM 计算的辐射声功率级与 FMBEM 计算结果的相对误差

9.7 小　　结

本章介绍了一种基于快速多极子边界元方法和迭代特征值求解器的辐射模态计算方法，用于无限大障板上大规模结构辐射模态的快速、精确计算；用四叉树结构代替传统的八叉树结构，提高了辐射算子与向量乘积计算的效率。

本章基于非归一化球体辐射模态，推导了球形结构辐射模态的声功率解析表达式与球体辐射模态的辐射效率封闭表达式。理论研究发现，球体辐射模态的辐射声功率与模态的阶数、次数及半径均无关，仅与声学媒质的声速、密度及分析频率有关。

一般三维结构，因辐射模态具有分组特性，迭代法求解辐射算子的特征值存在不收敛的问题。本章基于等效源法、多极子展开理论和边界积分方程，建立了具有解析形式的映射声辐射模态。在任意结构表面，映射声辐射模态是一组独立、完备但非正交的速度分布模式，通过 Gram-Schmidt 正交化可用于表面速度的快速分解。本章基于等效源法，推导了结构映射声辐射模态的解析辐射声功率，并发展了一种基于映射声辐射模态解析表达式的快速、精确辐射声功率计算公式，用数值算例验证了理论的正确性。

第 10 章　基于边界元方法的声学优化设计

10.1　引　　言

低噪声产品设计在工程中日益受到重视，但也具有很大难度，通常涉及多体或多场的耦合分析。在中低频段的结构声学辐射优化中，一般采用有限元方法、边界元方法等数值分析方法。产品的声学优化设计主要是采用适当的优化算法，以声学设计量(设计域内某点声压或结构辐射总声能等)为目标函数，获取结构参数(如壁板厚度、阻尼大小、加强筋位置、梁截面积等)、材料属性或拓扑形状等设计要素的优化方案。

优化算法中声学目标函数的计算有两类典型形式：一类是根据设计变量直接计算目标函数；另一类需要计算目标函数关于设计变量的导数。不需要目标函数导数的优化算法，单次迭代计算效率高，但由于搜索效率不高，可能需要较多的迭代次数。相反，需要目标函数导数的优化算法，单次迭代效率较低，但总体迭代次数较少。基于声学灵敏度的声学辐射分析是一种需要计算目标函数关于设计变量导数的优化。声学灵敏度是结构设计参数的单位变化引起的目标函数或约束条件变化量，在数学上即辐射声学量关于设计变量的导数。工程产品的声学灵敏度设计，是通过预先计算产品振动产生的声学量关于各种设计变量的导数，进而对产品的各种设计参数进行分析，找到对产品声学性能影响最大的设计参数，并对其进行优化，使产品声学性能满足预期值。

外部问题的结构声学优化一般采用边界元方法计算相关声学物理量。然而，传统边界元方法在内存和计算效率上的缺点大大阻碍了结构声学优化的能力，特别是优化算法需要多次迭代求解，计算量非常大[251]。为了实现结构整体声学性能的优化设计，目标函数计算采用基于映射声辐射模态理论或快速多极子边界元方法，以提高声学物理量的计算效率。

本章对压缩机壳体和水下航行器模型，以辐射声功率最小为目标，开展结构声学优化仿真。模型振动响应采用有限元方法计算，由于压缩机壳体的形状规则，采用映射声辐射模态理论计算目标函数声功率[250]，采用快速多极子边界元方法计算具有复杂结构的水下航行器的辐射声功率。

10.2　压缩机壳体优化

10.2.1　压缩机壳体的有限元模型

冰箱压缩机的三维模型如图 10.1(a)所示，在有限元建模和仿真计算中，在不影响计算精度的前提下，可以合理简化压缩机的实体模型：①略去对压缩机结构响应影响不大的微小部分，如倒角、工艺孔、小尺寸的圆角等特征；②将螺栓和焊点等效成固定连接；③在有限元模型中，壳体和机脚采用壳单元模拟。

(a) 三维模型

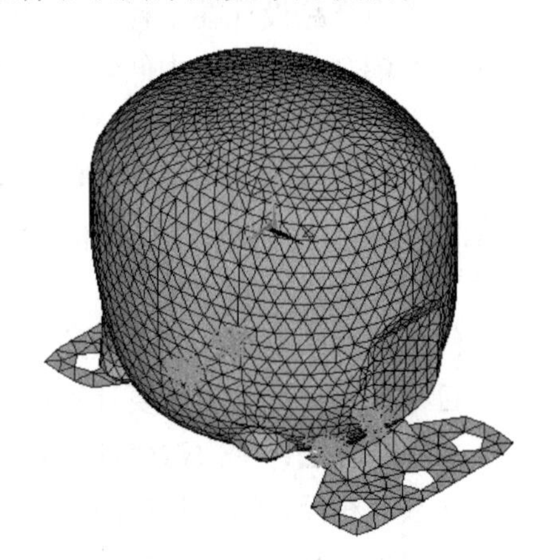

(b) 有限元模型

图 10.1　冰箱压缩机模型

压缩机的机脚和壳体通过四个焊点焊接在一起，采用壳单元模型划分网格，将其离散成 8394 个三角形单元。外壳和机脚单元的初始厚度为 2.5mm，材料为钢，力学特性为：密度$\rho_0 = 7850\text{kg/m}^3$，弹性模量$E_0 = 206\text{GPa}$，泊松比$\nu = 0.3$。

压缩机的有限元模型采用刚性区域模拟壳体与机脚的连接，如图 10.1(b)所示。测试时压缩机放置在橡胶垫上，四个机脚圆孔的相对位移并没有受到约束，为模拟该条件，在有限元模型中仅约束一个机脚圆孔位置处的所有自由度。

压缩机具有吸排气的间歇性和周期性变化，会激起壳内气体脉动，产生随时间变化的激励力，引起壳体的振动。同时，压缩机的吸排气口由于脉动气流的存在，会形成单极子或多极子形式的声载荷，从而引发壳体的振动。为了模拟此种声激励状态，本节建立了壳体内部气体声场的有限元模型，如图 10.2 所示。为模拟压缩机的内部机芯，在壳体内部建立一个立方体和部分圆柱体的组合壳体，其体积与实际内部机芯体积相等。在外壳及内部壳体之间，建立流体单元，模拟压缩机的内部流场(图中深灰色部分)。流体参数为：温度$T = 55$℃、密度$\rho =$

$2.725\mathrm{kg/m^3}$，内部冷却媒质的声速$c = 200\mathrm{m/s}$。为了模拟实际壳体中的声激励，在内部壳体表面黑色圆形部分(实际压缩机进气口的对应位置)施加法向位移激励，幅值为 0.01mm，内部壳体其余部分法向位移固定。

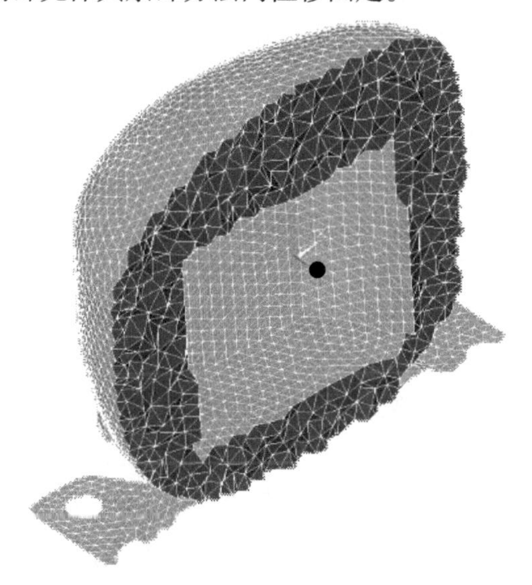

图 10.2　包含壳内流场的压缩机壳体的有限元模型剖面图

10.2.2　拓扑声学灵敏度及设计变量

声学灵敏度是声学目标函数关于设计变量的导数，声学灵敏度的计算有多种形式，本书采用简单易行的全局有限差分法。

采用压缩机壳体表面局部加筋的方法，改变壳体的刚度分布，影响表面的速度和声源分布，减少壳体振动辐射声功率。优化中，结构加筋板的材料与结构本身的材料相同，筋板的厚度已知，宽度为有限元模型中 1～2 个单元的长度。拓扑声学灵敏度分析的目的是寻找结构加筋提高局部刚度的最优位置。局部刚度和局部的弹性模量、厚度、泊松比等参数是有紧密联系的，因此通过改变局部单元弹性模量的方法可提高局部刚度。

设计变量为压缩机外壳每个单元的弹性模量E，目标函数$\varPi_a$关于弹性模量 E 的灵敏度，即一阶向前有限差分表示为

$$\left.\frac{\partial \varPi_a}{\partial E}\right|_{E=E_0} = \frac{\varPi_a(E_0 + \Delta E) - \varPi_a(E_0)}{\Delta E} \tag{10.1}$$

式中，ΔE为模型加筋后弹性模量的改变量。实际操作时，通过在壳体表面焊接厚度为 2mm、直径为 10mm 的半圆形钢管来达到增加局部刚度的目的。有限元分析表明，加筋单元的弹性模量增量为$\Delta E = 6E_0$。需要注意的是，在模型的弹性模量

增加的同时，由于外部附加了钢管，单元密度也发生了变化，变化量$\Delta\rho = 1.25\rho_0$。

10.2.3　目标函数及优化频段的选取

取优化目标函数为压缩机辐射声功率。虽然第 6 章发展的快速多极子边界元方法可以加速表面声压的求解，但是优化过程中需要重复计算声功率，计算效率仍不能满足优化分析的要求。为此，使用第 9 章的映射声辐射模态的理论，加速压缩机辐射声功率的计算。分析频段内，基于映射声辐射模态的声功率计算效率及模态选取阶数已在 9.6.3 节做了详细的分析。

由于分析频带较宽且频率较多，先结合压缩机壳体实测结果和仿真结果确定优化频段及频率。实测压缩机壳体的辐射声功率曲线如图 10.3 所示。从图中可以看出，辐射声能量集中在 8000Hz 以下，且主要集中在中心频率为 4000Hz 和 6300Hz 的频段内。因此，选取这两个频段内的频率为优化频率。

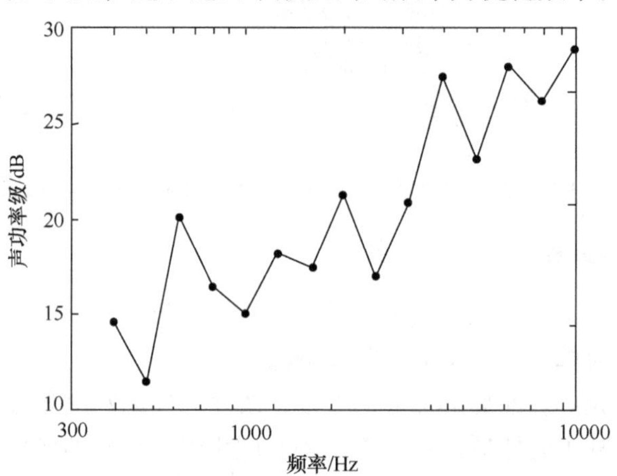

图 10.3　压缩机壳体辐射声功率 1/3 倍频程曲线实验结果

对于辐射声功率的仿真计算，首先使用有限元软件进行谐响应分析，得到给定激励条件下各频率壳体表面的位移，然后计算辐射声功率，计算频段为 360～8000Hz，步长为 20Hz，结果如图 10.4 所示。

选取图中声功率级的峰值所对应的频率为优化频率，共 7 个优化频率，即 3920Hz、4140Hz、4600Hz、4760Hz、5500Hz、6660Hz、7020Hz。选取壳体在这 7 个频率处的总声功率级为目标函数，其表达式为

$$\varPi = 10\lg\left(\sum 10^{\frac{L_{\mathrm{W},f_i}}{10}}\right) \tag{10.2}$$

其中，L_{W,f_i}为频率f_i下结构的辐射声功率级，表达式为

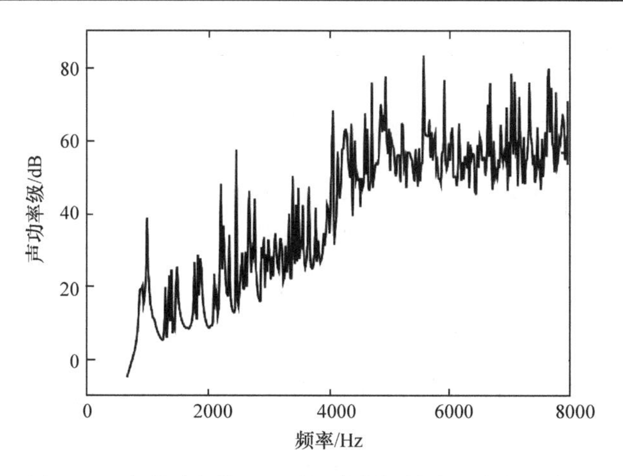

图 10.4　声激励条件下压缩机壳体辐射声功率频响曲线

$$L_{W,f_i} = 10\lg\left(\frac{W_{f_i}}{W_{ref}}\right) \tag{10.3}$$

$W_{ref} = 10^{-12}$为参考声功率级，优化分析中各频率的辐射声功率采用映射辐射模态理论计算。

压缩机壳体模型谐响应分析中，不同频率给定的激励力幅值大小一致，这与实际情况不一定相符。对比数值仿真的 1/3 倍频程曲线(图 10.5)和实验测试曲线(图 10.3)，能够发现无论是声功率级的幅值大小，还是各频段相对能量的大小都有差异。因为实际激励力在各频段的能量分布是不均匀的，所以之前选取的各优化频率对整体声功率级的贡献与实际情况不符。

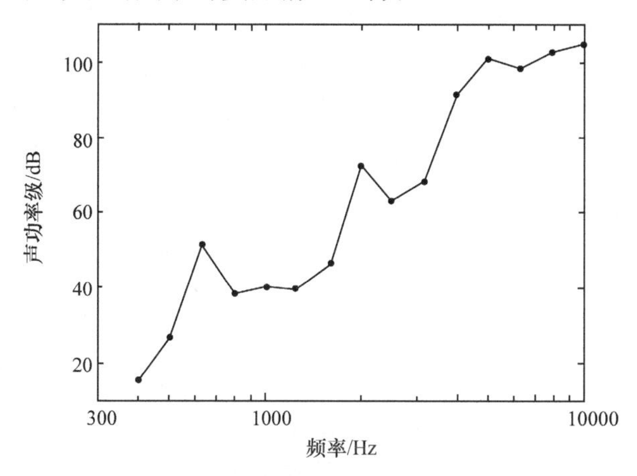

图 10.5　压缩机壳体辐射声功率 1/3 倍频程仿真结果

为了解决这个问题，以实际测试结果为参照，在目标函数各频率辐射声功率

中引入加权系数A_i，表达式为

$$\Pi_a = 10\lg\left(\sum 10^{\frac{A_i L_{W,f_i}}{10}}\right) \tag{10.4}$$

其中，A_i为频率f_i对应的加权系数。单一频率处的幅值，仿真结果同实验结果没有可比性，选择该频率所在 1/3 倍频程的幅值为参考，满足

$$\frac{L_{\mathrm{we},f_0}}{L_{\mathrm{ws},f_0}} = A_i \frac{L_{\mathrm{we},f_i}}{L_{\mathrm{ws},f_i}} \tag{10.5}$$

其中，f_0为实验选取的对比频段，可任意选取；L_{we,f_0}为实验结果中该频段的 1/3 倍频程的幅值；L_{ws,f_0}为同一频段的仿真幅值；L_{we,f_i}为中心频率为f_i频段的实验幅值；L_{ws,f_i}为中心频率为f_i频段的仿真幅值。

10.2.4 优化过程

1. 计算初始条件下的目标函数

对原始模型进行谐响应分析，得到 7 个优化频率激励下的壳体表面位移，利用基于映射声辐射模态的声功率计算理论(9.5.3 节)计算各优化频率处的声功率级，并按照式(10.4)计算原始的目标函数Π_0。

2. 第一次改变单元，计算单元声学灵敏度

计算壳体表面每个单元对应的声学灵敏度。首先，选择壳体表面一个单元E_0，改变弹性模量与密度，计算该单元改变条件下，新模型在 7 个优化频率处的壳体表面位移，进而计算单元E_0改变后模型的声功率级及目标函数Π_{0,E_0}；接着，将单元E_0复原，恢复原始模型；再选择另一个单元E_1，改变单元弹性模量与密度，同样得到单元E_1改变后模型的目标函数Π_{0,E_1}，将单元E_1复原；遍历模型表面所有单元，得到对应壳体表面每一个单元改变后的目标函数$\Pi_{0,E_i}(i = 1\sim N)$，N 为壳体表面单元数；利用式(10.1)计算每个单元的声学灵敏度，记为S_{0,E_i}。

3. 对第一次结果进行排序，得到第一组需要改变的单元

从式(10.1)可以看出，增加单元刚度降低了模型辐射声功率，所得到的声学灵敏度应该为负值，所以将S_{0,E_i}从小到大排序。排序越靠前的单元，其弹性模量的增加造成的辐射声功率减小越显著。计算每个单元的面积，并在该序列中依次选取面积和为总面积 10%的单元。这些单元即所得到的第一组优化单元，记为 N_1，其结果见图 10.6 中的深灰色单元。

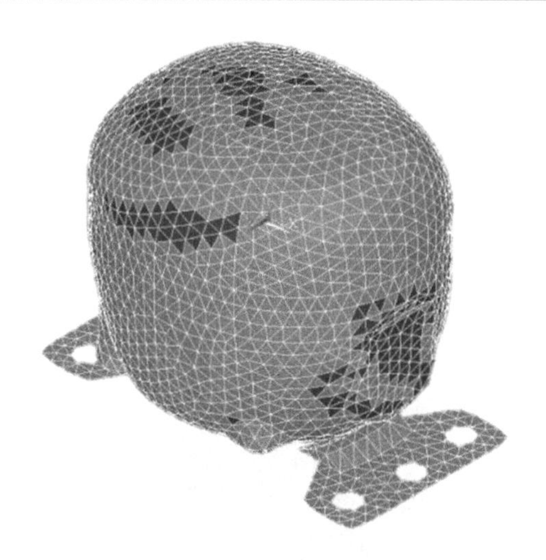

图 10.6　第一组优化单元分布

4. 计算第一次改变后模型的目标函数

在原始模型的基础上，将 N_1 中的单元全部改变弹性模量及密度，得到模型 1。同样，对模型 1 进行谐响应分析，得到 7 个优化频率处壳体表面的位移，然后计算出优化频率处的声功率级和新的目标函数Π_1。

从图 10.6 可以看出，经过第一次优化，占总面积 10%的声灵敏度最大的单元分布比较集中。这是因为在第一步计算单元应灵敏度的时候，每次做对比的都是原始模型。对于同一个模型，声学灵敏度的分布是渐变的，一般声学灵敏度最大单元的相邻单元，其声学灵敏度也很大。这样选出 10%面积的单元，分布往往比较集中，但如果一次仅挑选出声学灵敏度最高(数值上最小，为负)的一个单元，再以改变该单元参数后的模型为对比模型，则该单元的相邻单元的声学灵敏度可能没有那么高。如果使用这种优化过程，时间上的消耗将难以承受，因此，为了挑选出更合适的单元，需要进行多步优化。

5. 第二次改变单元，计算单元声学灵敏度

以模型 1 为基础，先把单元分为两组，第一次优选出来的 N_1 和剩余的单元 $N-N_1$。对于剩余的 $N-N_1$ 单元，同第一次类似，依次改变每个单元的弹性模量及密度，计算每一个单元改变后的目标函数$\Pi_{1,E_i}(i \in N-N_1)$，然后利用式(10.1)计算每个单元的声学灵敏度，记为$S_{1,E_i}(i \in N-N_1)$；而对于 N_1 中的单元，因为在模型 1 中，这些单元是已经改变过弹性模量和密度的，就反向变化，依次恢复成原始值，再遍历每一个单元获取目标函数$\Pi_{1,E_i}(i \in N_1)$，并计算单元的声学灵敏度$S_{1,E_i}(i \in N_1)$。

6. 对第二次结果进行排序，得到第二组需要改变的单元

在 N–N_1 中，单元的声学灵敏度一般为负值。而在 N_1 中，虽然单元弹性模量和密度的减小会导致模型整体声辐射的增加，但是其对应的增量ΔE 为负值，所以得到的声学灵敏度仍为负值(不排除单元刚性变小反而导致声辐射降低的可能性)。所以，将新得到的S_{1,E_i}仍然从小到大排序，并在该序列中依次选取面积和为总面积 10%的单元。这些单元即所得到的第二组优化单元，记为 N_2，结果见图 10.7 中的深灰色单元。

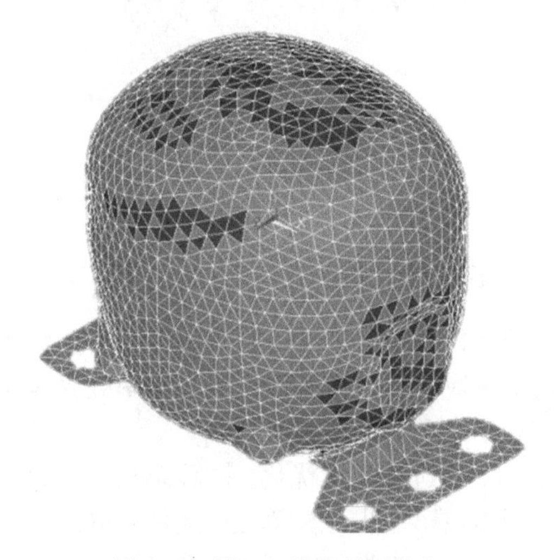

图 10.7 第二组优化单元分布

7. 计算第二次改变后模型的目标函数

同步骤 4 一样，在原始模型的基础上，改变 N_2 中单元的弹性模量及密度，得到模型 2。同样，对模型 2 进行谐响应分析，得到 7 个优化频率处壳体表面的位移，然后计算出在这些优化频率处的声功率级和新的目标函数Π_2。

从图 10.7 中可以看出，第二次优化结果中优化单元的分布同第一次相比已经比较分散。接下来，重复步骤 5～7，直到单元位置分布及目标函数的数值达到期望要求。

10.2.5 优化结果及实验验证

优化过程中，壳体表面速度采用有限元方法计算，在映射声辐射模态下展开，获取各阶映射声辐射模态的参与因子，进而采用式(9.62)计算辐射声功率。整个优化过程在英特尔酷睿 2(计算中只使用一个核)、主频 2.9GHz、内存 6GB 的计算机上完成。对于优化过程的每次迭代，用有限元方法计算表面速度耗时 28h，用映射

声辐射模态计算辐射声功率仅耗时 0.56h。如果使用快速多极子边界元方法，每次迭代中声功率计算需要 185h，计算量巨大，无法实现基于灵敏度的压缩机声学优化。

原始模型目标函数的辐射总声功率级为 86.7dB，在上述优化过程中，经过三次优化后，可达到期望的要求，辐射总声功率级降为 81.0dB，但优化的单元位置分布比较分散，优化过程中单元分布如图 10.8 所示。

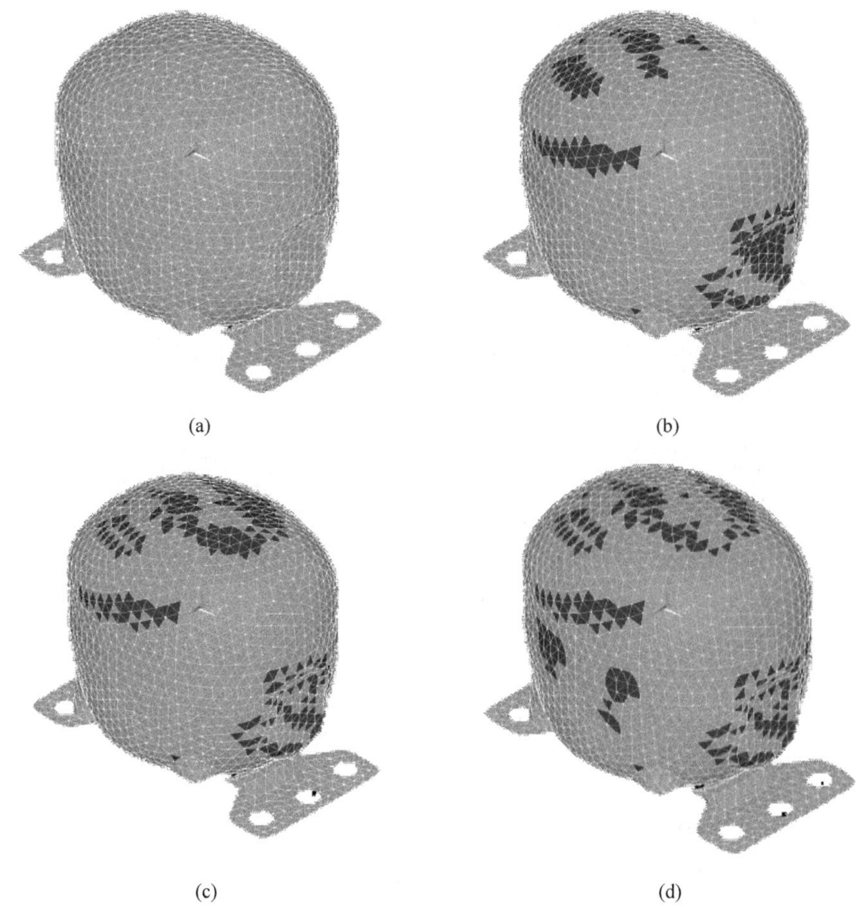

图 10.8　压缩机优化过程及结果

进一步验证优化结果，在 360～8000Hz 频段内，对三次优化的模型(图 10.8(d))进行谐响应扫频分析，并同原始模型的 1/3 倍频程频响曲线对比，结果如图 10.9 所示。

从图 10.9 中可以看出，在 360～8000Hz 频段内，辐射总声功率级从 105.1dB 下降到 103.4dB。主要关注的 4000Hz 频段内声功率级降低了 12.1dB，6300Hz 频段内声功率级降低了 1.2dB。如果主要考虑这两个频段，忽略 5000Hz 频段和 8000Hz 频段的影响，实际声功率级的降低量会更大。

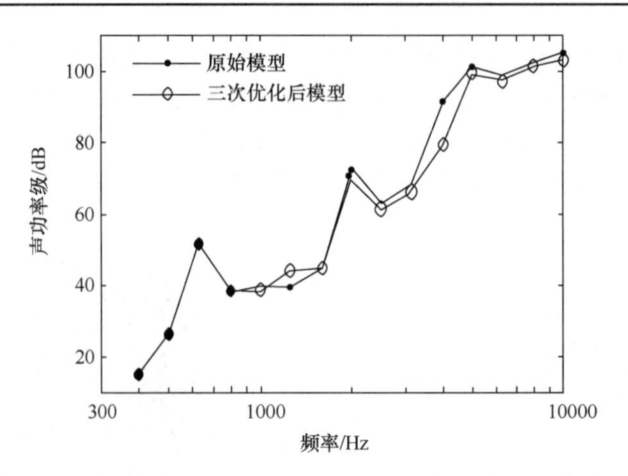

图 10.9　三次优化后模型同原始模型辐射声功率级 1/3 倍频程对比曲线

壳体表面局部刚度的增加，是通过在壳体表面焊接筋板实现的。加工工艺要求筋板的宽度在 1cm 左右，并且呈条状分布，需要人工调整优化结果。最终，调整后的优化方案如图 10.10 所示。

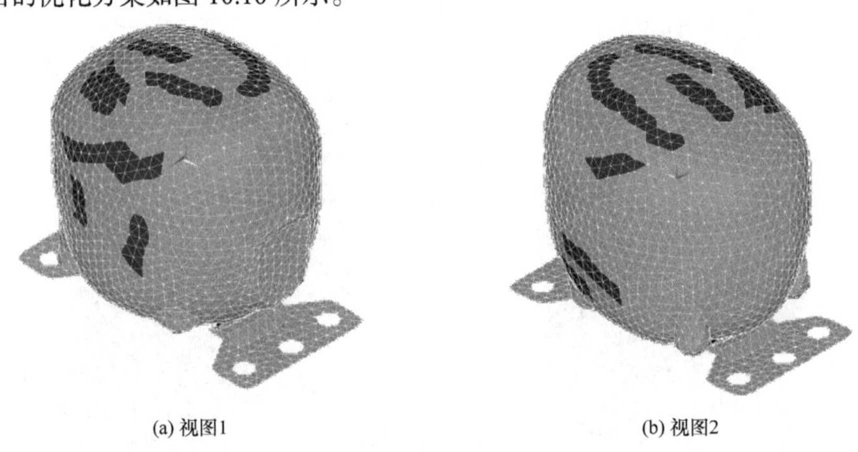
(a) 视图1　　(b) 视图2

图 10.10　考虑工艺性后压缩机壳体的最终优化结果

进一步，在 360～8000Hz 频段，对调整后的模型进行谐响应扫频分析，并与原始模型的 1/3 倍频程频响曲线对比，结果如图 10.11 所示。从图中可以看出，辐射总声功率级从 105.1dB 下降到 104dB。但是主要关注的 4000Hz 频段声功率级降低了 5.1dB，6300Hz 频段声功率级降低了 0.7dB。实验表明，这两个频段对压缩机整体的声辐射贡献最大。如果主要考虑这两个频段的降噪效果，实际声功率级的降噪量会大于仿真中总声功率级的降噪量。数值算例表明，该优化结果有效地降低了壳体的辐射声功率。

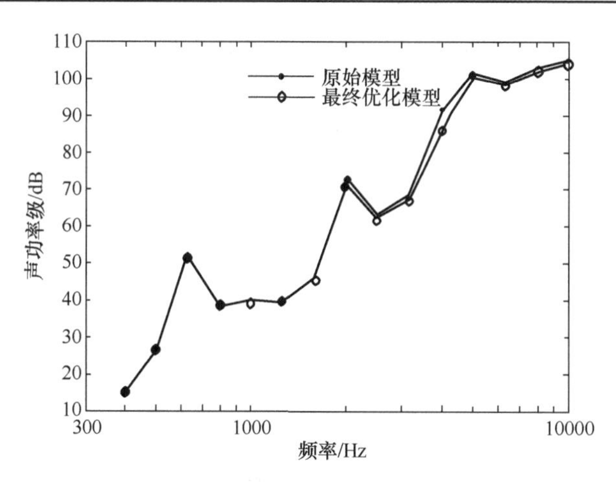

图 10.11　最终优化模型同原始模型辐射声功率级 1/3 倍频程对比曲线

根据调整后的优化结果加工实际模型，为达到增加壳体表面局部刚度的作用，在图 10.10 的深灰色位置处，焊接厚度 2mm、直径 10mm 的半圆形钢管，如图 10.12 所示。

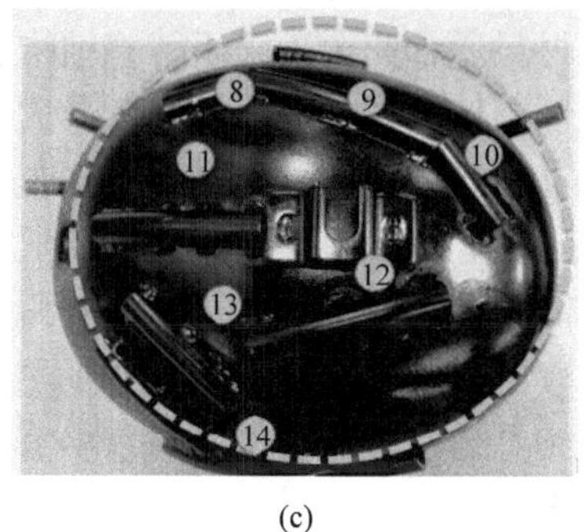

图 10.12　实际加工后的壳体模型

消声室实测优化模型辐射声功率级的 1/3 倍频程曲线如图 10.13 所示，其中“原始模型 5 次平均”表示 5 个原始壳体的平均声功率，“优化模型 5 次平均”表示 5 个优化壳体的平均声功率。从图中可以看出，辐射总声功率级从 35.5dB 下降到 34.5dB，在主要关注的 4000Hz 频段内，其声功率级下降了 1.4dB，而在 6300Hz 频段内，声功率级下降了 2.3dB，由此验证了仿真结果的可靠性及优化方法的可行性。

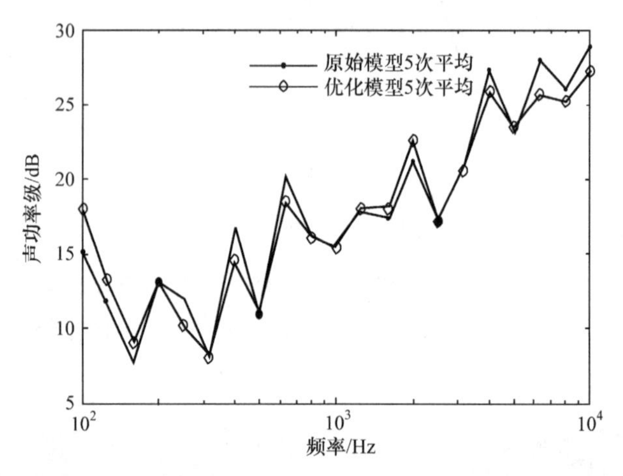

图 10.13 优化前后压缩机壳体声功率级 1/3 倍频程对比曲线

10.3 大型水下航行器阻尼布局优化

10.3.1 水下航行器的结构动力学模型

阻尼减振技术通过提高材料或结构的耗损因数，将振动能量转化为其他形式的能量，以实现减振降噪的效果。舰船和潜艇的减振和降噪广泛使用阻尼材料。传统的减振设计中，阻尼材料通常完全覆盖于待控结构表面，设计过程是确定阻尼材料类型、层数和厚度等，使结构损耗因子达到最大。阻尼结构一般分为自由阻尼层结构、约束阻尼层结构和插入阻尼层结构三种。由于自由阻尼层结构简单、施工方便且经济等，在工程中广泛使用[252]。关于敷设方式的优化研究的文献报道较多，但是大多是用有限元方法等[253]，从力学的角度研究分析结构的阻尼性能，很少从结构辐射声功率的角度来分析。为节省阻尼材料投入，并最大限度地发挥材料的阻尼性能，达到最佳的减振降噪效果，本节以水下航行器模型为研究对象，优化各舱段阻尼厚度。

水下航行器的双层壳简化剖视模型如图 10.14 所示，共分六个舱段。水下航行器部分有限元离散模型及载荷加载位置如图 10.15 所示，来自螺旋桨推力波动的尾部纵向激励沿第六舱段轴向，通过底座施加在耐压壳上，引起振动并向外辐射噪声。为降低艇体的辐射声功率，选取六个舱段所对应的环肋和轻壳，共 12 块区域敷设自由阻尼。自由阻尼是将一层黏弹性大阻尼材料黏附在需减振处理的结构上。附加的阻尼材料称为自由阻尼层，被黏附结构称为基本弹性层。自由阻尼层主要用于吸收弯曲变形能，其结构剖面形式如图 10.16 所示。

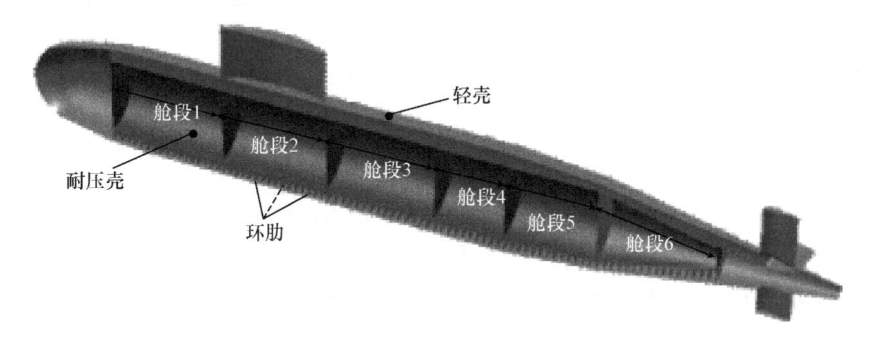

图 10.14　水下航行器模型剖视示意图

图 10.15　部分离散模型及驱动力加载位置

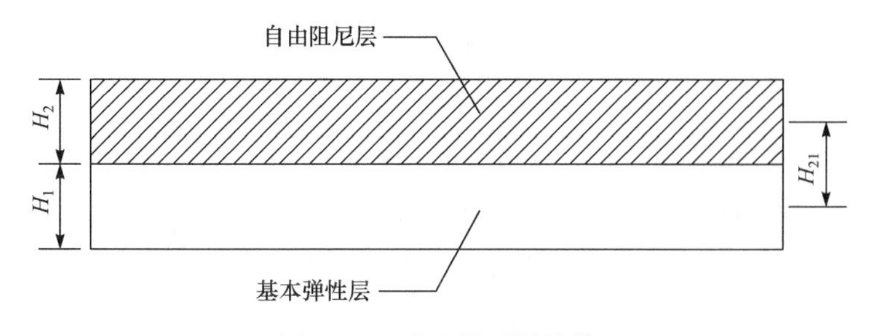

图 10.16　自由阻尼层结构

自由阻尼层板结构的复合损耗因子η为[254]

$$\eta=\beta\frac{k[12h_{21}^2+h^2(1+k)^2]}{(1+k)[12kh_{21}^2+(1+k)(1+kh^2)]} \tag{10.6}$$

其中，β为阻尼材料损耗因子；k为阻尼层拉伸刚度K_2与基本弹性层拉伸刚度K_1之比，$k=K_2/K_1$；h为阻尼层厚度H_2与基本弹性层厚度H_1之比，$h=H_2/H_1$；h_{21}为阻尼层和基本弹性层中线间距离H_{21}与H_1之比，$h_{21}=H_{21}/H_1$。

进一步由薄板拉伸刚度和弹性模量的关系$K=Eh/(1-\mu^2)$知，式(10.6)可以重写为

$$\eta=\beta\frac{e\mu h[12h_{21}^2+h^2(1+e\mu h)^2]}{(1+e\mu h)[12e\mu hh_{21}^2+(1+e\mu h)(1+e\mu h^3)]} \tag{10.7}$$

其中，e 为阻尼层杨氏模量E_2与基本弹性层杨氏模量E_1之比，$e=E_2/E_1$；μ为阻尼层泊松比μ_2与基本弹性层泊松比μ_1之比，$\mu=(1-\mu_1^2)/(1-\mu_2^2)$。

综上可以看出，对于固定的阻尼材料，复合损耗因子与材料层的厚度呈非线性的关系。

10.3.2 目标函数及优化频段

为控制降噪付出的重量增加和阻尼材料费用，最大限度地发挥阻尼性能，达到最佳的减振降噪效果，优化六个舱段上的环肋和轻壳共 12 块区域敷设的阻尼厚度。优化过程需要保证敷设阻尼材料的总重量不变，即阻尼层均匀敷设厚度为基体 1.5 倍的质量M不变。为保证优化过程中自由阻尼层的厚度不至于过小或过大，预设阻尼层的厚度不低于基体的 1 倍厚度，不超过基体的 2 倍厚度。优化的最终目标是频段内的辐射总声功率最小。目标函数和约束条件可表示为

$$\begin{aligned}&\text{目标函数:}\quad W=\sum_{n=1}^{N}W_n\\&\text{约束条件:}\quad \boldsymbol{H}_l\leqslant\boldsymbol{H}\leqslant\boldsymbol{H}_u\\&\qquad\qquad\quad \rho\sum_{n=1}^{12}H_nA_n=M\end{aligned} \tag{10.8}$$

其中，ρ为阻尼层的密度；$\boldsymbol{H}$为 12 个不同部位阻尼层的厚度组成的向量，$\boldsymbol{H}=[H_1\quad H_2\quad\cdots\quad H_{12}]^{\mathrm{T}}$，$H_1\sim H_6$为轻壳阻尼层的厚度，$H_7\sim H_{12}$为环肋阻尼层的厚度。轻壳和环肋基本弹性层的厚度为常数，分别记为H_q和H_h，但这两者的弹性层厚度不同。$\boldsymbol{H}_L$ 和 $\boldsymbol{H}_u$分别为向量 $\boldsymbol{H}$ 的下限和上限，有

$$\begin{cases}\boldsymbol{H}_l=\ [\boldsymbol{E}H_q\quad \boldsymbol{E}H_h]\\ \boldsymbol{H}_u=2[\boldsymbol{E}H_q\quad \boldsymbol{E}H_h]\end{cases} \tag{10.9}$$

其中，$\boldsymbol{E}$为六维行向量。W和W_n分别为总的辐射声功率和第 n 个频率上的辐射声功率。采用快速多极子边界元方法计算各频率上的辐射声功率W_n。

优化过程需要多次改变模型，重复计算辐射声功率。因此，提高声功率的计算效率、明确优化频率个数对整体优化效率影响较大。根据航行器噪声频谱，确定需要优化的频率范围为 20～50Hz。首先，对未加阻尼材料的模型，以 0.5Hz 的频率间距扫频计算单位载荷简谐激励的辐射声功率，确定艇体的辐射声功率频谱。采用有限元软件计算模型的谐响应，应用快速多极子边界元方法计算声功率。有限元模型共包含 41172 个节点和 93404 个三角形壳单元。边界元方法模型共包括 16454 个节点和 32904 个三角形壳单元。快速多极子边界元方法共耗时 4768s，完成所有 90 个频率辐射声功率的计算。水下航行器模型扫频辐射声功率级如图 10.17 所示。

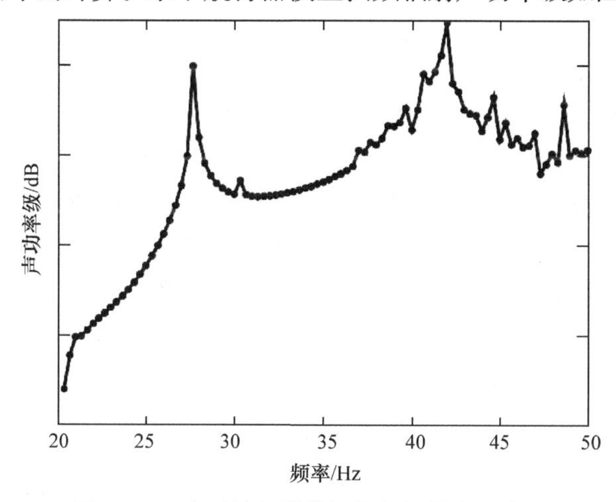

图 10.17　水下航行器模型扫频辐射声功率级

从图 10.17 中可以看出，频率在 28Hz 和 43Hz 附近的辐射声功率级有两个峰值，对总辐射声功率级的贡献较大。优化这两个频率所在频段的辐射声功率，可以有效地抑制总体辐射声功率级。综合考虑计算成本和优化目标，确定优化频段为$27\text{Hz} \leqslant f \leqslant 43\text{Hz}$，共计 17 个频率。以这 17 个频率上的总辐射声功率级近似模型总辐射声功率，优化完成后再计算整个频段的辐射声功率级，以验证优化效果。

10.3.3　优化过程及结果

阻尼敷设方案的优化，需要借助高效的优化算法和目标函数的快速计算。为此，有限元方法采用并行求解器(未考虑结构流体耦合)，快速多极子边界元方法在各个频率上的声功率计算也采取并行方法。优化算法大致分为两类：一类需要计算目标函数的导数；另一类不需要计算目标函数的导数。需要目标函数导数的优化算法，其收敛速度比不需要目标函数导数的优化算法高，但是却增加了每次迭代计算的时间，不能保证整体优化时间。该优化模型比较复杂，不能定性估计其收敛特性，因此采用不需要目标函数导数的优化算法。目标函数的计算使用了并行计算技术，提高了单次目标函数的计算效率，缓解了迭代次数多而产生的计算量大的问题。

数值实验表明，遗传算法可以在有限的迭代次数下给出较好的优化结果。因此，优化算法采用遗传算法。遗传算法的基本步骤如下：

(1) 在约束范围内随机产生初始种群，个体数目一定，每个个体表示染色体的基因编码。

(2) 用轮盘赌策略确定个体的适应度，并判断其是否符合优化准则，若符合，则输出最佳个体及其代表的最优解，并结束计算，否则转向(3)。

(3) 依据适应度选择再生个体，适应度高的个体被选中的概率高，适应度低的个体可能被淘汰。

(4) 按照一定的交叉概率和交叉方法，生成新的个体。

(5) 按照一定的变异概率和变异方法，生成新的个体。

(6) 由交叉和变异产生新一代的种群，返回步骤(2)。

整个优化过程目标函数的计算，包括结构谐响应批处理求解、结果导入快速多极子边界元方法、快速多极子边界元方法并行计算声功率，其优化流程如图 10.18 所示。优化算法的误差设置为10^{-6}，整个优化过程产生了 51 代变异，如图 10.19

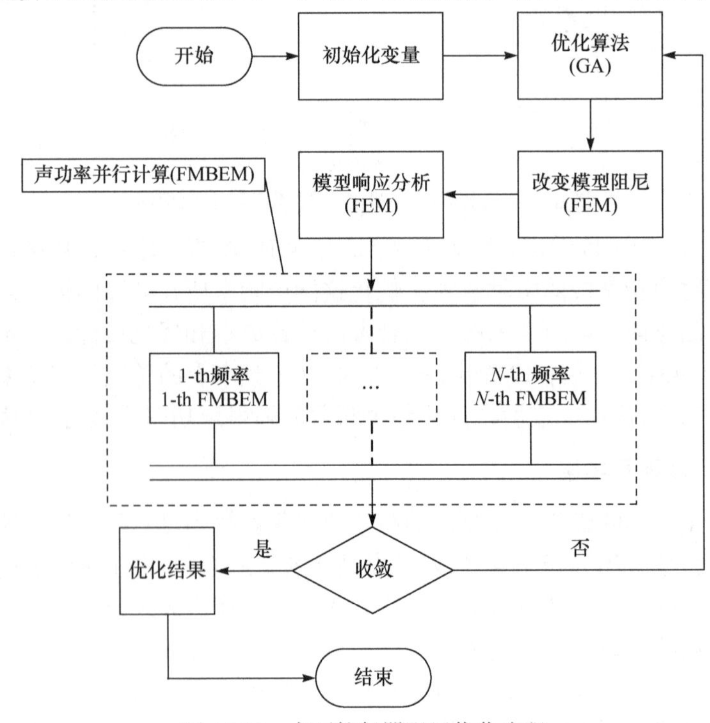

图 10.18　水下航行器阻尼优化流程

所示。优化过程在双 Intel® Xeon® E5-2670、主频 2.6GHz、内存 48GB 的服务器上运行，共使用 10 个 CPU，耗时 198h 完成。在遗传算法的 51 代种群生成过程中，目标函数共被计算了 1040 次，即所有 17 个频率上的声功率都计算了 1040 次，快速多极子边界元方法并行计算共耗时 63.5h。若不采用并行算法，仅声功率部分的计算耗时将达到 600h 左右，则整个优化过程耗时增加近 10 倍。对于大型工程问题的声学优化，并行计算是必要的。

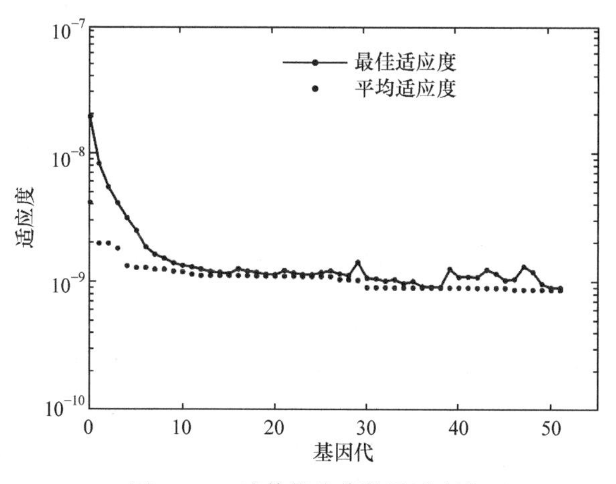

图 10.19　遗传优化代数及适应度

最优阻尼布置方案如图 10.20 所示，可以看出耐压壳上敷设阻尼最多的地方不在直接受力舱段，而是在第二、三舱段，轻壳敷设阻尼最多的部位是在直接受力舱段，最少敷设阻尼位置是在第二舱段所对应的部位。图 10.21 给出了阻尼优化布局和均匀敷设下的辐射声功率的比较，从图中可以看出，在分析频段内，优

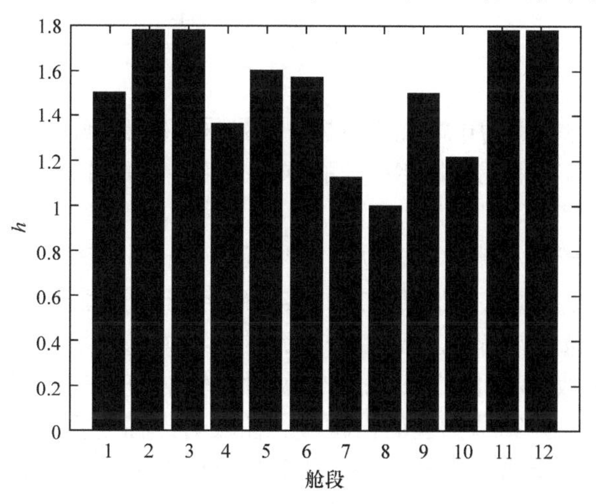

图 10.20　优化后各区域阻尼层相对基体的厚度

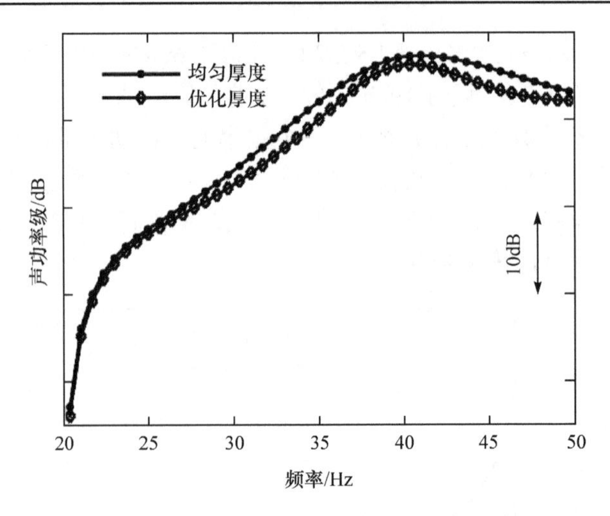

图 10.21 优化后与优化前的声功率频谱

化的阻尼分布成功地抑制了两个峰值处的辐射声功率。在低频处，辐射声功率降低量不明显，特别是 25Hz 以下。在优化过程关心的频段(27～43Hz)内，声功率级最大降幅为 2.17dB，平均下降了 1.38dB。虽然大于 43Hz 的频率并没有包含在优化目标函数中，但最终优化结果显示此频段的辐射声功率也有了较大的降低。

虽然本例的优化结果不能保证是全局最优解，但是给出了一种优化阻尼布置方案。在阻尼总重量不变的情况下，通过阻尼的重新布局，降低了水下航行器整体辐射声功率级，充分说明利用快速多极子边界元方法及成熟的有限元方法，采用并行计算策略，可以克服计算困难，解决重大工程中的声学优化问题。

10.4 小　结

本章以辐射声功率为声学优化目标，分别采用映射声辐射模态理论、快速多极子边界元方法与有限元软件相结合的方法，加速计算目标函数，完成了工程实际模型的结构声学优化。

本章简化了压缩机壳体，建立了有限元模型；通过改变单元弹性模量的方法，提高局部刚度，模拟了加筋效果；实测确定壳体模型辐射能量集中的频段，作为优化频段；选取压缩机外壳每个单元的弹性模量作为设计变量，以辐射声功率作为目标函数；采用有限元方法和映射声辐射模态理论相结合的方法计算目标函数：有限元计算结构表面谐响应，在映射声辐射模态下展开，快速计算辐射声功率；通过全局有限差分法，获取目标函数的拓扑灵敏度，确定需要增加刚度的优化区域；在优化分析的基础上，根据实际工艺要求，设计出筋板的最优布局方案，降低了压缩机的辐射声功率；设计了样机，验证了优化方法的正确性和仿真结果的可靠性。

本章建立了水下航行器双层壳简化模型，采用快速多极子边界元方法，扫频分析了辐射声功率级，找出辐射声功率贡献大的频段作为优化频段。根据自由阻尼板结构的复合损耗因子与阻尼层厚度的关系，以阻尼层的总重量及厚度为约束条件，取阻尼层厚度为优化变量，总辐射声功率为目标函数，采用遗传算法优化阻尼的布局。由于优化模型规模较大，有限元谐响应分析和快速多极子边界元方法的声功率计算均采用了并行技术，提高了目标函数的计算效率。优化结果表明，采用基于快速多极子和有限元并行计算的遗传算法，在有限的迭代次数内，可实现水下复杂航行器阻尼布局的优化。阻尼分布优化充分显示了快速多极子边界元方法在重大工程问题中的重要应用价值，也说明了快速多极子边界元方法具有解决以前无法或很难以声学物理量为目标函数的大规模结构声学优化问题的潜力。

参 考 文 献

[1] Jaswon M A. Integral equation methods in potential theory. I[J]. Proceedings of the Royal Society of London. Series A: Mathematical and Physical Sciences, 1963, 275(1360): 23-32.

[2] Symm G T. Integral equation methods in potential theory. II[J]. Proceedings of the Royal Society of London. Series A: Mathematical and Physical Sciences, 1963, 275(1360): 33-46.

[3] Jaswon M A, Ponter A R. An integral equation solution of the torsion problem[J]. Proceedings of the Royal Society of London. Series A: Mathematical and Physical Sciences, 1963, 273(1353): 237-246.

[4] Rizzo F J. An integral equation approach to boundary value problems of classical elastostatics[J]. Quarterly of Applied Mathematics, 1967, 25: 237-246.

[5] Cruse T A, Vanburen W. Three-dimensional elastic stress analysis of a fracture specimen with an edge crack[J]. International Journal of Fracture Mechanics, 1971, 7(1): 1-15.

[6] Cruse T A. Numerical solutions in three dimensional elastostatics[J]. International Journal of Solids and Structures, 1969, 5(12): 1259-1274.

[7] Cruse T A. An improved boundary-integral equation method for three dimensional elastic stress analysis[J]. Computers and Structures, 1974, 4(4): 741-754.

[8] Swedlow J L, Cruse T A. Formulation of boundary integral equations for three-dimensional elasto-plastic flow[J]. International Journal of Solids and Structures, 1971, 7(12): 1673-1683.

[9] Rizzo F J, Shippy D J. A formulation and solution procedure for the general non-homogeneous elastic inclusion problem[J]. International Journal of Solids and Structures, 1968, 4(12): 1161-1179.

[10] Cruse T A. A direct formulation and numerical solution of the general transient elastodynamic problem. II[J]. Journal of Mathematical Analysis and Applications, 1968, 22(2): 341-355.

[11] Cruse T A, Rizzo F J. A direct formulation and numerical solution of the general transient elastodynamic problem. I[J]. Journal of Mathematical Analysis and Applications, 1968, 22(1): 244-259.

[12] Cruse T A. Application of the boundary-integral equation method to three dimensional stress analysis[J]. Computers and Structures, 1973, 3(3): 509-527.

[13] Rizzo F J, Shippy D J. Advanced boundary integral equation method for three-dimensional thermoelsaticity[J]. International Journal for Numerical Methods in Engineering, 1977, 11(1): 1753-1768.

[14] Brebbia C A. The Boundary Element Method for Engineers[M]. London: Pentech Press, 1978.

[15] Rizzo F J. Springs, formulas and flatland: A path to boundary integral methods in elasticity [J]. Electronic Journal of Boundary Elements, 2007, 1(1): 1-7.

[16] Cruse T A. Boundary integral equations-a personal view[J]. Electronic Journal of Boundary

Elements, 2003, 1: 19-25.
[17] Watson J O. Boundary elements from 1960 to the present day[J]. Electronic Journal of Boundary Elements, 2003, 1: 34-46.
[18] Shippy D J. Early development of the BEM at the university of kentucky[J]. Electronic Journal of Boundary Elements, 2003, 1: 26-33.
[19] Mukherjee S. Boundary element methods in solid mechanics—A tribute to Frank Rizzo[J]. Electronic Journal of Boundary Elements, 2003, 1: 47-55.
[20] Telles J C F. A report on some boundary element adventures[J]. Electronic Journal of Boundary Elements, 2007, 1(1): 56-60.
[21] Yao Z H, Du Q H. Some aspects of the BEM research in china[J]. Electronic Journal of Boundary Elements, 2003, 1(1): 61-67.
[22] 姚振汉, 杜庆华. 边界元法应用的若干近期研究及国际新进展[J]. 清华大学学报(自然科学版), 2001, (Z1): 89-93.
[23] Cheng A H D, Cheng D T. Heritage and early history of the boundary element method[J]. Engineering Analysis with Boundary Elements, 2005, 29(3): 268-302.
[24] Tanaka M. Some recent advances in boundary element methods[J]. Applied Mechanics Reviews, 1983, 36(5): 627-634.
[25] Mukherjee S. Boundary Element Methods in Creep and Fracture[M]. London: Applied Science, 1982.
[26] Brebbia C, Dominguez J. Boundary Elements: An Introductory Course[M]. Columbia: McGraw-Hill, 1989.
[27] von Estorff O. Boundary Elements in Acoustics: Advances and Applications[M]. Southampton: WIT, 2000.
[28] Banaugh R P, Goldsmith W. Diffraction of steady acoustic waves by surfaces of arbitrary shape[J]. Journal of the Acoustical Society of America, 1963, 35(10): 1590-1601.
[29] Chen L H, Schweikert D G. Sound radiation from an arbitrary body[J]. Journal of the Acoustical Society of America, 1963, 35(10): 1626-1632.
[30] Chertock G. Sound radiation from vibrating surfaces[J]. Journal of the Acoustical Society of America, 1964, 36(7): 1305-1313.
[31] Copley L G. Integral equation method for radiation from vibrating bodies[J]. Journal of the Acoustical Society of America, 1967, 41(4A): 807-816.
[32] Copley L G. Fundamental results concerning integral representations in acoustic radiation[J]. Journal of the Acoustical Society of America, 1968, 44(1): 28-32.
[33] Schenck H A. Improved integral formulation for acoustic radiation problems[J]. Journal of the Acoustical Society of America, 1968, 44(1): 41-48.
[34] Burton A J, Miller G F. The application of integral equation methods to the numerical solution of some exterior boundary-value problems[J]. Proceedings of the Royal Society of London. Series A: Mathematical and Physical Sciences, 1971, 323(1553): 201-210.
[35] Polimeridis A G, Järvenpää S, Ylä-Oijala P, et al. On the evaluation of hyper-singular double normal derivative kernels in surface integral equation methods[J]. Engineering Analysis with

Boundary Elements, 2013, 37(2): 205-210.
[36] Johnston B M, Johnston P R, Elliott D. A new method for the numerical evaluation of nearly singular integrals on triangular elements in the 3D boundary element method[J]. Journal of Computational and Applied Mathematics, 2013, 245: 148-161.
[37] Tadeu A, António J. 3D acoustic wave simulation using BEM formulations: Closed form integration of singular and hypersingular integrals[J]. Engineering Analysis with Boundary Elements, 2012, 36(9): 1389-1396.
[38] Tadeu A J B, Santos P F A, Kausel E. Closed-form integration of singular terms for constant, linear and quadratic boundary elements. Part 1. SH wave propagation[J]. Engineering Analysis with Boundary Elements, 1999, 23(8): 671-681.
[39] Telles J C F. Self-adaptive co-ordinate transformation for efficient numerical evaluation of general boundary element integrals[J]. International Journal for Numerical Methods in Engineering, 1987, 24(5): 959-973.
[40] Telles J C F, Oliveira R F. Third degree polynomial transformation for boundary element integrals: Further improvements[J]. Engineering Analysis with Boundary Elements, 1994, 13(2): 135-141.
[41] Hayami K, Matsumoto H. A numerical quadrature for nearly singular boundary element integrals[J]. Engineering Analysis with Boundary Elements, 1994, 13(2): 143-154.
[42] Chien C C, Rajiyah H, Atluri S N. An effective method for solving the hypersingular integral equations in 3-D acoustics[J]. Journal of the Acoustical Society of America, 1990, 88(2): 918-937.
[43] Liu Y J, Rizzo F J. A weakly singular form of the hypersingular boundary integral equation applied to 3-D acoustic wave problems[J]. Computer Methods in Applied Mechanics and Engineering, 1992, 96(2): 271-287.
[44] Sladek V, Sladek J, Tanaka M. Evaluation of $1/r$ integrals in BEM formulations for 3-D problems using coordinate multitransformations[J]. Engineering Analysis with Boundary Elements, 1997, 20(3): 229-244.
[45] Cruse T A, Aithal R. Non-singular boundary integral equation implementation[J]. International Journal for Numerical Methods in Engineering, 1993, 36(2): 237-254.
[46] Liu G R, Cai C, Zhao J, et al. A study on avoiding hyper-singular integrals in exterior acoustic radiation analysis[J]. Applied Acoustics, 2002, 63(6): 643-657.
[47] Chen K, Cheng J, Harris P J. A new study of the Burton and Miller method for the solution of a 3D Helmholtz problem[J]. IMA Journal of Applied Mathematics (Institute of Mathematics and Its Applications), 2009, 74(2): 163-177.
[48] Li S, Huang Q. An improved form of the hypersingular boundary integral equation for exterior acoustic problems[J]. Engineering Analysis with Boundary Elements, 2010, 34(3): 189-195.
[49] Matsumoto T, Zheng C, Harada S, et al. Explicit evaluation of hypersingular boundary integral equation for 3-D Helmholtz equation discretized with constant triangular element[J]. Journal of Computational Science and Technology, 2010, 4(3): 194-206.
[50] Zheng C J, Matsumoto T, Takahashi T, et al. Explicit evaluation of hypersingular boundary

integral equations for acoustic sensitivity analysis based on direct differentiation method[J]. Engineering Analysis with Boundary Elements, 2011, 35(11): 1225-1235.

[51] Wu H, Ye W, Jiang W. A collocation BEM for 3D acoustic problems based on a non-singular Burton-Miller formulation with linear continuous elements[J]. Computer Methods in Applied Mechanics and Engineering, 2018, 332: 191-216.

[52] Cheng C Y R, Seybert A F, Wu T W. A multidomain boundary element solution for silencer and muffler performance prediction[J]. Journal of Sound and Vibration, 1991, 151(1): 119-129.

[53] Wu T W. A direct boundary element method for acoustic radiation and scattering from mixed regular and thin bodies[J]. Journal of the Acoustical Society of America, 1995, 97(1): 84-91.

[54] Geng P, Oden J T, Demkowicz L. Numerical solution and a posteriori error estimation of exterior acoustics problems by a boundary element method at high wave numbers[J]. Journal of the Acoustical Society of America, 1996, 100(1): 335-345.

[55] Wang W, Atalla N, Nicolas J. A boundary integral approach for acoustic radiation of axisymmetric bodies with arbitrary boundary conditions valid for all wave numbers[J]. Journal of the Acoustical Society of America, 1997, 101(3): 1468-1478.

[56] Tsinopoulos S V, Agnantiaris J P, Polyzos D. An advanced boundary element/fast Fourier transform axisymmetric formulation for acoustic radiation and wave scattering problems[J]. Journal of the Acoustical Society of America, 1999, 105(3): 1517-1526.

[57] Seybert A F, Hamilton D A, Hayes P A. Prediction of radiated noise from machine components using the BEM and the Rayleigh integral[J]. Noise Control Engineering Journal, 1998, 46(3): 77-82.

[58] Chen S, Liu Y J. A unified boundary element method for the analysis of sound and shell-like structure interactions. I. Formulation and verification[J]. Journal of the Acoustical Society of America, 1999, 106(3): 1247-1254.

[59] Chen S, Liu Y, Dou X. A unified boundary element method for the analysis of sound and shell-like structure interactions. II. Efficient solution techniques[J]. Journal of the Acoustical Society of America, 2000, 108(6): 2738-2745.

[60] Ramesh S S, Lim K M, Khoo B C. An axisymmetric hypersingular boundary integral formulation for simulating acoustic wave propagation in supercavitating flows[J]. Journal of Sound and Vibration, 2012, 331(19): 4313-4342.

[61] 余爱萍，张重超，骆振黄．数值分析法在噪声控制方面的应用与展望[J]．噪声与振动控制，1988, 3: 6-9.

[62] 余爱萍，张重超，骆振黄．瞬态声场特性的时域边界元分析和实验研究[J]．上海交通大学学报, 1989, (3): 82-89.

[63] 余爱萍，张重超，骆振黄．冲击声场的时域边界元分析[J]．应用力学学报，1990, (4): 128-132,161.

[64] 张敬东，何祚镛．有限元+边界元——修正的模态分解法预报水下旋转薄壳的振动和声辐射[J]．声学学报, 1990, (1): 12-19.

[65] 赵键，汪鸿振，朱物华．边界元法计算已知振速封闭面的声辐射[J]．声学学报，1989, (4): 250-257.

[66] 姜哲. 边界元方法在声辐射问题中的应用[J]. 江苏工学院学报, 1991, (2): 92-99.
[67] 季振林, 张志华, 马强. 轴对称管道及消声器声学问题的边界元法研究及应用[J]. 哈尔滨船舶工程学院学报, 1992, (1): 23-33.
[68] 季振林, 张志华, 马强. 具有线性温度梯度的管道及消声器声学特性的边界元法计算[J]. 计算物理, 1993, (4): 467-470.
[69] 季振林, 张志华, 马强. 抗性消声器声学特性的三维边界元分析[J]. 哈尔滨船舶工程学院学报, 1993, (1): 29-35.
[70] 季振林, 张志华, 马强. 轴对称管道及消声器内部声场与管口声辐射问题的边界元法计算[J]. 哈尔滨船舶工程学院学报, 1993, (2): 41-48.
[71] 季振林, 张志华, 马强. 管道及消声器声学特性的边界元法计算[J]. 计算物理, 1996, (1): 1-6.
[72] 季振林, 马强, 张志华. 具有平均流的膨胀腔声学特性的三维边界元分析[J]. 计算物理, 1993, (4): 456-466.
[73] 季振林, 葛蕴珊, 张天元. 用边界无法与四负载法联合预测排气消声器的插入损失[J]. 声学学报, 1996, (2): 116-122.
[74] 刘钊, 陈心昭. 结构声辐射分析的全特解场边界元方法[J]. 振动工程学报, 1996, (4): 21-27.
[75] 刘钊, 陈心昭. 求解随机振动结构声辐射的统计边界元方法[J]. 声学学报, 1997, (6): 495-500.
[76] 张胜勇, 陈心昭. 利用边界点法克服振动声辐射计算中解的非唯一性[J]. 合肥工业大学学报(自然科学版), 1998, (1): 13-18.
[77] 程昊, 高煜, 张永斌, 等. 振动体声学灵敏度分析的边界元法[J]. 机械工程学报, 2008, (7): 45-51.
[78] 陈剑, 程昊, 高煜, 等. 基于多域边界元法的声学形状灵敏度分析[J]. 振动工程学报, 2008, (3): 319-322.
[79] 陈剑, 程昊, 高煜, 等. 基于有限元-边界元的声学构形灵敏度分析[J]. 振动工程学报, 2009, (2): 213-217.
[80] 闫再友, 姜楫, 严明. 利用边界元法计算无界声场中结构体声辐射[J]. 上海交通大学学报, 2000, (4): 520-523.
[81] 闫再友, 姜楫, 何友声, 等. 声学边界元方法中超奇异数值积分处理的新方法[J]. 声学学报, 2001, (3): 282-286.
[82] 赵志高, 黄其柏. Helmholtz 声学边界积分方程中奇异积分的计算[J]. 工程数学学报, 2004, (5): 779-784.
[83] 黄其柏, 赵志高. Helmholtz 边界积分方程的多频计算[J]. 声学学报, 2005, (3): 255-263.
[84] Zhao Z G, Huang Q B, He Z. Calculation of sound radiant efficiency and sound radiant modes of arbitrary shape structures by BEM and general eigenvalue decomposition[J]. Applied Acoustics, 2008, 69(9): 796-803.
[85] 孙威, 陈昌明. 基于 FEM-BEM 的轿车车内低频噪声综合分析方法[J]. 噪声与振动控制, 2008, (1): 48-51.
[86] 李丽君, 刚宪约, 彭学娟, 等. 驾驶室外声场分析的边界元法与无限元法[J]. 机械强度, 2012, (3): 351-354.

[87] 徐张明, 沈荣瀛, 华宏星. 利用 FEM/IBEM 计算流体介质中的壳体的结构声耦合问题[J]. 振动工程学报, 2002, (3): 119-123.

[88] 冯威. 油底壳辐射噪声的 FEM/BEM 液固耦合仿真研究[D]. 长春: 吉林大学, 2004.

[89] Zheng C J, Bi C X, Zhang C, et al. Free vibration analysis of elastic structures submerged in an infinite or semi-infinite fluid domain by means of a coupled FE-BE solver[J]. Journal of Computational Physics, 2018, 359: 183-198.

[90] Zheng C J, Zhang C, Bi C X, et al. Coupled FE-BE method for eigenvalue analysis of elastic structures submerged in an infinite fluid domain[J]. International Journal for Numerical Methods in Engineering, 2017, 110(2): 163-185.

[91] 黄锨, 校金友, 胡玉财, 等. 声学 Burton-Miller 方程边界元法 GPU 并行计算[J]. 计算物理, 2011, (4): 481-487.

[92] Rokhlin V. Rapid solution of integral equations of classical potential theory[J]. Journal of Computational Physics, 1985, 60(2): 187-207.

[93] Greengard L, Rokhlin V. A fast algorithm for particle simulations[J]. Journal of Computational Physics, 1987, 73(2): 325-348.

[94] Rokhlin V. Rapid solution of integral equations of scattering theory in two dimensions[J]. Journal of Computational Physics, 1990, 86(2): 414-439.

[95] Rokhlin V. Diagonal forms of translation operators for the Helmholtz equation in three dimensions[J]. Applied and Computational Harmonic Analysis, 1993, 1(1): 82-93.

[96] Epton M A, Dembart B. Multipole translation theory for the three-dimensional Laplace and Helmholtz equations[J]. SIAM Journal on Scientific Computing, 1995, 16(4): 865-897.

[97] Rahola J. Diagonal forms of the translation operators in the fast multipole algorithm for scattering problems[J]. BIT Numerical Mathematics, 1996, 36(2): 333-358.

[98] Greengard L, Huang J, Rokhlin V, et al. Accelerating fast multipole methods for the Helmholtz equation at low frequencies[J]. IEEE Computational Science & Engineering, 1998, 5(3): 32-38.

[99] Darve E, Havé P. Efficient fast multipole method for low-frequency scattering[J]. Journal of Computational Physics, 2004, 197(1): 341-363.

[100] Sakuma T, Yasuda Y. Fast multipole boundary element method for large-scale steady-state sound field analysis. Part I: Setup and validation[J]. Acta Acustica United with Acustica, 2002, 88(4): 513-525.

[101] Yasuda Y, Sakuma T. Fast multipole boundary element method for large-scale steady-state sound field analysis. Part II: Examination of numerical items[J]. Acta Acustica (Stuttgart), 2003, 89(1): 28-38.

[102] Chen J T, Chen K H. Applications of the dual integral formulation in conjunction with fast multipole method in large-scale problems for 2D exterior acoustics[J]. Engineering Analysis with Boundary Elements, 2004, 28(6): 685-709.

[103] Chen K H, Chen J T, Kao J H, et al. Applications of the dual integral formulation in conjunction with fast multipole method to the oblique incident wave problem[J]. International Journal for Numerical Methods in Fluids, 2009, 59(7): 711-751.

[104] Fischer M, Gauger U, Gaul L. A multipole Galerkin boundary element method for acoustics[J].

Engineering Analysis with Boundary Elements, 2004, 28(2): 155-162.

[105] Fischer M. The fast multipole boundary element method and its application to structure-acoustic field interaction[D]. Stuttgart: University of Stuttgart, 2004.

[106] Fischer M, Gaul L. Application of the fast multipole BEM for structural-acoustic simulations[J]. Journal of Computational Acoustics, 2005, 13(1): 87-98.

[107] Gaul L, Fischer M. Large-Scale Simulations of Acoustic-Structure Interaction Using the Fast Multipole BEM[M]. Berlin: Springer, 2006: 219-244.

[108] Gumerov N A, Duraiswami R. Computation of scattering from *N* spheres using multipole reexpansion[J]. Journal of the Acoustical Society of America, 2002, 112(6): 2688-2701.

[109] Gumerov N A, Duraiswami R. Computation of scattering from clusters of spheres using the fast multipole method[J]. Journal of the Acoustical Society of America, 2005, 117(41): 1744-1761.

[110] Shen L, Liu Y J. An adaptive fast multipole boundary element method for three-dimensional acoustic wave problems based on the Burton-Miller formulation[J]. Computational Mechanics, 2007, 40(3): 461-472.

[111] Bapat M S, Shen L, Liu Y J. Adaptive fast multipole boundary element method for three-dimensional half-space acoustic wave problems[J]. Engineering Analysis with Boundary Elements, 2009, 33(8-9): 1113-1123.

[112] Bapat M S, Liu Y J. A new adaptive algorithm for the fast multipole boundary element method[J]. Computer Modeling in Engineering and Sciences, 2010, 58(2): 161-183.

[113] Tong M S, Chew W C, White M J. Multilevel fast multipole algorithm for acoustic wave scattering by truncated ground with trenches[J]. Journal of the Acoustical Society of America, 2008, 123(5): 2513-2521.

[114] Yasuda Y, Oshima T, Sakuma T, et al. Fast multipole boundary element method for low-frequency acoustic problems based on a variety of formulations[J]. Journal of Computational Acoustics, 2010, 18(4): 363-395.

[115] 王雪仁, 季振林. 快速多极子声学边界元法及其研究应用[J]. 哈尔滨工程大学学报, 2007, 28(7): 752-757.

[116] 崔晓兵, 季振林. 快速多极子边界元法在吸声材料声场计算中的应用[J]. 振动与冲击, 2011, (8): 187-192.

[117] 崔晓兵, 季振林. 消声器声学性能预测的子结构快速多极子边界元法[J]. 计算物理, 2010, 27(5): 711-716.

[118] Cui X B, Ji Z L. Fast multipole boundary element approaches for acoustic attenuation prediction of reactive silencers[J]. Engineering Analysis with Boundary Elements, 2012, 36(7): 1053-1061.

[119] 崔晓兵. 复杂结构声学特性预测的快速多极子边界元法研究[D]. 哈尔滨: 哈尔滨工程大学, 2012.

[120] Li S, Huang Q. A fast multipole boundary element method based on the improved Burton-Miller formulation for three-dimensional acoustic problems[J]. Engineering Analysis with Boundary Elements, 2011, 35(5): 719-728.

[121] Li S, Huang Q. A new fast multipole boundary element method for two dimensional acoustic

problems[J]. Computer Methods in Applied Mechanics and Engineering, 2011, 200(9-12): 1333-1340.

[122] 李善德, 黄其柏, 张潜. 快速多极边界元方法在大规模声学问题中的应用[J]. 机械工程学报, 2011, (7): 82-89.

[123] 李善德. 大规模声学问题的快速多极边界元方法研究[D]. 武汉: 华中科技大学, 2011.

[124] Li S D, Gao G B, Huang Q B, et al. Fast multipole accelerated boundary element method for the Helmholtz equation in acoustic scattering problems[J]. Science China: Physics, Mechanics and Astronomy, 2011, 54(8): 1405-1410.

[125] Zheng C, Matsumoto T, Takahashi T, et al. Boundary element shape design sensitivity formulation of 3D acoustic problems based on direct differentiation of strongly-singular and hypersingular boundary integral equations[J]. Transactions of the Japan Society of Mechanical Engineers, Part C, 2010, 76(771): 2899-2908.

[126] Zheng C J, Chen H B, Matsumoto T, et al. 3D acoustic shape sensitivity analysis using fast multipole boundary element method[J]. International Journal of Computational Methods, 2012, 9(1): 1240004.

[127] Zheng C, Matsumoto T, Takahashi T, et al. A wideband fast multipole boundary element method for three dimensional acoustic shape sensitivity analysis based on direct differentiation method[J]. Engineering Analysis with Boundary Elements, 2012, 36(3): 361-371.

[128] Zheng C J, Chen H B, Matsumoto T, et al. Three dimensional acoustic shape sensitivity analysis by means of adjoint variable method and fast multipole boundary element approach[J]. Computer Modeling in Engineering and Sciences, 2011, 79(1): 1-29.

[129] Gumerov N A, Duraiswami R. Recursions for the computation of multipole translation and rotation coefficients for the 3-D Helmholtz equation[J]. SIAM Journal of Scientific Computing, 2003, 25(4): 1344-1381.

[130] Chaillat S, Bonnet M, Semblat J F. A multi-level fast multipole BEM for 3-D elastodynamics in the frequency domain[J]. Computer Methods in Applied Mechanics and Engineering, 2008, 197(49-50): 4233-4249.

[131] Sanz J A, Bonnet M, Dominguez J. Fast multipole method applied to 3-D frequency domain elastodynamics[J]. Engineering Analysis with Boundary Elements, 2008, 32(10): 787-795.

[132] Cheng H, Crutchfield W Y, Gimbutas Z, et al. A wideband fast multipole method for the Helmholtz equation in three dimensions[J]. Journal of Computational Physics, 2006, 216(1): 300-325.

[133] Gumerov N A, Duraiswami R. A broadband fast multipole accelerated boundary element method for the three dimensional Helmholtz equation[J]. Journal of the Acoustical Society of America, 2009, 125(1): 191-205.

[134] Nishimura N. Fast multipole accelerated boundary integral equation methods[J]. Applied Mechanics Reviews, 2002, 55(4): 299-324.

[135] Liu Y J, Mukherjee S, Nishimura N, et al. Recent advances and emerging applications of the boundary element method[J]. Applied Mechanics Reviews, 2011, 64(3): 031001.

[136] Gumerov N, Duraiswami R. Fast Multipole Methods for the Helmholtz Equation in Three

Dimensions[M]. London: Elsevier, 2004.

[137] Liu Y J. Fast Multipole Boundary Element Method: Theory and Applications in Engineering [M]. London: Cambridge Cambridge University Press, 2009.

[138] Phillips J R. Rapid solution of potential integral equations in complicated 3-dimensional geometries[D]. Massachusetts: Massachusetts Institute of Technology, 1997.

[139] Phillips J R, White J K. A precorrected-FFT method for electrostatic analysis of complicated 3-D structures[J]. IEEE Transactions on Computer-Aided Design of Integrated Circuits and Systems, 1997, 16(10): 1059-1072.

[140] Fata S N. Fast Galerkin BEM for 3D-potential theory[J]. Computational Mechanics, 2008, 42(3): 417-429.

[141] Fata S N, Gray L J. A fast spectral Galerkin method for hypersingular boundary integral equations in potential theory[J]. Computational Mechanics, 2009, 44(2): 263-271.

[142] Ye W J, Wang X, Hemmert W, et al. Air damping in laterally oscillating microresonators: A numerical and experimental study[J]. Journal of Microelectromechanical Systems, 2003, 12(5): 557-566.

[143] Ding J, Ye W J. A fast integral approach for drag force calculation due to oscillatory slip stokes flows[J]. International Journal for Numerical Methods in Engineering, 2004, 60(9): 1535-1567.

[144] Yan Z Y, Zhang J, Ye W, et al. Numerical characterization of porous solids and performance evaluation of theoretical models via the Precorrected-FFT accelerated BEM[J]. Computer Modeling in Engineering & Sciences, 2010, 55(1): 33-60.

[145] Masters N, Ye W J. Fast BEM solution for coupled 3D electrostatic and linear elastic problems[J]. Engineering Analysis with Boundary Elements, 2004, 28(9): 1175-1186.

[146] Ding J, Ye W J, Gray L J. An accelerated surface discretization-based BEM approach for non-homogeneous linear problems in 3-D complex domains[J]. International Journal for Numerical Methods in Engineering, 2005, 63(12): 1775-1795.

[147] Nie X C, Li L W, Yuan N. Precorrected-FFT algorithm for solving combined field integral equations in electromagnetic scattering[J]. Journal of Electromagnetic Waves and Applications, 2002, 16(8): 1171-1187.

[148] Yan Z Y, Zhang J, Ye W. Rapid solution of 3-D oscillatory elastodynamics using the pFFT accelerated BEM[J]. Engineering Analysis with Boundary Elements, 2010, 34(11): 956-962.

[149] Hackbusch W. Sparse matrix arithmetic based on H-matrices. Part I: Introduction to H-matrices[J]. Computing (Vienna/New York), 1999, 62(2): 89-108.

[150] Bebendorf M, Kriemann R. Fast parallel solution of boundary integral equations and related problems[J]. Computing and Visualization in Science, 2005, 8(3-4): 121-135.

[151] Bebendorf M. Approximation of boundary element matrices[J]. Numerische Mathematik, 2000, 86(4): 565-589.

[152] Bebendorf M, Grzhibovskis R. Accelerating Galerkin BEM for linear elasticity using adaptive cross approximation[J]. Mathematical Methods in the Applied Sciences, 2006, 29(14): 1721-1747.

[153] Maerten F. Adaptive cross-approximation applied to the solution of system of equations and

post-processing for 3D elastostatic problems using the boundary element method[J]. Engineering Analysis with Boundary Elements, 2010, 34(5): 483-491.

[154] Kolk K, Weber W, Kuhn G. Investigation of 3D crack propagation problems via fast BEM formulations[J]. Computational Mechanics, 2005, 37(1): 32-40.

[155] Benedetti I, Aliabadi M H, Davì G. A fast 3D dual boundary element method based on hierarchical matrices[J]. International Journal of Solids and Structures, 2008, 45(7-8): 2355-2376.

[156] Kurz S, Rain O, Rjasanow S. Fast boundary element methods in computational electromagnetism[J]. Lecture Notes in Applied & Computational Mechanics, 2007, (29): 249-279.

[157] Liu X, Wu H, Jiang W. A boundary element method based on the hierarchical matrices and multipole expansion theory for acoustic problems[J]. International Journal of Computational Methods, 2018, 15(3): 1850009-(1-26).

[158] Liu X, Wu H, Jiang W. Hybrid approximation hierarchical boundary element methods for acoustic problems[J]. Journal of Computational Acoustics, 2017, 25(3): 1750013-(1-25).

[159] 张海澜. 理论声学[M]. 北京: 高等教育出版社, 2007.

[160] Barton G. Elements of Green's Functions and Propagation: Potentials, Diffusion, and waves[M]. New York: Oxford University Press, 1998.

[161] 杜功焕, 朱哲民, 龚秀芬. 声学基础[M]. 南京: 南京大学出版社, 1980.

[162] Abramowitz M, Stegun I A. Handbook of Mathematical Functions with Formulas, Graphs, and Mathematical Tables[M]. Washington: United State Government Publishing Office, 1964.

[163] Ochmann M. The complex equivalent source method for sound propagation over an impedance plane[J]. Journal of the Acoustical Society of America, 2004, 116(6): 3304-3311.

[164] Ochmann M. Closed form solutions for the acoustical impulse response over a masslike or an absorbing plane[J]. Journal of the Acoustical Society of America, 2011, 129(6): 3502-3512.

[165] Ochmann M. Exact solutions for sound radiation from a moving monopole above an impedance plane[J]. Journal of the Acoustical Society of America, 2013, 133(4): 1911-1921.

[166] Cowper G R. Gaussian quadrature formulas for triangles[J]. International Journal for Numerical Methods in Engineering, 1973, 7(3): 405-408.

[167] Marburg S. The burton and miller method: Unlocking another mystery of its coupling Parameter[J]. Journal of Computational Acoustics, 2016, 24(1): 1550016.

[168] 李庆扬, 王能超, 易大义. 数值分析[M]. 5 版. 北京: 清华大学出版社, 2008.

[169] Everstine G C, Henderson F M. Coupled finite element/boundary element approach for fluid-structure interaction[J]. Journal of the Acoustical Society of America, 1990, 87(5): 1938-1947.

[170] Rajakumar C, Ali A, Yunus S M. New acoustic interface element for fluid-structure interaction problems[J]. International Journal for Numerical Methods in Engineering, 1992, 33(2): 369-386.

[171] Seybert A F, Wu T W, Li W L. Coupled FEM/BEM for fluid-structure interaction using Ritz vectors and eigenvectors[J]. Journal of Vibration, Acoustics, 1993, 115(2): 152-158.

[172] Bielak J, Maccamy R C, Zeng X. Stable coupling method for interface scattering problems by

combined integral equations and finite elements[J]. Journal of Computational Physics, 1995, 119(2): 374-384.

[173] Chen Z S, Hofstetter G, Mang H A. A Galerkin-type BE-FE formulation for elasto-acoustic coupling[J]. Computer Methods in Applied Mechanics and Engineering, 1998, 152(1-2): 147-155.

[174] 俞孟萨, 史小军, 陈克勤. 采用有限元和边界元方法分析弹性加肋圆柱壳的声学相似性[J]. 中国造船, 1999, (3): 65-71.

[175] 黎胜, 赵德有. 用有限元/边界元方法进行结构声辐射的模态分析[J]. 声学学报, 2001, (2): 174-179.

[176] Cabos C, Ihlenburg F. Vibrational analysis of ships with coupled finite and boundary elements[J]. Journal of Computational Acoustics, 2003, 11(1): 91-114.

[177] Márquez A, Meddahi S, Selgas V. A new BEM-FEM coupling strategy for two-dimensional fluid-solid interaction problems[J]. Journal of Computational Physics, 2004, 199(1): 205-220.

[178] Fritze D, Marburg S, Hardtke H J. FEM-BEM-coupling and structural-acoustic sensitivity analysis for shell geometries[J]. Computers and Structures, 2005, 83(2-3): 143-154.

[179] Peters H, Marburg S, Kessissoglou N. Structural-acoustic coupling on non-conforming meshes with quadratic shape functions[J]. International Journal for Numerical Methods in Engineering, 2012, 91(1): 27-38.

[180] Merz S, Oberst S, Dylejko P G, et al. Development of coupled FE/BE models to investigate the structural and acoustic responses of a submerged vessel[J]. Journal of Computational Acoustics, 2007, 15(1): 23-47.

[181] Junge M, Brunner D, Becker J, et al. Interface-reduction for the Craig-Bampton and Rubin method applied to FE-BE coupling with a large fluid-structure interface[J]. International Journal for Numerical Methods in Engineering, 2009, 77(12): 1731-1752.

[182] He Z C, Liu G R, Zhong Z H, et al. A coupled ES-FEM/BEM method for fluidstructure interaction problems[J]. Engineering Analysis with Boundary Elements, 2011, 35(1): 140-147.

[183] Soares Jr D, Godinho L. An optimized BEM-FEM iterative coupling algorithm for acoustic-elastodynamic interaction analyses in the frequency domain[J]. Computers and Structures, 2012, 106-107: 68-80.

[184] Godinho L, Soares Jr D. Frequency domain analysis of interacting acoustic-elastodynamic models taking into account optimized iterative coupling of different numerical methods[J]. Engineering Analysis with Boundary Elements, 2013, 37(7-8): 1074-1088.

[185] Liu C H, Chen P T. Numerical analysis of immersed finite cylindrical shells using a coupled BEM/FEM and spatial spectrum approach[J]. Applied Acoustics, 2009, 70(2): 256-266.

[186] Fischer M, Gaul L. Fast BEM-FEM mortar coupling for acoustic-structure interaction[J]. International Journal for Numerical Methods in Engineering, 2005, 62(12): 1677-1690.

[187] Schneider S. FE/FMBE coupling to model fluid-structure interaction[J]. International Journal for Numerical Methods in Engineering, 2008, 76(13): 2137-2156.

[188] Brunner D, Junge M, Gaul L. A comparison of FE-BE coupling schemes for large-scale problems with fluid-structure interaction[J]. International Journal for Numerical Methods in

Engineering, 2009, 77(5): 664-688.

[189] Brunner D, Günter Of, Junge M, et al. A fast BE-FE coupling scheme for partly immersed bodies[J]. International Journal for Numerical Methods in Engineering, 2010, 81(1): 28-47.

[190] Chen L L, Chen H B, Zheng C J. FEM/Wideband FMBEM acoustic sensitivity analysis for thin structures [C]. APCOM & ISCM 2013, Singapore, 2013.

[191] Chen L, Zheng C, Chen H. FEM/wideband FMBEM coupling for structural-acoustic design sensitivity analysis[J]. Computer Methods in Applied Mechanics and Engineering, 2014, 276: 1-19.

[192] Wilkes D R, Duncan A J. Acoustic coupled fluid-structure interactions using a unified fast multipole boundary element method[J]. Journal of the Acoustical Society of America, 2015, 137(4): 2158-2167.

[193] Mindlin R D. Influences of rotatory inertia and shear on flexural motions of isotropic, elastic plates[J]. Journal of Applied Mechanics, 1951, 18: 31-38.

[194] Bletzinger K U, Bischoff M, Ramm E. A unified approach for shear-locking-free triangular and rectangular shell finite elements[J]. Computers and Structures, 2000, 75(3): 321-334.

[195] Junger M C, Feit D. Sound, Structures, and Their Interaction[M]. Cambrige: The Mit Press, 1986.

[196] Saad Y, Schultz M H. GMRES: A generalized minimal residual algorithm for solving nonsymmetric linear systems[J]. SIAM Journal on Scientific and Statistical Computing, 1986, 7(3): 856-869.

[197] Sonneveld P. CGS, a fast Lanczos-type solver for nonsymmetric linear systems[J]. SIAM Journal on Scientific and Statistical Computing, 1989, 10(1): 36-52.

[198] Vorst H A V D. Bi-CGSTAB: A fast and smoothly converging variant of Bi-CG for the solution of nonsymmetric linear systems[J]. SIAM Journal on Scientific and Statistical Computing, 1992, 13(2): 631-644.

[199] Zhang S L. GPBi-CG: Generalized product-type methods based on Bi-CG for solving nonsymmetric linear systems[J]. SIAM Journal on Scientific Computing, 1997, 18(2): 537-551.

[200] Cheng H, Greengard L, Rokhlin V. A fast adaptive multipole algorithm in three dimensions[J]. Journal of Computational Physics, 1999, 155(2): 468-498.

[201] Chen K. Matrix Preconditioning Techniques and Applications[M]. London: Cambridge University Press, 2005.

[202] Coifman R, Rokhlin V, Wandzura S. The fast multipole method for the wave equation: A pedestrian prescription[J]. Antennas and Propagation Magazine, IEEE, 1993, 35(3): 7-12.

[203] Watson G N. A Treatise on the Theory of Bessel Functions[M]. London: Cambridge University Press, 1995.

[204] Wu H J, Liu Y J, Jiang W K. Analytical integration of the moments in the diagonal form fast multipole boundary element method for 3-D acoustic wave problems[J]. Engineering Analysis with Boundary Elements, 2012, 36(2): 248-254.

[205] Wu H J, Jiang W K, Lu W B. Analytical moment expression for linear element in diagonal form fast multipole boundary element method[J]. Journal of Mechanical Science and Technology,

2011, 25(7): 1711-1715.

[206] Wu H J, Jiang W K, Liu Y J. Analysis of numerical integration error for Bessel integral identity in fast multipole method for 2D Helmholtz equation[J]. Journal of Shanghai Jiaotong University (Science), 2010, 15(6): 690-693.

[207] Dutt A, Gu M, Rokhlin V. Fast algorithms for polynomial interpolation, integration, and differentiation[J]. SIAM Journal on Numerical Analysis, 1996, 33(5): 1689-1711.

[208] Yarvin N, Rokhlin V. A generalized one-dimensional fast multipole method with application to filtering of spherical harmonics[J]. Journal of Computational Physics, 1998, 147(2): 594-609.

[209] Stein S. Addition theorems for spherical wave functions[J]. Quarterly of Applied Mathematics, 1961, 19: 15-24.

[210] Ivanic J, Ruedenberg K. Rotation matrices for real spherical harmonies. direct determination by recursion[J]. Journal of Physical Chemistry, 1996, 100(15): 6342-6347.

[211] Choi C H, Ivanic J, Gordon M S, et al. Rapid and stable determination of rotation matrices between spherical harmonics by direct recursion[J]. Journal of Chemical Physics, 1999, 111(19): 8825-8831.

[212] Gimbutas Z, Greengard L. A fast and stable method for rotating spherical harmonic expansions[J]. Journal of Computational Physics, 2009, 228(16): 5621-5627.

[213] Sarradj E. Multi-domain boundary element method for sound fields in and around porous absorbers[J]. Acta Acustica (Stuttgart), 2003, 89(1): 21-27.

[214] Seydou F, Duraiswami R, Seppänen T. Three dimensional acoustic scattering from an *M* multilayered domain via an integral equation approach[C]. IEEE Antennas and Propagation Society International Symposium, 2013: 669-672.

[215] Liu Y J. A fast multipole boundary element method for 2D multi-domain elastostatic problems based on a dual BIE formulation[J]. Computational Mechanics, 2008, 42(5): 761-773.

[216] Koc S, Song J, Chew W C. Error analysis for the numerical evaluation of the diagonal forms of the scalar spherical addition theorem[J]. SIAM Journal on Numerical Analysis, 1999, 36(3): 906-921.

[217] Amini S, Profit A. Analysis of the truncation errors in the fast multipole method for scattering problems[J]. Journal of Computational and Applied Mathematics, 2000, 115(1-2): 23-33.

[218] Darve E. The fast multipole method I: Error analysis and asymptotic complexity[J]. SIAM Journal on Numerical Analysis, 2001, 38(1): 98-128.

[219] Seybert A F, Soenarko B. Radiation and scattering of acoustic waves from bodies of arbitrary shpae in a three-dimensional half space[J]. Journal of Vibration, Acoustics, Stress, and Reliability in Design, 1988, 110(1): 112-117.

[220] Li W L, Wu T W, Seybert A F. A half-space boundary element method for acoustic problems with a reflecting plane of arbitrary impedance[J]. Journal of Sound and Vibration, 1994, 171(2): 173-184.

[221] Brick H, Ochmann M. A half-space BEM for the simulation of sound propagation above an impedance plane[J]. Journal of the Acoustical Society of America, 2008, 123(5): 3418.

[222] Wenzel A R. Propagation of waves along an impedance boundary[J]. Journal of the Acoustical

Society of America, 1974, 55(5): 956-963.

[223] Thomasson S I. Reflection of waves from a point source by an impendance boundary[J]. Journal of the Acoustical Society of America, 1976, 59(4): 780-785.

[224] Ingard U. On the reflection of a spherical sound wave from an infinite plane[J]. Journal of the Acoustical Society of America, 1951, 23(3): 329-335.

[225] Kawai T, Hidaka T, Nakajima T. Sound propagation above an impedance boundary[J]. Journal of Sound and Vibration, 1982, 83(1): 125-138.

[226] Li Y L, White M J, Hwang M H. Green's functions for wave propagation above an impedance ground[J]. Journal of the Acoustical Society of America, 1994, 96(4): 2485-2490.

[227] Li Y L, White M J. Near-field computation for sound propagation above ground—Using complex image theory[J]. Journal of the Acoustical Society of America, 1996, 99(2): 755-760.

[228] Koh I S, Lee Y. Exact formulation of a sommerfeld integral for the impedance half-space problem[C]. Antennas & Propagation Society International Symposium , 2006.

[229] Yasuda Y, Sakuma T. A technique for plane-symmetric sound field analysis in the fast multipole boundary element method[J]. Journal of Computational Acoustics, 2005, 13(1): 71-85.

[230] Koh I S, Yook J G. Exact closed-form expression of a sommerfeld integral for the impedance plane problem[J]. IEEE Transactions on Antennas and Propagation, 2006, 54(9): 2568-2576.

[231] Sarabandi K, Casciato M D, Koh I S. Efficient calculation of the fields of a dipole radiating above an impedance surface[J]. IEEE Transactions on Antennas and Propagation, 2002, 50(9): 1222-1235.

[232] Wu H J, Liu Y L, Jiang W K. A fast multipole boundary element method for 3D multi-domain acoustic scattering problems based on the Burton-Miller formulation[J]. Engineering Analysis with Boundary Elements, 2012, 36(5): 779-788.

[233] Liu Y J, Nishimura N. The fast multipole boundary element method for potential problems: A tutorial[J]. Engineering Analysis with Boundary Elements, 2006, 30(5): 371-381.

[234] Saad Y. A flexible inner-outer preconditioned GMRES algorithm[J]. SIAM Journal on Scientific Computing, 1993, 14(2): 461-469.

[235] Borgiotti G V. The power radiated by a vibrating body in an acoustic fluid and its determination from boundary measurements[J]. Journal of the Acoustical Society of America, 1990, 88(4): 1884-1893.

[236] Arenas J P. Numerical computation of the sound radiation from a planar baffled vibrating surface[J]. Journal of Computational Acoustics, 2008, 16(3): 321-341.

[237] Peters H, Kessissoglou N, Marburg S. Enforcing reciprocity in numerical analysis of acoustic radiation modes and sound power evaluation[J]. Journal of Computational Acoustics, 2012, 20(3):1250005-(H9).

[238] Photiadis D M. The relationship of singular value decomposition to wave-vector filtering in sound radiation problems[J]. Journal of the Acoustical Society of America, 1990, 88(2): 1152-1159.

[239] Cunefare K A. The minimum multimodal radiation efficiency of baffled finite beams[J]. Journal of the Acoustical Society of America, 1991, 90(5): 2521-2529.

[240] Cunefare K A, Currey M N. On the exterior acoustic radiation modes of structures[J]. Journal of the Acoustical Society of America, 1994, 96(4): 2302-2312.

[241] Cunefare K A. The design sensitivity and control of acoustic power radiated by three-dimensional structures[D]. State College: The Pennsylvania State University, 1990.

[242] Elliott S J, Johnson M E. Radiation modes and the active control of sound power[J]. Journal of the Acoustical Society of America, 1993, 94(4): 2194-2204.

[243] Chen P T, Ginsberg J H. Complex power, reciprocity, and radiation modes for submerged bodies[J]. Journal of the Acoustical Society of America, 1995, 98(6): 3343-3351.

[244] Cunefare K A, Noelle Currey M, Johnson M E, et al. The radiation efficiency grouping of free-space acoustic radiation modes[J]. Journal of the Acoustical Society of America, 2001, 109(1): 203-215.

[245] Fahnline J B, Koopmann G H. A lumped parameter model for the acoustic power output from a vibrating structure[J]. Journal of the Acoustical Society of America, 1996, 100(6): 3539-3547.

[246] Fahnline J B, Koopmann G H. Numerical implementation of the lumped parameter model for the acoustic power output of a vibrating structure[J]. Journal of the Acoustical Society of America, 1997, 102(1): 179-192.

[247] Sorens D C. Implicitly restarted Arnoldi/Lanczos methods for large scale eigenvalue calculations[R]. Washington: NASA Langley Research, 1996.

[248] Kim Y H. Sound Propagation: An Impedance Based Approach[M]. Singapore: Wiley, 2010.

[249] Koopmann G H, Song L, Fahnline J B. A method for computing acoustic fields based on the principle of wave superposition[J]. Journal of the Acoustical Society of America, 1989, 86(6): 2433-2438.

[250] Wu H J, Jiang W K, Zhang Y L, et al. A method to compute the radiated sound power based on mapped acoustic radiation modes[J]. Journal of the Acoustical Society of America, 2014, 135(2): 679-692.

[251] Marburg S. Developments in structural-acoustic optimization for passive noise control[J]. Archives of Computational Methods in Engineering, 2002, 9(4): 291-370.

[252] 孙社营. 船用压筋板的粘弹性阻尼处理[J]. 噪声与振动控制, 1999, (3): 25-29.

[253] Lumsdaine A, Scott R A. Shape optimization of unconstranied viscoelastic layers using continuum finite elements[J]. Journal of Sound and Vibration, 1998, 216(1): 29-52.

[254] 戴德沛. 阻尼技术的工程应用[M]. 北京: 清华大学出版社, 1991.

附录　声学快速多极子边界元软件开发

研究声学边界元方法和快速多极子边界元方法的理论和算法，其目的是完成特定工程问题的快速准确分析。针对现有算法存在的难点和有待解决的问题，本书介绍了单联通区域、多联通区域以及无限大阻抗平面上的低频、高频和全频段声学快速多极子理论和算法。在实际工程中，需要一款基于所发展理论和算法的软件产品，以完成相应的大规模声学问题的分析计算。

整理封装本书中介绍和发展的算法，作者开发了一款基于声学传统边界元方法及其快速多极子加速算法的声学分析软件 AcoSoft。该软件可以使用低频、高频和全频段三种快速多极子边界元方法，对单联通区域、多联通区域和无限大阻抗平面上(包含绝对刚性和软界面的情况)的声学模型进行快速精确分析。

下面简要介绍该软件的开发和操作。该软件是在国家自然科学基金项目(NSFC11074170)和机械系统与振动国家重点实验开放课题(MSVM200805、MSVMS201105)支持下开发的一款声学分析软件，可以完成大规模声学问题(自由度大于 10 万)的快速准确分析，是数学、线性声学和计算机科学交叉技术的一次有意义探索。

1. 软件模块介绍

软件共分三个功能模块：图形用户界面、绘图显示和内核计算。考虑到界面显示和绘图消耗计算机资源较少，图形用户界面和绘图显示功能采用 Python 语言进行编写。Python 语言简洁、易读且兼容性强，可以轻松与其他语言混合编程。

软件的计算内核是指传统边界元方法及其快速多极子边界元方法的计算功能。求解计算模块是此款声学分析软件耗时最多的部分，且计算内核的编写需要调用其他计算库函数，综合考虑，采用工程计算领域广泛使用的 FORTRAN 95 编写。FORTRAN 是 Formula Translation 的缩写，意为“公式翻译”，它是为科学、工程问题或企事业管理中的那些能够用数学公式表达的问题而设计的，其数值计算的功能较强。快速多极子边界元方法的编写采用了面向对象的思想，将不同的功能进行抽象、分类、封装，方便了程序的编写和维护。

图形用户界面、绘图显示和内核计算，三个模块的开发相互独立。模块之间的交互及数据的传递统一通过公共数据及预先定义的接口函数进行，其简要关系如附图 1 所示。各个模块的主要功能介绍如下：

(1) 图形用户界面，即 GUI 模块，主要是以图形化的方式给用户提供项目的新建或打开、模型的导入、求解参数的配置、模型的查看及求解之后结果云图的显示控制。

(2) 绘图显示，即 Plot 模块，主要是根据图形用户界面发出的命令，调用相应的图形操作函数，用于显示模型的几何信息或者求解后的结果云图，以及对模型进行旋转、平移和放大等简单操作。

(3) 计算内核，基于本书理论编写的核心代码，即 Kernel 模块，主要功能是读取求解配置参数，采用相应的算法，使用指定的求解器，计算模型设定的分析任务，然后保存计算结果，用于后续分析。

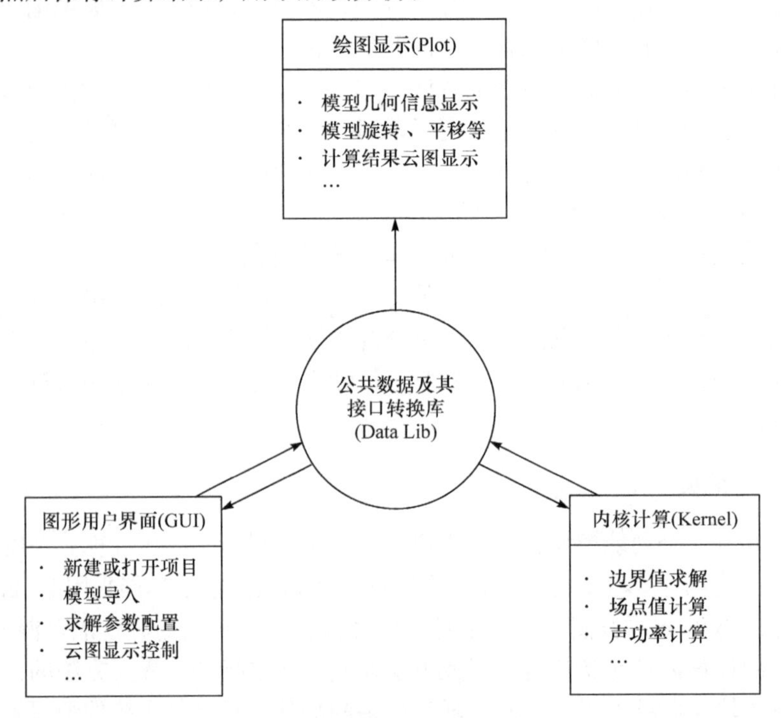

附图 1　软件简要架构图

上述三个模块的交互流程如附图 2 所示，大致为：用户从图形用户界面中导入模型数据，模型的几何信息即被存入公共数据库，同时绘图模块对导入模型进行显示。用户在图形用户界面中配置模型求解参数，发出计算命令，软件调用计算内核，读取配置参数，进行分析计算。计算完成后，保存求解结果至公共数据库。用户根据需要，从图形用户界面选择要显示的结果，发出命令，调用绘图模块进行显示。各个模块调用过程中涉及的不同数据格式全部通过统一转换接口进行。

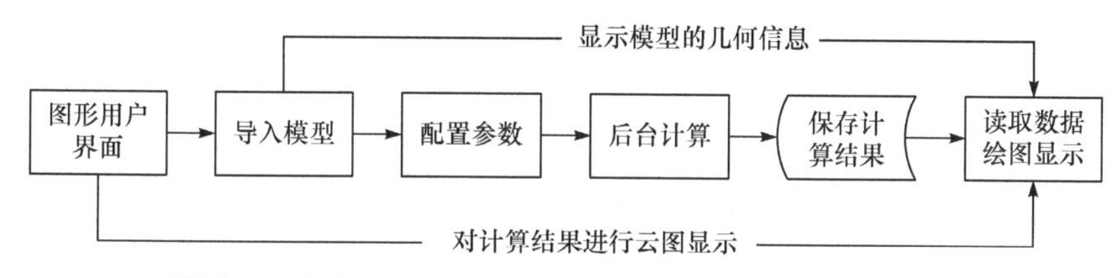

附图 2 图形用户界面、绘图显示和计算内核的交互示意图

2. 软件理论基础及功能简述

该款声学边界元分析软件封装集成了本书中介绍的传统边界元方法及其快速多极子算法，软件主要用到了以下理论：

(1) 非奇异 Burton-Miller 表达式中的两种线积分的解析计算方法，对于外部声学问题可以保证求解唯一性。

(2) 基于传统边界元方法和有限元方法的结构-声学耦合分析方法。

(3) 高频形式快速多极子边界元方法的源点矩的解析表达式，基于高频解析源点矩的改进低频快速多极子边界元方法，以及整合了改进的高频和低频算法的全频段快速多极子边界元方法。

(4) 多联通域快速多极子边界元方法。

(5) 包含了绝对软、硬及一般阻抗边界条件的无限大半空间快速多极子边界元方法。

因此，所开发的快速多极子边界元方法可以完成以下几种类型的大规模声学问题的分析计算：

(1) 完整车辆、大型发动机、飞机或船舶等单联通域大规模模型声学辐射和散射问题的分析计算。

(2) 多孔吸声材料、水下多层结构及可穿透生物组织等大规模多联通域声学模拟。

(3) 近海平面或海底面的鱼群或水下航行器的声散射、高架轨道列车噪声的声辐射、飞机升空或降落过程的声辐射等大规模半空间声学问题的分析。

上述内容集成于软件系统中，通过图形用户界面完成相应的功能。内嵌于软件中的快速多极子边界元方法的软件包，还可以通过编写接口函数，与其他计算机辅助设计(CAD)和计算机辅助工程(CAE)软件结合单独运行，完成结构声学的优化分析，如第 10 章的内容。

3. 软件应用实例

使用 AcoSoft 对水下航行器的散射声场进行分析。水下航行器的 CAE 模型如附图 3 所示，表面离散成 150160 个三角形网格，场点平面由 20228 个三角形单元组成。单位幅值平面波沿艇体轴向由首至尾传播，频率为 150Hz。流体媒质取为水，密度为1000kg/m^3，声速为1500m/s。求解器选用全频段快速多极子边界元方法，迭代收敛误差设置为10^{-4}，采用左对角阵块预处理方法，树状结构中每个叶子栅格最多允许包含 50 个单元，单元上的面积分采用 12 点 Gauss 积分。如上配置通过图形操作界面输入软件。软件在英特尔酷睿 2(计算中只使用一个核)主频 2.9GHz、内存 6GB 的计算机上完成。边界求解迭代 95 次，共耗时 2950s，场点计算共耗时 280s。通过软件操作，绘制边界及场点的声压云图，如附图 4 所示。

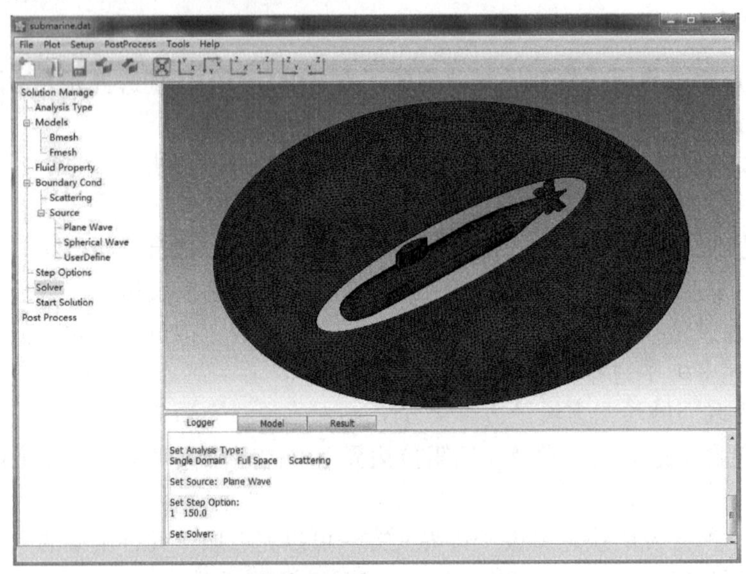

附图 3　水下航行器 CAE 模型

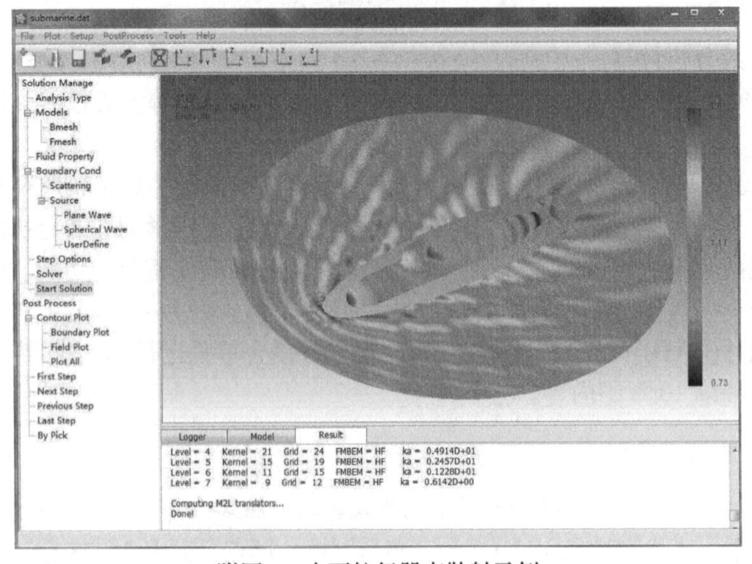

附图 4　水下航行器声散射示例